Instruction to Building Total Management Science

건물종합관리학개론

김 일 효 저

도서출판 상 학 당

欲爲大者 當爲人役

크고자 하거든 남을 섬기라

머리말

저자가 건물종합관리 분야를 연구하고 강의하며 실무를 담당한지가 오늘로서 벌써 26년의 세월이 흘러갔다. 그동안 서울 강남 소재 풍림빌딩 건물종합관리현장 관리소장으로 7년의 세월이 흘러갔으며, 2002년 전북과학대학교에 건물관리과를 신설하고 겸임교수로 강의를 시작하여 동원대학교 부동산컨설팅과 전임교수를 거쳐 2003년 극동대학교 글로벌 대학원에 건물자산관리학과를 개설하고, 건물자산관리학 초빙교수 자격으로 강의한지도 어언 19년의 성상이 흘러갔다. 33명의 건물자산관리학 전공 박사 학위자를 배출하고 수십권의 건물자산관리학 전공 도서를 출판하여 대학 강단에서 건물자산관리학을 강의 해 온 것이 저자의 일생의 보람으로 스스로 자위하면서 대학문을 나선지도 벌서 1년의 세월이 경과하고 있다. 당시 건물종합관리 현장 소장직을 맡아 근무할 때나 대학강단에서 건물자산관리학을 강의하고 대원생의 건물자산관리학 연구를 지도할 당시부터 지금까지 저자의 뇌리에는 건물종합관리는 과학이고 기술이므로 전문성이나 기술없이 단순한 관리차원의 노력이나 활동만으로는 정상적인 건물종합 관리 활동을 수행할 수 없음을 가슴 속 깊이 인식하여 왔다.

또한 저자의 머리에는 항상 어떻게 관리하면 양질의 건물종합관리 서비스를 가장 경제적 방법으로, 가장 안전하게, 가장 효율적으로, 가장 적합하게, 가장 효과적으로 생산하고 이를 통하여 건물의 소유자의 바람직한 소유 만족과 건물사용자의 바람직한 사용 만족 및 건물 이용자의 바람직한 이용 만족의 실현 문제와 건물을 기반으로 이루어지는 인간의 삶과 생활과 일의 바람직한 영위를 주환경측면(住環境側面)에서 어떻게 효과적으로 지원할 수 있을까에 대한 고민이 그간의 숙제로 자리하여 왔다. 대학 강단생활을 정리하면서 문득 그간의 숙제를 해결해 보고자 이 책의 출판을 기획하였다.

건물을 기반으로 이루어지는 인간의 삶과 생활과 일의 바람직한 영위와 바람직한 건물의 소유만족과 사용만족 및 이용만족 실현에 요구되는 양질의 건물종합관리 서비스를 가장 경제적 방법으로 가장 안전하게, 가장 효율적으로, 가장 적합하게, 가장 효과적으로 생산하여 제공하기 위해서는 정상적 건물종합관리 활동의 수행이 필요하며, 정상적 건물종합관리 활동을 수행하기 위해서는 학문적으로 건물종합관리의 이론과 지식 및 기술의 지원이 필요하다. 또한 양질의 건물종합관리 서비스를 생산하기 위해서 요구되는 정상적 건물종합관리 활동을 수행하기 위해서는 건물종합관리의 현장이나 시장 및 기업 등 건물종합관리 산업 전반에 정상적인 건물종합관리 활동을 저해하는 크고 작은 문제가 없어야 한다.

그러나 국내 건물종합관리 산업의 현장과 건물종합관리 기업 및 건물종합관리 서비스 시장을 대상으로 문헌조사와 실증 분석을 실시해 본 결과 건물종합관리 산업의 크고 작은 문제가 산재하고 있음이 조사되고 있어 연구를 통하여 문제개선이 요구되고 있다. 이 책은 저자의 건물종합관리 서비스의 효과에 대한 오랜 숙제와 건물종합관리 현장과 시장 및 기업에 존재하는 여러 가지 문제를 연구하여 국내 건물종합관리 산업의 발전을 학문적으로 견인해 보고자 다음과 같은 출판 의도와 목적을 담아 출판되었다.

첫째, 이 책 《건물종합관리학개론》은 국내 건물종합관리 산업의 발전과 양질의 건물종합관리 서비스 생산을 저해하고 있는 건물종합관리 현장과 기업 및 시장의 크고 작은 문제를 문헌조사와 실증분석을 통하여 도출하고 이의 개선방안을 학문적 방법으로 연구하여 그 연구결과를 학계와 관련 산업계에 제시할 목적으로 출판되었다.

둘째, 이 책 《건물종합관리학개론》은 건물종합관리의 사물과 현상을 일정한 원리와 법칙에 따라 통일적으로 설명할 수 있는 설명 기재의 개발과 이를 토대로 건물 사용가치의 유지 및 향상 그리고 건물 사용조건의 최적화의 이론과 지식 및 기술을 개발하고 양질의 건물종합관리 서비스 생산에 절대적으로 요구되는 건물의 과학적 관리와 기술적 관리 및 전문적 관리를 위한 학문적 지원을 제공하기 위하여 출판되었다.

셋째, 이 책 《건물종합관리학개론》은 국내 건물종합관리 산업의 발전을 저해하고 있는 다양한 문제와 문제로 인하여 초래되는 부정적 현상에 대하여 개선방향을 제시하고, 이를 통하여 국내 건물종합관리 서비스 산업의 발전에 요구되는 필요조건 충족을 학문적으로 지원할 목적으로 출판되었다.

넷째, 이 책〈건물종합관리학개론〉는 국내 제도권 대학에 건물종합관리학과 개설을 견인하고 향후 예상되는 대학의 건물종합관리학 교육의 대학교재 용도로 출판되었다.

다섯째, 이 책 《건물종합관리학개론》은 건물의 복합성의 존재를 설명하고 건물의 복합성을 통합적으로 관리해야 하는 이유와 필요성을 강조하여 현재와 같은 건물의 물리성 중심의 편향적 건물종합관리의 문제점을 개선하고, 통합적 건물종합관리 시스템을 국내 건물종합관리 현장에 도입과 정착을 학문적으로 지원하기 위하여 출판되었다.

여섯째, 이 책 《건물종합관리학개론》의 서명으로 출판한 이 책은 연구를 통하여 태동한 건물종합관리학으로 하여금 국내 건물종합관리 서비스 산업에 대하여 학문적으로 지원함으로서 국내 건물종합관리 산업의 위상을 제고하고 종사자의 사회 경제적 지위 향상을 학문적으로 지원하기 위하여 출판되었다.

일곱째, 이 책 《건물종합관리학개론》은 건물종합관리의 개념지식(사실지식)과 방법지식(절차지식) 및 활동지식(행동지식)을 학문적으로 소개하기 위하여 출판되었다.

아무쪼록 이 작은 출판의 노력이 우리나라 건물종합관리 산업발전과 양질의 건물종합관리 서비스를 건물종합관리 서비스 최유효 생산관리법에 따라 가장 경제적 방법으로 가장 안전하게, 가장 효율적으로, 가장 적합하게, 가장 효과적으로 생산하고, 이를 통하여 건물종합관리 이해관계자 고객인 건물의 소유자와 사용자 및 이용자의 바람직한 건물의 소유와 사용 및 이용의 만족 실현과 건물을 기반으로 이루어지는 인간의 삶과 생활과 일의 바람직한 영위 실현에 조금이나마 도움되기를 충심으로 기원드린다.

끝으로 이 책의 출판을 기꺼히 허락해 준 도서출판 상학당 남승우 사장님께 깊이 감사 드리고, 이 책의 집필에 필요한 통계 및 문헌 자료를 일일이 검색하고 협조하여 준 제자 양준석 박사에게 특별한 감사를 전한다. 그리고 이 책에 작은 영광이라도 있다면 처음부터 끝까지 집필할 수 있도록 힘과 용기와 인내를 더하여 주신 하나님께 이 책의 모든 영광을 함께 올려 드린다.

2024년 1월

연구실에서 저자 씀

차 례

• 제 I 편 국내 건물종합관리 현장 및 서비스 시장의 현황분석과 문제의 개선방안 •

• 제II편 건물종합관리의 학문적 체계화 연구의 필요성과 건물종합관리학의 태동 •

• 제III편 건물종합관리 서비스 생산의 기반구조 •

제 I 편 국내 건물종합관리 현장 및 서비스 시장의 현황분석과 문제의 개선방안

제1편 국내 건물종합관리 현장 및 서비스 시장의 현황분석과 문제의 개선방안 편에서는 3개의 장을 통하여 국내 건물종합관리 현장과 시장문제 개념의 이해와 국내 건물종합관리 현장 및 시장의 현황분석, 국내 건물종합관리 현장과 시장 문제의 도출과 평가 및 개선방안 등에 대하여 논의하고 있다.

건물종합관리 현장의 현황과 서비스 시장의 현황에 대하여 문헌조사와 실증분석을 통하여 문제를 도출하고, 도출한 국내 건물종합관리 산업의 문제에 대한 개선방안을 추론하였다. 이를 위하여 문제의 개요를 먼저 살펴보고 문제로 인하여 초래되는 부정적 현상을 분석하고 있다.

이를 토대로 문제의 개선방향을 설정하고, 설정한 개선방향을 토대로 문제 개선의 연구를 수행하여 개선 기대효과를 창출하고, 이를 소개하고 있다.

제1장	국내 건물종합관리 현장과 서비스 시장 문제개념의 이해
제 2 장	국내 건물종합관리 현장과 서비스 시장의 현황분석
제 3 장	국내 건물종합관리 문제평가 및 개선방안

제1절 국내 건물종합관리 현장과 서비스 시장 문제의 의의

1. 건물종합관리 현장과 서비스 시장 문제개념의 정의

문제(Problem)의 사전적 의미는 연구를 통하여 개선해야 하거나 해결해야 하는 사항을 말하며 해답이 요구되는 질문(물음)을 말한다. 이와 같은 관점에서 건물종합관리 산업의 문제개념을 정의하면 건물종합관리 현장과 서비스 시장의 문제란 건물종합관리 현장과 건물종합관리 서비스 기업 및 서비스 시장 등 건물종합관리 산업에 존재하거나 잠재되어 있는 문제로서 연구를 통하여 개선이 요구되는 사항이나 건물종합관리 산업의 발전을 저해하는 문제점 또는 부정적 영향 요소 등을 말한다.

다시 말하면, 건물종합관리 현장과 서비스 시장의 문제라 함은 정상적인 건물종합관리 활동이나 양질의 건물종합관리 서비스의 효과적 생산 및 건물종합관리 고객(건물의 소유자와 사용자 및 이용자)의 바람직한 건물의 소유와 사용 및 이용 만족의 실현 그리고 주환경측면(住環境側面)에서 건물을 기반으로 이루어지는 인간의 삶과 생활과 일의 바람직한 영위 등을 저해하는 건물종합관리 현장과 시장 및 관련 기업 등의 문제점이나 부정적 영향 요소로서 연구를 통하여 개선이 요구되는 사항을 말한다.

2. 건물종합관리 현장과 서비스 시장 문제의 속성

건물종합관리 현장과 서비스 시장 문제는 다음과 같은 속성을 가지고 있다.

1) 현실성과 잠재성

건물종합관리 산업의 문제는 건물종합관리 현장과 기업 및 시장 등에 현실적으로 존재하고 있는 문제도 있으나 잠재되어 상황이나 환경변화에 따라 현실화 할 수 있는 문제들이 숨어 있다. 따라서 건물종합관리 산업의 문제는 현실성과 잠재성의 속성을 가지고 있다.

2) 부정적 작용성과 부정적 영향성

건물종합관리 산업의 문제는 건물종합관리 산업에 부정적으로 작용하거나 부정적 영향을 주는 속성을 가지고 있다.

3) 효과의 저해성

건물종합관리 산업의 문제는 건물종합관리활동 결과 창출하고자 하는 서비스 생산을 저해하는 건물종합관리 활동효과 저해성의 속성을 가지고 있다.

4) 연구의 필요성

건물종합관리 산업의 문제는 연구를 통하여 개선을 요구하는 연구 필요성의 속성을 가지고 있다. 또한 건물종합관리 산업의 문제는 문제를 만드는 문제점이나 저해성 또는 부정적 사항이나 부정적 영향요소 등에 대하여 연구를 통하여 개선해야 한다는 연구 필요성의 속성을 가지고 있다.

5) 질문 해답성

건물종합관리 산업의 문제는 질문하고 해답해야 하는 질문 해답성의 속성을 가지고 있다. 또한 건물종합관리 산업의 문제는 바람직한 시설관리활동이나 환경위생관리 활동(환경미화관리 활동), 그리고 시설경비관리 활동(시설보안관리 활동)을 위하여 제시하는 질문에 반드시 해답을 제공하여 바람직한 건물종합관리 활동이 이루어지도록 해야 한다. 따라서 건물종합관리 산업의 문제는 질문 해답성의 속성을 가지고 있다.

6) 장소성과 개인성 및 사회성

건물종합관리 산업의 문제는 건물종합관리 현장이나 그 장소에 근무하는 종사자 또는 그 사회에 잠재되어 있거나 현실적으로 존재하는 문제의 속성을 가지고 있다.

7) 관념성

건물종합관리 산업의 문제는 건물종합관리 사안에 대한 생각이나 견해를 가지고 있으며 건물종합관리 산업의 문제 대상에 대하여 인식하는 관념성의 속성을 가지고 있다.

제2절 건물종합관리 산업 영향요소별 문제의 종류

1. 건물종합관리 서비스 산업 영향요소의 개념

건물종합관리 서비스의 생산과 유통 및 소비를 통하여 부가가치를 창출하고, 이를 통하여 국가 경제발전에 이바지 하는 건물종합관리 서비스 산업에는 여러 형태의 영향을 주고받는 영향요소들이 존재하고 있다. 예컨대 건물종합관리 용역을 발주하는 건물주 및 발주처, 관리주체인 건물종합관리회사, 건물종합관리 현장 및 그 종사자, 건물종합관리 서비스 시장, 건물의 소유자와 사용자, 이용자, 건물종합관리 관계법령과 제도, 학계와 관계기간 등이 상호 영향을 받고 있는 건물종합관리 영향요소라 할 수 있다.

2. 영향요소별 건물종합관리 산업 문제의 종류

건물종합관리 산업의 문제는 전술한 바와 같이 국내 건물종합관리 산업전반에 현실적으로 존재하거나 잠재되어 있는 문제로서 연구를 통하여 개선이 요구되는 사항을 말하며, 해답이 필요한 질문(물음)을 말한다.

건물을 대상으로 바람직한 건물의 소유와 사용 및 이용을 위해서는 정상적인 건물종합관리 활동을 체계적으로 수행하여 건물사용가치의 유지와 향상 및 건물사용조건의 최적화를 도모해야 하고, 고객의 만족에 부합하는 양질의 건물종합관리 서비스를 효과적으로 생산해야 하며, 건물종합관리의 목적을 효율적으로 달성해야 한다.

이를 위해서는 건물종합관리 현장이나 관리 종사자 및 관리 전문기업과 서비스 시장 등에 정상적인 건물종합관리 활동이나 양질의 건물종합관리 서비스의 효과적 생산이나 건물종합관리 목적의 효율적 달성을 저해하는 문제가 없어야 한다. 그러나 건물종합관리 현장을 상대로 실시한 문헌조사와 서비스 시상을 상대로 실시한 실증 분석결과 건물종합관리에 영향을 미치는 영향요소별로 크고 작은 문제가 존재하고 있음이 확인되고 있어 연구를 통하여 개선이 요구되고 있다.

연구를 통하여 개선이 요구되는 건물종합관리의 문제를 건물종합관리 활동에 미치는 영향요소를 중심으로 문제를 분석하여 건물종합관리 산업의 문제를 종류별로 분류하면 다음과 같은 건물종합관리 산업의 문제가 존재하고 있음을 확인할 수 있다.

1) 건물종합관리 현장의 문제

① 건물종합관리 서비스 생산의 고비용 저생산성 문제
② 건물종합관리 서비스품질매뉴얼 구축 미흡 및 서비스 품질표준화 기반부실 문제
③ 시설관리자의 인당 관리 저생산성 문제
④ 건물의 복합성 통합관리의 경시 및 건물 물리성 중심의 편향적 관리 문제
⑤ 비정규직 중심 고용구조 문제
⑥ 건물종합관리 현장 구성원간의 인간관계 갈등 문제

2) 건물종합관리 종사자의 문제

① 전문성 부족 및 기술력 저하 문제
② 건물종합관리 종사자의 낮은 경제적 대우 문제 및 전문직 사회적 인정 미흡 문제
③ 자기계발 미흡 문제
④ 다기능 다역화 학습부족 문제
⑤ 건물종합관리직에 대한 임시직 인식 및 잦은 이직 문제

3) 건물종합관리 전문기업의 문제

① 영세성과 관리 기술력 저하의 문제
② 건물종합관리 업체 일부 경영자의 교육의 중요성 및 R&D의 필요성 경시 문제
③ 일부 최고 경영자의 건물종합관리의 가치와 중요성 및 과학적 관리 필요성에 대한 인식오류의 문제

4) 건물종합관리 서비스 시장의 문제

① 덤핑 수주, 입찰서류 조작, 담합, 불공정 입찰, 부적절한 수주관행 등 입찰시장 폐습 문제
② 국내 건물종합관리 서비스 시장의 낮은 진입장벽 문제

5) 건물종합관리 대학교육 기관의 문제

① 건물종합관리학과 미설치 및 전문인력 양성 배출 무관심 문제
② 건물종합관리의 학문적 체계화 연구의 부재와 학문화의 지연 문제
③ 일부 국내 대학 관계자의 건물종합관리의 가치와 중요성 및 필요성에 대한 인식오류 문제

6) 건물종합관리 관계법령과 제도의 문제

① 국내 건물종합관리 통합 기본법 부재 및 관리 관계법령 개별적용 및 분산적용 문제
② 시설관리업과 청소업 허가제도 미비 문제 및 수시회사 설립 및 조기 퇴출반복 문제
③ 건물종합관리 현장 관리소장(운영관리사), 청소관리사 등 법정자격제도 결여 문제
④ 청소서비스 현장 신규 종사자의 신규 교육제도 부재 및 정기보수 교육제도 부실 문제

7) 건물주와 발주처의 문제

① 건물종합관리 용역 1년 단기 발주 문제
② 조달청 제외 기타 발주처의 최저 입찰제 발주 문제
③ 일부 건물주의 건물종합관리의 가치와 중요성 및 필요성에 대한 인식의 오류 문제
④ 일부 건물주의 건물종합관리 서비스 KS인증의 필요성 및 서비스 품질매뉴얼의 필요성 인식 부재의 문제

8) 건물입주자(건물사용자)의 문제

① 입주건물 시설 오남용 문제
② 입주건물 시설 사용부주의 문제
③ 건물사용자(고객) 서비스 만족도 저하 문제

9) 건물종합관리 산업에 대한 사회적 인식의 문제

① 건물종합관리의 가치와 필요성 및 중요성 인식 부족의 문제
② 건물종합관리 종사자의 전문직종 인식 미흡의 문제

10) 건물종합관리 일부 관계기관 담당자의 문제

① 일부 건물종합관리 관계기관 담당자의 건물종합관리의 가치와 중요성 및 필요성에 대한 인식오류 문제
② 건물종합관리 서비스 KS인증의 필요성 기피 문제

제 1 장	국내 건물종합관리 현장과 서비스 시장 문제개념의 이해
제2장	국내 건물종합관리 현장과 서비스 시장의 현황분석
제 3 장	국내 건물종합관리 문제평가 및 개선방안

제1절 국내 건물종합관리 산업의 태동역사와 발전과정 분석

1. 국내 건물종합관리 산업의 태동역사 분석

1960년대 초 미미하게 태동한 건물종합관리 산업은 1970년대 산업화 시대를 거치면서 발전의 교두보를 마련하고, 1979년 IMF와 1980년대의 외환위기 및 2008년도의 금융위기 등을 거치면서 성장의 발판을 구축하면서 오늘에 이르고 있다.

국내 건물종합유지관리 산업은 외환위기와 금융위기를 거치는 동안 다수 국내기업의 도산으로 도산기업 소유 대형 건축물이 채권 은행과 한국자산관리 공사(켐코)로 이관함에 따라 전문적인 관리업체에 의한 위탁관리의 필요성이 시대적으로 요청하게 되어 국내 건물종합관리 산업은 경제적 어려움을 통하여 본격적으로 성장 발전하게 되었다.

국내 건물종합관리 산업의 결정적 발전의 계기는 1986년 아시안게임과 1988년 올림픽게임 및 2002년 월드컵 서울개최의 영향으로 일기 시작한 건축붐 현상으로 인하여 건축물의 양적 팽창과 함께 질적 변화에 따라 시대적으로 건물종합관리 전문업체의 필요성과 관리용역 수요에 능동적으로 반응함으로서 발전의 계기를 맞이하였다. 이와 같은 건축물의 물리적 양적 변화와 질적 환경변화는 전문적 관리와 기술적 관리 및 과학적 관리를 불가피하게 요구하기 시작하였으며, 이때(2000대)부터 건물주의 직영관리 체제에서 건축물종합관리 전문업체의 위탁관리 체제로의 전환이 급속하게 진행하게 됨에 따라 국내 건물종합관리 산업은 전성기를 구가하게 되었다.

그러나 2017년에 이르러 국내경기의 장기침체와 비정규직의 정규직화 고용정책의 변화로 그 간의 중심 관리 방식인 위탁관리방식에서 직영관리 방식으로의 급격한 회귀를 강요받게 되어 영세성과 자본축적에 실패한 대다수의 건물종합유지관리 업체는 크나 큰 시련기를 맞이하고 있다.

그럼에도 불구하고 건물이 존재하고 건물 소유자와 사용자 및 이용자들이 함께 존재하는 한 건물의 사용가치는 유지 및 향상되어야 하고 사용조건은 최적화 되어야 하며, 조기노후화 방지와 물리적 상태가 정상적으로 보존되어야 하고, 기능과 성능이 장기적으로 유지관리 되어야 한다는 건물종합유지관리의 본질적 목적에 따라 국내 건물종합유지관리 용역업은 나름대로의 생존을 위한 경영활동을 이어오고 있다.

국내 건물종합관리 산업의 태동 역사를 다시 한번 고찰해 보면 1945년 해방 이후 1950년대에는 일본에 의해 건축되었던 소수의 건축물만이 존재하였으나 그나마 북한의 1950년 6월 25일 기습적 남침으로 발발한 6.25의 참화로 인하여 건축물 대부분이 파괴되었으며, 건물다운 건물의 수는 소수에 불과하였다.

당시의 건물의 규모는 중소형의 건물이 대다수였으며, 건물의 층수 또한 저층 중심의 주택이 다수를 점하고 있어 건물주 스스로의 상식 및 경험에 따라 직접 관리하는 직영관리 방식으로 소유건물을 유지관리하여 왔다. 따라서 당시에는 건물종합유지관리 산업은 확립된 개념조차 존재하지 않았으며, 유상조건의 건물유지관리 서비스 수요가 많지 않은 시대였다.

그러나 1953년 7월 휴전협정 체결 이후, 주한 미군이 용산지역에 주둔하게 됨에 따라 미군 막사에 필요한 유류 운반과 난방관리 서비스의 수요가 유상조건으로 처음 발생하게 되었으며, 이를 대행한 남한기업공사(대표 이남규)가 사실상의 국내 최초 건물종합유지관리 산업의 태동역사가 되었다. 그러나 확인할 수 있는 공식자료가 미흡하여 공식적으로 국내 건물종합유지관리 산업의의 태동역사로 인정할 수 없는 실정에 있다(향후 조사와 연구가 필요할 것으로 인식된다).

국내 건물종합관리 산업의 공식적인 태동은 1962년 2월 1일 한경기업(주)가 주한미국경제협조처(USOM : United Staters Operation Mission to Korea)와 청소용역계약 체결로 부터 시작 되었다. 이때부터 종전의 협의의 청소개념이 아닌 전통적인 소제개념(掃除槪念)의 청소방법에서 미국식의 과학적 청소방법을 도입하고, 청소전문 약품을 사용하여 청소서비스를 생산 제공하게 되었다. 그 후 한경기업(주)이 국가재건최고회의와 청소용역계약을 체결함으로서 명실 공히 국내 건물종합관리 산업의(청소서비스업)의 태동역사를 기록하게 되었다.

건물종합관리 산업은 시설관리업과 환경위생관리업(미화관리 서비스업/환경미화 서비스업/청소용역업) 및 시설경비업(보안관리 서비스업) 3대 업종을 통합하여 관리하는 이른바 건물종합관리업과 3대 업종 개별 분야의 업종만을 개별적으로 관리하는 이른바 건물 개별관리 서비스 형태로 발전하여 왔다.

특히 환경위생관리업(미화관리 업/청소 서비스업)이 공식적으로는 전체 건물종합관리 서비스 업종 중 가장 먼저 태동의 역사를 기록하고 있다. 그러나 사실상의 건물종합관리 산업의 태동역사는 1953년 휴전 후 1953년 하반기부터 용산주둔 주한 미군 막사의 난방시설관리와 청소관리 및 막사 경비용역 등의 건축물종합관리 용역형태로 출발한 용산 미군시설의 건물종합관리 용역이 사실상 국내 건물종합관리 산업의 공식적인 최초 태동역사로 추정할 수 있다.

2. 국내 건물종합관리 산업의 발전과정 분석

국내 건물종합관리 산업은 다음과 같은 7단계 과정을 거처 발전하여 왔다. 이의 발전과정을 단계별로 살펴보면 다음과 같다.

1) 1단계(1960년대) : 태동기

한경기업(주)이 유솜빌딩측과 1962년 2월 1일 청소용역 계약을 체결함으로서 건축물위생관리업(건축물환경미화업/건축물 청소용역업) 중심으로 출발한 국내 건축물종합관리 산업이 공식적으로 태동역사로 기록하게 되었다.

그 후 1961년도에서 1969년 사이에 유정기업(1961년 7월 1일)과 태가실업, 용진건설, 영정산업, 삼진성흥, 산정양행(1969년 3월 1일) 등이 주식회사 형태로 각각 설립되어 건축물종합관리 용역 수주영업 활동이 본격적으로 시작하게 된 것으로 추정된다.

2) 2단계(1970년대) : 전문협회 등 전문기업의 설립기

1970년대에 집입하면서 유정기업, 영정산업 등이 전문업체로 설립되었으며, 1971년 8월 1일에는 서울시 중구 청계천 2가 소재 유남회관에서 유정기업 등 9개사가 모여 한국건물위생관리협회를 창립하여 명실공히 전문협회와 전문기업이 설립되어 운영되기 시작 하였다.

3) 3단계(1980년대) : 국내 건물종합관리 산업의 성장 출발기

산업화와 도시화의 영향으로 서울 등 대도시를 중심으로 건축붐이 일어나 대형, 고층, 첨단 건축물이 본격적으로 건축되기 시작하여 종합관리 대상 건축물의 수가 크게 증가하였다.

특히 86아시안게임과 88올림픽 국제 경기가 연이어 국내 개최의 영향으로 인하여 도시정비와 함께 건축물이 대형화 고층화 및 첨단화가 촉진되어 건축물종합관리 서비스 시장규모가 크게 증가하게 되었다. 이를 계기로 국내 건축물종합관리 서비스업의 발전이 크게 성장하였다. 또한 이를 지원하기 위한 공중 위생관리법이 1986년 5월 10일 제정 공포되었으며, 아세아 환경(주)이 영업신고를 시작 하는 등 건축물종합관리 서비스업이 전문업으로 성장하기 시작되었다.

4) 4단계(1990년대) : 국내 건물종합관리 산업의 성장촉진기

1980년대의 대형 국제경기의 국내개최는 국내경기를 활성화 시켜 새로 건축되는 건축물의 대형화와 고층화 및 첨단화를 촉진하고 건축물의 동수를 크게 증가시켜 건축주가 자체 역량으로 직영관리를 수행할 수 없는 환경이 되자 전문 관리업체에 의한 위탁관리의 시대가 도래하여 건축물종합관리 용역 전문업체가 우후죽순처럼 설립되었으며, 조달청에 의한 용역발주가 자리를 잡는 등 국내 건축물종합관리 서비스업의 성장이 촉진되기 시작하였다.

5) 5단계(2000년대) : 국내 건물종합관리 산업의 전문업종 정착기

1997년 IMF 외환위기 이후 다수의 은행과 기업이 파산 또는 부도처리됨에 따라 종전의 건물종합관리 방식으로 시설관리와 청소관리 및 경비관리 용역을 수행하여 왔으나 하나의 건물종합관리 방식으로는 전체 건축물종합관리를 할 수 없게 되자 이때부터 시설관리 용역업, 청소용역업, 경비용역업 등으로 개별 전문업종으로 분리되어 운영되기 시작하여 각각의 서비스업이 전문업종으로 개별적 또는 독립적으로 전문 용역업을 시작하여 정착하게 되었다.

6) 6단계(2010년대) : 국내 건물종합관리 산업의 경영불황기

국내경기의 후퇴와 비정규직의 정규직화 고용 정책의 여파로 수주환경이 부정적으로 격변하게 되었으며, 건물 소유주체 또는 관리주체가 직접 유지관리하는 전문관리 업체를 설립하가나 관리 부서를 신설하여 직영관리하는 환경이 조성됨으로서 수주시장 점유율이 상당 부분 잠식되었으며, 영업이익이 급감하여 건축물종합관리 서비스업이 점차 경영불황시대를 맞게 되었다

7) 7단계(2020년대) : 국내 건물종합관리 산업의 구조조정기 및 발전후퇴기

1980년대부터 일어난 건축붐과 86아세안게임 및 88올림픽 국내 개최의 영향으로 우후 죽순처럼 증가한 국내 건물종합관리 용역업체는 국내 건물종합관리 서비스 수요의

후퇴와 경제적 불황, 정부의 최저임금 정책과 비정규직의 정기직화 고용정책 등으로 매출이 줄어들고 영업이익이 악화되기 시작하였으며, 업체간의 과당경쟁 등으로 소수의 업체가 도산 또는 폐업하는 사태가 발생하고 있다.

또한 합병하는 양상을 보이는 가운데 일대 조정기를 맞고 있으며, 발전이 저조하고 후퇴하는 모습마저 보이고 있다. 변화하는 국내 건물종합관리 서비스 시장에서 생존하기 위해서는 국내 건물종합관리 업계에서는 어려운 국면을 돌파할 새로운 경쟁력 개발과 차별성의 확보에 노력해야할 것으로 판단된다.

제2절 국내 건물종합관리 서비스 시장의 환경변화 분석

앞에서 논의한 바와 같이 1960년대에는 국내 건물의 현황을 살펴보면 통계를 잡을 수 없을 정도로 건물의 규모나 동수가 매우 미미 하였으나 1971년에 현대 건물의 효시로 알려져 있는 3.1빌딩이 준공되고 연이어 1976년 대우빌딩의 준공과 1979년 삼성 본관이 건축됨으로서 대기업 중심의 본사 사옥 빌딩에 대한 건축물종합관리 필요성이 대두하기 시작하다가 1980년대에 접어들면서 86아시안게임, 88올림픽게임 등의 개최로 대규모의 빌딩이 다수 건축되기 시작하면서 국내 건축물의 양적 성장을 이룩하였다.

당시 최고층 빌딩으로 알려진 63빌딩이 1985년에 준공되었으며, 1987년에 POSCO빌딩이 준공되면서 서울시 여의도와 강남구 테헤란로 일대에 대형 빌딩 군이 형성되기 시작 하였다. 이와 같은 동 시기에 삼성그룹의 중앙개발, 삼성생명의 빌딩관리사업무, 풍림산업의 사옥관리부, 대우그룹의 동우공영, LG그룹의 LG 유통 빌딩관리 사업부 등이 대기업 중심으로 빌딩관리 자회사나 전담 부서 등이 조직화되기 시작하였다.

이와 같은 시대적 변천을 거쳐오면서 2021년 12월 말 현재 전국의 건축물 동수 현황은 무려 7,314,264동을 기록하고 있어 바야흐로 우리나라는 건축물의 양적 팽창시대를 맞이하고 있으며, 건축물 사용자의 다양한 서비스 요구와 최첨단 건축설비와 자동화 시설의 등장 등 질적 변화를 함께 맞이하고 있다. 이와 같은 건축물의 물리적 환경변화와 질적 환경변화는 건축물종합관리 업계와 기업에 대하여 지대한 영향을 미치고 있다. 따라서 이와 같은 환경변화에 적절히 대응하기 위한 건축물종합관리의 학문적 체계화 연구와 학문화 연구의 요구가 대두되고 있다. 따라서 국내 건축물종합관리 서비스 시장의 환경변화에 대하여 자세히 살펴 충분하게 이해할 필요가 있다.

1. 건물의 물리적 환경변화 분석

건물의 양적 성장에 대하여 국토교통부 건축물 통계자료를 토대로 조사 해 보면 아래의 표에서 보는 바와 같이 주거용 건물, 상업용 건물, 공업용 건물, 문교사회용 건물 그리고 기타용도의 건물을 합하여 2021년 말 현재 무려 7,314,264동으로 조사되고 있어 국내 건물의 양적·물리적 환경변화를 보여주고 있다.

우리나라는 1960년대와 같이 건축물다운 건축물이 미미한 시대에서 불과 50여년이 경과한 2010년대 부터 엄청난 규모의 건축물이 건축되기 시작하여 오늘에 이르고 있어 건축물의 물리적 환경변화를 실감하게 하고 있다. 건축물의 양적 성장을 시사하는 통계자료는 다음과 같다.

1) 건물의 물리적·양적 변화 분석

건물의 물리적·양적 변화를 지표로 소개하는 국토교통부 통계자료에 의하면 전국 건물의 분포현황은 다음 〈표 1〉과 같다.

〈표 1〉 전국 건물의 분포현황

건물의 용도	분포현황
주거용 건물	4,582,414(62.7%)
상업용 건물	1,341,695(18.3%)
공업용 건물	335,451(4.6%)
문교사회용 건물	200,425(2.7%)
기타용도 건물	854,275(11.7%)
소 계	7,314,264(100%)

(자료출처 : 국토교통부, 2021년 12월 31일 현재, 전국 건물 통계)

또한 전국 건물 분포현황을 토대로 건물의 물리적 환경변화를 나타내는 건물의 동수와 층별 물리적 변화추이를 살펴보면 다음과 같이 조사되고 있다.

건물의 물리적 환경변화를 대표적으로 표상하는 건물의 용도별 층별 건물의 증가 추이를 살펴보면 건물의 물리적 환경변화를 인식할 수 있다.

국토교통부가 건물 통계를 시작한 2004년도 건물통계는 미미한 수준이었으나 2021년도 말 기준 건물의 동수는 7,314,264동으로서 엄청난 물리적 변화 현상을 보여주고 있다. 건물의 층수별 건물 증가 현황을 소개하면 다음 〈표 2〉와 같다.

〈표 2〉 건물의 층별현황

(단위/동)

연도	합계	1F	2-4F	5F	6-10F	11-20F	21-30F	30F이상
2021	7,314,264	4,463,261 (61.0%)	2,426,975 (33.2%)	180,665 (2.5%)	97,287 (1.3%)	96,422(1.3%) 49,410	27,030 (0.4%)	3,518 (0.0%)

(자료출처 : 국토교통부, 2021년 12월 31일 현재 전국의 층별 건축물 통계)

2) 현대 건물의 초고층화와 최첨단화의 변화분석

전문적 관리와 과학적 관리 및 기술적 관리를 요하는 초고층, 최첨단 건물(IBS Building)을 조사해 보면 1985년도에 건축된 63빌딩, 2010년대의 123층/555미터 서울롯데슈퍼타워, 서울용산업무 지구에 건축 된 111층 트리플 원 빌딩과 2017에 준공한 151층 규모의 인천시 인천타워 등 건물 초고층, 최첨단 건축물 시설의 출현으로 건축물의 물리적 환경변화를 보여주고 있다. 우리나라 건물의 물리적 환경변화를 웅변으로 증명해 주고있는 초고층빌딩의 현황자료를 소개하면 다음 〈표 3〉과 같다.

〈표 3〉 전국 초고층 건물의 현황

빌딩 명	층수/높이(미터)	사업주체	사업기간
디지털메디어시티	133층/640미터	대우 등 25개 출자사	2009 ~ 2016
서울롯데슈퍼타워	123층/555미터	롯데그룹	2010 ~ 2016
부산 제2롯데월드	107층/465미터	롯데그룹	2010 ~ 2015
트리플 원	111층/620미터	서울용산국제업무지구	2011 ~ 2016
서울 숲	110층/550미터	현대차그룹	2015 ~ 준공 미정
부산해운대 관광리조트	118층/511미터	해운대중동	준공
시티타워	110층/450미터	인천청라	준공

(자료 출처 : 최걸성(2011), 상업용 건물관리제도의 평가와 개선에 관한 연구, p.25)

2. 건물 임대차시장의 성격변화와 임차인의 다양한 요구 서비스 분석

건물임대차 시장의 성격 또한 크게 변모하였다. 종전의 건물임대차 시장의 성격에서 다음과 같이 현대의 건물임대시장 성격으로 크게 변화하였다. 따라서 시설관리 현장에서는 현대의 임대차 시장의 성격에 부합하는 서비스를 생산·제공해야 하므로 이에 따라 시설관리 서비스 개념 역시 크게 변화하였다.

〈표 4〉 건물임대차 시장의 성격변화와 임차인의 다양한 요구 서비스

구 분	종 전	현 재
임대차시장 성격	임대인 중심 시장	임차인 중심시장
시설관리 서비스수준	시설관리 일반서비스 요구	시설관리 맞춤 서비스 요구
시설관리자 요구 능력	시설관리자 기술능력	Global standard 적응 능력/시설물 운영관리 능력/정보수집 및 고객만족도 관리 능력/마켓팅 능력
임차인 요구 조건	물리적 공간 일반 시설관리 서비스	친환경 공간/Wellbeing 편의시설/사무자동화시설/IBS Builing/One stop service 요구

3. 건물의 시대적 특성변화 분석

국내 건물 시설관리업의 본격적인 발전은 1970년대의 산업사회 진입으로부터 시작된다고 볼 수 있다. 왜냐하면 1960년대만 하드라도 농업을 중심으로 하는 농업경제사회였으므로 건축물다운 건축물의 동수기 미미한 시대였으나, 1970년대에 시작된 산업사회는 공장 건축물과 오피스빌딩 건축의 필요성을 제기함으로써 우리사회는 산업사회와 발맞추어 공장 건축물과 오피스 빌딩의 건축 붐이 서울 여의도와 테헤란로 중심으로 일어나게 되었다.

이와 같은 건축 붐은 건축물의 특성을 여러 가지 측면에서 변모하게 하였다. 1960년대의 주거용 건물의 특성에서 상업용 오피스빌딩 특성으로 크게 변화되게 하였다. 뿐만 아니라 이와 같은 건축물의 용도 또한 산업사회의 발전과 경제발전에 힘입어 주거용 건축물에서 산업용 건축물로, 산업용 건축물에서 업무용 건축물로 변모시켰으며, 건축시설 수준 역시 종래의 전통적 건축물시설 수준에서 자동화 시설로 자동화 시설수준에서 첨

단 시설(인테리젼트)로 변화되게 하였다.

또한 건물의 층수 역시 1960년대의 저층 건축물 시대에서 1970년대 중층 건축물 시대로, 다시 1980년대에 진입하면서 고층 건축물 시대를 맞이하다가 2010년에 진입하면서 초고층 건물 시대를 맞이하고 있다

제3절 국내 건물종합관리 현장의 현황분석

1. 시설관리 서비스 종사자의 임금수준 분석

연구문헌에 따르면 시설관리 종사자의 평균 임금을 우리나라 전체 산업체 평균 임금과 비교해 보면 약 62%의 수준에 머물고 있다.

양질의 시설관리 서비스를 생산·제공하여 고객을 만족하게하기 위해서는 시설관리 종사자의 임금이 전체 산업체 평균임금 수준 이상으로 상향 조정해야 할 것으로 판단된다. 시설관리 서비스 종사자의 임금 수준을 참고문헌을 통하여 살펴보면 〈표 5〉와 같다. 다만, 시설관리 분야의 경우 해당 법률의 개정으로 기계설비 유지관리자가 법정 선임 자격으로 결정되고 미화 분야와 경비 분야의 비정규직의 정규직화 정책이 자리 잡을 경우, 시설관리 서비스 종사자 임금 수준은 현재의 임금 수준보다 다소 상향 조정될 것으로 추정된다. 참고로 아래의 참고문헌의 작성시기가 2005년도에 생산된 자료이므로 약 19년이 경과한 2023년도의 경우, 그간의 물가 인프레이션의 영향과 임금인상의 영향으로 전체 산업체의 평균 임금과 시설관리 서비스 종사자의 평균임금 역시 종전의 평균 임금에서 약 100만원 이상 상향 조정된 것으로 추정된다(임금에 대한 최신 연구자료가 부재하여 추정 평균 임금만 추정하여 소개함).

〈표 5〉 시설관리 서비스 종사자 임금 수준

구 분	월 평균 임금	근무 일수
전체 산업 평균	2,352,840(원)	24일/월
시설관리 서비스	1,468,596(원)	20.8일/월

(자료 출처 : 노동부 기획관리실, 노동경제담당관실 2005년 통계자료)

2. 시설관리 서비스 종사자 인당 양적 생산성(인당 관리면적) 분석

1) 국내 시설관리 서비스 종사자 인당 관리면적(인당 양적 생산성) 분석

건축물종합관리 영역 중 시설관리 서비스 양적 생산성인 인당 관리 면적은 약 1,025평으로서 일본 시설관리 서비스 인단 관리면적 2,250평에 비해 약 46%의 낮은 생산성을 보이고 있다. 시설관리 서비스의 양적 생산성과 경쟁력 모두 일본의 약 2분지 1이하 수준에 있어 개선이 시급히 요구되고 있다. 국내 시설관리 종사자 인당 관리면적(시설관리 종사자의 시설관리 서비스 양적 생산성) 생산성을 표로 정리하면 <표 6>과 같다. 다만, 시설관리 종사자의 다기능, 다역화 능력이 있는 경우와 해당 건물의 규모, 용도, 면적, 성격 등에 따라 시설관리 서비스 생산성은 다소 달라질 수 있음을 유의하기 바란다.

<표 6> 시설관리 종사자의 시설관리 서비스 인당 관리면적

구 분	A빌딩	B빌딩	C빌딩	D빌딩	평 균
연 면적(평)	16,732	26,513	12,100	11,407	
관리인원(명)	14	31	11	12	
인당 관리면적(평)	1,195	855	1,100	951	1,025(평)

(자료 출처 : 국가기술표준원(2005), 상게 논문, p.58)

2) 미국의 인당 생산성(인당 관리면적/인당 양직 생산성) 분석

<표 7> 미국의 시설관리 인당 관리면적(인당 양적 생산성)

구 분	연 면적(평)	관리 인원(명)	인당 관리면적(평)
Hyatt Center	47,858	21	2,279
Museum Tower	12,645	5	2,529
계	60,503	26	평균 2,327 /인

(자료 출처 : 국가기술표준원(2005), 상게 논문 p.60)

참고문헌을 토대로 미국의 인당 관리면적(인당 양적 생산성)을 분석해 보면 평균 2,404평으로 조사되고 있어 국내 시설관리 인당 생산성에 비해 2배 이상의 생산성과 경쟁력을 보여 주고 있다. 참고문헌의 인당 생산성 자료를 소개하면 <표 7>과 같다.

3) 일본의 시설관리 인당 양적 생산성(인당 관리면적/인당 생산성) 분석

일본의 시설관리 인당 생산성을 참고문헌을 통하여 조사해 보면 다음과 같이 조사되고 있다.

<표 8> 일본의 시설관리 종사자 인당 양적 생산성(인당관리 면적)

구 분	연 면적(평)	관리인원(명)	인당 관리면적(평)
T-B/D	18,914	13	1,455
시도오메 City Center	56,793	31	1,832
Nihonbashi 1-chome B/D	29,675	12	2,473
Mori Trust Tower	19,900	10	2,967
록본기 Hills	114,799	47	2,571
계	240,081	113	평균 2,259

(자료 출처 : 국가기술표준원(2005), 상게논문, p.62)

4) 국내 시설관리 서비스 생산성과 외국 시설관리 서비스 생산성 비교분석

시설관리 서비스관리에 있어서 선진국에 해당하는 미국과 일본 등과 시설관리 생산성을 비교 하면 다음의 <표 9>와 같다.

<표 9> 선진국 시설관리 인당 양적 생산성 비교

구분	한국	미국	일본
인당 관리면적	1,025	2,245	2,259
인당 단가(천원)	1,263	-	3,491
평당 관리단가(원)	7,951	-	6,924

(자료출처 : 국가기술표준원(2005), 상게논문, p.64)

3. 건물 입주고객(건물 사용자)의 만족도 분석

1) 건물입주 고객의 시설관리 항목별 만족도 분석

〈표 10〉 건물 입주고객의 시설관리 서비스 항목별 만족도(%)

구 분	A빌딩 입주자	B빌딩 입주자	C빌딩 입주자	D빌딩 입주자	평균
실내 온 습도	56.25	60.00	63.75	50.00	57.50
사무 환경	57.81	57.50	65.00	51.25	57.89
승강기 이용	69.32	73.75	78.52	59.38	70.24
실내조명	71.56	73.75	71.25	72.50	72.26
불편사항 민원	83.13	83.75	88.75	81.25	88.22
빌딩별 만족도 평균 만족도	67.61	69.75	73.45	62.87	59.22

(자료출처 : 국가기술표준원(2005), 상게 논문)

건물종합관리는 건물의 소유자와 사용자 및 이용자 등의 고객이 건물의 소유와 사용 및 이용에 요구되는 양질의 서비스를 생산하고, 이를 적절하게 제공하여 고객을 만족하노록 하는데 목적이 있다. 그러나 입주 건물의 입주자를 대상으로 고객 만족도를 실증조사해 보거나 문헌을 통하여 조사해 보면 건물 입주고객의 건물사용에 대한 민족도가 〈표 10〉과 같이 생각보다 높지 않은 것으로 조사되고 있어 개선이 요구되고 있다.

문헌자료를 통하여 건물 입주자 만족도를 조사해 보면 다음의 〈표 10〉과 같이 입주고객의 시설관리 서비스 평균 만족도는 59.22%로 조사되고 있어 국내 건물종합관리 영역의 시설관리 서비스는 매우 불만족한 서비스로 평가되고 있다.

2) 건물종합관리 업종별 서비스 고객만족도 분석

건물종합관리 업종별 서비스 만족도를 문헌을 중심으로 살펴보면 다음의 〈표 11〉과 같이 조사되고 있어 시설관리 서비스 평균 만족도 75.00%, 환경위생관리 서비스의 평균 만족도는 78.74%, 그리고 시설경비 서비스 만족도는 79.10%로 조사되고 있어 전체 건물종합관리 서비스 평균 만족도는 겨우 77.61%로 조사된다. 고객의 건물종합관리 업종별 서비스 만족도 역시 낮게 조사되고 있어 서비스 품질의 개선이 크게 요구되고 있다.

〈표 11〉 건물종합관리 업종별 서비스 고객만족도

분 야	A빌딩	B빌딩	C빌딩	D빌딩	평 균
시설관리	75.08	80.29	66.36	66.52	75.00
환경미화(청소)	79.35	81.68	77.74	76.20	78.74
시설 경비	79.88	79.88	76.32	73.65	79.10

(자료출처 :국가기술표준원(2005), 상게 논문)

4. 건물 시설관리 서비스 품질매뉴얼 보유 실태 분석

2006년도 건설교통부(현 국토교통부) 연구보고서(집합건축물의 유지관리 및 보수기법 개발 연구 보고서)에 따르면 조사대상 업체 중 약 28%만이 시설관리 서비스 매뉴얼을 보유하고 운용하고 있는 것으로 조사되고 있다. 따라서 일부 현장을 제외한 대부분의 건축물종합관리 현장에서는 표준 서비스 매뉴얼에 기반한 과학적 관리와 기술적 관리 및 전문적 관리활동 대신 건축물종합관리 종사자의 경험과 상식 및 직관에 의한 주먹구구식 관리방법에 의하여 건축물의 종합관리활동을 수행하고 있는 것으로 추정되고 있다. 따라서 개선이 크게 요구되고 있다.

제4절 국내 건물종합관리 서비스 시장의 현황분석

1. 국내 건물종합관리 서비스 주요 업종별 서비스 시장 거래규모 분석

국내 건물종합관리 업종별(시설관리/미화관리/시설경비/방역소독) 서비스 시장의 거래규모는 다음의 〈표 12〉와 같이 조사되고 있다.

〈표 12〉 국내 건물종합관리 주요 업종별 서비스 시장 거래규모

(단위/원)

업 종	시장규모
시설관리업	3조
환경위생관리업	5조3천억
시설경비업	4조
방역 소독업	1조
소 계	13조3천 억

(자료 출처 : 2012년도 조달청 행정 자료)

2. 건물 생애단계별 총 생애비용 구성비 분석

건물은 기획설계 단계, 시공 단계, 유지관리 단계 그리고 철거 단계를 거쳐 일생을 마치게 된다. 일본능률협회가 조사한 건축물 총 생애비용은 다음과 같다.

〈표 13〉 건축물 생애단계별 총 생애비용 구성비

단 계	기획 설계	시 공	유지관리	철 거	계
구성비(%)	0.4%	16	83.2%	0.4%	100%

(자료 출처 : 일본능률협회 건축물 총 생애비용 조사자료)

3. 건물종합관리 용역회사 및 종사자 분석

앞에서 논의한 바와 같이 2021년도 말 기준 전국의 건물의 동수는 무려 7,314,264동에 이르고, 종합관리의 대상인 11층 ~ 20층의 건물 동수는 96,422동에 달하고 있으며, 21층 ~ 30층 해당 건축물의 동수는 27,030동에 달하고 있다. 또한 31층 이상 건물의 동수는 3,518동에 이르고, 건축물종합관리 용역시장의 규모가 무려 13조 3천억에 달하고 있다. 이와 같은 건물의 물리적 변화에 부응하기 위하여 설립된 건물종합관리 주요 업종별 기업의 수와 이에 종사하는 종사자의 수는 다음 〈표 14〉와 같다.

〈표 14〉 국내 건물종합관리 참여 주요 업종별 업체의 수와 종사자의 수

업 종	업체 수	종사자 수
시설관리업	4,000개 사	20만 명
환경위생관리업	12,380개 사	60만 명
시설 경비업	3,816개 사	40만 명
방역 소독업	4,800개 사	10만 명
소계	68,196개 사	130만 명

(자료 출처 : 2012년도 조달청 행정자료)

주1) 종사자 수는 추정한 시장 규모에 따라 산출한 숫자임

주2) 건축물종합관리 관련협회(한국건축물종합관리 협회/한국건물위생관리협회/한국경비협회/한국방역협회)의 협조를 받아 작성된 자료임.

4. 건물종합관리 영역별 관리비의 비중(%) 분석

국내 건물종합관리 업종별 소요되는 관리비용의 비중은 다음과 같이 나타나고 있다. 이를 표로 정리하면 다음 〈표 15〉와 같다. 다만, 건물의 규모와 용도 및 성격 등에 따라 건물종합관리 생애비용의 비중은 다소 달라질 수 있음도 유의해야 한다.

국내 건물종합관리의 다양한 업종 중 시설관리 비의 비중이 전체 대비 63.8%를 점하고 있어 가장 많이 소요하는 것으로 조사되고 있다.

〈표 15〉 국내 건물종합관리 업종별 관리비 구성비율

업종별	관리비
시설관리	63. 8%
환경위생관리	18.4%
시설경비	13.6%
주차관리	14%
방역 소독	0.2%

(자료출처 : 국가기술표준원(2005), 시설관리 서비스 표준화 연구, 2006, p.55)

5. 시설관리 분야 시설관리 항목별 비용 구성비율 분석

국내 건물종합관리 분야의 시설관리 항목별 소요되는 비용의 구성은 다음의 〈표 16〉과 같이 나타나고 있다. 전체 시설관리 비용 중 인건비 중심의 일반관리비가 약 55%를 점하고 있어 시설관리 비용 중에서 가장 많이 소요되는 것으로 조사되고 있다.

〈표 16〉 국내 건물종합관리분야 시설관리 항목별 비용의 구성비율

구 분	일반관리비	에너지 비	수선유지비	제세공과금	계
비율(%)	55	24	13	8	100

(자료 출처 : 국가기술표준원(2005), 상게 논문, p.55)

6. 건물종합관리 시설관리 서비스 분야 평당 인건비 분석

건물종합관리 시설관리 서비스 영역 중 하나인 시설관리 서비스 영역의 평단 인건비는 일반적으로 다음과 같이 조사되고 있다. 다만, 건물의 규모나 면적이나 성격 및 용도 등에 따라 시설관리 서비스의 평당 인건비가 다소 달라질 수 있다.

다음은 4개 빌딩 시설관리 서비스 평당 소요 인건비를 조사한 자료로서 평균 평당 인건비는 7,951.5으로 조사되고 있다. 4개 빌딩 조사자료를 표로 정리하면 다음의 〈표 17〉과 같다.

〈표 17〉 시설관리 서비스 평당 소요인건비

구 분	A빌딩	B빌딩	C빌딩	D빌딩
연 면적(평)	16,732	26,513	12,100	11,407
평당 인건비(원) /월	8,180	8,591	8,407	6,628

(자료 출처 : 국가기술표준원(2005), 상게 논문, p.57)

제 1 장	국내 건물종합관리 현장과 서비스 시장 문제개념의 이해
제 2 장	국내 건물종합관리 현장과 서비스 시장의 현황분석
제3장	국내 건물종합관리 문제평가 및 개선방안

제1절 국내 건물종합관리 산업문제 도출의 개념과 문제성 평가

1. 문제 도출의 개념

앞에서 논의한 바와 같이 문제(Problem)의 의미는 해답을 요구하는 질문(물음)을 의미하고 있으며, 연구하거나 해결해야할 사항으로 해석되고 있다.

국내 건물종합관리산업 문제의 도출이라 함은 건물종합관리 현장이나 서비스 시장에 잠재하고 있는 건물종합관리 저해성 문제점이나 개선이 요구되는 부정적 요소 등을 현실적 개선의 장으로 유인하는 행위를 말한다.

건물종합관리 현장과 시장의 문제는 건물종합관리 활동에 부정적 현상을 초래하고 문제점 또는 저해 요인으로 작용하고 있기 때문에 반드시 연구를 통하여 개선해야 한다. 왜냐하면 국내 건물종합관리 현장의 현황과 서비스 시장의 실태 분석결과 도출한 문제는 건물사용자의 만족에 요구되는 양질의 건물종합관리 서비스 생산과 국내 건물종합관리 산업의 발전 및 건물종합관리의 목적 실현을 저해하고 있기 때문이다. 그러므로 문제의 개요를 살펴보고 문제로 인하여 초래되는 부정적 현상에 대하여 검토 한 후에 개선 방향을 설정하고 연구를 통하여 이를 개선해야 한다. 왜냐하면 국내 건물종합관리 현장과 시장의 문제는 정상적인 건물종합관리 활동과 양질의 건물종합관리 서비스 생산 및 국내 건물종합관리 서비스 산업의 발전을 저해하고 있기 때문이다.

국내 건물종합관리 현장의 현황과 서비스 시장의 실태 분석결과와 건물종합관리 현황 및 실태에 대한 문헌조사와 실증 분석결과를 도출한 국내 건물종합관리 현장과 시장의 문제로서 연구를 통하여 개선 또는 해결해야 하는 국내 건물종합관리의 문제들은 후술하는 제2절의 내용과 같다.

2. 국내 건물종합관리 산업문제의 문제성 평가

1) 문제의 문제성 평가의 의의

건물종합관리 현장에 존재하거나 건물종합관리 현장 밖에 존재하고 있는 문제에 대하여 분석을 통하여 문제의 문제성 유무에 대한 평가할 필요가 있다.

왜냐 하면 건물종합관리 문제는 정상적인 건물종합관리 활동을 저해하여 고객의 만족에 요구되는 양질의 건물종합관리 서비스 생산을 저해하거나 국내 건물종합관리 산업의 발전에 부정적으로 작용하기 때문에 연구를 통하여 개선 또는 해결해야 하는 문제들이기 때문이다. 따라서 문제의 문제성 평가는 평가지표를 설정하고, 이를 통하여 문제의 문제성 평가를 실시하여 개선 또는 해결을 요구하는 문제여부를 판단해야 한다. 건물종합관리 문제의 문제성 평가 결과 문제로 판정되는 경우, 이에 대한 개선방향을 설정하여 연구를 통하여 개선 또는 해결해야 한다.

2) 문제의 문제성 평가지표

건물종합관리 산업문제의 문제성 평가를 실시하여 건물종합관리의 문제를 도출하기 위해서는 문제의 문제성 평가지표를 개발하고 문제의 평가에 적용해야 한다. 평가지표

개발방향은 건물종합관리의 목적과 건물종합관리학의 연구대상을 중심으로 개발하고 활용함이 타당성이 있어 보인다. 건물종합관리 문제의 문제성 평가지표는 다음과 같이 설정 할 수 있다.

〈표 18〉 건물종합관리 산업 문제의 문제성 평가지표

① 정상적인 건물종합관리 활동 저해성 또는 부정적 작용여부
② 양질의 건물종합관리 서비스의 효과적 생산 저해성 또는 부정적 작용여부
③ 건물종합관리 고객의 바람직한 건물의 소유와 사용 및 이용 만족 실현 저해성 또는 부정적 작용여부
④ 건물 기반의 인간의 삶과 생활과 일의 바람직한 영위 저해성 또는 부정적 작용여부
⑤ 건물종합관리 이론과 지식의 체계화 및 기술 개발의 저해성 또는 부정적 작용여부
⑥ 건물종합관리 사물과 현상의 통일적 설명기재 개발의 저해성 또는 부정적 작용여부

⑦ 국내 건물종합관리 산업의 발전 저해성 또는 부정적 작용여부
⑧ 건물종합관리 목적의 효율적 달성 저해성 또는 부정적 작용여부
⑨ 건물사용가치(건물의 기능, 안전, 편의, 미관, 쾌적, 위생 등의 가치)의 유지 및 향상과 건물 사용조건의 최적화 실현의 저해성 또는 부정적 작용여부
⑩ 건물의 물리적 상태의 정상적 보존과 유지 및 건물 수명의 장수화 실현의 저해성 또는 부정적 작여부용

3) 건물종합관리 문제의 평가방법

먼저 문제의 문제성 평가지표를 작성하고, 작성한 평가지표 중 저해성 또는 부정적 작용여부를 기준으로 설정하고 한 문항 이상의 저해성 또는 부정적으로 작용하는 경우, 건물종합관리 산업의 문제로 평가하고 건물종합관리 산업의 문제로 분류하여 연구를 통한 문제 개선 대상문제으로 분류한다.

다시 말하면 건물종합관리산업 문제의 문제성 평가 지표 항목에 해당되는 건물종합관리 산업발전 저해성 또는 부정적 작용, 정상적 건물종합관리 활동 저해성 또는 부정적 작용, 양질의 건물종합관리 서비스 생산과 고객만족의 실현의 저해성 또는 부정적 작용 등과 같이 건물종합관리산업 문제의 문제성 평가지표 항목에 해당되는 문제는 건물종합관리 산업의 문제로 평가하고, 연구를 통한 개선대상으로 상정한다.

제2절 국내 건물종합관리 산업문제의 도출

앞에서 논의한 건물종합관리 산업의 영향요소별 문제의 분류에서 건물종합관리 산업의 영향요소별 문제에 대하여 건물종합관리 산업문제의 문제성 평가지표를 대입한 결과 건물종합관리 산업의 발전 등에 저해성을 가지고 있는 사항을 중심으로 연구를 통하여 개선이 요구되는 건물종합관리 산업의 문제를 도출하면 다음과 같다.

〈표 19〉 건물종합관리 산업 도출 문제의 현황

① 건물종합관리의 학문적 체계화 연구의 부재와 학문화 지연 문제
② 건물종합관리 서비스 품질매뉴얼 구축 미흡 및 서비스 품질표준화 기반부실 문제
③ 건물의 복합성 통합관리의 경시 및 건물의 물리성 중심의 편향적 관리 문제
④ 국내 건물종합관리 일부 이해관계자의 건물종합관리의 가치와 중요성 및 필요성에 대한 인식오류 문제
⑤ 건물종합관리 종사자 낮은 경제적 대우 문제
⑥ 건물종합관리 용역 1년 단기발주 문제
⑦ 건물종합관리 서비스 생산의 고비용 저생산성 문제
⑧ 건물 사용자(고객)의 서비스 만족도 저하 문제
⑨ 국내 건물종합관리 서비스 시장의 낮은 진입장벽 문제
⑩ 국내 건물종합관리 통합 기본법 부재 및 관계법령 개별적용 및 분산적용 문제
⑪ 비정규직 중심 고용구조 문제
⑫ 덤핑 수주, 불공정 입찰, 부적절한 수주 관행 등 입찰시장 폐습 문제
⑬ 건물종합관리 업체 일부 경영자의 교육의 중요성 및 R&D의 필요성 경시 문제
⑭ 건물종합관리 현장 소장(운영관리사), 청소관리사 등 법정 자격제도 결여 문제
⑮ 건물종합관리 현장 구성원간의 인간관계 갈등 문제

제3절 도출한 건물종합관리 산업문제와 문제성 평가의 논거

1. 건물종합관리의 학문적 체계화 연구의 부재와 학문화 지연 문제

국내 건물종합관리 현장과 시장 및 업계에서는 건물종합관리의 학문적 체계화 연구의 부재와 학문화 지연의 문제가 존재하고 있다. 이로 인하여 초래되는 부정적 현상은 양질의 건물종합관리 서비스 생산과 국내 건물종합관리 산업의 발전을 저해하고 있으며, 서비스산업 발전을 위한 학문적 지원의 결여 등 부정적으로 작용하고 있다. 따라서 연구를 통하여 개선 또는 해결해야할 국내 건물종합관리 산업의 문제로 평가된다.

2. 건물종합관리 서비스 품질매뉴얼 구축 미흡 및 서비스 품질 표준화 기반부실 문제

국내 건물종합관리 현장과 시장 및 국내 건물종합관리 현장에는 건물종합관리 서비스 품질매뉴얼 구축 미흡의 문제와 서비스 품질 표준화 기반 부실의 문제가 함께 존재하고 있다. 이로 인하여 초래되는 부정적 현상은 양질의 건물종합관리 서비스 생산과 국내 건물종합관리 산업의 발전을 저해하고 있으며 부정적으로 작용하고 있다. 따라서 연구를 통하여 개선 또는 해결해야할 국내 건물종합관리 산업의 문제로 평가된다.

3. 건물의 복합성 통합관리의 경시 및 건물의 물리성 중심의 편향적 관리 문제

국내 건물종합관리 현장과 기업에는 건물의 복합성 전체를 대상으로 하는 건물통합관리 시스템이 경시되거나 간과되는 가운데 건물의 물리성 중심의 편향적 건물관리시스템이 대종을 이루어 수행되는 문제가 존재하고 있다. 이로 인하여 양질의 건물종합관리 서비스 생산과 건물종합관리 고객의 만족도 저하, 국내 건물종합관리 산업의 발전을 저해하고 있으며 부정적으로 작용하고 있다. 따라서 연구를 통하여 개선 또는 해결해야할 국내 건물종합관리 산업의 문제로 평가된다.

4. 건물종합관리의 가치와 중요성 및 필요성에 대한 인식오류의 문제

국내 건물종합관리 현장과 기업 및 국내 건물종합관리 산업계 일부 이해관계자 중에는 건물종합관리의 가치와 중요성 및 필요성에 대하여 인식의 오류를 범하고 있다. 이로 인하여 초래되는 부정적 현상은 양질의 건물종합관리 서비스 생산과 국내 건물종합관리 산업의 발전을 저해하고 있으며 부정적으로 작용하고 있다. 따라서 연구를 통하여 개선 또는 해결해야할 국내 건물종합관리 산업의 문제로 평가된다.

5. 건물종합관리 종사자의 낮은 경제적 대우 문제

국내 건물종합관리 현장과 기업 및 시장에는 국내 건물종합관리 현장 종사자의 경제적 대우가 전체 산업체 종사자 평균 임금보다 다소 낮은편이며, 국내 건물종합관리 현장 종사자의 직업에 대한 전문직 인정이 사회적으로 소홀하다는 문제가 존재하고 있다. 이로 인하여 초래되는 부정적 현상은 양질의 건물종합관리 서비스 생산과 국내 건물종합관리 산업의 발전을 저해하고 있으며 부정적으로 작용하고 있다. 따라서 연구를 통하여 개선 또는 해결해야할 국내 건물종합관리 산업의 문제로 평가된다.

6. 건물종합관리 용역 1년 단기발주 문제

국내 건물종합관리 서비스 시장에는 약 30% 내지 약 40%에 해당하는 주요 발주처의 경우, 단기발주(1년계약 기간) 방식으로 발주하고 있으며, 이로 인하여 초래되는 부정적 현상이 국내 건물종합관리 산업의 발전을 저해하고 있다. 따라서 연구를 통하여 개선 또는 해결해야할 국내 건물종합관리 산업의 문제로 평가된다.

7. 건물종합관리 서비스 생산의 고비용 저생산성 문제

국내 건물종합관리 현장에는 고비용 저생산성의 문제가 존재하고 있다. 이로 인하여 초래되는 여러 가지 부정적 현상은 양질의 건물종합관리 서비스 생산과 국내 건물종합관리 산업의 발전을 저해하고 있으며 부정적으로 작용하고 있다. 따라서 연구를 통하여 개선 또는 해결해야할 국내 건물종합관리 산업의 문제로 평가된다.

8. 건물사용자(고객) 만족도 저하 문제

국내 건물종합관리 현장과 시장에는 건물사용자(고객) 만족도 저하의 문제가 존재한다. 이로 인하여 초래되는 여러 가지 부정적 현상은 양질의 건물종합관리 서비스 생산과 국내 건물종합관리 산업의 발전을 저해하고 있으며 부정적으로 작용하고 있다. 따라서 연구를 통하여 개선 또는 해결해야할 국내 건물종합관리 산업의 문제로 평가된다.

9. 국내 건물종합관리 서비스 입찰 시장의 낮은 진입장벽 문제

국내 건물종합관리 현장과 시장에는 낮은 진입장벽의 문제점이 존재하고 있어 기술이나 전문성 없는 업체가 난립하여 국내 건물종합관리 서비스 이해관계자로 하여금 아무나 누구나 국내 건물종합관리 서비스 시장에 참여할 수 있는 것으로 생각하는 인식오류의 문제가 존재하고 있다. 이로 인하여 양질의 건물종합관리 서비스 생산과 국내 건물종합관리 산업의 발전을 저해하고 있으며 부정적으로 작용하고 있다. 따라서 연구를 통하여 개선 또는 해결해야할 국내 건물종합관리 산업의 문제로 평가된다.

10. 국내 건물종합관리 통합 기본법 부재 및 관계법령 개별적용 및 분산적용 문제

국내 건물종합관리 현장과 시장에는 건물종합관리 통합기본법이 없으며 관계법령들이 해당 부처의 요구에 따라 제각각 입법되어 개별적용 및 분산적용하는 문제가 존재하고 있다. 이로 인하여 여러 가지 부정적 현상이 초래되어 양질의 건물종합관리 서비스 생산과 국내 건물종합관리 산업의 발전을 저해하고 있으며 부정적으로 작용하고 있다. 따라서 연구를 통하여 개선 또는 해결해야할 국내 건물종합관리 산업의 문제로 평가된다.

11. 건물종합관리 현장종사자의 비정규직 중심 고용구조의 문제

국내 건물종합관리 현장에는 비정규직 중심 고용구조의 문제가 존재하고 있다. 이로 인하여 초래되는 여러 가지 부정적 현상은 양질의 건물종합관리 서비스 생산과 국내 건물종합관리 산업의 발전을 저해하고 있으며 부정적으로 작용하고 있다. 따라서 연구를 통하여 개선 또는 해결해야할 국내 건물종합관리 산업의 문제로 평가된다.

12. 덤핑수주, 불공정 입찰, 부적절한 수주관행, 입찰문서 위변조 등 입찰시장 폐습의 문제

국내 건물종합관리 용역시장에는 덤핑수주, 불공정 입찰, 부적절한 수주관행 등 입찰시장의 폐습이 존재하고 있다. 이로 인하여 부정적 현상이 초래되어 양질의 건물종합관리 서비스 생산과 국내 건물종합관리 산업의 발전을 저해하고 있으며 부정적으로 작용하고 있다. 따라서 연구를 통하여 개선 또는 해결해야할 국내 건물종합관리 산업의 문제로 평가된다.

13. 건물종합관리 업체 일부 경영자의 교육의 중요성 및 R&D의 필요성 경시 문제

일부 국내 건물종합관리 전문 업체의 경영자 중에는 교육의 중요성을 인식하고 있지 못하며 있으며, R&D의 필요성을 인식하지 못하고 있다. 이로 인하여 초래되는 여러 가지 부정적 현상은 양질의 건물종합관리 서비스 생산과 국내 건물종합관리 산업의 발전을 저해하고 있으며 부정적으로 작용하고 있다. 따라서 연구를 통하여 개선 또는 해결해야할 국내 건물종합관리 산업의 문제로 평가된다.

14. 건물종합관리 현장소장 등 법정 자격제도 결여 문제

국내 건물종합관리 현장과 서비스 시장에는 건물종합관리 현장소장(건물종합관리 현장사무소 소장), 시설관리 소장, 환경미화관리 현장소장, 경비보안관리 현장소장 등의 자격제도 결여의 문제가 존재하고 있다. 이로 인하여 초래되는 부정적 영향은 양질의 건물종합관리 서비스 생산과 국내 건물종합관리 산업의 발전을 저해하고 있으며, 국내 건물종합관리 산업의 발전에 부정적으로 작용하고 있다. 따라서 연구를 통하여 개선 또는 해결해야할 국내 건물종합관리 산업의 문제로 평가된다.

15. 건물종합관리 현장 구성원간의 인간관계 갈등 문제

건물관리 현장에는 다양한 직종의 구성원이 근무하고 있는 장소로서 학력과 문화배경 또는 환경과 생각이 다양하여 인간에 대한 호불호의 감정과 생각 또는 느낌과 견해가 충돌하고 있는 직장이다. 따라서 구성원 간의 갈등이 지속적으로 일어나고 있어 건물종합관리 활동에 부정적으로 작용하고 있으며, 심한 경우 분쟁과 폭행으로 이어지는 사고가 발생하기도 한다. 따라서 건물종합관리 현장구성원 간의 갈등구조는 연구를 통하여 개선 또는 해결해야 하는 국내 건물종합관리 산업의 문제로 평가된다.

제4절 국내 건물종합관리 산업문제의 개선방안

1. 건물종합관리의 학문적 체계화 연구부재 및 학문화 지연 문제의 개선방안

1) 문제의 개요

건물종합관리의 학문적 체계화 연구부재의 문제와 학문화 개척지연의 문제라 함은 국내 건물종합관리 현장에는 건물종합관리 산업의 발전에 필수적으로 요구되는 건물종합관리의 학문적 체계화 연구와 학문화 개척의 지연으로 인하여 초래되는 여러 가지 부정적 현상과 부정적 작용으로 인하여 국내 건물종합관리 서비스 산업 현장에 미치는 부정적 현상을 초래하는 문제점으로서 연구를 통하여 개선이 요구되는 사항을 말한다.

2) 문제로 인하여 초래되는 부정적 현상

건물종합관리의 학문적 체계화 연구부재의 문제와 학문화 지연의 문제로 인하여 초래되는 부정적 현상을 살펴보면 다음과 같다.

(1) 건물종합관리의 사물과 현상을 일정한 원리와 원칙에 따라 통일적으로 설명할 수 있는 이론적 설명 기재가 없으며, 이로 인하여 건물종합관리 산업발전을 위하여 요구되는 이론의 체계화와 기술 개발의 지연을 낳아 건물종합관리 전문가 양성 교육과 기술지원이 적절하게 이루어지지 않고 있는 부정적인 현상이 나타나고 있다.

(2) 건물종합관리에 대한 사물과 현상을 일정한 원리와 법칙에 따라 통일적으로 설명할 수 있는 건건물종합관리의 이론(설명 기재)이 체계적으로 확립되지 못하고 있을 뿐만 아니라 이로 인하여 건물종합관리 기술개발이 지연되고 있으며, 건물종합관리의 과학적 유지관리와 전문적 유지관리 및 체계적 유지관리에 요구되는 적합한 이론과 기술을 적절하게 지원하지 못하고 있다. 건물의 라이프 사이클 상 가장 긴 생애단계를 거치면서 건물종합관리 서비스와 건물의 사용가치와 사용조건의 최적화를 통하여 인간의 삶과 생활과 일의 영위를 직접 지원하는 건물종합관리 학과는 충북 음성군 소재 극동대학교 글로벌대학원의 건물자산관리학과를 제외하고는 국내 어느 대학에도 해당 학과가 없으며, 전문적으로 연구하는 학술단체조차 없어 건물종합관리의 학문적 체계화 연구는 이루어지고 있지 못하고 있다. 이로 인하여 건축물종합관리의 기술연구나 개발조차 이루어지고 있지 못하고 있다.

(3) 건물종합관리 현장에는 과학적 유지관리보다 관련 기업과 현장 종사자의 경험과 상식과 직관에 의하여 이루어지는 이른바 주먹구구식 관리방법(Thumb of Building Management Method)이 대부분의 현장에서 관행처럼 이루어지고 있다.

(4) 건물의 학문적 체계화 연구의 미흡과 학문화 연구부재의 문제점은 건물을 기반으로 이루어지는 인간의 삶과 생활과 일의 영위를 일정 부분 저해하고 있으며, 건축물사용상 요구되는 양질의 건축물종합관리 서비스 생산과 건축물의 사용가치의 극대화 및 사용조건의 최적화를 정면으로 방해하고 있다.

(5) 건물 사용자의 사용 수익에 필요한 양질의 건축물종합관리 서비스 생산에 요구되는 건물의 과학적 관리와 전문적 관리 및 체계적 관리를 저해하고 있다.

3) 문제의 개선방향

건물종합관리의 학문적 체계화 연구와 학문화 연구부재의 문제점과 이로 인하여 파생되는 부정적 현상에 대한 개선은 다음과 같이 개선방향을 설정하고 연구를 통하여 지속적으로 추진하는 경우, 다음과 같은 개선 효과를 창출할 수 있을 것으로 판단된다.

(1) 산학이 연대하여 건축물종합관리의 학문적 체계화 연구와 학문화 개발을 통하여 이론을 체계화하고 기술을 개발한다.
(2) 건물종합관리학을 응용과학으로 개척하고 국내 대학 내에 학과를 개설하여 학부생을 모집하고, 교육을 통하여 실무 전문인력을 양성 배출한다.
(3) 건물종합관리학과와 대학원 과정을 국내 유수 대학에 설치하고, 건물종합관리 전문가와 교수요원을 양성한다.
(4) 건물종합관리 학회를 설립, 연구활동 수행하고 관계당국에서는 이를 적극 지원한다.
(5) 관련학과, 학회, 관련 단체에서는 정기적으로 학술세미나를 개최하고 연구학술지를 발간 배포한다.
(6) 교과서를 개발하고 교재로 채택하여 대학과 기업의 교육교재로 활용한다.

4) 문제개선의 기대효과

문제로 이로 인하여 초래되는 부정적 현상에 대하여 상기와 같은 개선방향을 설정하여 연구를 통하여 문제를 개선하는 경우, 다음과 같은 개선효과를 기대할 수 있다.

(1) 건물종합관리의 사물과 현상을 일정한 원리와 법칙에 따라 통일적으로 설명할 수 있는 설명기재를 확보하여 건축물종합관리의 사물과 현상을 일정한 원리와 법칙에 따라 통일적으로 설명할 수 있게 된다.
(2) 건물종합관리 이론의 체계화가 도모되며 기술이 개발되어 현장과 관련기업 및 관련 산업에 대하여 학문적 지원이 가능하게 된다.
(3) 국내 제도권 대학에 건물종합관리 학과와 대학원에 석박사 과정이 신설되어 교육과 훈련을 통하여 건물종합관리의 전문인력과 교수요원의 양성과 배출이 적절하게 이루어지게 되어 전문 인력을 현장에 적절하게 공급할 수 있게 된다.
(4) 건물종합관리 현장에서 발생하는 크고 작은 사건 사고의 합리적 해결책의 제시나 과학적 기술지원이 가능하게 된다.
(5) 창의적이고 창조적인 업무가 생산적으로 이루어지게 되며, 과학적 관리와 기술적 관리 및 전문적 관리가 현장에서 체계적으로 이루어지게 된다.
(6) 양질의 건축물종합관리 서비스의 생산이 적절하게 이루어져 건물을 기반으로 이루어지는 인간의 삶과 생활과 일의 영위를 住環境側面에서 바람직하게 영위할 수 있도록 지원할 수 있게 된다.
(7) 건물사용자의 건물사용 만족도에 결정적으로 기여 하는 양질의 서비스 생산과 건물사용가치의 유지와 향상 및 사용조건의 최적화를 효율적으로 달성하게 된다.
(8) 건물종합관리 산업에 대한 학문적 지원으로 건축물종합관리 서비스 산업의 위상

이 높게 평가되고 인정받게 된다.

(9) 건물종합관리 종사자 직업에 대한 학문적 지원으로 건물종합관리의 직업에 대한 사회적 신뢰도와 인정도가 높게 유지되며 경제적 대우가 향상된다.

(10) 건물사용자에게 바람직한 건물사용을 위하여 반드시 요구되는 양질의 건물종합관리 서비스를 가장 경제적 방법으로 안전하게, 효율적으로, 적합하게, 효과적으로 생산하고 제공할 수 있게 된다.

(11) 전문적 관리와 과학적 관리 및 기술적 관리가 현장에 접목되어 건물의 물리적 상태가 정상적으로 보존 유지되고 건물의 기능과 성능이 장기적으로 유지된다.

(12) 가장 경제적인 방법으로 가장 안전하게, 가장 효율적으로, 가장 적합하게, 가장 효과적으로 건축물을 유지관리하게 된다.

(13) 체계적 관리로 유지관리 대상 건물의 경제적 가치가 제고되고 상업용 건물의 경우, 임대소득이 향상된다.

2. 건물종합관리 서비스 품질매뉴얼 구축 미흡 및 서비스 품질 표준화 기반 부실문제의 개선방안

1) 문제의 개요

국내 건물종합관리 현장과 시장에는 건물종합관리 서비스 생산정보인 서비스 품질매뉴얼의 구축이 매우 미흡하며 서비스 품질 표준화의 기준이 되는 건물종합관리 서비스 표준화 기반이 매우 부실한 상태에 있다.

건설교통부(현, 국토교통부) 연구용역 의뢰에 의하여 한국시설안전기술공단(2006)이 연구하여 발표한 "집합건축물 유지관리 및 보수기법 개발연구 보고서"에 의하면 국내 건축물종합관리 현장 중 약 28%만이 시설관리 표준 매뉴얼을 보유하고 있거나 운용하고 있는 것으로 조사되고 있다.

또한 산업통상자원부 소속 국가기술표준원의 위탁에 의하여 건축물종합관리 서비스 표준화 교육과 인증 사업을 수행하고 있는 한국표준협회의 최근 자료에 따르면 건물종합관리 서비스 분야 중 시설관리 서비스 KS 인증업체는 전체 시설관리 업체 중 9개사에 불과하고, 건축물클리닝 서비스(위생관리서비스/청소서비스)의 KS인증 업체는 전체 업체 중 겨우 5개사만이 건축물클리닝 서비스(청소서비스) KS 인증을 받아 그 자격을 유지하고 있는 것으로 조사되고 있다. 따라서 전체 국내 건물종합관리 업체의 수에 비교해 보면 서비스 품질 표준화 정도와 서비스 품질매뉴얼 보유 정도가 매우 부실하고 미흡하여 건물종합관리 서비스 생산정보와 서비스 품질 표준화 기반구축이 매우 열악하고 미미한 상태에 있음을 보여주고 있다.

2) 문제로 인하여 초래되는 부정적 현상

이상의 문제는 다음과 같은 부정적 현상을 초래하고 있다.

(1) 건물사용자의 바람직한 건축물 사용에 있어 반드시 요구되는 양질의 건물종합관리 서비스 생산에 있어 일정한 정보와 표준의 기반의 부실로 인하여 양질의 건물종합관리 서비스 생산에 한계를 노정하고 있다.
(2) 건물사용자의 만족에 부정적으로 작용하고 있으며 서비스의 품질유지와 서비스 생산에 있어 고비용 저효율의 부정적 현상이 감지되고 있다.
(3) 건물구조의 특성상 완성된 상태에서 건물종합관리 서비스 품질정보와 표준매뉴얼에 따라 관리행위가 수행되지 않아 완성된 건물 자체만으로는 스스로 사람의 삶과 생활과 일의 영위에 필요로 하는 각종 건물종합관리 서비스(시설관리 서비스와 위생환경 서비스 및 안전서비스 등)가 적절하게 생산되거나 제공되지 못하고 있다. 이로 인하여 건물을 기반으로 이루어지는 바람직한 삶과 생활과 일의 영위를 위하여 반드시 요구되는 건물의 사용가치의 극대화나 사용조건의 최적화를 도모할 수 없다. 그러므로 완성된 건물을 인간의 삶과 생활과 일의 영위에 적합하게 사용, 수익, 처분하기 위해서는 건물관리 주체는 건물서비스 생산정보와 서비스 품질표준 매뉴얼을 구축하고, 이를 바탕으로 과학적 관리와 체계적 관리에 맞는 전문적 관리가 이루어지도록 노력해야 한다.
(4) 국내 건물종합관리 현장에는 건물종합관리 서비스 품질의 표준화가 요원해 보이며 이의 원인으로 국내 건물종합관리 현장에서 양질의 서비스 생산에 필요한 체계적 관리나 과학적 관리 또는 전문적 관리가 적절하게 이루어지고 있지 못하고 있다.
(5) 건물사용자의 요구 만족을 충족하기 위하여 요구되는 건물의 사용가치 유지 및 향상과 건물 사용조건의 최적화를 가장 경제적으로, 안전하게 효율적으로, 적합하게 효과적으로 달성하지 못하고 있으며 고객의 만족도에 부정적 영향을 미치고 있다.

3) 문제의 개선방향

앞에서 논의한 문제와 이로 인하여 초래되는 부정적 현상의 개선을 위하여 요구되는 개선방향은 다음과 같이 설정할 수 있다.

(1) 건물종합관리 서비스 품질매뉴얼 개발계획 수립 및 서비스 품질매뉴얼 개발
(2) 개발 건물종합관리 서비스 품질매뉴얼 공유 및 해당업무 적용
(3) 건물종합관리 서비스별 서비스 KS인증 준비계획 수립 및 해당 서비스 KS인증
(4) 건물종합관리 서비스 KS인증 사내표준 공유 및 해당 서비스 업무 적용

4) 문제개선의 기대효과

앞에서 논의한 문제점과 이로 인하여 파생되는 부정적 현상의 개선방향은 상기와 같이 설정하고 연구를 통하여 지속적으로 개선 노력을 경주하는 경우, 다음과 같은 긍정적인 개선 효과 창출을 기대할 수 있다.

(1) 바람직한 인간의 삶과 생활과 일의 영위에 반드시 필요한 양질의 서비스 기준이 명확하게 설정되며 양질의 건축물종합관리 서비스 생산이 적절하게 이루어지게 된다.
(2) 서비스 생산활동에 있어 고비용 저생산성의 부정적 현상이 저비용 고생산성으로 변화하게 된다.
(3) 고객만족의 기준이 되는 양질의 건물종합관리 서비스를 가장 경제적 방법으로, 안전하게, 효율적으로, 적합하게, 효과적으로 생산 제공하게 되며 고객의 만족도가 높게 나타나게 된다.
(4) 과학적 관리와 기술적 관리 및 전문적 관리가 체계적으로 이루어지게 된다.
(5) 건물사용가치의 유지와 향상 및 건물 사용조건의 최적화가 합리적으로 달성하게 된다.
(6) 건물종합관리 서비스 표준 및 매뉴얼의 문제점 개선으로 건물종합관리의 사용용어가 통일되어 소통에 문제가 없어지게 된다.
(7) 서비스 업무절차가 단순하게 되며, 업무기반의 조건이 명확하게 될 뿐만 아니라 서비스 품질기준이 명확하게 설정된다.
(8) 서비스 생산에 소요되는 비용과 시간 및 노력의 낭비가 줄어들게 되며, 서비스 업무수행의 시행착오가 방지될 수 있다.

3. 건물 물리성 중심의 편향적 관리시스템 문제의 개선방안

1) 문제의 개요

국내 건물종합관리 현장과 시장에는 건물의 물리성 중심의 편향적 건물종합관리 활동(시설관리 활동)을 수행하고 있으며, 이로 인하여 부정적 현상이 초래되고 있어 완전한 건물종합관리 서비스 생산을 방해하고 있다. 이로 인하여 건물종합관리 목적의 효율적 달성을 저해하고 있으며, 국내 건물종합관리 서비스 산업의 발전을 가로막고 있는 부정적 영향요인 또는 문제점으로서 연구를 통하여 개선이 요구되는 사항을 말하다.

2) 문제로 인하여 초래되는 부정적 현상

건물 물리성 중심의 건물종합관리 활동(시설관리 활동)을 수행하고 있어 편향적 건물종합관리를 수행하는 문제점이 존재하고 있다. 이로 인하여 다음과 같은 부정적 현상이 초래되고 있어 개선의 연구 필요성이 대두되고 있다.

(1) 건물의 최유효 사용목적을 효과적으로 달성하기 위하여 건물 사용자에게 반드시 요구되는 온전한 건물종합관리 서비스 생산을 저해하고 있다.

(2) 최근에 제정된 건축물관리법에서도 입법 목적에서 건축물의 관리는 건축물의 대지와 건축시설, 건축설비와 기타 부대시설의 물리성을 대상으로 사용가치(기능, 편리, 안전, 쾌적 등)의 유지 및 향상의 규정을 명시하고 있어 건축물의 물리적 서비스의 편중 생산을 시사하고 있다. 이로 인하여 건물의 복합성 전체를 대상으로 하는 통합관리 서비스 생산을 저해하여 건물사용자의 불만이 점증되는 부정적 현상이 나타나고 있다

(3) 건축대지와 건축물(건축시설) 건축설비 및 부대시설만을 유지관리하는 이른바 물리적 유지관리 중심으로 건물종합관리를 하고 있어 건물의 속성상 반드시 존재하는 물리성과 함께 통합적으로 유지관리해야 하는 건축물의 경제성, 행정성, 법률성, 환경성, 안전성의 유지관리가 포괄적으로 함께 유지 관리되는 이른바 건물의 통합적 유지관리가 간과되고 있다.

(4) 현재와 같은 건물 물리성 중심의 편향적 유지관리제도는 건물의 경제성 유지관리, 건축물의 행정성 유지관리, 건축물의 법률성 유지관리, 건축물의 환경성 유지관리 그리고 건축물의 안전성 유지 관리 분야가 경시되거나 간과하고 있어 건물사용자의 바람직한 건물의 사용 수익활동을 저해 하고 있다. 왜냐 하면 건물사용자가 온전하게 건축물의 사용 수익활동을 영위하려면 적어도 시설관리를 통한 물리성 서비스 외에 환경관리를 통한 환경서비스, 안전관리를 통한 안전서비스 운영관리를 통한 경제성 서비스와 법률성 서비스 및 행정서 서비스 등이 통합적으로 요구되기 때문이다.

(5) 현재와 같은 건물의 물리성 중심의 유지관리 방법만으로는 바람직한 인간의 삶과 생활과 일의 영위에 필요한 양질의 건물종합관리 통합서비스의 생산이 제한적으로 이루어져 건축물 사용가치의 극대화나 사용 조건의 최적화를 효율적으로 달성할 수 없게 된다. 왜냐하면 건물종합관리 활동을 통하여 바람직한 인간의 삶과 생활과 일의 영위를 지원하기 위해서는 건물의 속성상 반드시 존재하는 건물의 물리성과 함께 건물의 경제성, 법률성, 행정성, 환경성 그리고 안전성 등 6대 복합성을 통합적으로 관리하여야만 비로소 건물사용자가 필요로 하는 양질의 통합 건물종합관리 서비스를 생산하고 공급할 수 있게 되며 건물의 사용가치 극대화와 사용조건의 최적화를 도모할 수 있기 때문이다.

또한 건물 사용을 기반으로 하는 바람직한 인간의 삶과 생활을 지원하기 위하여

요구되는 양질의 통합 건물종합관리 서비스의 생산과 건물의 사용가치와 사용조건의 최적화 등의 건물종합관리의 목적을 효과적으로 달성하기 위해서는 건축대지와 건축시설 및 건축설비의 물리성 유지관리 외에 건물의 경제성 유지관리, 행정성 유지관리, 법률성 유지관리, 환경성 유지관리 그리고 안전성 유지관리가 통합적으로 이루어져야 하기 때문이다. 따라서 건축대지와 건축시설 및 건축설비 중심의 건축물의 물리성 중심의 유지관리는 건물종합관리의 완전한 관리개념이 아니므로 반드시 건물종합관리 개념으로 전환하여 통합적으로 유지관리 되어야 한다.

3) 문제의 개선방향

이상에서 논의한 문제와 부정적 현상을 개선하기 위해서는 다음과 같은 개선방향을 설정하고 지속적으로 개선노력을 해야 한다.

(1) 건물종합관리 서비스 품질 통합 매뉴얼을 개발한다.
(2) 하나의 통합 건물종합관리 조직을 구축하고, 업무분장을 통하여 건물종합관리 관리자(현장관리 책임자) 및 건물의 복합성별 유지관리 담당자를 조직화 한다.
(3) 건물의 물리성 중심의 건물종합관리 활동(건축시설 및 설비의 기술관리 활동)을 건축물의 물리성(기술성) 업무관리 담당자 책임하에 수행한다.
(4) 건물의 경제성 관리활동을 건물의 경제성 업무관리 담당자 책임하에 통합적으로 수행한다.
(5) 건물의 법률성 관리활동을 건물의 법률성 업무관리 담당자 책임하에 물리성 관리활동과 함께 통합적으로 수행한다.
(6) 건물의 행정성 관리 활동을 건물의 행정성업무 관리담당자 책임하에 물리성 관리활동과 함께 통합적으로 수행한다.
(7) 건물의 환경성 관리활동을 건물의 환경성 업무관리 담당자 책임하에 물리성 관리활동과 함께 통합적으로 수행한다.
(8) 건물의 안전성 관리활동을 건물의 안전성 업무관리 담당자 책임하에 물리성 관리활동과 함께 통합적으로 수행한다.

4) 문제개선의 기대효과

앞에서 논의한 문제점과 이로 인하여 파생되는 부정적 현상의 개선에 대하여 개선방향을 설정하고, 연구를 통하여 지속적으로 노력하는 경우 다음과 같은 긍정적인 개선효과를 기대할 수 있다.

(1) 건물종합관리의 완전한 서비스 생산을 경시하거나 간과하지 아니하여 고객의 건축물 사용요구 조건 충족에 긍정적으로 작용하게 된다.
(2) 건물사용가치의 유지와 향상 및 사용조건의 최적화를 위하여 요구되는 완전한 서비스 생산의 문제점을 개선하여 고객의 만족도를 저하시키는 부정적 현상을 개선하게 된다.
(3) 건물의 경제성 관리의 경시와 간과의 문제 개선으로 건물종합관리 활동수행에 있어 소요되는 비용의 낭비를 방지하고, 수익의 극대화를 도모하게 되며 자산가치를 제고할 수 있다.
(4) 건물의 법률성 관리의 경시와 간과의 문제 개선으로 건물관리 활동수행에 있어 요구되는 각종 계약과 각종 관계법령의 합리적 이행 및 기타 법무, 범죄 사건 사고 등을 예방하거나 해결하게 된다. 따라서 인적 · 물적 손실을 방지하게 된다.
(5) 건물의 행정성 유지관리의 경시와 간과의 문제들을 개선하여 건물의 물리적 관리에 대한 사무행정적 지원의 시행착오나 자원의 낭비방지하게 되며, 사무행정 측면의 지원을 효과적으로 수행하게 된다.
(6) 건물의 환경성 유지관리의 경시나 간과 문제의 개선으로 건물 내외의 환경문제 야기를 방지하게 되며 각종 질병의 원인이 되는 병원균과 바이러스, 박테리어 등의 병충해 서식환경 조성을 억제하여 건물사용자의 건강과 생명보호에 긍정적으로 작용하게 된다.
(7) 건물의 안전성 유지관리의 경시나 간과의 문제점을 개선하여 건물화재나 붕괴 등의 안선사고 외에 각종 범죄사건 사고의 예방과 방지에 긍정적으로 작용하여 인적 · 물적 손실을 방지하게 된다. 그러므로 건축대지와 건축시설 및 건축설비 중심의 건물 물리성 중심의 편향적 유지관리는 여러 가지 부정적 현상을 초래하고 있으므로 반드시 건물종합관리 개념으로 전환하여 건물의 전체 복합성을 관리의 대상으로 설정하고, 하나의 현장 조직내에 전체 건물의 복합성 관리기능을 가지는 관리 팀을 두어 통합적으로 관리해야 한다.

4. 건물종합관리의 가치와 필요성 및 중요성에 대한 인식오류 문제의 개선방안

1) 문제의 개요

국내 건물종합관리 현장과 기업 및 건물종합관리에 영향을 주고받는 건물소유자와 사용자, 건물관리 업체의 경영자와 종사자, 관계 당국과 건축학 교수 등 건물종합관리 이해 관계자 중에는 건물종합관리의 가치와 중요성 및 필요성에 대하여 인식의 오류를 범하고 있는 사례를 종종 발견할 수 있다. 이로 인하여 국내 건물종합관리 산업의 발전을 정면으로 저해하고 있으며, 건물종합관리 목적의 효율적 달성을 방해하고 있는 문제점으로서 연구를 통하여 개선이 요구되는 사항을 말한다.

2) 문제로 인하여 초래되는 부정적 현상

건물종합관리 일부 이해관계자에 의한 건물종합관리의 가치와 중요성 및 필요성에 대한 인식오류 문제는 다음과 같은 부정적 현상을 초래하고 있다.

(1) 건물종합관리 연구나 개발(R&D)노력을 찾아 볼 수 없게 만들고 있다. 국내 건물종합관리 기업 최고 경영자 중 일부에서 발견되는 부정적 현상은 '건물종합관리 산업의 발전을 위하여 요구되는 건물종합관리 R&D는 시간과 비용의 낭비이다' 라는 치명적인 인식오류를 범하고 있다. 특히 일부 최고 경영자자의 뇌리에는 건물종합관리 업종은 아무나 누구나 상식과 경험 및 노동력과 기능에 의하여 얼마든지 수행할 수 있는 단순 직업군으로 치부하고 인건비 중심의 수익 창출에만 혈안이 되고 있는 부정적 현상이 감지되고 있다.

(2) 건축학 연구와 강의 중심의 일부 국내 대학 건축학 교수 중에는 건축물의 설계나 시공 분야는 건축학의 범주로 인정하고 연구의 대상과 교육의 대상으로 상정하고 있으나 건물유지관리 분야는 건축학분야가 아니라는 모순된 인식오류를 범하고 있으며, 이로 인하여 연구의 대상에서 제외시키고 있다.

(3) 건물종합관리 관계 공무원 중 일부에 발견되는 부정적 현상은 건물유지관리의 일부 업무인 건물청소업무와 건축시설 경비는 단순 노동력과 기능만으로 수행할 수 있는 고령층의 직업 정도로 인식하는 부정적인 인식을 가지고 있어 건물종합관리의 가치나 중요성 및 필요성에 대한 인식오류를 역시 범하고 있는 것으로 추정되고 있다.

(4) 건물 사용자와 건물종합관리 일부 종사자 중에도 건물종합관리의 가치와 중요성 및 필요성에 대하여 인식오류를 범하고 있어 건물사용자는 함부로 입주건물의 시설을 오남용하고 있으며, 건물종합관리 종사자는 사명감과 책임감을 가지고 건물종합관리 활동을 적극적으로 수행하고 있지 않는 것으로 인식되고 있다.

3) 문제의 개선방향

(1) 일부 건물소유자의 건물종합관리에 대한 인식오류 문제의 개선방향

① 건물소유자로 하여금 건물종합관리 상의 안전문제가 발생하는 경우, 민형사 책임

제를 골자로 하는 건물안전관리법을 입법하고 시행한다.

② 건물소유자를 대상으로 건물종합관리는 기술과 과학으로 이루짐을 홍보한다.

③ 건물소유자를 대상으로 건축물 안전사고 사례와 피해사례를 홍보한다.

④ 관계 당국이나 기관에서는 매스미디어를 통하여 정기적으로 건축물종합관리의 중요성과 필요성 및 문제점에 대하여 널리 홍보한다.

⑤ 건축물종합관리 전문 도서를 편찬하고 건축물 소유자가 제도적으로 학습할 수 있는 기회와 공간을 제공한다.

(2) 건물종합관리 업체 일부 최고 경영자의 인식오류 문제의 개선방향

① 건물종합관리 주체 책임자로 하여금 건물종합관리 안전문제 발생시 민형사 책임제를 골자로 하는 건물안전관리법을 입법하고 시행한다.

② 건물종합관리 전문 도서를 편찬하고 건물종합관리 최고 경영자가 제도적으로 학습할 수 있는 기회와 공간을 제공한다.

③ 건물종합관리 업체 경영자를 대상으로 하는 건물종합관리 세미나을 정기적으로 개최하고 참여하게 한다.

④ 건물종합관리 업체 경영자로 하여금 학습을 통하여 건물종합관리는 기술과 과학으로 이루짐을 재인식하게 한다.

⑤ 관계 당국이나 기관에서는 매스미디어를 통하여 정기적으로 건물종합관리의 가치와 중요성과 필요성에 널리 홍보하고, 이를 통하여 건물종합관리 업체 경영자가 건물종합관리에 대하여 재인식하게 한다.

⑥ 인전시고 발생시 입찰의 기회를 제한 또는 정지하는 법적 제도적 장치를 마련하여 시행한다.

⑦ 건물종합관리업 면허 제도를 시행하고 중대한 건물유지관리 문제발생시 면허를 정지 또는 취소한다.

⑧ 건물종합관리 R&D의 중요성과 교육의 필요성에 대하여 재인식하게 한다.

(3) 건축학 일부 교수의 인식오류 문제 개선방향

① 연구자료를 통하여 건축물종합관리 분야가 건축학 연구와 교육의 대상임을 재인식하게 한다.

② 건축물종합관리 분야를 연구하고 교과서를 개발한다.

③ 국내 대학 건축학부에 건축물종합관리학과를 개설하거나 건축학 커리큐럼 범주에 건축물종합관리 전공과정을 포함시키고 건축학 교육시 건축설계, 건축시공 전공과 함께 건축물종합관리 분야를 교육하게 한다.

④ 건축물종합관리 분야 종사자의 경제적 대우와 사회적 인식을 개선하여 건축물 유지관리학과에 많은 학생이 지원하도록 사회적 분위기를 조성한다.

⑤ 건축학과에서 교육을 통하여 건축물종합관리 전공교수를 양성 배출한다.

(4) 건물종합관리 일부 관계 공무원의 인식오류 문제 개선방향

① 건축물종합관리 관계공무원으로 하여금 건축물종합관리 안전문제 발생시 관련 업무 상 고의 또는 과실이 발견되는 경우 민형사 책임제를 골자로 하는 건축물안전관리법을 입법하고 시행한다.

② 전문도서를 통하여 건물종합관리 분야의 중요성과 필요성 및 문제를 이해하고 건물종합관리 분야에 대하여 재인식하도록 제도적으로 학습기회와 공간을 제공한다.

③ 관계 당국이나 기관에서는 매스미디어를 통하여 정기적으로 건물종합관리의 가치와 중요성 및 필요성에 대하여 널리 홍보하여 건물종합관리 관계공무원으로 하여금 건물종합관리의 과학적 관리와 기술적 관리 및 전문적 관리의 가치와 중요성 및 필요성을 재인식하게 한다.

(5) 국내 건물종합관리 일부 종사자의 인식오류 문제 개선방향

① 건물종합관리 종사자의 경제적 대우와 전문직에 대한 사회적 인식을 개선한다.

② 건물종합관리의 중요성과 필요성에 대하여 정기적인 교육을 실시하고, 건물종합관리 활동을 통하여 건축물 사용자는 물론 사회에 공헌하고 있음을 이해하도록 한다.

③ 건물종합관리 활동을 통하여 건축물을 기반으로 하는 인간의 삶과 생활과 일의 영위를 바람직하게 건축물유지관리 활동을 통하여 住環境側面에서 지원하고 있음을 인식하게 한다.

④ 건물종합관리 활동을 통하여 건물사용자의 생명과 건강의 유지와 보호 및 재산보호를 담당하는 중요한 업무를 수행하고 있음에 대하여 자부심과 긍지를 느끼게 한다.

(6) 국내 건물종합관리 관리 대상 건물 일부 사용자 인식오류 문제 개선방향

① 건물종합관리의 주체 또는 현장 관리사무소에서 건물사용자를 대상으로 건축물 사용방법과 사용기준을 제정하고 게시하여 이를 널리 홍보한다.

② 건물사용자가 건축 시설물에 대하여 과실 또는 고의로 고장이나 파손 등의 재산상의 손실을 가져오는 경우에는 반드시 민형사의 책임을 부가하여 재발되지 않도록 한다.

③ 관계자의 허가없이 통제구역을 출입하거나 배회하는 자가 없도록 경계하고 감시한다.

④ 임대차 계약체결 전에 임차인 적격심사를 실시하고, 사건사고 이력이나 정황이 있는 경우 입주를 불허한다.

4) 문제개선의 기대효과

(1) 건물소유자 일부의 인식오류 개선의 기대효과

국내 건물 소유자 중 일부의 건물종합관리에 대한 인식오류의 문제점은 개선되며 완성된 건물은 관리 행위의 접목없이는 자체적으로 스스로 기능할 수 없으며, 건물종합관리는 아무나 누구나 할 수 있는 노동의 대상으로 간주하거나 특별한 기술이나 과학적 지식의 중요성과 필요성을 인정하게 된다.

특히 안전을 유지하기 위하여 요구되는 시설 보강이나 점검은 비용과 시간의 낭비가 아니며 화재나 붕괴 사고는 언제든지 발생할 수 있다는 인식을 가지게 되고 이에 따라 안전에 특별한 관심을 가지게 된다. 이와 같은 건물소유자의 문제개선은 건물종합관리는 과학적 지식이나 기술과 함께 건물관리 비용의 적정화에 관심을 보이게 되며 건물의 안전을 위한 시설보강이나 점검 보수보강 투자비를 적정하게 부담하는 긍정적 경향을 보이게 된다.

(2) 건물종합관리 전문 업체 일부 최고 경영자 인식오류 개선의 기대효과

건물종합관리 전문 기업 최고 경영자 중 일부에서 발견되는 건물종합관리에 대한 인식오류의 문제점은 개선되어 건물종합관리 산업의 발전을 위하여 반드시 요구되는 건물종합관리 'R&D는 시간과 비용의 낭비'가 아니라 과학적 관리와 기술적 관리 및 전문적 관리를 수행하기 위하여 반드시 필요한 필요조건임을 인식하게 되어 R&D에 투자를 하게 된다. 이로 인하여 건물의 소유자나 유지관리 업체의 최고 경영자의 뇌리에는 건축물종합관리 업종은 아무나 누구나 상식과 경험 및 노동력과 기능에 의하여 얼마든지 수행할 수 있는 단순 직군이 아니라 기술과 과학으로 관리해야 한다는 긍정적 사고를 하게 된다.

(3) 건축학 일부 교수 인식오류의 개선 기대효과

건축학 연구와 강의 중심의 일부 국내 대학 건축학 교수 가운데 나타나고 있는 건물종합관리에 대한 인식오류의 문제는 개선되며, 건물의 설계나 시공분야와 함께 건물종합관리 분야도 건축학의 범주로 인정하고 연구의 대상과 교육의 대상으로 상정하고 교육과 훈련을 통하여 전문인력 양성과 배출을 하게 된다. 또한 국내 대학 건축학부 내에 건물종합관리 학과 개설 또는 전공으로 인정하여 학문연구를 수행하게 된다.

(4) 건물종합관리 일부 관계 공무원의 인식오류 개선의 기대효과

건물종합관리 관계 공무원 중 일부의 건물종합관리에 인식 중에서 발견되는 건물종합관리 인식오류의 문제점은 개선되며, 건물의 시설관리를 포함하여 건물청소와 건축시설 경비 역시 단순 노동력과 기능만으로 수행할 수 없는 전문 기술인력에 의하여 수행할 수 있는 전문직으로 인정하게 된다.

건물종합관리의 과학적 관리와 기술적 관리 및 전문적 관리의 필요성과 중요성을 전면적으로 인정하게 된다. 건물종합관리 산업발전에 요구되는 조건이나 환경 조성에 매우 긍정적으로 대응하게 된다. 건물종합관리 용역 발주시 적어도 3년 이상의 계약조건의 발주 필요성을 인정하게 되며, 건물종합관리를 통하여 국민의 복지 향상과 국가 경제발전에 이바지 하게 된다.

(5) 국내 건물종합관리 일부 종사자의 인식오류 개선 기대효과

국내 건물종합관리 종사자 중 일부에서 발견되는 건물종합관리에 대한 인식오류의 문제는 개선되어 건물종합관리의 가치와 중요성 및 필요성을 깊이 인식하게 되며, 고객만족에 필요한 양질의 건물종합관리 서비스 생산에 있어 보다 적극적이고 구체적으로 대응하게 되며 자기계발에 충실하게 될 뿐만 아니라 임시직장의 착각에서 벗어나 장기근무 의지를 가지게 되며 이직율이 낮아지고 긍정적인 자세와 태도를 가지고 건물종합관리 서비스 생산에 진력하게 된다.

(6) 국내 건물종합관리 대상 일부 건물사용자의 인식오류 개선 기대효과

국내 건물종합관리 대상 건축물 사용자 중 일부에서 발견되는 건물종합관리에 대한 인식오류의 문제는 개선하게 되며, 입주하고 있는 건축시설물을 함부로 사용하거나 이용하지 아니하고 오남용하는 사례가 크게 줄어들게 된다. 뿐만 아니라 이와 같은 건물사용자의 인식오류의 개선은 시설의 고장이나 마모율을 낮게 하며 보수나 정비에 소요되는 비용과 시간 및 노력의 낭비를 방지하게 되고 각종 시설의 물리적 수명과 기능적 수명을 연장하게 된다.

5. 건물종합관리 종사자의 열악한 경제적 대우 문제 개선방안

1) 문제의 개요

국내 건물종합관리 현장과 기업 및 시장에는 건물종합관리 종사자의 열악한 경제적 대우와 사회적 전문직 불인증이 문제가 되고 있다. 이로 인하여 부정적 현상이 초래되고 있으며 양질의 건물종합관리 서비스의 생산과 이를 통한 고객만족 실현 그리고 정상적 건물종합관리 활동을 저해하고 있어 연구를 통하여 개선이 요구되는 문제점을 말한다.

2) 문제로 인하여 초래되는 부정적 현상

(1) 고급 인력의 유입이 정체되고 있다.
(2) 국내 인력 수급이 정상적으로 이루어지지 않고 있으며 일부 업종의 경우, 외국계 인력에 의존하여 해당 서비스가 생산 · 제공되고 있다.
(3) 근무자의 경우 자부심이 매우 낮으며 근무 의욕 또한 매우 낮아 건물종합관리 업무가 형식적으로 이루어지고 있으며, 고객만족을 위한 양질의 서비스 생산에 대한 책임감이나 의무가 경시되고 있다.
(4) 이직률이 다소 높다.
(5) 건물의 조기 노후화 방지와 기능과 성능의 정상화와 장기화에 관심이 없거나 매우 부족하다.
(6) 건물종합관리 분야의 임금과 사회적 인정 소흘의 문제로 건물종합관리에 대한 교육과 훈련의 열기가 없으며, 이 분야 진출에 대한 희망자가 극감하고 있어 인력 수급에 큰차질이 예상되고 있다.
(7) 시설관리 현장 근무자 중에는 엔지니어어의 성격의 직원보다 키퍼(keeper) 성격의 직원 수가 많아 장비의 고장 또는 이상 발견시 스스로 정비나 보수하지 못하여 외주업체에 정비보수를 위탁하고 있어 수선유지비가 이중 삼중으로 증가되어 운영관리비의 경제화 원칙을 위반하고 있다.

3) 문제개선 방향

(1) 건물종합관리 종사자의 경제적 대우를 획기적으로 개선한다.
(2) 건물종합관리의 직업에 대한 사회적 인정 분위기를 조성한다.
(3) 빌딩관리소장 자격제 신설, 청소관리자 자격제를 신설하고 법정자격을 제도화하여 적극적으로 활용한다.
(4) 전문 자격인력 채용 및 자격소지자를 우대한다.
(5) 근무환경을 개선한다.
(6) 근무자 복지환경을 개선한다.
(7) 건물종합관리의 직업에 대한 중요성과 가치 등의 대한 홍보를 강화한다.

4) 문제개선의 기대효과

건물종합관리 종사자의 열악한 경제적 대우와 직업에 대한 사회적 인식저하의 문제를 연구를 통하여 개선하는 경우, 다음과 같은 개선효과를 기대할 수 있다.

(1) 근무자의 경제적 대우가 개선된다.
(2) 건물종합관리 종사자의 직업에 대한 사회적 인정도가 높아지고 자부심이 향상된다.
(3) 고급인력들이 유입되고, 소요인력 충원문제가 살아진다.
(4) 이직율이 낮아지며 근무자의 사기를 높여 건물종합관리 업무가 활발하게 체계적으로 이루어 진다.
(5) 형식적이고 무사안일의 근무 태도와 자세가 사명감과 적극적 태도와 자세로 전환되며, 이를 통하여 건축물의 조기 노후화 방지와 기능과 성능의 정상화와 장기화를 중요하게 생각하고 건축물의 경제적 수명을 연장하게 할 수 있게 된다.
(6) 근무자의 책임감이 높아지며 책임제가 실질적으로 정착되어 운영되며 최선을 다하여 책임감과 사명감으로 근무하는 모습을 찾아 볼 수 있게 된다.
(7) 건물종합관리 직업을 천직으로 생각하게 되며, 장기근무의 자세나 태도를 견지하게 되어 이직율이 낮아지게 된다.
(8) 근무자 대부분은 건물종합관리직에 대하여 장래 발전을 위한 희망이나 비전을 가지게 되며, 건물종합관리 직업을 통하여 자아실현의 꿈을 가지게 된다.
(9) 이와 같은 문제의 개선으로 고객의 만족에 요구되는 양질의 건물종합관리 서비스를 최선을 다하여 생산하고, 적절하게 공급하여 고객의 만족에 이바지 하게 된다.

6. 건물종합관리 용역 단기발주(1년계약 기간) 문제의 개선방안

1) 문제의 개요

국내 건물종합관리 서비스 시장에 절대적 영향을 미치는 주요 발주처의 경우, 약 30% ~ 40%의 발주처가 건물종합관리 용역을 1년의 단기발주 방식으로 발주하고 있어 연구를 통하여 개선이 요구되는 문제점을 말한다.

조달청 등 주요 건물종합관리 서비스 용역발주처에서는 건물종합관리 용역발주 방식을 시설관리 용역, 청소용역, 시설경비 용역 등으로 세분하여 1년 단기 발주하는 경향이 있거나 종합유지관리 용역을 1년 이하의 단기 계약기간으로 발주하여 이로부터 초래되는 부정적 폐단이 다수 나타나고 있다.

2) 문제로 인하여 초래되는 부정적 현상

(1) 용역계약 기간의 단기로 인한 시간의 부족으로 현장을 인수, 인력의 선발배치, 조직의 구축 및 행정사무 환경 셋팅, 인수현장 실사 및 문제점 파악, 기타 현장 장비 도구의 모빌리제이션 등에 충분한 시간을 배정할 수 없다.

(2) 시간의 부족으로 건물의 조기노후화 방지와 물리적 내구연한 극대화, 건축시설 및 설비기능의 정상화와 장기화, 건축물의 사용가치(건축물의 사용상 반드시 요구되는 건축물의 안전, 기능, 편리, 쾌적, 미관 등의 가치)의 유지나 향상 그리고 건축물 사용조건의 최적화를 도모하기 위한 연구시간이 부족하여 연구나 계획없이 일상적으로 경험과 관행에 따라 형식적으로 건축물을 유지관리하게 된다.

(3) 이와 같은 문제로 인하여 기업과 현장에서는 재계약의 보장이 없게 되므로 계약기간 동안 건축물의 성능 개선이나 시설설비의 내구화나 경제화 및 재산의 경제적 가치제고에 관심이 없다.

3) 문제의 개선방향

(1) 조달청 등 주요 건물종합관리 용역 발주처로 하여금 계약기간을 3년 이상으로 설계하여 발주하게 한다.

(2) 과학적 방법과 기준으로 적정 용역비를 산출하고 적정 인력을 산정하여 발주하게 한다.

(3) 인당 용역 기준 보다 서비스 품질기준으로 발주하게 한다.

(4) 초기 낙찰업체가 단기계약 기간(1년)동안 무사고로 건물종합관리하는 경우, 건물주와 용역업체 간에 수의 계약으로 추가 3년의 범위내에서 건물종합관리 용역계약 기간을 연장하여 건물을 유지관리하도록 한다.

4) 문제개선의 기대효과

연구를 통하여 개선노력을 지속하는 경우, 다음과 같은 개선 기대효과를 창출할 수 있다.

(1) 낙찰업체와 현장에서는 3년 이상의 용역기간 확보로 전문적 관리와 과학적 관리 및 기술적 관리를 통하여 건축물의 조기노후와 방지와 사용가치의 유지와 향상 및 사용조건의 최적화에 최선을 다하게 된다.

(2) 국내 건물종합관리 종사자의 인당 생산성의 저생산성 구조가 고생산성 구조로 변

화하게 되며 고비용 구조가 적정 비용구조로 개선되어 건물사용자가 부담하는 관리비의 경제화가 이루어지게 된다.

(3) 건물주는 전문업체의 기술과 경험을 차용할 수 있게 되며, 보유건물을 경제적 비용으로 관리할 수 있게 된다.

(4) 중장기 용역계약 기간 보장으로 국내 건물종합관리 업체는 경영활동을 사업계획에 따라 체계적으로 수행할 수 있게 되며 경영합리화가 이루어진다.

(5) 중장기 용역계약제 도입은 국내 건물종합관리 서비스 산업의 발전에 이바지하게 된다.

(6) 건물종합관리 계획이 사전에 수립되고 주먹구구식 관리활동이 지양되며 과학적관리와 체계적 관리가 이루어진다.

(7) 서비스 매뉴얼의 기반이 구축되어 업무절차가 간소화되고 능률이 상승되며 서비스 사내 표준이 구축되어 고품질의 서비스 생산과 공급이 표준화된다.

(8) 서비스 품질이 향상되어 건물사용자(고객)의 만족도가 향상된다.

7. 건물종합관리 서비스 생산의 고비용 저생산성 문제의 개선방안

1) 문제의 개요

국내 건물종합관리 현장과 시장에는 건물종합관리 종사자의 양적생산성(인당 관리면적) 질적 생산성이 매우 낮아 미국 일본의 시설관리 서비스 인당 생산성에 비해 약 2분지1이하의 수준을 유지하고 있으며, 서비스 품질이 비교적 낮아 건축물사용자(고객)의 만족도가 낮은 것으로 추정되고 있다. 생산비용 역시 선진 일본이나 미국에 비해 다소 높은 것으로 조사되고 있어 고비용 구조를 가지고 있다. 따라서 국내 건물종합관리 현장에는 고비용 저생산성의 구조의 문제점이 존재하고 있다. 이로 인하여 부정적 현상이 초래되고 있어 연구를 통한 개선이 요구되고 있다.

2) 문제로 인하여 초래되는 부정적 현상

이상과 같은 문제로 인하여 건축물종합관리 현장과 시장에서는 다음과 같은 부정적 현상이 초래되고 있다.

(1) 건물사용자의 관리비가 다소 높게 책정되어 건축물 사용자의 경제적 부담이 가중되고 있다.

(2) 건물사용자(고객)의 만족도가 비교적 낮다.

(3) 건물소유자는 높은 유지관리 비용을 부담하고 있다.
(4) 건물유지관리 인력이 과다 배치되어 인건비가 상승되고 있다.

3) 문제의 개선방향

(1) 조달청 등 주요 건축물종합관리 용역발주자는 발주 전에 과학적 방법으로 발주설계를 실시하고 이에 따라 발주하여 입찰하게 한다.
(2) 과학적 연구를 통하여 용역비의 산출기준과 기술인력의 전문성 검증기준을 마련하고, 이에 적합한 업체를 낙찰자로 결정한다.
(3) 서비스 품질기준을 마련하고, 이를 중심으로 인당 용역기준 보다 품질기준으로 발주하게 한다.
(4) 건물종합관리자에 대한 교육훈련 강화로 다기능 다역화가 체화된다.

4) 문제개선의 기대효과

연구를 통하여 지속적으로 개선 노력을 다하는 경우, 다음과 같은 개선효과를 기대할 수 있다.

(1) 건물종합관리 비용의 경제화가 이루어진다.
(2) 적정 인력으로 고품질 서비스 생산이 가능해지고 고객의 만족도가 향상된다.
(3) 고객의 관리비가 경제화 된다.
(4) 건물종합관리 서비스 현장에서는 저비용 고생산성 구조로 변화 발전한다.
(5) 건물소유자 또는 발주자는 경제적 비용으로 능력있는 업체를 선정하여 건물을 효율적으로 관리할 수 있다.
(6) 국내 건물종합관리 업체의 영업이익을 증가시켜 지속가능한 경영을 도모할 수 있게 된다.

8. 건물고객의 만족도 저하 문제 개선방안

1) 문제의 개요

건물고객(건물의 소유자와 사용자 및 이용자) 만족도 저하의 문제라 함은 양질의 건물종합관리 서비스 생산에 문제로 작용하여 건물 고객의 소유와 사용 및 이용에 부정적으로 작용하고 있는 문제점을 의미한다.

건물종합관리학에서는 '건물종합관리는 양질의 건물종합관리 서비스 생산과 공급을 통하여 고객(건축물사용자)을 만족하게 하는 서비스 활동이다'라는 실천명제를 가지고 있다. 따라서 건물종합관리는 궁극적으로 양질의 서비스 생산을 통하여 건물의 사용에 있어서 건물고객을 만족하도록 해야 한다.

이를 살펴보기 위하여 참고문헌(국가기술표준원(2006), 시설관리 서비스 표준화 연구)을 조사해 본 결과 시설관리 영역의 실내 온습도의 평균 만족도는 57.50%, 사무환경 평균 만족도는 57.89%, 승강기 이용 평균 만족도는 70.24%, 실내조명 평균 만족도는 72.26 %, 불편사항 민원 서비스 평균 만족도는 88.22% 등으로 조사되고 있다. 이를 평균하면 국내 시설관리 전체 서비스 평균 만족도는 59.22%로 조사되고 있어 국내 건물 사용자의 만족도가 매우 낮은 것으로 확인 되고 있다.

건물종합관리 업종별 서비스 만족도를 연구문헌을 통하여 살펴보면 시설관리 서비스 평균 만족도 75.00%, 환경미화 서비스 평균 만족도 78.74%, 그리고 시설경비 서비스는 79.10%로 조사되고 있어 전체 건축물 유지관리 서비스 평균 만족도는 겨우 77.61%로 조사되고 있어 전체적으로 건물종합관리 영역별 서비스 만족도 역시 다소 낮은 것으로 인식된다.

2) 문제로 인하여 초래되는 부정적 현상

건물 사용자(고객) 만족도 저하의 문제로 인하여 파생되고 있는 부정적 현상은 다음과 같이 조사되고 있다.

(1) 건물 사용자가 해당 건물에 대한 인식도가 낮거나 매력도가 떨어져 입주하기를 꺼려하게 되며 입주하드라도 장기간 머물지 아니하고 다른 건물로 이사가는 이른바 단기입주의 부정적 경향을 보이고 있다.
(2) 이와 같은 문제점은 건물임대차 입주율을 떨어 뜨려 모이는 사람의 수보다 흩어지는 사람의 수를 증가시켜 상업용 건물의 경우 임대소득을 경감하게 하고, 자산가치의 하락을 가져와 경제적 손실을 가져 오는 부정적 현상을 초래하고 있다.
(3) 이와 같은 문제점은 해당 건물의 이미지에 부정적으로 작용하여 건물의 사회적 기능을 저하시키고 있다.

3) 문제의 개선방향

(1) 건물사용자가 제기하는 민원에 대하여 신속하게 대응하고 처리하는 고객만족 시스템을 구축하고 운영한다.
(2) 고객불만을 정기적으로 설문조사하여 고객만족도를 관리하여 개선한다.

(3) 해피콜제도를 운영한다.
(4) 종사자에 대한 친절교육과 예절교육을 통하여 고객을 친절하고 예의바르게 응대하도록 한다.
(5) 관리책임자는 정기적으로 또는 수시로 고객과 접촉하여 건물사용상의 문제를 파악하고 개선한다.

4) 문제개선의 기대효과

연구를 통하여 문제를 지속적으로 개선하는 경우, 다음과 같은 개선효과를 기대할 수 있다.

(1) 건물사용자가 해당 건물에 대한 매력도가 높아지고 만족도가 높아져 장기입주를 희망하게 된다.
(2) 건물임대차 입주율을 높여 모이는 사람이나 기업체 수를 증가시키며 상업용 건축물의 경우, 임대 소득을 증가시키고 자산가치의 하락을 방지하여 건물의 경제적 가치를 제고 시키며 매각시 양도차익을 실현하게 한다.
(3) 건물의 이미지에 긍정적으로 작용하여 건물의 사회적 지명도를 높이며 사회적 기능을 향상시킨다.

9. 건물종합관리업의 낮은 시장진입장벽 문제의 개선방안

1) 문제의 개요

국내 건물종합관리 업체의 기술 및 재무능력도 없는 업체라 할지라도 시설관리 용역의 경우 허가등록제도가 없어 아무나 누구나 참여하게 됨으로서 업체의 난립과 조기퇴출을 거듭하여 국내 건물종합관리 용역시장의 질서를 흐리게 하고 발전을 저해하고 있다.

건물은 규모의 대형화와 설비의 첨단화 및 층수의 고층화 등 현대 건물의 특성을 고려해 볼 때 시설관리 업체의 경우 허가제도나 등록제도 등을 통하여 해당 업체의 기술력과 전문성 및 재무적 건전성을 검증해야 한다. 그럼에도 불구하고 국내 건물종합관리 현장과 용역발주 시장에는 건물종합관리 업체의 기술성과 전문성을 검증할 기관이나 제도를 찾아 볼 수 없으며, 이로 인하여 현재 건물종합관리 업체의 건물종합관리 대상 건물의 규모나 층수 및 면적의 정도를 살펴 제한 경쟁입찰에 초청하여 입찰을 실시하고 있다. 재무건전성 측면에서도 입찰참여 업체의 어음기준 신용도를 중심으로 재무건전성 여부를 판단하고 있어 재무건전성이 부족한 건물종합관리 업체가 대형건물을 관리하고 있는 동안 안전사고 발생시 이를 보상할 재무적 능력이 없거나 적절한 보상이나 대응이 불가능하게 된다.

또한 사소한 사건사고에도 건물종합관리 업체가 도산 또는 파산할 개연성을 가지고 있어 이에 대한 문제가 심각성을 보이고 있다. 경비용역업을 제외한 시설관리나 위생관리의 경우 허가제도나 등록제도가 없어 아무나 용역시장에 참여하고 있어 건물종합관리에 대한 사회적 인식을 떨어뜨리고 있으며 신뢰가 무너지고 있다. 특히 시설관리의 경우 고도의 기술력과 전문성을 요구하고 있는 분야이므로 아무나 참여하거나 관리할 수 없는 분야이다. 따라서 낮은 진입장벽으로 인하여 발생되고 있는 문제와 이로 인하여 초래되는 부정적 현상은 법과 제도를 통하여 과감하게 개선되어야 한다.

2) 문제로 인하여 초래되는 부정적 현상

국내 건물종합관리 시장에는 경비용역업을 제외한 다른 건물종합관리 용역업의 경우 허가제도 또는 등록제도의 부재로 인한 낮은 진입장벽의 문제로 인하여 초래되는 부정적 현상은 다음과 같이 조사되고 있다.

(1) 대형 초고층 최첨단 건축물을 정상적으로 유지관리할 업체의 재무적 능력이나 기술 수준을 검정하기 어려워 경험적 유사사례에 따라 입찰에 초정하고 제한경쟁입찰에 참여하게 하거나 제안 입찰방법을 통하여 과학적 재무적 능력과 기술평가없이 일과성 제안서 제출과 심사평가만으로 낙찰자를 결정하는 우를 범하고 있다.

(2) 해당 건물종합관리 업체의 다른 현장의 재무적 사고나 안전사고 발생시 파산 또는 도산할 가능성이 있어 당해 건물종합관리 현장의 계속성 보장이 없다.

(3) 현장 건물종합관리 착수 후 관리업체의 경험부족 사실이나 기술적 능력의 하자가 발견될 경우 이를 원인으로 계약해제 또는 해지할 수단이 없어 퇴출이 어렵게 되며, 바람직한 양질의 서비스 생산을 기대할 수 없어 건축물사용자의 불만이 고조될 수 있다.

(4) 건물종합관리 업종 중 가장 중요한 시설관리 용역업의 경우 법정사업자 자격제도의 부재로 아무나 누구나 사업자 등록이 가능하며 일반 경쟁입찰에 참여가 가능하여 중소업체의 창업과 폐업의 사례가 빈번하게 발생하고 있으며, 아무나 시설관리업 또는 미화관리업에 도전하고 있어 부정적 폐단이 자주 목격되고 있다.

3) 문제의 개선방향

(1) 건물종합관리 업종별 관계법령을 개정하여 등록제 또는 허가제를 도입한다(경비업 제외)

(2) 건물종합관리의 용역발주시 기술인력의 자격조건을 강화한다.
(3) 건물종합관리의 용역입찰자의 신용도를 상향 조정한다.
(4) 건물연건평 33,000제곱미터(약 10,000평) 이상의 건물종합관리의 용역발주시 건물종합관리의 용역 입찰 참가 업체의 자본금을 10억 이상으로 상향 조정한다.
(5) 대형 건물 유지관리 용역입찰자의 수행경력 조건을 상향 조정한다.

4) 문제개선의 기대효과

연구를 통하여 문제로 인하여 파생되는 부정적 현상을 개선하는 경우, 다음과 같은 개선효과를 기대할 수 있다.

(1) 건물종합관리 용역업체의 난립이 방지된다.
(2) 건물종합관리업체는 기술자격, 신용도 등의 경쟁력과 차별성 개선에 노력하게 된다.
(3) 건물종합관리 허가제의 도입으로 기술 및 재무상태의 검증을 받게 되어 신인도가 상승된다.
(4) 건물종합관리 용역발주처는 국내 건물종합관리 업체의 재무적 능력과 기술적 능력을 일정 부분 인정하게 되며, 서비스 생산업체로 대우하게 된다.
(5) 국내 건물종합관리 업체의 사회적 평가가 높게 유지될 수 있으며, 종사자의 사회적 평가 역시 긍정적으로 평가받게 된다.

10. 건물종합관리 통합기본법 부재 및 관계법령들의 개별적용 및 분산적용 문제의 개선방안

1) 문제의 개요

건물종합관리 관계법령의 개별입법과 분산적용의 문제는 바람직한 건물종합관리 산업의 효율적 발전을 저해하는 문제점과 이로 인하여 파생되는 부정적 현상을 의미한다.

건물종합관리 분야는 분야별 항목별로 나름대로 기본법과 관계법령을 가지고 있으나 시설관리, 안전관리, 위생 환경관리, 시설경비 등에 대하여 건축물관리법과 건축법 시설물의 유지 및 관리에 관한 법률, 공중위생관리법, 환경기본법, 경비업법, 화재예방 및 화재 안전관리에 관한 특별법 등이 산재하고 있으나 개별법으로서 해당 규율대상의 관리(시설관리, 위생환경관리, 화재 및 안전관리, 시설경비관리)에는 유효하나 전체적으로 통합 건물종합관리를 위한 체계적인 통합 건물종합관리 통합 기본법이 없어 건물종합관리 전체업무에 대하여 통일적으로 적용할 수 없다. 따라서 관계법령을 해당하는 개별적

업무에만 적용하게 됨으로서 전체적으로 건물종합관리 업무수행에 상당한 어려움이 나타나고 있다.

2) 문제로 인하여 초래되는 부정적 현상

건물종합관리 관계법령의 분산입법으로 인한 법령상의 문제점으로 인하여 바람직한 건물종합관리 산업을 저해하는 부정적 현상은 다음과 같이 조사되고 있다.

(1) 건물종합관리 전체 업무를 통합적으로 유지관리하는 통합법 성격의 건물종합관리 기본법이 없어 건물종합관리 업무를 전체적으로 또는 통일적으로 규율하는 법적 제도적 규율의 한계가 있다.
(2) 해당 법령간에 규율 대상이 중복되어 있거나 통일적으로 적용하는데 있어 한계가 있다.
(3) 건물의 복합성을 관리하는 기본법이 부재하여 건물사용자가 요구하는 통합건물종합관리 서비스 생산과 제공에 한계가 있다.
(4) 체계적 건물종합관리에 있어서 혼동을 초래하거나 효율적 유지관리를 저해하고 있다.

3) 문제의 개선방향

(1) 건물의 시설관리, 환경미화, 시설경비를 포함하여 건물 통합 건물종합관리 특별법을 제정하고 시행한다. 또는 건물의 물리성과 경제성, 행정성과 법률성, 환경성과 안전성을 유지관리 대상으로 하는 통합 건물종합관리법을 제정하고 시행한다.
(2) 건물종합관리 자격제도를 법으로 신설하고 자격 취득희망자에게 건물종합관리 통합 특별법을 정기적으로 의무적으로 교육한다.
(3) 정부에서는 하나의 건물종합관리 감독부서 또는 지도부처(㉔ 국토교통부)를 정하고, 정해진 건물종합관리 감독 또는 지도부처로 하여금 국내 건물종합관리 업무를 지도 감독하도록 한다(싱가포르의 주택개발청 사례 참조)

4) 문제개선의 기대효과

연구를 통하여 문제를 개선하는 경우, 다음과 같은 개선 기대효과를 창출할 수 있다.

(1) 통합 건물종합관리 특별법에 의하여 건물종합관리 전체 업무를 하나의 정부부처에서 체계적으로 관리하게 된다.
(2) 특별법 성격의 통합 건물종합관리 법의 제정으로 전체 건물종합관리 업무를 법적

제도적으로 규율하게 된다.

(3) 종전의 법령간에 규율 대상이 달라 통일적으로 적용하는데 있어 한계가 있었으나 이를 개선하게 된다.

(4) 신규 건물종합관리 특별법의 제정으로 건물종합관리자는 통합적으로 건물종합관리 서비스를 생산하게 되어 건물사용자의 권리가 보호되며 만족도가 향상된다.

(5) 건물의 경제성에 대한 법적 건물종합관리로 건물 소유자의 경제적 이익이 향상되고 자산가치가 제고된다.

(6) 법적 제도적으로 개선되어 건물종합관리 서비스 시장의 질서가 확립되어 아무나 누구나 건물종합관리 서비스 시장에 참여할 수 없게 되며, 검증받은 건물종합관리 업체에 의하여 서비스를 생산 제공하게 됨으로서 서비스 품질의 향상이 기대된다.

(7) 건물종합관리 현장과 시장에서는 고비용 저생산성 문제가 개선된다.

11. 비정규직 중심 현장 고용구조 문제의 개선방안

1) 문제의 개요

비정규직 중심 고용구조의 문제와 부정적 현상이라 함은 바람직한 건물종합관리 산업의 발전을 저해하는 비정규직 중심 고용구조의 문제점과 이로 인하여 초래되는 부정적 현상을 의미한다.

건물종합관리 서비스 발주제도가 일반적으로 주요 발주처에서 1년 단기계약 제도를 채택하고 있으며 1년계약 기간 종료 후 새계약 보장이 없어 건물종합관리 업체에서는 사무실 관리직원과 현장 관리직의 정규직을 제외한 현장 일반종사자는 고용승계에 의하여 단기계약직(비정규직)으로 고용하고 있어 직장의 안정성이 없는 것으로 판단된다.

2) 문제로 인하여 초래되는 부정적 현상

비정규직 중심 고용구조의 문제점과 부정적 현상이라 함은 바람직한 건물종합관리 산업의 발전을 직간접적으로 저해하는 비정규직 중심 고용구조의 문제점으로 인하여 초래되는 부정적 현상의 내용은 다음과 같다.

(1) 직업의 안정성이 결여되어 있다.

(2) 근로자가 건물종합관리의 직장에 대하여 희망을 가지거나 비전을 가지고 근무하는 종사자가 매우 드물게 만든다.

(3) 건물종합관리의 직업을 임시직으로 인식하고 있으며, 언제나 다른 직업으로 이동

할 준비를 하게 만들고 있다.

(4) 건물종합관리에 대하여 책임감이나 사명감이 없으며, 무사안일의 자세와 태도로 근무하는 경향을 보이고 있다.

(5) 교육훈련의 참가율이 매우 낮으며 자기계발의 의욕이 매우 낮다.

3) 문제의 개선방향

(1) 현장 종사자의 비정규직을 정규직화 한다.

(2) 노동법 개정으로 정규직일지라도 건물종합관리 현장 미확보시 퇴사 조치제도 도입 등 노동시장의 유연성을 확보한다.

4) 문제개선의 기대효과

연구를 통하여 문제를 지속적으로 개선하는 경우, 다음과 같은 개선 기대효과를 창출할 수 있다.

(1) 직업의 안정성이 보장된다.

(2) 근로자가 건물종합관리 직장에 대하여 희망을 가지거나 비전을 가지고 근무하게 된다.

(3) 건물종합관리 직업을 천직으로 인식하게 되며, 다른 직업으로 이동할 준비를 하지 않게 된다.

(4) 건물종합관리에 대하여 책임감이나 사명감을 가지게 되며 무사안일의 자세와 태도가 지양된다.

(5) 교육훈련의 참가율이 매우 높아지게 되며, 자기계발의 의욕이 강하게 된다.

(6) 고객만족을 위하여 양질의 건물종합관리 서비스를 가장 경제적인 방법으로 안전하게 효율적으로 적합하게 효과적으로 생산 제공하게 되어 건물주나 건물사용자의 만족도가 향상되거나 개선된다.

(7) 단기적으로는 건물종합관리 업체의 경영이 개선되며, 장기적으로는 국내 건물종합관리 산업의 발전을 견인하게 된다.

12. 덤핑, 불공정 입찰, 입찰서류 위변조, 담합 등 서비스 입찰시장 폐습문제의 개선방안

1) 문제의 개요

기업의 지속적 경영과 발전에 필요한 영업이익의 창출을 저해하는 덤핑입찰, 담합,

불공정 입찰, 부적절한 수주 관행, 상대방 입찰업체나 수주영업 담당자 음해 또는 중상모략하는 폐습 등의 서비스 시장의 문제가 서비스 시장에 존재하고 있다. 이로 인하여 부정적 현상을 초래하고 있으며, 국내 건물종합관리 용역시장의 질서를 교란하고 분위기를 어지럽게 하여 파산이나 도산을 자초하는 문제점으로 작용하고 있다.

2) 문제로 인하여 초래되는 부정적 현상

(1) 수주시장 질서를 교란하고 분위기를 어지럽게 하고 있다.
(2) 영업이익 적자 누적으로 시간의 경과에 따라 도산이나 파산의 원인을 양산하고 있다.
(3) 국내 건물종합관리 산업의 발전을 저해하고 있다.
(4) 부정한 방법으로 입찰 상대방 또는 경쟁업체나 수주 담당자를 음해하여 발주처를 교란시키거나 혼란을 가중시키고 있다.

3) 문제의 개선방향

(1) 발주처는 일정 부분 입찰자의 영업이익이 보장되도록 설계하고 발주한다.
(2) 조달청 입찰방식과 같이 최저입찰을 지양한다.
(3) 담합이나 불공정 입찰 또는 부적절한 방법의 입찰, 상대방 경쟁업체나 담당자를 음해하거나 중상모략하는 업체를 적발 또는 발견시 용역발주처는 해당업체를 일정기간(향후 5년긴) 영업정지 및 입찰 참여기회를 박탈한다.
(4) 부적절한 방법으로 입찰 상대방 경쟁업체나 수주영업 담당자를 음해하거나 중상모략하는 경우, 형사고발 또는 민사 손해배상소송을 통하여 법적 책임과 함께 금전적으로 책임을 지도록 법적 조치를 강구한다.

4) 문제개선의 기대효과

연구를 통하여 문제를 지속적으로 개선하는 경우, 다음과 같은 개선 기대효과를 창출할 수 있다.

(1) 건물종합관리 업체는 일정한 영업이익 보장으로 지속가능한 발전을 도모하게 된다.
(2) 수주영업 질서가 확립되고 시장교란 환경이 개선되어 정상적인 수주영업활동이 보장된다.
(3) 덤핑업체나 수주영업 질서파괴자 등은 시장에서 도태되거나 수주영업 시장에서

살아지게 된다.

(4) 이를 통하여 건물종합관리 활동이 현장에서 정상적으로 이루어지게 되며, 건물종합관리의 목적이 효율적으로 달성하게 된다.

13. 건물종합관리업체 일부 경영자의 교육의 중요성 및 R&D의 필요성 경시문제의 개선방안

1) 문제의 개요

건물종합관리 경영자 일부 중에는 건물종합관리 교육과 R&D는 시간과 비용의 낭비다. 또는 건물종합관리는 기술이나 과학이 아니며 상식과 경험만으로 얼마든지 누구나 수행할 수 있다는 자만과 오만의 문제점을 가지고 있어 건물종합관리 교육과 R&D를 경시하여 건물종합관리 산업의 발전을 저해하고 있는 문제점을 말한다.

2) 문제로 인하여 초래되는 부정적 현상

이와 같은 문제는 다음과 같은 부정적 현상을 초래하여 국내 건물종합관리 산업의 발점을 저해하고 있다.

(1) 해당 업체는 기술력과 전문성의 결여로 경쟁력과 차별성이 확보되지 아니하여 건물종합관리 서비스 입찰에서 자주 실패하게 되며, 결국 용역시장에서 살아지게 된다.

(2) 전문가 양성이 되지 않아 타 회사의 고경력자를 고비용으로 스카웃하는 우를 자주 범하게 된다.

(3) 신규 현장발생시 신규 고용인력이 부족하게 되며, 인력수급이 원활하게 이루어지지 않는다.

3) 문제의 개선방향

(1) 경영자는 건물종합관리는 기술이자 과학임을 확신할 수 있도록 교육한다.

(2) 건물종합관리의 R&D는 시간과 비용의 낭비가 아니며 회사의 경영과 발전을 위하여 반드시 필요한 투자임을 재인하게 한다.

(3) 종사자에 대한 교육 훈련의 필요성을 자각하게 하고 스스로 이에 참여하게 한다.

4) 문제개선의 기대효과

연구를 통하여 문제를 지속적으로 개선하는 경우, 다음과 같은 기대효과를 창출할 수 있다.

(1) 경쟁력 확보로 입찰에 자주 성공하게 되어 회사 경영이 원활하게 유지된다.
(2) 경쟁력과 기술력 및 전문성 강화로 지속 가능한 업체로 발전하게 된다.
(3) 전문인력 양성으로 자체 인력만으로 어떠한 건물종합관리도 문제없이 수행할 수 있게 된다.

14. 건물종합관리 현장소장 등 법정 자격제도 결여문제의 개선방안

1) 문제의 개요

국내 건물종합관리 현장에는 건물종합관리 소장과 업종별 관리소장에 대한 자격제도가 없어 전기설비 면허소지자 또는 10년 이상 고경력자 중 해당 분야의 전문성과 관계없이 건축물종합과리 소장직 또는 개별용역관리 소장(시설관리 현장소장/환경미화관리 현장소장/경비보안관리 소장/팀장)직을 수행하도록 하고 있어 크고 작은 사건사고가 현장에서 자주 발생하고 있다.

또한 현재의 소장직을 수행하고 있는 종사자의 경우 이미 정년퇴직했거나 향후 조만간 퇴직을 눈앞에 두고 있으나 전문성과 자격을 갖춘 후임자를 찾을 수 없어 전체적으로 국내 건건물종합관리 산업의 지속적 발전을 저해하고 있다.

2) 문제로 인하여 초래되는 부정적 현상

(1) 리스크 관리의 문제점으로 크고 작은 사건 사고가 자주 발생하여 인적 물적 피해가 자주 발생되고 있다.
(2) 해당 분야 전문성 결여로 문제해결을 위한 지식과 정보가 부족하여 합리적인 해결책 도출에 한계를 가지고 있다.
(3) 조만간 정년퇴직하는 현재의 관리소장 후임자를 해당 현장에서 찾기 힘들어 타회사 타현장의 관리소장을 불법한 방법으로 유인하거나 스카웃하는 폐단이 늘어가고 있다.

3) 문제의 개선방향

(1) 공식적인 빌딩 관리소장 양성 교육기관을 설립한다.
(2) 설립한 관리소장 교육기관을 통하여 관리소장(경영자 대리인)에 필요한 지식과 소양 및 태도와 자세 그리고 지식과 기술을 교육 커리큘럼에 반영하여 교육과 훈련을 강화하고 후임자를 미리 양성 배출한다.

(3) 관리소장 교육 후 자격증을 수여하고 업계 스스로 통용하는 자격제도를 운영하여야 하며, 자격 소지자에 한하여 관리 소장직을 부여하는 인사제도를 확립한다.

4) 문제개선의 기대효과

연구를 통하여 문제를 지속적으로 개선하는 경우, 다음과 같은 개선 기대효과를 창출할 수 있다.

(1) 능력있는 자로 하여금 관리 소장직을 맡아 현장의 리스크관리에 능동적으로 대처하도록 함으로써 크고 작은 사건 사고를 미리 예방하여 인적 물적 피해를 최소화 한다.
(2) 관리소장 자격제도가 정착되어 종사자 대부분이 자기 계발에 힘쓰고 연구나 학습에 매진하여 다기능 다역화가 가능해 지며 유능한 유지관리 종사자가 많이 배출된다.
(3) 해당 업체는 경영이 지속가능해 지며 경쟁력과 차별성으로 무장하여 용역시장에서 강자로 군림하게 된다.

15. 건물종합관리 현장 구성원의 인간관계 갈등문제 개선방안

1) 문제의 개요

건물관리 현장에는 다양한 직종의 구성원이 근무하고 있는 장소로서 학력과 문화배경 또는 환경과 생각이 다양하여 인간관계에서 호불호의 감정과 생각 또는 느낌과 견해가 충돌하고 있어 구성원 간의 인간관계 갈등이 지속적으로 일어나고 있다. 이와 같은 갈등은 정상적 건물종합관리 활동에 부정적으로 작용하고 있으며, 심할 경우 분쟁과 폭행으로 이어지는 사고가 발생하기도 한다. 따라서 건물종합관리 현장 구성원의 인간관계 갈등 문제는 연구를 통하여 개선해야 한다.

2) 문제로 인하여 초래되는 부정적 현상

(1) 명랑했던 직장 분위가 살아지고 직장 분위기가 한냉전선이 되거나 지옥으로 바꾸어진다.
(2) 현장업무나 작업이 정상적으로 이루어지지 않아 인당 생산성이 낮아진다.
(3) 구성간에 협조가 잘 이루어지지 않는다.
(4) 갈등으로 인하여 안전사고가 종종 발생하고 서비스 품질이 떨어진다.
(5) 갈등 당사자의 결근사태가 발생한다.

(6) 갈등으로 인하여 파당이 생기고 급기야는 단체 충돌사고가 발생한다.
(7) 위계질서가 깨어지고 관리자의 지후나 명령에 불복하는 사태가 발생한다.

3) 문제의 개선방향

(1) 예절교육을 강화한다.
(2) 근무자 직업윤리교육과 소양교육을 정기적으로 실시한다.
(3) 갈등 분쟁의 당사자는 즉시 퇴출 처리한다.
(4) 근무자의 근무 장소를 정기적으로 교대시켜 준다.

4) 개선 기대효과

연구를 통하여 문제를 지속적으로 개선하는 경우, 다음과 같은 기대효과를 창출할 수 있다.

(1) 갈등구조가 사라진다.
(2) 업무협조가 잘 이루어진다.
(3) 명랑한 직장 분위가 유지된다.
(4) 질서가 유지되고 명령 전달 즉시 긍정적으로 반응한다.
(5) 결근자가 줄어든다.
(6) 현장업무나 작업이 정상적으로 이루어진다.
(7) 안전사고 발생 건수가 줄어든다.
(8) 인당 생산성이 높아진다.
(9) 서비스 품질이 개선된다.
(10) 고객만족도가 높아진다.

제Ⅱ편

건물종합관리의 학문적 체계화 연구의 필요성과 건물종합관리학의 태동

제Ⅱ편 건물종합관리의 학문적 체계화 연구의 필요성과 건물종합관리학의 태동 편에서는 2개의 장을 두고 제1장에서 건물종합관리의 학문적 체계화 연구의 의의와 건물종합관리의 학문적 체계화 연구 필요성의 사회문화적 배경을 설명하고 있다.

그리고 제2장을 통하여 건물종합관리학의 태동의 의의와 기능과 역할 및 건물종합관리학의 이론체계를 소개하고 있다.

제4장	건물종합관리의 학문적 체계화 연구의 의의와 필요성
제 5 장	건물종합관리학의 태동

제1절 학문적 체계화 연구의 의의와 목적

1. 학문적 체계화 연구의 의의

건물종합관리의 학문적 체계화 연구라 함은 건물종합관리 현장이나 시장 등에 존재하는 문제를 연구를 통하여 건물종합관리의 문제점이나 부정적 현상 또는 저해요인 등을 깊이 생각하거나 깊이 조사하여 건물종합관리의 이치나 사실을 체계적으로 밝혀내어 개선하는 지적작업을 말한다.

2. 학문적 체계화 연구의 목적

건물종합관리의 목적은 정상적 건물종합관리 활동의 수행을 통하여 양질의 건물종합관리 서비스를 생산하고 이를 통하여 건물종합관리 고객을 만족하게 하며 건물의 사용가치의 유지 및 향상과 건물사용조건의 최적화를 통하여 건물소유자와 사용자 및 이용자의 바람직한 건물의 소유와 사용 및 이용을 지원하고 주환경측면에서 건물을 기반으로 이루어지는 인간의 삶과 생활과 일의 영위를 지원하며 건물종합관리 목적의 효율적 달성을 통하여 학문적으로 국내 건물종합관리 서비스 산업의 발전지원과 국가경제발전에 이바지 하는데 있다.

이와 같은 건물종합관리의 목적의 실현은 오직 건물종합관리의 학문적 체계화 연구를 통하여 가능하다. 왜냐하면 건물종합관리 목적의 효율적 실현이나 양질의 건물종합관리 서비스 생산 및 정상적 건물종합관리 활동의 효과적 수행하기 위해서는 건물종합관리학의 이론과 지식 및 기술의 지원이 절대적으로 필요하기 때문이다. 특히 건물종합관리의 학문적 체계화 연구는 국내 건물종합관리 서비스 산업의 발전을 위하여 반드시 필요한 지적 작업이다. 건물종합관리의 학문적 체계화 연구는 건물종합관리 서비스 산업의 발전에 요구되는 건물종합관리의 이론과 지식 및 기술을 창출하고 제공하기 때문이다. 따라서 건물종합관리의 학문적 체계화 연구는 국내 건물종합관리 산업의 발전을 위하여 매우 긴요하고 필요한 과업이라 판단된다.

제2절 학문적 체계화 연구 필요성의 사회문화적 배경

건물종합관리의 학문적 체계화 연구 필요성에 대하여 인식하고, 연구를 요구하는 사회 문화적 배경을 살펴보면 다음과 같다.

1. 건물종합관리의 사물과 현상의 통일적 설명기재 개발 및 학문적 지원 필요성

건물종합관리의 학문적 체계화 연구의 필요성은 연구를 통하여 건물종합관리의 이론과 지식 및 기술을 창의적으로 체계화하고 이를 통하여 건물종합관리의 사물과 현상을 통일적으로 설명하는 설명기재를 개발하고, 이를 토대로 학문적 방법으로 지원해야 한다는 사회문화적 배경을 가지고 있다.

2. 건물종합관리 이론과 지식, 기술 체계화로 산업과 종사자의 위상제고를 위한 학문적 지원 필요성

건물종합관리의 학문적 체계화 연구의 필요성은 연구를 통하여 건물종합관리의 이론과 지식 및 기술을 창의적으로 체계화하고 이를 통하여 국내 건물종합관리 서비스 산업과 그 종사자의 위상제고에 대하여 학문적 지원 필요성의 사회문화적 배경을 가지고 있다.

3. 건물종합관리 현장과 시장문제의 학문적 개선 또는 해결을 위한 학문적 지원 필요성

건물종합관리의 학문적 체계화 연구 필요성은 연구를 통하여 건물종합관리의 이론과 지식 및 기술을 창의적으로 체계화하여 건물종합관리의 현장과 시장 등에 존재하는 문제의 학문적 개선 또는 해결을 학문적으로 지원해야 한다는 사회문화적 배경을 가지고 있다.

4. 양질의 건물종합관리 서비스의 효과적 생산과 건물종합관리 고객만족을 위한 학문적 지원 필요성

건물종합관리의 학문적 체계화 연구의 필요성은 연구를 통하여 건물종합관리의 이론과 지식 및 기술을 창의적으로 체계화하여 건물종합관리 고객(건물의 소유자와 사용자 및 이용자)의 바람직한 건물의 소유와 사용 및 이용만족에 요구되는 양질의 건물종합관리 서비스의 효과적 생산지원과 국내 건물종합관리 서비스 산업의 발전을 학문적으로 연구해야 한다는 사회문화적 배경을 가지고 있다.

5. 국내 제도권 대학에 건물종합관리학과 개설 견인과 건물종합관리 대학 교육을 위한 학문적 지원 필요성

건물종합관리의 학문적 체계화 연구의 필요성은 연구를 통하여 건물종합관리의 이론과 지식 및 기술을 창의적으로 체계화하여 국내 제도권 대학에서 건물종합관리학과의 개설 견인과 대학교육을 학문적으로 지원해야 한다는 사회문화적 배경을 가지고 있다.

6. 건물 사용가치의 유지 및 향상과 건물사용 조건의 최적화를 위한 학문적 지원 필요성

건물종합관리의 학문적 체계화 연구의 필요성은 연구를 통하여 건물종합관리의 이론과 지식 및 기술을 창의적으로 체계화하여 건물 사용가치의 유지 및 향상과 건물 사용조건의 최적화를 도모하여 住環境側面의 인간의 삶과 생활과 일의 영위를 학문적으로 지원 해야 한다는 사회문화적 배경을 가지고 있다.

7. 건물종합관리 목적 달성에 요구되는 전문적 관리와 과학적ㆍ기술적 관리를 위한 학문적 지원 필요성

건물종합관리의 학문적 체계화 연구의 필요성은 연구를 통하여 건물종합관리의 이론과 지식 및 기술을 창의적으로 체계화하고, 이를 통하여 건물종합관리의 목적을 효과적으로 달성하기 위하여 요구되는 전문적 관리와 과학적 관리 및 기술적 관리를 학문적으로 지원해야 한다는 사회문화적 배경을 가지고 있다.

8. 건물의 물리적 상태의 정상적 보존과 기능의 정상화 및 장기화를 위한 학문적 지원 필요성

건물종합관리의 학문적 체계화 연구의 필요성은 연구를 통하여 건물종합관리의 이론과 지식 및 기술을 창의적으로 체계화하여 건물의 물리적 상태의 정상적 보존과 유지 및 기능의 정상화와 장기화를 학문적으로 지원해야 한다는 사회문화적 배경을 가지고 있다.

9. 건물종합관리 서비스 최유효 생산관리법에 의한 양질의 서비스 생산을 위한 학문적 지원 필요성

건물종합관리의 학문적 체계화 연구의 필요성은 연구를 통하여 건물종합관리의 이론과 지식 및 기술을 창의적으로 체계화하여 건물 사용자의 만족에 요구되는 양질의 건물종합관리 서비스의 생산을 최유효 건물관리법에 따라 가장 경제적인 방법으로, 안전하게, 효율적으로, 적합하게, 효과적으로 생산할 수 있도록 학문적으로 지원해야 한다는 학문적 연구 요구의 사회문화적 배경을 가지고 있다.

10. 현대 건물의 화재위험 사고발생 방지와 피해 최소화를 위한 학문적 지원 필요성

건물종합관리의 학문적 체계화 연구의 필요성은 연구를 통하여 건물종합관리의 이론과 지식 및 기술을 창의적으로 체계화하여 현대 건물의 화재위험 사고발생의 방지와 피해 최소화를 학문적으로 지원해야 한다는 학문적 지원 요구의 사회문화적 배경을 가지고 있다.

11. 건물종합관리 종사자의 경제적 대우개선 및 직업의 사회적 인정을 위한 학문적 지원 필요성

건물종합관리의 학문적 체계화 연구의 필요성은 연구를 통하여 건물종합관리의 이론과 지식 및 기술을 창의적으로 체계화하여 건물종합관리 종사자의 경제적 대우개선 및 직업의 사회적 인정 환경의 조성을 위하여 학문적으로 지원해야 한다는 사회문화적 배경을 가지고 있다.

12. 건물종합관리 양질의 서비스 양적생산성과 질적 생산성 향상을 위한 학문적 지원 필요성

건물종합관리의 학문적 체계화 연구의 필요성은 연구를 통하여 건물종합관리의 이론과 지식 및 기술을 창의적으로 체계화하여 양질의 서비스 양적 생산성과 질적 생산성 향상을 학문적으로 지원해야 한다는 학문적 지원요구의 사회문화적 배경을 가지고 있다.

13. 건물종합관리 전문가 양성교육을 위한 학문적 지원 필요성

건물종합관리의 학문적 체계화 연구의 필요성은 연구를 통하여 건물종합관리의 이론과 지식 및 기술을 창의적으로 체계화하여 건물종합관리 전문가 양성교육을 학문적으로 지원해야 한다는 학문적 지원의 사회문화적 배경을 가지고 있다.

14. 국내 건물종합관리의 산업의 발전정책과 제도의 개발을 위한 학문적 지원 필요성

건물종합관리의 학문적 체계화 연구의 필요성은 연구를 통하여 건물종합관리의 이론과 지식 및 기술을 창의적으로 체계화하여 향후 국내 건물종합관리의 산업의 발전을 위하여 요구되는 건물종합관리 서비스 정책과 제도 개발을 학문적으로 지원해야 한다는 사회문화적 배경을 가지고 있다.

제 4 장	건물종합관리학의 학문적 체계화 연구의 의의와 필요성
제5장	건물종합관리학의 태동

제1절 건물종합관리학 태동의 의의

1. 건물종합관리학 태동의 의미

건축물 생애단계 측면에서 건물종합관리학과 유사성을 가지고 있는 건축공학의 학문적 발전은 눈부시게 성취되었으며 국내 여러 유수대학마다 건축학과를 개설하고 건축설계 전공, 건축시공전공, 건축구조 전공, 건축재료공학 전공 등으로 커리큘럼을 편성하여 건설분야의 응용과학으로 자리매김하고 체계적인 교육을 수행하고 있다.

또한 건물종합관리학과 관리대상 측면에서 유사성을 가지고 있는 부동산학은 국내 건국대학을 중심으로 국내 유수대학에 부동산학과를 설치하고, 부동산 교육을 통하여 우리나라 부동산 산업의 발전에 크게 기여하고 있다. 그러나 건축물의 총생애 단계 중 가장 큰 비중을 차지하고 있으며, 건축물 총 생애비용 중 가장 큰 투입비용(건축물 총 생애비용 중 약 82%이상을 점하고 있음)을 사용하고 있는 건축물종합관리 단계에 대한 건축교육이 대학사회에서 전공으로 인정받지 못하여 건물종합관리 교육(건축물종합관리 교육)을 생략하고 있음으로써 오늘날의 국내 대학 건축학과는 건축물 총 생애를 연구하는 건축공학으로서 다소 흠결을 가지고 있다.

또한 부동산학 역시 토지 부동산 중심의 보존, 이용개량의 관리이론 중심으로 체계화하고 있어 건물부동산 관리 측면의 건물종합관리 교육을 간과 하거나 경시하고 있다. 이와 같은 현실 속에서 건물종합관리의 학문적 체계화 연구를 통하여 이론과 지식 및 기술을 창의적으로 체계화하고, 건축학의 응용과학 분야로 태동을 희망하는 것은 건축학 교육의 완성을 위하여 매우 바람직한 지적 인식이라 판단된다.

부동산학의 연구 대상 중에서 토지 부동산 중심의 보존, 이용, 개량의 관리개념에서 건물 부동산의 보존, 이용 개량의 관리 개념을 접목함으로서 완전한 부동산학을 완성시킬 수 있을 것으로 인식된다. 따라서 건축학과에서 건물종합관리학과를 접목하거나 부동학과에서 건물 부동산의 보존, 이용, 개량의 관리 분야를 통합하여 부동산학을 연구함이 매우 바람직해 보인다. 따라서 건물종합관리학의 태동은 이와 같은 관점에서 매우 의미가 있는 것으로 판단된다.

또한 건물종합관리학의 태동은 건물종합관리의 학문적 체계화 연구를 통하여 창의적으로 개발한 건물종합관리의 이론과 지식 및 기술을 통하여 건물종합관리의 사물과 현상을 일정한 원리와 법칙에 따라 통일적으로 설명할 수 있는 설명기재를 가지게 되며, 양질의 건물종합관리 서비스의 효과적 생산과 건물종합관리 목적의 효율적 달성 및 국내 건물종합관리 서비스 산업의 발전에 결정적으로 기여하게 될 것으로 판단되며 매우 큰 가치와 의미가 있을 것으로 인식된다.

2. 건물종합관리학의 태동의 기능과 역할

건물종합관리의 학문적 체계화 연구에 기초하여 태동하는 건물종합관리학은 연구를 통하여 체계화한 건물종합관리의 이론과 지식 및 기술을 토대로 건물종합관리의 사물과 현상을 일정한 원리와 법칙에 따라 통일적으로 설명할 수 있을 뿐만 아니라, 이를 통하여 국내 대학에 건물종합관리학과를 개설하고 교육과 훈련을 통하여 건물종합관리 서비스 전문가를 양성·배출함으로서 건물종합관리 서비스 생산업무를 창조적으로 그리고 과학적 서비스 생산 수행활동에 필요한 건물종합관리의 이론과 지식 및 기술제공의 기능과 역할을 담당할 것으로 예상된다.

뿐만 아니라 건물종합관리의 학문적 체계화 연구에 의한 건물종합관리학의 태동은 국내 건물종합관리의 업체의 경영과 기술문제나 종사자의 문제 그리고 건물종합관리의 관계 당국의 의사 결정과 선택을 학문적으로 지원하여 국내 건물종합관리 산업의 창조적 발전에 긍정적으로 영향을 주는 기능과 역할을 담당하게 될 것으로 판단된다.

이와 같은 의미에서 건물종합관리의 학문적 체계화 연구는 지속적으로 수행되어야 할 것으로 판단되며, 조속히 국내 대학 건축학과에서도 건물종합유지관리 전공과를 설치하고 건물종합관리 전문가 양성 교육에 참여해야 할 것으로 인식된다.

제2절 건물종합관리학의 학문적 정의와 학문적 성격

1. 건물종합관리학의 학문적 정의

사회과학 또는 자연과학이나 인문과학 분야에서 연구를 통하여 하나의 학문이 신학문으로 탄생(태동)하기 위해서는 학문적으로 이론의 체계화 연구가 선행 되어야 한다. 그 중에서 우선적으로 학명이 정립되어야 하고, 학문적 정의가 확립되어야 한다. 여기서 논의하는 학명은 학문의 명칭을 의미하는 것으로 건물종합관리학을 의미한다. 학문(학)의 사전적 의미는 일정한 이론에 따라 체계화한 지식을 말하며 인문과학과 사회과학 및 자연과학을 통틀어 이르는 말로서 건축물종합관리 분야에서 새롭게 개척한 건물종합관리 분야의 응용과학을 말한다.

학문의 개념을 구성하는 이론이라 함은 낱낱의 다른 사물이나 현상을 일정한 원리와 법칙에 따라 통일적로 설명할 수 있는 보편적인 지식 체계를 말한다. 또한 이론이란 관념적이고 논리적인 지식을 말하며, 어떠한 문제에 관한 특정한 학자의 견해나 연구자의 학설을 말한다. 그리고 이론개념을 구성하는 지식이라 함은 사물에 대한 명료한 의식이나 판단을 말하며, 배우거나 연구하여 알고 있는 내용 또는 범위를 말한다. 철학에서는 지식의 개념을 인식으로 얻어져 객관적으로 확정된 성과로 설명하고 있다. 이상에서 논의한 학문 개념을 바탕으로 건물종합관리학을 정의하면 다음과 같이 정의할 수 있다.

> 건물종합관리학(Building Total Management Science)이라 함은 “건물종합관리의 사물과 현상을 일정한 원리와 법칙에 따라 통일적으로 설명하는 지식체계로서 건물종합관리의 이론과 지식과 기술을 건물종합관리 활동에 생산적으로 응용하는 종합응용과학”을 말한다.

2. 건물종합관리학의 학문적 성격

건물종합관리학이 학문적으로 가지고 있는 고유한 성질을 건물종합관리학의 성격이라 하며 건물종합관리학의 고유한 성질에는 다음과 같은 성질이 있다.

(1) 종합 응용과학적 성격
(2) 건축학적 성격
(3) 부동산학적 성격
(4) 서비스학적 성격
(5) 경영학적 성격
(6) 이론과학과 실천과학적 성격
(7) 기술적 성격과 사무행정적 성격

제3절 건물종합관리학 연구의 목적과 연구대상

1. 건물종합관리학 연구의 목적

건물종합관리학 연구의 목적이라 함은 건물종합관리의 학문적 체계화 연구를 통하여 달성해야 하거나 도달해야 하는 목표를 말한다. 연구를 통하여 건물종합관리학이 학문적으로 달성해야 하는 목표는 다음과 같다.

〈표 20〉 건물종합관리학 연구의 목적

(1) 건물종합관리의 사물과 현상을 일정한 원리와 법칙에 따라 통일적으로 설명할 수 있는 건물종합관리 이론과 지식의 체계화 및 기술의 개발
(2) 건물의 사용가치 극대화와 건물 사용 조건의 최적화 방안의 도출
(3) 건물종합관리의 개념지식과 방법 지식 및 활동지식의 체계화
(4) 건물의 최유효 소유와 사용 및 이용상의 만족조건의 도출
(5) 양질의 건물종합관리 서비스 생산의 과학적 생산관리법과 기술적 생산관리법개발
(6) 국내 대학 건물종합관리학과 신설지원 및 전문가 양성교육제도 개발
(7) 건물을 기반으로 이루어지는 인간의 삶과 생활과 일의 바람직한 영위를 위한 학문적 지원
(8) 건물종합관리 서비스 산업의 위상제고 실현을 위한 학문적 지원
(9) 건물종합관리 서비스 종사자의 경제적 대우개선과 사회적 전문직 인정 환경조성

(10) 건물종합관리 서비스의 양적 생산성과 질적 생산성 향상기술 개발
(11) 건물의 물리적 수명의 장기화와 조기 노후화 방지기술 개발
(12) 관리 대상 건물의 경제적 가치 보존과 유지 및 개량기술 개발
(13) 건물종합관리 최유효관리법에 의한 양질의 건물종합관리 서비스 생산기술 개발
(14) 건물종합관리 정책과 제도 개발을 위한 학문적 지원

2. 건물종합관리학의 연구 대상

건물종합관리학의 연구 대상이라 함은 낱낱이 다른 건물종합관리학의 사물과 현상을 깊이 생각하거나 조사하여 어떤 이치나 사실을 밝혀 일정한 원리와 법칙에 따라 통일적으로 설명할 수 있는 건물종합관리학 연구의 목적물을 말한다. 건물종합관리학의 주요 연구의 대상은 다음과 같다.

〈표 21〉 건물종합관리학 연구의 대상

(1) 건물종합관리의 사물과 현상 및 법칙과 원리
(2) 건물종합관리 서비스 생산이론과 지식 및 기술
(3) 건물종합관리학의 학문적 이념
(4) 건물 기반의 인간의 삶과 생활과 일의 바람직한 住環境側面의 영위지원기술
(5) 건물 사용가치의 유지 향상과 건물 사용조건의 최적화 방안
(6) 건물소유자와 사용자 및 이용자의 최유효 만족조건
(7) 건물의 물리적, 경제적 수명의 장기화와 기능과 성능의 정상화 방안
(8) 건물종합관리 문제의 창조적 개선방법과 해결방법
(9) 건물종합관리 최유효 생산모형의 개발과 양질의 서비스 생산 응용기술
(10) 건축물의 구조와 유지보수 기법
(11) 건물종합관리 기업의 지속 가능한 경영발전 방안과 종사자 교육훈련 방안
(12) 건물종합관리 관계법령과 정책 및 제도
(13) 건물종합관리 현장의 바람직한 조직 문화와 목표
(14) 건물종합관리 용역 전문업체의 요구능력과 필요조건
(15) 건물종합관리기업 최고 경영자의 건물종합관리 서비스 경영철학

제4절 건물종합관리학의 연구방법

1. 연구방법의 의의

건물종합관리학 학문적 체계화 연구방법이라 함은 연구방법을 선택하여 낱낱이 다른 건물종합관리의 사물과 현상을 일정한 원리와 법칙에 따라 통일적으로 설명할 수 있는 보편적인 지식체계를 세우기 위하여 건물종합관리에 대한 여러 가지 관념중에서 공통적인 요소를 뽑아 깊이 생각하거나 자세히 조사하여 건물종합관리의 어떤 이치나 사실을 밝혀내는 지식 창출의 방편이나 방도를 말한다.

건물종합관리의 학문적 체계화 연구를 통하여 도출한 건물종합관리의 이론과 지식 및 기술은 건물종합관리의 사물과 현상을 통일적으로 설명조차 할 수 없는 국내 건물종합관리의 현장과 시장 및 관련 기업의 문제개선에 긍정적으로 작용하게 되며, 건물의 소유자와 사용자 및 이용자의 건물의 소유와 사용 및 이용 만족에 요구되는 양질의 건물종합관리 서비스를 가장 경제적 방법으로, 안전하게, 효율적으로, 적합하게, 효과적으로 생산 공급하게 한다. 이를 통하여 국내 건물종합관리 용역업의 발전과 국가경제 발전에 이바지할 것으로 판단된다.

2. 연구의 방법

낱낱이 다른 건물종합관리의 사물과 현상을 깊이 생각하거나 자세히 조사하여 건물종합관리의 어떤 이치나 사실을 밝혀내는 건물종합관리학의 연구는 "다학제 접근방법"에 의하여 수행하였다.

다시 말하면 건물종합관리의 낱낱이 다른 사물과 현상을 일정한 원리와 법칙에 따라 통일적으로 설명할 수 있는 보편지식 체계화의 연구는 1차적으로 건물종합관리의 현황과 실태를 조사 분석하고 문제를 도출하여 종합 분석한 결과를 토대로 건물종합관리의 학문적 체계화 연구의 필요성의 논거와 학문화의 당위성을 제시하고 2차적으로 건물종합관리와 직접 연관성을 가지는 건물종합관리학의 인접과학인 건축학과 건축공학, 부동산학, 법학, 행정학, 경영학, 경제학, 서비스학 등으로 부터 건물종합관리의 학문적 이론 체계화에 이바지 할 수 있는 인접과학의 이론과 개념 및 전문 용어를 차용하고 이를 재해석하여 귀납적으로 건물종합관리 이론의 뼈대를 세우는 연구는 전적으로 "다학제 접근방법"에 의하여 수행하였다.

제5절 건물종합관리학의 지도원리

1. 지도원리의 의의

지도원리라 함은 건물종합관리학을 연구하거나 건물종합관리 활동을 수행함에 있어서 반드시 지켜야 하고 적용해야 하는 원칙을 말한다.

2. 지도원리의 내용

건물종합관리학을 연구하거나 건물종합관리 활동에 적용해야 하는 원칙은 다음과 같다.

1) 경제성의 원칙

최소의 비용으로 최대의 건물종합관리 효과를 창출하는 원칙으로서 건물종합관리학을 연구하거나 건물종합관리 활동에 반드시 적용해야 하는 원칙을 말한다.

2) 안전성의 원칙

안전성의 원칙은 건물종합관리 활동이나 건물종합관리학 연구활동에 적용해야 하는 원칙으로서 어떤 사고가 발생하지 않도록 하여 피해발생을 예방하고 방지하는 원칙이다.

3) 효율성의 원칙

효율성의 원칙은 건물종합관리 활동이나 건물종합관리학 연구활동 모두 적용해야 하는 원칙으로서 투입하는 비용과 시간 및 노력의 양보다 산출하는 성과가 커야 한다는 원칙을 말한다.

4) 적합성의 원칙

적합성의 원칙은 서비스의 생산에 있어서 고객의 만족에 적합한 서비스를 생산해야 하고 건물종합관리학의 이념에 부합하는 연구활동 성과를 창출해야 한다는 원칙이다.

5) 효과성의 원칙

효과성의 원칙은 건물종합관리 활동이나 건물종합관리학 연구활동 모두에 적용해야 하는 원칙으로서 바람직한 성과 창출에 효과있는 활동을 수행한다는 원칙이다.

제6절 건물종합관리학의 학문적 이념

1. 학문적 이념의 의의

건물종합관리학의 학문적 이념이라 함은 건물종합관리학이 지향하는 학문적 신념이나 철학을 말한다.

2. 학문적 이념의 내용

건물종합관리학의 학문적 이념은 다음과 같다.

(1) 건물종합관리학은 건물종합관리의 이론과 지식 및 기술을 연구하고 개발하여 건물을 기반으로 이루어지는 인간의 삶과 생활과 일의 영위를 바람직하게 이루어지도록 학문적으로 지원한다.

(2) 건물의 소유자와 사용자 및 이용자 등의 건물의 소유 목적과 사용 목적 및 이용 목적을 효율적으로 달성할 수 있도록 학문적으로 지원하여 바람직한 건물의 소유와 사용 및 이용상 만족하게 한다.

(3) 관리대상 건물의 물리적 유한성과 경제적 희소성을 충분하게 고려하여 체계적으로 관리함으로서 건물에 대한 인간의 욕구를 합리적으로 충족하게 한다.

(4) 건물종합관리학을 연구하거나 건물종합관리 활동을 수행함에 있어서 인간의 유익

을 상위개념에 두고 재산가치 개념을 하위에 두어 인간유익 중심으로 건물종합관리학을 연구하거나 건물종합관리 서비스 생산활동을 수행한다.

제7절 건물종합관리학의 교과체계

1. 교과체계의 구성

건물종합관리학 교과체계는 건물종합관리학 총론분야 교과체계와 각론분야 교과체계 및 응용분야 교과체계로 구성하고 있다. 구체적인 건물종합관리학 교과체계는 다음과 같다.

2. 건물종합관리학 총론분야 교과체계

제1편 국내 건물종합관리 현장 및 시장의 현황분석과 문제의 개선방안
- 제1장 국내 건물종합관리 현장 및 시장 문제 개념의 이해
- 제2장 국내 건물종합관리 현장 및 서비스 시장의 현황분석
- 제3장 국내 건물종합관리 문제의 도출과 문제성 평가 및 개선방안

제2편 건물종합관리의 학문적 체계화 연구의 필요성과 건물종합관리학의 태동
- 제4장 건물종합관리의 학문적 체계화 연구의 의의와 필요성
- 제5장 건물종합관리학의 태동

제3편 건물종합관리 서비스 생산의 기반구조
- 제6장 건물종합관리 서비스 생산 시스템
- 제7장 건물종합관리 서비스 생산 관계법령과 법정 제도
- 제8장 건물종합관리 서비스 생산 5대 자원
- 제9장 건물종합관리 대상 건축물의 정보
- 제10장 건물종합관리 서비스 품질매뉴얼
- 제11장 건물종합관리 서비스 계약 및 과업지시서
- 제12장 건물종합관리 이론과 지식 및 기술

제4편 건물종합관리 3분야 서비스 생산의 개념지식과 방법지식 및 활동지식
- 제13장 건물종합관리 서비스 생산의 개념지식

제14장 건물종합관리 서비스 생산의 방법지식
제15장 건물 시설관리 서비스 생산의 활동지식
제16장 건물 환경위생관리 서비스 생산의 활동지식
제17장 건물 시설경비 서비스 생산의 활동지식

1) 건물종합관리 현장 운영관리론 교과체계

제1장 운영관리의 이론적 기초
제2장 운영관리의 주체와 객체
제3장 운영관리의 수단
제4장 건물종합관리 서비스업과 서비스 시장
제5장 현장 운영관리의 기본전략
제6장 PM 현장 운영관리
제7장 FM 현장 운영관리

3. 건물종합관리학 각론분야 교과체계

1) 건물시설관리론 이론체계

제1장 시설관리의 기본개념
제2장 물리적 시설관리 활동
제3장 경제적 시설관리 활동
제4장 행정적 시설관리 활동
제5장 법률적 시설관리 활동
제6장 안전적 시설관리 활동
제7장 환경적 시설관리 활동

2) 건물환경위생관리론 이론체계

제1장 환경위생관리 기초 개념
제2장 청소현장 현황 조사와 파악
제3장 청소계획의 수립
제4장 청소활동의 수행
제5장 청소품질의 검증
제6장 청소활동 사후관리

3) 건물위험관리론(건물안전관리론) 이론체계

제1장 위험관리의 기초개념
제2장 위험관리의 필요성
제3장 안전사고의 발생원인과 예방대책
제4장 안전관리의 문제점과 개선 방안
제5장 현장 위험관리활동
제6장 안전점검과 정밀안전진단

4) 건물행정관리론 이론체계

제1장 행정관리의 기본개념
제2장 현장 조직행정
제3장 현장 인사행정
제4장 현장 구매행정
제5장 현장 사무문서행정
제6장 현장 보험행정
제7장 현장 세무 회계행정
제8장 현장 재무행정
제9장 현장 법무 행정
제10장 현장 공무행정
제11장 현장 전산행정

5) 건물법률관리론 이론체계

제1장 법률관리의 기초개념
제2장 관리 관계법령 체계
제3장 재산권관리와 계약관리
제4장 공동주택관리 관계법령
제5장 집합건물관리 관계법령
제6장 일반 건축물관리 관계법령
제7장 건축설비관리 관계법령
제8장 안전관리 관계법령
제9장 환겨위생관리 관계법령
제10장 법무관리와 소송 실무

6) 건물경제관리론 이론체계

제1장 경제관리의 이론적 기초
제2장 서비스 시장 경제이론
제3장 재무회계 기본 개념
제4장 원가관리
제5장 임대관리
제6장 현장 경리 회계관리
제7장 현장 조세관리
제8장 자산 경제가치 평가

4. 건물종합관리학 응용분야 교과체계

1) 건물임대관리 분야 이론체계

제1장 건물임대관리의 이론적 기초
제2장 건물임대차 목적물과 임대차 방식
제3장 건물임대차 관계법령
제4장 건물임대차 계약 실무
제5장 FM계약과 PM 계약 실무
제6장 임차인관리 실무
제7장 임대 마켓팅 실무
제8장 임대 조세실무
제9장 임대 재무관리 실무
제10장 임대 보험관리 실무

2) 건물관리용역 수주영업분야 이론체계

제1장 수주영업의 이론적 기초
제2장 수주영업활동의 기반구조
제3장 용역 수주방식과 절차
제4장 수주영업 입찰 준비
제5장 수주정보 수집 및 분석
제6장 현장조사 실무
제7장 제안과 프리젠테이션 실무

제8장 견적가와 입찰가액 산출 실무
제9장 입찰과 협상 실무
제10장 적격심사와 계약체결 실무
제11장 현장실사와 현장 인수 실무
제12장 현장 재계약 수주영업 실무
제13장 전자입찰 실무

제8절 건물종합관리학의 인접과학

1. 인접과학의 의의

인접과학이라 함은 건물종합관리학의 학문적 체계화 연구에 있어서 이론이나 지식, 개념 및 원리나 법칙을 차용해 주어 건물종합관리학 태동에 직접 또는 간접으로 영향을 미친 학문이나 과학을 말한다.

2. 인접과학의 종류

건물종합관리학의 학문적 이론 체계화에 이론을 차용하여 주고 전문 용어의 응용과 연구 성과를 제공해준 인접과학의 종류는 다음과 같다.

1) 건축공학

건축학의 한 분야로서 건축의 구조와 자재, 계획, 시공법 따위를 연구하는 학문인 건축공학에서는 건축구조 이론과 자재의 정보 및 보수 기법을 제공하여 줌으로서 건물종합관리학 이론 체계화에 이바지 하였다. 또한 각종 기술적 정보를 제공해 주어 기술적 건물종합관리 활동을 이론적으로 지원하였다.

2) 부동산학

부동산, 부동산과 인간, 부동산활동과 현상을 연구대상으로 하는 종합응용과학이자 부동산활동의 능률화의 원리 및 그 응용기술을 개척하는 종합응용과학인 부동산학에서는 관리 이론과 건물(부동산)의 인문적 특성이론을 차용해 주어 건물종합관리학의 이론체계화에 학문적으로 지원하였다.

3) 경제학

경제현상을 대상으로 하여 생산과 교환 분배와 소비 등의 법칙을 연구하는 경제학에서는 건물종합관리학의 경제성의 원칙이론을 제공해 주었으며, 경제적 관리의 개념을 지원하여 건물종합관리학 이론적 체계화를 지원하였다.

4) 경영학

합리적인 기업 경영방법을 연구하는 경영학에서는 건물종합관리 기업의 합리적 기업 경영법을 이론적으로 제공하여 서비스 생산주체의 기능과 역할을 바람직하게 수행할 수 있도록 지원하였다. 또한 경영학에서는 과학적 관리법을 이론적으로 지원하였다.

5) 행정학

행정을 연구대상으로 하는 사회과학의 한분야인 행정학에서는 건물관리 기업의 인사, 조직, 문서, 사무행정 등의 관리에 이론적으로 지원하여 건물종합관리학의 이론체계화에 이바지 하였다.

6) 법 학

법률에 관한 학문인 법학에서는 건물종합관리 관계법령에 대한 정보를 제공해 주었으며 각종 계약의 이론과 재산관리와 등기제도 등의 이론을 차용해 주어 건물종합관리학의 이론 체계화에 이바지 하였다.

제 III 편 건물종합관리 서비스 생산의 기반구조

건물종합관리 서비스 생산 기반이라 함은 건물종합관리 주체가 건물종합관리 서비스 생산수단을 활용하여 건물종합관리 서비스를 생산하는데 요구되는 건물종합관리 서비스 생산의 기초가 되는 지반이나 기본이 되는 시스템을 말한다.

건물종합관리 서비스 생산의 기반구조에는 건물종합관리 서비스 생산조직 시스템과 건물종합관리 서비스 생산 관계법령과 법정제도, 건물종합관리 서비스 생산 5대 자원, 건물종합관리 대상 건축물 정보, 건물종합관리 서비스 품질매뉴얼, 건물종합관리 서비스 계약 및 과업지시서 그리고 건물종합관리 서비스 생산의 이론과 지식 및 기술 등이 있다.

제6장	건물종합관리 서비스 생산조직 시스템
제 7 장	건물종합관리 관계법령과 법정제도
제 8 장	건물종합관리 서비스 생산 5대 자원
제 9 장	건물종합관리 대상 건축물의 정보
제10장	건물종합관리 서비스의 품질매뉴얼
제11장	건물종합관리 서비스의 도급계약 및 과업지시서
제12장	건물종합관리 서비스의 생산이론과 지식 및 기술

제1절 건물종합관리 서비스 생산조직 시스템의 의의

1. 건물종합관리 서비스 생산조직 시스템 개념의 정의

건물종합관리 서비스 생산 시스템(Building General Management Service Organization System) 이라 함은 건물종합관리 서비스 생산을 위한 질서 있는 조직체계를 말한다. 다시 말하면 건물종합관리 서비스를 생산하는 조직의 틀을 의미한다.

건물종합관리 서비스 생산 시스템에는 여러 가지 조직 시스템이 있을 수 있으나 건물종합관리 서비스 생산주체를 중심으로 건물소유주의 책임과 비용으로 직접 관리하는 형식인 직영관리 서비스 생산조직 시스템과 건물주가 건물종합관리 전문업체에게 위탁하고 건물소유주의 비용으로 건물종합관리 서비스 생산은 전문업체의 책임으로 관리하는 위탁관리 서비스 생산조직 시스템 그리고 건물주와 위탁관리 업체가 건물종합관리 업무를 일부씩 분담하여 관리하는 혼합관리 서비스 생산조직 시스템 등이 있다. 이와 같은 3종류의 서비스 생산조직 시스템이 건물종합관리 서비스 생산의 기반으로 작용하고 있다.

2. 건물종합관리 서비스 생산조직 시스템의 목적

건물종합관리 서비스 생산조직 시스템의 목적은 건물종합관리 서비스 생산주체가 건물종합관리 서비스 생산조직 시스템을 활용하여 양질의 건물종합관리 서비스를 효율적으로 생산하는데 유용한 수단으로 작용하고 기여하는데 있다.

건물종합관리 서비스 생산조직 시스템은 건물경영자나 소유자 또는 관리자가 건물을 관리한데 있어 어떤 서비스 생산조직 시스템을 선택하여 서비스를 생산하느냐의 문제이다. 다시 말하면 건물종합관리 서비스 생산조직 시스템이라 함은 제품의 생산공장을 비유하여 설명하면 1번 생산공장과 2번 생산공장 중 서비스 생산자의 입장, 여건, 사정, 책임, 비용 등을 고려하여 건물 소유자가 1번 생산공장을 선택하여 건물종합관리 서비스 생산하는 이른바 넓은 의미의 건물종합관리 서비스 생산조직 시스템을 말한다.

제2절 건물종합관리 서비스 생산조직 시스템의 종류와 장단점

건물종합관리 서비스의 목적을 달성하기 위하여 활용되고 있는 서비스 생산조직 시스템에는 여러 가지 조직 시스템이 있을 수 있으나, 건물종합관리 서비스 생산현장에서 일반적으로 활용하고 있는 서비스 생산조직 시스템에는 3가지 서비스 생산조직 시스템이 있다. 이를 종류별로 살펴보면 직영관리 서비스 생산조직 시스템과 위탁관리 서비스 생산조직 시스템 그리고 혼합관리 서비스 생산조직 시스템 등이 있다. 이를 구체적으로 살펴보면 다음과 같다.

1. 직영관리 서비스 생산조직 시스템

1) 직영관리 서비스 생산조직 시스템의 의의

건물종합관리 서비스 생산조직 시스템 종류 중 하나인 직영관리 서비스 생산조직 시스템이라 함은 건물소유자의 비용과 책임으로 조직화한 자체조직에 의하여 건물종합관리 서비스를 생산하는 조직체계를 말한다. 건물소유자가 건물종합관리 서비스 생산에 필요한 조직을 조직화하고 업무를 분장하여 고용한 기술 인력과 사무행정 인력을 배치하여 직접 관리하는 건물종합관리 서비스 생산조직 시스템을 말한다.

종전에는 국내 주요 기업들이 사옥용도의 대형건물을 건축하여 일부는 본사가 직접 사용하고 나머지 공간이나 면적은 임대하여 건물주가 직접 조직한 관리조직을 통하여 관리해 주는 형태가 이 범주에 해당하는 조직 시스템이다. 그러나 최근에는 정부와 지자체 등 공공기관을 중심으로 건물종합관리 용역업체 근무자인 비정규직 근무자를 정부 고용창출 정책에 따라 정규직화 함으로써 공공기관이 관리주체가 되어 종전의 위탁관리 서비스 생산조직 시스템에서 직영관리 서비스 생산조직 시스템으로 전환하고 있는 추세를 보이고 있다. 종전의 건물 관리용역업체 소속의 비정규직 종업원의 정규직화 정책으로 향후 재벌그룹 소유 대형건물이나 대기업을 중심으로 현재의 위탁관리 서비스 생산조직 시스템으로 빠르게 전환해 갈 것으로 추정된다.

이와 같은 직영관리 서비스 생산조직 시스템은 공동주택의 자치관리 조직 시스템 및 임대주택의 자체관리 시스템 등과 유사하나 관리주체 조직의 성격면에서 다소 차이가 있다.

2) 건물종합관리 서비스 생산조직 시스템의 장점과 단점

〈표 22〉 직영관리 서비스 생산조직 시스템의 장단점

장 점	단 점
(1) 기밀유지와 보안 관리에 유리하다.	(1) 인건비가 상승될 수 있다.
(2) 고장수리나 민원이 신속히 해결된다.	(2) 변화나 개혁에 비탄력적이다.
(3) 건축물 재산관리에 유리하다	(3) 관리업무가 무사안일하게 되기 쉽다.
(4) 관리의사 결정이 신속히 이루어진다.	(4) 관리 전문성이 결여되기 쉽다.
(5) 관리비 낭비가 방지되고 예산이 절약된다.	(5) 건축물 소유자가 본연의 업무에 전념할 수 없다.
(6) 건축물소유자가 직접 지휘함으로서 사고예방 효과가 있다.	(6) 관리비 절약을 지나치게 강조하는 경우 부실관리가 되기 쉽다.
(7) 관리종사자 직업이 안정되고 조직간에 협력이 원활하게 이루어진다.	(7) 고객만족에 관심이 다소 멀어 질 수 있다.
(8) 책임한계가 분명하다.	(8) 종사자 고용문제로 인사, 노사문제가 발생할 수 있다.
(9) 입주고객의 만족여부에 관심이 많다.	

(자료출처 : 김일효(2014),건물자산관리학원론, 상학당, pp.196-197 인용 및 재구성)

건물종합관리 서비스 생산조직 시스템은 건물종합관리 서비스 생산조직 시스템의 종류 중 하나로서 다음과 같은 장점과 단점이 있으나 건물 관리주체와 건물의 성격이나 용도 및 규모면에서 다소 장단점이 완화 또는 변경될 수 있음을 참고하기 바란다. 직영관리서비스 생산조직 시스템의 장단점을 요약 정리하면 〈표 22〉와 같다.

2. 위탁관리 서비스 생산조직 시스템

1) 위탁관리 서비스 생산조직 시스템의 의의

위탁관리 서비스 생산조직 시스템이라 함은 건물 소유자나 경영자가 본인의 비용부담과 타인(관리전문 업체)의 책임 부담으로 타인이 용역을 수행하는 관리하는 조직체계를 말한다.

위탁관리 서비스 생산조직 시스템은 주로 용역계약, 위임, 관계법령, 입찰 등에 의하여 결정되며, 기술을 요하는 대형, 고층 건축물과 IBS 건물의 종합관리에 적합한 관리조직 체계라 볼 수 있다. 외주방식 서비스 생산조직 시스템 또는 아웃소싱 서비스 생산조직 시스템 이라고도 한다. 신탁관리 서비스 생산조직 시스템도 넓은 의미의 위탁관리 서비스 생산조직 시스템이라 할 수 있다.

2) 위탁관리 서비스 생산조직 시스템의 장점과 단점

위탁관리 서비스 생산조직 시스템은 직영관리 서비스 생산조직 시스템과 다소 상반되는 장점과 단점을 가지고 있다. 위탁관리 서비스 생산조직 시스템의 장점과 단점을 요약 정리하면 다음의 〈표 23〉과 같다.

〈표 23〉 위탁관리 서비스 생산조직 시스템의 장점과 단점

장 점	단 점
(1) 건물소유자는 본인의 업무에 전념할 수 있다. (2) 수탁사의 기술과 전문성을 활용할 수 있다. (3) 합리적 비용으로 효율적 관리가 가능하다.	(1) 관리회사가 부실화 될 경우 현장에 즉시 문제가 발생할 수 있다. (2) 관리회사의 기술 전문성에 문제가 있는 경우 복잡한 문제가 발생할 수 있다. (3) 관리회사의 기술과 전문성 검증이

(4) 관리종사자 인사노무에 신경 쓸 필요가 없다. (5) 건물주는 수익성과 안정성을 확보할 수 있다. (6) IBS 건물 또는 대형건물 관리에 유리한 시스템이다. (7) 건물주의 관리조직을 슬림화 할 수 있다. (8) 비용구조와 인력구조가 단순화 된다. (9) 업무 프로세스가 단순화 된다. (10) 환경변화에 신속히 대응할 수 있다. (11) 관리현장의 사건사고에 대한 책임 문제가 분명해 진다.	어렵다. (4) 보안유지나 기밀 유지가 어렵다. (5) 관리회사 경영문제가 현장에 악영향을 줄 수 있다. (6) 관리회사의 잦은 인사이동으로 계속 유지관리에 문제가 된다. (7) 관리 문제가 발생하는 경우 책임이 불분명해 진다. (8) 사내고용이 불안해진다. (9) 위탁사와 수탁사 간에 의사소통 문제가 발생할 수 있다. (10) 사내 구조조정 문제가 발생한다. (11) 부가비용이 발생한다. (12) 일사불란한 조직운영이 쉽지 않다.

(자료출처 : 김일효(2014), 상게서, pp.198-199 및 p.215)

3. 혼합관리 서비스 생산조직 시스템

1) 혼합관리 서비스 생산조직 시스템의 의의

혼합관리 서비스 생산조직 시스템이라 함은 전체 건물종합관리 업무 중 일부는 직영관리 서비스 생산조직 시스템으로 관리하고, 나머지 일부는 타인의 관리회사가 위탁관리 서비스 생산조직 시스템으로 관리하는 조직체계를 말한다.

다시 말하면 전체 건물 관리업무를 직영관리 서비스 생산조직 시스템과 위탁관리 서비스 생산조직 시스템이 연합하여 관리하는 조직체계를 말한다. 혼합관리 서비스 생산조직 시스템은 절충식 서비스 생산조직이라고도 하며, 대형건물이나 병원 또는 오피스텔 관리 조직체계로 적합하다.

2) 혼합관리 서비스 생산조직 시스템의 장점과 단점

혼합관리 서비스 생산조직 시스템의 장점과 단점을 요약 정리하면 다음의 〈표 24〉와 같다.

〈표 24〉 혼합관리 서비스 생산조직 시스템의 장점과 단점

장 점	단 점
(1) 인사, 노무, 회계세무 등의 직영관리로 기밀유지가 쉽다. (2) 관리통제가 용이하다. (3) 전문성과 기술성만 요하는 관리업무만 관리회사에 위탁 관리함으로서 관리회사의 기술과 전문성을 활용할 수 있다. (4) 효율적 관리가 가능하고 경제적 비용으로 관리가 이루어진다.	(1) 책임 소재가 매우 불분명하다. (2) 관리회사에 문제가 발생할 경우에는 직영관리와 위탁관리의 단점만 노출된다. (3) 직영관리 종사자와 위탁관리 종사자 간에 화합과 협조가 쉽지 않다.

(자료 출처 : 김일효(2014), 상게서 p.199)

4. 건물종합관리 서비스 생산조직 시스템의 선택

건물종합관리 서비스 생산조직 시스템은 건물종합관리 서비스(시설관리 서비스와 환경미화관리 서비스 및 시설경비 서비스)를 생산하는 틀이나 법식, 형식 또는 조직, 체계 등을 의미하고 있음은 전술한 바와 같다.

건물종합관리 서비스 생산조직 시스템의 선택기준은 건물의 소유자나 경영자 및 관리자가 양질의 건물종합관리 서비스를 가장 경제적 방법으로, 안전하게, 효율적으로, 적합하게, 효과적으로 생산할 수 있는 조직체계어야 한다.

건물의 소유주체나 경영주체 및 관리주체가 주어진 여건과 형편, 입장과 상황을 충분히 고려하여 가장 유리한 서비스 생산조직 시스템이어야 한다. 또한 선택한 서비스 생산조직 시스템을 적극 활용하여 양질의 건물종합관리 서비스를 생산할 수 있어야 한다.

건물의 소유자가 본인의 업무에 전념하기 위해서는 위탁관리 서비스 생산조직 시스템의 도입이 유리하며 건물종합관리 서비스 생산현장의 기밀이나 보안이 절대적으로 요구되는 경우에는 직영관리 서비스 생산조직 시스템의 선택이 불가피하다. 한편 고도의 기술과 전문성의 도입이 필요하고 관리 주체 건물소유자 조직의 기밀과 보안이 함께 요구되는 경우에는 혼합관리 서비스 생산조직 시스템을 도입하여 활용함이 타당해 보인다.

제 6 장	건물종합관리 서비스 생산조직 시스템
제7장	건물종합관리 관계법령과 법정제도
제 8 장	건물종합관리 서비스 생산 5대 자원
제 9 장	건물종합관리 대상 건축물의 정보
제10장	건물종합관리 서비스의 품질매뉴얼
제11장	건물종합관리 서비스의 도급계약 및 과업지시서
제12장	건물종합관리 서비스의 생산이론과 지식 및 기술

제1절 건물종합관리의 관계법령

1. 건물종합관리 관계법령의 의의

건물종합관리 관계법령이라 함은 건물종합관리에 직접 영향을 미치는 법령 등을 말한다. 또한 건물종합관리 관계법령이라 함은 공법적 성격을 가지고 있는 법령으로서 건물종합관리에 직접 영향을 미치는 법률과 시행령과 시행규칙 및 지방자치단체 조례 등을 말한다.

건물은 설계단계에서부터 시공단계와 유지관리 단계 그리고 철거단계에 이르기 까지 건축물의 생애기간 동안 관계법령에 따라 건축이 허가되고 시공되며 유지관리되거나 철거되며 멸실신고를 통하여 건물일생을 법적·행정적으로 종료하는 특징이 있다. 따라서 건물 소유자와 관리자는 건물 관리의 목적을 효과적으로 달성하기 위해서는 건물종합관리 관계법령에 대하여 정확히 파악하고 이해하고 있어야 하며, 이를 건물관리 현장 실무에 적용할 수 있어야 한다.

또한 건물종합관리 관계법령을 준수하지 않는 경우, 건물종합관리 관계법령에서 명시하고 있는 벌금 또는 과태료 부과와 사용금지, 사용제한, 출입금지 등의 행정명령을 받게 되고, 이로 인하여 건물의 소유와 사용 및 이용에 불이익을 당하게 된다. 따라서 건물종합관리 관계법령집을 작성하고 매달 관계법령의 변화를 탐색하여 변경된 관계법령 내용을 업데이트(Up date)시켜 현장업무에 적용해야 한다. 참고로 시설관리 현장을 실증 조사해 본 결과 건물종합관리 관계법령집을 체계적으로 작성하고 유지하는 현장은 극소수에 불과한 것으로 조사되고 있어 문제로 지적되고 있다.

건물종합관리 관계법령과 법정 제도는 건물종합관리 서비스 생산에 기반구조로 작용하고 있다. 이와 같은 관점에서 건물종합관리 관계법령과 법정제도에 대해서 정확하게 파악하고 이해해 둘 필요가 있다.

국내 건물종합관리에 적용되는 관계법령의 수는 대단이 많은 편에 속하고 있으며, 해당 분야별로 기본법의 성격을 가진 법령의 수는 제한적으로 존재하고 있다.

예컨대 건축물종합관리를 규율하기 위하여 관계법령 조항을 두고 있는 건축법, 건축물관리를 위하여 최근에 제정된 건물물관리법, 공동주택 관리를 위하여 제정된 공동주택관리법, 집합건물의 소유와 관리를 규율하기 위하여 제정된 시설물의 소유 및 관리에 관한 법률, 시설경비업무를 규율하기 위하여 제정된 경비업법, 공중화장실관리를 위하여 제정된 화장실 등 관리에 관한 법률, 건물화재의 예방과 방화관리를 규율을 위하여 제정된 화재 예방 및 화재안전 관리법, 건물 전기설비 관리를 위한 전기 사업법, 건물기계설비 관리를 위하여 제정한 기계설비법 등 건물종합관리 관계법령의 수는 매우 다양하다 이와 같은 건물종합관리 법령은 다양하게 존재하나 정작 건물종합관리 기본법은 없으며 다양한 관계법령들이 해당 관리대상에 따라 개별적용 및 분산적용 되고 있어 국내 건물종합관리 관계법령의 적용에 문제가 있는 것으로 지적 되고 있다.

2. 건물종합관리 관계법령의 체계

건물종합관리 관계법령 체계를 살펴보면 건축시설(물)유지관리 관계법령, 건축설비 유지관리 관계법령, 건축대지관리 관계법령, 건축물 방재 및 안전관리 관계법령, 건축물위생환경관리 관계 법령 등으로 체계화되어 있다. 건물종합관리 관계법령을 그림으로 정리하면 다음의 [그림 1]과 같다.

(자료 출처 : 김일효(2014), 건물자산관리학원론. 상학당, p. 97 인용 및 재구성)

[그림 1] 건물종합관리 관계법령 체계도(예시)

제2절 건물종합관리의 법정제도

1. 건물종합관리 법정제도의 의의

앞에서 논의한 바와 같이 건물종합관리 서비스는 관계법령과 법정제도에 의하여 주로 생산 공급되고 있다. 따라서 건물종합관리 법정제도 역시 건물종합관리 서비스 생산의 기반으로 작용하고 있다.

법정제도의 사전적 의미는 정해진 법규, 마련된 법도, 나라의 법칙을 말하고 국가나 사회 구조의 체계 및 형태를 의미한다. 이와 같은 의미에서 건물종합관리 현장과 시장에서 적용되는 건물종합관리 법정제도는 다양하게 존재하고 있다. 시설관리 분야에서 적용되고 있는 법정기술자격 선임제도인 전기 안전관리자 선임제도, 소방안전관리자 선임제도, 기계설비 유지관리자 선임제도, 시설경비 분야에 적용되고 있는 경비지도사 제도 그리고 공동주택 관리현장 소장의 자격으로 규정하고 있는 주택관리사(보) 의무배치 제도, 집합건물의 관리에 적용되는 관리단과 관리인 선임제도, 공중화장실관리인 지정 제도 등 다양한 법정제도가 관계법령에 의하여 운영되고 있다.

2. 건물종합관리자 법정 선임제도의 종류와 법적 근거

건물종합관리자 법정 선임제도의 종류에는 매우 다양한 제도가 존재하고 있으며, 주요 법정제도를 설명하면 다음과 같다.

1) 기계설비유지관리자 법정 선임제도

기계설비 유지관리자 선임제도는 기계설비법 제19조에 따라 반드시 선임하고 건축설이에 대한 유지관리 업무를 담당하도록 규정하고 있으며, 정해진 교육(신임교육 및 보수교육)을 이수하도록 법에서 규정하고 있다.

2) 소방안전관리자 법정 선임제도

소방안전관리자 법정 선임은 화재예방, 소방시설의 설치유지 및 안전관리에 관한 법률 제20조에서 소방안전관리자를 선임하고, 선임 후 30일 이내에 선임신고를 하도록 규정하고 있다.

3) 경비지도사 법정 선임 및 의무배치 제도

경비지도사 제도는 경비업법에서 명시하고 있으며, 상시고용 경비원 200명 당 1명의 경비 지도사를 선임하여 경비지도 업무를 수행하도록 규정하고 있다.

4) 주택관리사(보) 공동주택관리 현장사무소 소장 의무배치 제도

공동주택관리법 제64조에 따라 공동주택 입주자 대표회의는 주택관리사(보)를 해당하는 공동주택의 관리사무소 소장으로 선임하고 의무 배치하여 공동주택관리 업무를 책임지도록 하고 있다.

5) 집합건물 관리단과 관리인 법정선임 제도

공동주택관리법 제64조에 따라 관리단을 구성해야 하고, 법 제24조에 따라 관리인을 선임하여 집합건물을 유지관리하도록 규정하고 있다.

6) 공중화장실 관리인 지정제도

공중화장실 관리주체는 공중화장실 등에 관한 법률 제 8조에 따라 공중화장실 관리인을 지정하여 공중화장실을 유지관리하도록 규정하고 있다.

제1절 건물종합관리 서비스 생산 5대 자원의 의의

1. 서비스 생산자원의 개념

건물종합관리는 물리적 관리대상이나 관념적 관리대상을 불문하고 매우 다양한 관리조직 시스템이 방법이 활용되기는 하나 공통적으로 다음과 같은 관리에 필요한 자원을 효율적으로 배분하고 활용하여 관리활동을 수행하게 된다. 건물종합관리 서비스 생산자원이라 함은 건물종합관리 서비스 생산에 바탕이 되는 여러 가지 물자나 인력, 정보과 기술 및 재무적 지원 등을 말한다.

2. 서비스 생산자원의 종류

건물종합관리 서비스를 생산하는 자원의 종류에는 인적 자원, 물적 자원, 재무적 자원, 기술적 자원, 정보 자원 등 다섯 종류의 자원이 있다.

제2절 건물종합관리 서비스 생산의 인적 자원

1. 인적 자원의 개념

건물종합관리 서비스 생산의 인적 자원이란 건물종합관리 서비스 생산에 종사하는 사람 즉, 관리종사자 소요인력을 말한다. 건물종합관리 서비스 생산의 인적 자원에는 전기기사, 기계기사, 환경기사, 안전기사 등 기술직 인력과 세무회계 및 경리, 자재구매, 인사, 조직, 보험, 사무문서, 유관기관 업무처리 등의 사무행정직 및 관리업무에 종사하는 관리직 등 세 분야의 전문인력이 필요하다. 관리대상 건물의 규모와 용도 및 설비의 종류와 기능 등에 에 따라 요구되는 기술직 인력과 사무행정직 및 관리직(관리소장 및 감독직)인력은 일정한 기술수준을 확보해야 하고, 전문성 및 경험(경력)을 보유하고 있는 경력자이어야 한다. 또한 배정되는 인력의 수 역시 다르게 배정될 수 있다.

2. 인적 자원의 종류

건물종합관리 서비스 생산의 인적 자원을 분류하면 기술직 인적 자원과 사무행정직 인적자원 및 관리직 인적자원으로 분류된다.

1) 기술직 인적 자원

기술직 인적 자원에는 건축기사, 기계설비 기사, 전기설비 기사, 안전관리 담당자 자동제어 설비기사, 소방설비 기사, 방송통신설비 기사, 전자설비 기사 등이 있으며 유지관리하고 있는 해당 건축물의의 규모나 설비의 종류 및 용도와 성격 등에 따라 전체 기술직 중 일부만 배치되는 경우가 있을 수 있다. 기술직의 기술수준을 기준으로 기술직을 분류하면 특급기술자, 중급기술자, 초급기술자 등으로 분류되며, 해당 건축물의 규모와 설비의 종류 및 용도와 성격 등에 따라 소요기술 수준이 달라진다.

시설관리 인적자원은 그 수가 중요한 것이 아니라 직원이 보유하고 있는 다기능 다역화 능력이 필요하다. 따라서 인적 자원은 수 보다 기술능력을 기준으로 선발하고 현장에 배치해야 한다. 기술직 인적 자원은 건축물종합관리 기술의 변화에 적응할 수 있도록 유지관리 기술연구에 노력해야 한다.

2) 사무행정직 인적 자원

건축물 유지관리 현장에 소요되는 사무직은 경리 및 사무보조 업무를 수행하는 한두 명의 사무직이 필요하나 조직행정, 인사노무행정, 구매행정, 보험행정, 문서사무 행정, 전산행정, 세무회계행정 등을 담당하는 본사의 사무직은 현장의 수나 고용인력의 규모 등에 따라 여러 명의 사무행정직이 필요하다.

현장 또는 본사의 사무행정직은 현장에서 수행되는 각종 시설과 설비의 종류별 기능과 성능 등 기술직 업무를 파악하고 있어야 한다.

3) 관리직 인적 자원

현장에 소요되는 관리직은 관리소장 1명과 현장 사무를 총괄할 필요가 있는 경우 관리과장 수명 정도로 제한적이나 관리현장의 수나 고용하고 있는 종업원의 규모에 따라 본사 근무 관리자의 수가 증가될 수 있다. 관리직은 현장의 핵심 인적 자원이므로 다기능 다역화 할 수 있도록 평소 교육훈련이 필요하다.

제3절 건물종합관리 서비스 생산의 물적 자원

1. 물적 자원의 개념

물적 자원이라 함은 건물종합관리 서비스 생산목적에 이용할 수 있는 물자를 의미한다. 건물종합관리 서비스 생산은 종전의 관리 개념과 같이 사람에 의존하여 서비스 생산을 할 수 없기 때문에 서비스 생산에는 인적 자원과 함께 물적 자원이 필요하다.

2. 물적 자원의 종류

건물종합관리 서비스 생산 목적에 이용되는 물자의 종류에는 컴퓨터나 에너지, 재료와 원료, 부품 공 도구 약품과 세제, 장비와 소모품 등이 있다. 건물종합관리 물자는 관리대상 건물의 용도, 규모 등에 따라 물적 자원의 종류가 증가될 수도 있고 축소될 수도 있음도 유의하기 바란다.

제4절 건물종합관리 서비스 생산의 재무적 자원

1. 재무적 자원의 개념

건물종합관리 서비스 생산의 재무적 자원이라 함은 서비스 생산활동이나 서비스 관리상 소요되는 비용을 말한다. 건물종합관리 서비스 생산을 위하여 관리활동을 수행하는 경우 재무적 자원의 사전, 과정 또는 사후투입이 불가피하다. 왜냐하면 건물종합관리를 위하여 한발자국만 옮기면 비용이 발생하기 때문이다.

2. 재무적 자원의 종류

건물종합관리 서비스 생산을 위하여 소요되는 비용에는 다음과 같은 비용이 발생한다. 이와 같은 비용은 현장운영 실행예산서에 따라 집행되는 특징이 있다. 현장에 소요되는 비용은 중공과 잡비 등은 지속적으로 소요되기 때문에 재무적 자원인 현금수요(비용)가 요구된다. 따라서 본사에서는 항상 유동성 확보를 하고 있어야 한다.

(1) 인건비(일반관리비)
(2) 에너지비
(3) 수선비
(4) 보험료
(5) 통신비
(6) 사부행정비
(7) 현장 복지비
(8) 안전 유지비
(9) 기타 공과 잡비

제5절 건물종합관리 서비스 생산의 기술적 자원

1. 기술적 자원의 개념

건물종합관리 서비스 생산에 있어 필요로 하는 기술적 자원이라 함은 건물종합관리의 업무를 능률적으로 정확하게 처리하는 솜씨의 자원을 말한다.

2. 기술적 자원의 종류

건축물 유지관리는 단순한 노동력만으로 수행할 수 없다. 왜냐하면 건축물은 건축기술, 전기기술, 기계설비 기술, 토목기술, 통신기술, 안전기술, 환경기술, 전자방송 기술, 조명기술 등이 총합하여 건축한 생산물이기 때문에 관리에도 다소 차이가 있을 수 있으나, 앞에서 언급한 기술들이 필요하다. 즉, 건물종합관리 서비스 생산에는 기술적 자원이 필요하다. 따라서 기술을 가진 기술인력의 선발과 배치는 관계법령에서 요구하는 법정 기술자격을 갖춘 자를 설발하고 배치해야 한다.

제6절 건물종합관리 서비스 생산의 정보 자원

1. 정보 자원의 개념

정보의 사전적 의미는 어떤 사물의 내용이나 형편에 관한 소식이나 자료를 의미한다. 이를 바탕으로 건물종합관리 서비스 생산에 요구되는 정보 자원이라 함은 건물종합관리의 내용이나 형편에 관한 자료를 의미한다.

2. 정보자원의 종류

건물종합관리는 고도의 관리정보를 필요로 한다. 건물종합관리 정보자원에는 다음과 같은 정보 자원들이 있다.

(1) 건축설비의 사용설명 정보와 취급설명 정보
(2) 건축시설과 설비의 유지관리 매뉴얼 정보
(3) 청소 장비와 약품의 카탈로그, 취급설명 정보
(4) 경비보안 장비의 취급설명서와 관리 매뉴얼 정보
(5) 건물종합관리 관계법령 및 법정제도의 정보
(6) 시설관리 서비스 품질매뉴얼 정보
(7) 환경위생관리 서비스 품질매뉴얼 정보
(8) 시설경비 서비스 품질매뉴얼 정보
(9) MSDS(Material Safty Data System)의 약품취급 및 위험관리 정보
(10) 용역계약 정보 및 과업지시서 정보
(11) 관리대상 건축물 및 시설물 정보
(12) 기타 건물종합관리에 직접 영향을 미치는 정보

제 6 장	건물종합관리 서비스 생산조직 시스템
제 7 장	건물종합관리 관계법령과 법정제도
제 8 장	건물종합관리 서비스 생산 5대 자원
제9장	**건물종합관리 대상 건축물의 정보**
제10장	건물종합관리 서비스의 품질매뉴얼
제11장	건물종합관리 서비스의 도급계약 및 과업지시서
제12장	건물종합관리 서비스의 생산이론과 지식 및 기술

제1절 건축물의 일반개념

1. 건축물 이해의 필요성

건축물은 건축대지와 건축물(건축시설), 건축설비 기타 부대시설로 구성되어 있으며, 완성된 건축물을 바람직하게 소유하고 사용 및 이용하기 위해서는 건물종합관리가 접목되어야 하고 이를 대상으로 건물종합관리 서비스를 생산하고 공급해야 한다. 따라서 건축물은 건물종합관리의 대상으로서 건물종합관리 서비스 생산의 기반으로 작용하고 있다.

건축물은 어떤 물건인가? 건축물의 인간에게 있어서 어떤 존재인가? 건축물은 왜 인간에게 필요하고 중요한가? 이를 위한 종합관리는 왜 필요하고 중요한가? 등 건축물에 대한 본질적 질문에 답하기 위해서는 건축물에 대한 폭넓은 이해가 중요하고 필요하다. 특히 인간의 삶과 생활과 일(업무) 영위의 기반기능을 담당하고 있을 뿐만 아니라 이를 위하여 요구되는 건축물 사용가치의 극대화와 사용조건의 최적화 그리고 건축물의 물리적 상태의 정상적 보존 및 기능과 성능의 장기화를 위하여 수행되는 건물 종합관리는 활동(시설관리 활동과 환경위생관리 활동 및 시설경비 활동)을 효과적으로 수행하기 위해서는 관리 대상 건축물에 대하여 정확히 파악하고 이해하고 있어야 한다.

건물관리자가 건축물에 대하여 다각도로 이해하지 않고는 완전한 건물종합관리리 활동을 효과적으로 수행할 수 없다. 왜냐하면 건축물은 외형상 하나의 물건 성격의 건물로 보이나 사실은 물리적 성격 외에 경제적 성격, 법률적 성격, 행정적 성격, 환경적 성격, 안전적 성격과 재산적 성격과 상품 성격 등 여러 가지 복합적인 성격 등이 존재하고 있기 때문이다. 또한 건축물은 단순한 건축시설로만으로 구성되는 것이 아니라 건축대지와 건축물(건축시설), 건축설비 그리고 부대시설 등으로 구성되어 있기 때문이다. 뿐만 아니라 건축물은 단순한 기능과 역할을 담당하는 통상의 물건이 아니라 수십 종류의 기능과 역할을 담당하고 있으며, 법적 용도가 무려 29종(건축법 시행령)에 이르고 있어 용도별 건축물의 용도와 특성상에 따라 관리방법과 방향이 다르기 때문에 관리대상 건축물에 대하여 폭넓게 이해할 필요가 있기 때문이다.

건축물 정보의 이해는 건물관리의 개념지식 중 하나인 개념지식(사실지식)으로서 건축물 관리에 필수적인 지식으로 평가되는바 건물관리자는 반드시 이에 대하여 학습하고 이해해 두어야 한다.

2. 건축물 정보의 중요성

건물관리자가 건축물 관리를 효과적으로 수행하기 위해서는 물리적 관리 대상인 유체물 성격의 건축물(건축대지/건축시설/건축설비/기타 부대시설)과 건축물 위에 존재하는 복합적 개념(건축물의 물리적 개념/경제적 개념/법률적 개념/행정적 개념/환경적 개념/안전적 개념) 그리고 복합개념으로 인하여 건축물 위에 또 다시 존재하는 건축물의 복합성(건축물의 물리성/경제성/법률성/행정성/환경성/안전성)에 대하여 이해할 필요가 있다. 이와 같은 건축물의 복합개념과 복합성에 따라 자연스럽게 건물종합관리 3분야와 6영역이 설정되고, 분야의 영역별로 관리대상이 상정되고 있으며, 관리업무가 각각 존재하고 있어 6개 관리영역의 6종류의 관리항목(유지관리 업무)에 대하여 개별적으로 관리하거나 또는 종합적으로 관리해야 한다.

따라서 건물관리자는 유체물 성격의 건축물과 건축물에 존재하는 건축물의 복합개념 및 복합성을 폭 넓게 이해하고 이를 바탕으로 건축물을 종합 관리해야 한다. 왜냐하면 건축물을 단지 물리적 개념과 물리성만 존재하는 유체물 성격의 건축물로 인식하여 물리적 관리만을 수행하는 경우에는 경제적 관리와 행정적 관리, 법률적 관리, 환경적 관리 그리고 안전적 관리영역의 관리업무를 완전히 간과하여 전체의 건축물 관리목적을 달성할 수 없게 되기 때문이다.

그러므로 건축물 소유자와 관리자는 해당 건축물 관리를 수행하기 전에 건축물에 대한 기초정보를 정확히 이해하고 관리활동에 임해야 한다. 이와 같은 관점에서 건축물의 정보에 대한 이해가 매우 중요하다.

3. 건축물의 정의와 성격

1) 건축물의 정의

건축물이란 건설공사에 의하여 축조된 시설물 또는 구축물을 말하는 것으로 사람이 들어 살거나 일을 하거나 물건을 저장하기 위하여 지은 집을 통틀어 이르는 말이다.

또한 건축물은 자본과 기술 및 노동력 등 건축 3요소의 결합을 바탕으로 인간의 손에 의하여 생산된 물건의 일종으로서 경제학에서는 이를 자산 또는 경제재나 상품으로 인식하고 있으며, 법학에서는 이를 물권의 객체로서 물건의 종류 중 부동산으로 분류하고 있다. 또한 건축물은 일반적으로 사용목적과 수익목적 및 처분목적 등의 목적으로 기획 설계되고 시공되며 유지관리되는 유지관리의 객체이자 목적물로서 물리적 수명을 다하거나 새로운 개발계획에 의하여 철거나 해체 또는 멸실되는 특징을 가지고 있다.

건축물의 생애단계(Building Life Cycle)를 살펴보면 총 생애단계 중 약 0.4%를 점하는 기획 설계단계, 약 16%를 점하는 시공단계 그리고 약 82.2%를 차지하는 유지관리 단계와 약 0.4%를 점하고 있는 철거 및 해체(멸실) 단계 등 4개 단계를 거쳐 생애가 시작되고 종료하게 된다(일본능률협회 자료 참조).

또한 건축물은 국내 건축법 시행령에 따라 29개 용도로 건축되며 완공 후 건축물의 용도대로 사용 수익하게 된다. 건축물은 용도에 따라 차이가 있으나 대체로 건축물종합관리 단계를 거치는 동안 인간의 삶과 생활과 일의 영위를 건축물의 기능과 사용가치의 유지개량 및 사용조건의 최적화를 통하여 지원하게 된다. 그러므로 건축물은 인간의 손에 의하여 생산된 물건 중에서 인간 생존의 주요 카테고리에 해당하는 삶과 생활과 일의 영위에 가장 크게 영향을 미치는 물건으로 인정되며, 인간의 정신세계에 이르기까지 지대한 영향을 미치는 생존지원형 또는 생활기반형 내구재라 할 수 있다.

왜냐하면 건축물은 인간생존 3대 조건 중 住(주)의 조건으로서 인간의 삶의 터전이 되고 생활의 기반이 되며, 일의 영위의 토대로 작용할 뿐만 아니라 인간의 정신생활과 정서에 지대한 영향을 미치는 유체물이기 때문이다.

건축물을 정확히 이해하기 위해서는 건축물의 유지관리 기본법 역할을 수행하고 있는 건축법의 건축물의 정의 개념을 바탕으로 정확히 이해하는 것이 바람직하다. 왜냐 하면 특정 사물을 설명하기 위한 용어의 정의는 관계법령에 의하여 해석하는 유권해석이 가장 권위 있는 해석방법이기 때문이다. 건축법은 제2조 제1항의 2에서 건축물을 다음과 같이 정의하고 있다.

> 건축물이란 "토지에 정착하고 있는 공작물 중 지붕과 기둥 또는 벽이 있는 것과 이에 부수되는 시설물, 지하 또는 고가와 그 공작물에 설치하는 사무소, 공연장, 점포, 차고, 창고. 기타 대통령령으로 정하는 것"으로 정의하고 있다.

건축물을 줄여 건물이라고도 하며 우리나라의 경우, 주거용도 건축물은 주택 또는 아파트, 연립주택, 다가구 다세대 주택 등으로 호칭하고 상업용 건축물을 빌딩이라 호칭하고 있는 것과는 다르게 영미에서는 완성된 건축물을 주거용이거나 상업용 등 용도와 관계없이 일반적으로 빌딩(Building)으로 호칭하고 있다.

건물의 성격에 따라 웅장한 건축물을 에디피스(Edifice)라 하고, 구조에 중점을 두는 건축물을 스트럭쳐(Structure)라 하며, 그 지역의 위치나 목표를 표시하는 건축물을 랜드 마크빌딩(Land Mark Building) 으로 호칭하기도 한다. 또한 건축물의 건축설비가 자동화되어 운전, 정지, 감지, 제어, 통제, 경보 등이 자동적으로 작동되고 제어되며, 첨단 정보통신시설과 사무자동화가 갖추고 있는 빌딩을 첨단 건축물(Intelligent Building System)이라 부르고 있다. 층수를 기준으로 30층 이상 건축물을 고층빌딩이라 하고 51층 이상의 건축물을 초고층빌딩이라 부르며 100층 이상의 건축물을 메가톨 빌딩(Mega tole building) 또는 Super scrap으로 호칭하고 있다.

2) 건축물의 성격

건축물을 통일적으로 설명하기 위해서는 건축물 개념의 정의화가 필요하다. 그러나 건축물은 단순한 물건으로서 물리적 성격만 가지고 있는 공작물이 아니라 경제적 개념과 행정적 개념, 법률적 개념, 환경적 개념 및 안전적 개념 등이 복합적으로 존재하고 있는 유체물인 관계로 한마디로 "이것이 건축물이다."라고 설명하기란 말과 같이 쉬운 작업은 아니다 그럼에도 불구하고 건축물의 유지관리를 효과적으로 수행하기 위해서는 무엇보다 건축물을 정확히 이해해야 하므로 건축물에 관계되는 여러 관념들 중에서 공통적인 요소를 뽑아 건축물에 대한 보편적 관념(개념)으로 만드는 지적 작업을 통하여 건축물의 개념화작업을 해야할 필요가 있다.

이와 같이 지적 작업을 통하여 만들어 진 건축물에 관한 보편적 관념을 건축물의 개념이라 한다. 이를 위하여 건축물을 설명하고 있는 여러 성격들을 살펴보고 그 중에서 공통적 요소를 뽑아 건축물의 성격개념을 도출해 보고자 한다. 일반적으로 건축물이 가지고 있는 성격을 살펴보면 다음과 같다.

(1) 건축물은 자연의 산물이 아니라 사람의 손에 의하여 만들어진 물건의 일종이다(물건성/물질성).
(2) 건축물은 물건 중 유체물이다(유체물성).
(3) 토지에 정착하고 있는 공작물이다(토지 정착성과 공작물성).
(4) 건축물은 기둥과 벽과 지붕이 있는 시설물이다(시설물성/3차원 공간성).
(5) 건축물은 용도가 매우 다양하다(건축법 시행령/29개용도, 용도의 다양성)
(6) 건축물은 물리적 성격(물리성) 외에 경제적 성격(경제성), 행정적 성격(행정성), 법률적 성격(법률성), 환경적 성격(환경성) 그리고 안전적 성격(안전성) 등 복합적 성격을 가지고 있다(복합성).
(7) 건축물은 사람이 들어 살거나 물건을 적재하는 공간이다(공간성).
(8) 건축물은 부동산의 일종이다(부동산성).
(9) 건축물은 재산의 일종이다(재산성).
(10) 건축물은 상품으로서 거래의 대상이다(상품성).
(11) 건축물은 소유권의 객체가 된다(소유권의 객체성).
(12) 건축물은 건축 물 용도에 따라 사용 수익의 제한을 받는다(사용수익의 제한성).
(13) 건축물은 물리적 수명(내용 연수)이 유한하다(물리적 수명의 유한성).
(14) 건축물은 건축허가로 건축되고, 사용승인 가(종전의 준공허가)로 사용할 수 있으며, 멸실신고로 철거할 수 있다(법적 지배성).

제2절 건축물의 용도 및 전국 분포현황

1. 건축물의 용도

건축물의 용도라 함은 건축물의 종류를 유사한 구조, 이용목적 및 형태별로 묶어 분류한 것을 말한다. 건축물 용도분류법은 국토교통부 건축물 통계연감에서 분류하는 건축물 통계연감 분류법과 건축법 시행령 용도분류법이 있다. 미국의 경우에는 주거용 건축물, 상업용 건축물, 산업용 건축물, 특수목적용 건축물 등 4가지 용도로 건축물을 분류하고 건축물 분포 현황을 발표하고 있으나 우리나라 국토교통부에서는 건축물 통계연감분류법에 따라 주거용 건축물, 상업용 건축물, 공업용 건축물, 문교사회용 건축물, 기타용도 건축물 등으로 5개 종류로 분류하고 건축물 현황을 매년(년도말 기준) 발표하고 있다. 그러나 건축법 시행령에서는 건축법 시행령 용도분류법에 따라 29개 용도로 건축물의 용도를 분류하고 있다.

이 책에서는 우리나라 국토교통부 건축물통계연감 분류법과 건축법 시행령 분류법에 따라 다음과 같이 건축물 용도를 소개하고 있다.

1) 국토교통부 건축물통계연감 건축물 용도분류와 해당 건축물

국토교통부 건축물 통계연감에서는 건축물의 용도를 주거용 건축물, 상업용 건축물, 공업용 건축물, 문교사회용 건축물, 기타용도 건축물 등 다섯 가지 용도로 분류하고 있다. 매년 국토교통부에서 이와 같은 분류법에 따라 매년 말 기준 건축물 현황통계(Status of Buildings)를 발표하고 있다. 건축물용도의 정의는 다음과 같다.

(1) 주거용 건축물

주거목적의 용도를 가진 건축물을 말하며 단독주택, 다중주택, 다가구 주택, 공관 등의 단독주택과 아파트, 연립주택, 다세대주택, 기숙사 등의 공동주택이 이 범주에 해당된다.

(2) 상업용 건축물

백화점, 쇼핑센터, 오피스빌딩, 상점, 오피스텔, 주차장, 호텔 등과 같이 수익의 목적물로서 거래와 경제활동을 통하여 수익을 창출하는 수익성 건축물을 말한다.

(3) 공업용 건축물

원자재를 활용하여 완재 품을 생산하는 생산공장, 저장, 유통목적의 건축물을 말한다. 이 범주에는 중공업 공장이나 경공업 공장, 물류창고, 유통시설, 산업단지 등이 있다.

(4) 문교사회용 건축물

교육, 훈련, 강의, 연구, 의료, 요양 등을 목적으로 하는 건축물로서 이에는 학교, 연구소, 요양원, 병원 등이 있다.

(5) 기타용도 건축물

기타 용도의 건축물에는 주거용 건축물, 상업용 건축물, 공업용 건축물, 문교사회용 건축물을 제외한 건축물로서 이에는 공공청사, 농업 또는 수산업 또는 임업용도 건축물 등을 말한다.

2) 건축법 시행령 건축물 용도분류와 해당 건축물

건축법 제2조 제2항에서는 건축물의 용도를 28개 용도로 분류하고 있으나, 같은 법 시행령 제3조5항에서는 다음의 〈표 25〉와 같이 29개 용도로 분류하고 있다.

〈표 25〉 건축물의 용도분류 및 해당 건축물

순번	용 도	세부용도
1	단독주택	단독주택/다중주택/다가구주택/공관
2	공동주택	아파트/연립주택/다세대주택/기숙사
3	제1종 근린생활시설	일용품 소매점/조리 제조하여 판매시설/세탁 수선시설/주민 진료시설/체육시설/공공업무시설/주민 공동이용시설/통신용시설/금융업소 중개사무소 등 일반 업무시설
4	제2종 근린생활시설	공연장/집회장/서점/사진관/독서실/기원/다중생활시설/제조, 가공, 수리시설/안마시술소/노래연습장 등
5	문화 및 집회시설	공연장/집회장/관람장/전시장/동 · 식물원 등
6	종교시설	종교집회장/봉안당
7	판매시설	도매시장/소매시장/상점
8	운수시설	여객자동차터미널/철도시설/공항시설/항만시설
9	의료시설	병원/격리병원
10	교육연구시설	학교/교육원/직업훈련소/학원/연구소/도서관
11	노유자시설	아동관련시설/노인복지시설/사회복지시설/근로복지시설
12	수련시설	생활권 수련시설/자연권수련시설/유스호스텔/야영장
13	운동시설	운동장/탁구장, 당구장 등으로서 1종시설이 아닌 시설/관람석이 없는 체육관
14	업무시설	공공업무시설(공공청사)/일반업무시설(금융, 사무소 등)/오피스텔 등
15	숙박시설	일반 숙박시설 및 생활 숙박시설/관광 숙박시설/다중 생활시설 등

순번	용 도	세부용도
16	위락시설	단란주점/유흥주점/무도장/무도학원/카지노 영업소
17	공장	물품의 제조, 가공, 수리에 계속 사용되는 건축물
18	창고시설	창고/하역장/물류터미널/집배송시설
19	위험물저장	주유소/저장소/판매소/도시가스제조시설/화약류저장소 및 처리시설
20	자동차 관련 시설	주차장/세차장/폐차장/검사장/매매장/정비공장/운전 및 정비학원
21	동물 및 식물 관련 시설	축사/가축시설/도축장/도계장/작물재배사/종묘배양 시설/환초분재 온실(동·식물원 제외)
22	자원순환시설	하수 등 처리시설/폐기물 재활용시설/고물상/폐기물 처분시설/폐기물 감량화 시설
23	교정 및 군사시설	교정시설/갱생보호시설/소년원/ 국방 군사시설
24	방송통신시설	방송국/ 전신전화국/촬영소/통신용 시설
25	발전시설	발전소
26	묘지관련 시설	장례시설/봉안당(종교시설 제외)/묘지관련 건축물/동물 화장 시설
27	관광 휴게시설	야외 음악당/야외극장/어린이회관/관망탑/휴게소/공원 유원지 부수시설
28	장례시설	장례식장/ 동물전용 장례식장
29	야영장 시설	관광진흥법에 따른 야영장 시설

(자료출처 : 건축법시행령 제3조의 5)

3) 수익성 기준 건축물의 용도분류

수익성을 기준으로 건축물 용도를 분류하면 수익성 건축물과 비수익성 건축물로 분류된다.

(1) 수익성 건축물

백화점, 쇼핑센터, 오피스빌딩, 상점, 오피스텔, 주차장, 호텔 등과 같이 수익의 목적물로서 이용이나 거래 도는 경제활동을 통하여 수익을 창출하는 건축물을 말한다.

또한 임대차 계약, 매매계약 등에 의하여 임대료 및 양도차익이 발생할 수 있는 건축물을 말한다(다만, 주거용 건축물은 경우에 따라 거주목적의 주택 용도와 수익목적의 수익성 건축물 등의 2중 성격을 가질 수 있다).

(2) 비수익성 건축물

학교시설, 교회, 사찰 건축물과 같이 화폐를 매개로 거래의 대상이 될 수 없는 건축물을 말하며, 이용하여도 수익이 발생하지 않은 건축물을 말한다. 사용대차의 목적물은 될 수 있으나 임대차, 매매계약의 목적물이 될 수 없는 건축물을 말한다. 그러나 주무장관 또는 종교시설의 총회의 결의에 의하여 용도폐기를 허가하는 경우에는 수익성 건축물이 될 수도 있다.

4) 층수 기준 건축물 분류

건축물의 층수를 기준으로 건축물을 분류하면 다음과 같이 분류할 수 있다.

(1) 저층 건축물

5층 이하의 건축물을 말한다.

(2) 중층 건축물

6층 이상 29층까지의 건축물을 말한다.

(3) 고층 건축물

30층 이상이거나 높이가 120미터 이상인 건축물을 말한다(건축법 제1조 제 1항의 19).

(4) 초고층 건축물

50층 이상의 건축물 또는 200미터 이상의 건축물을 말한다(초고층 및 지하 연계 복합건축물 재난 관리에 관한 특별법).

(5) 메가 톨 건축물

100층 이상의 건축물을 말한다(건축학계 일부에서 주장하는 빌딩 층수 분류법 임).

5) 건축설비 첨단수준 기준 건축물의 분류

건축물에 장착하고 있는 건축설비의 기능과 성능의 첨단성 여부에 따라 다음과 같이 분류할 수 있다.

(1) 자동화 건축물(UBS Buildings)
(2) 첨단 건축물(IBS Buildings)
(3) 재래식 건축물(General Buildings)

2. 전국 건축물 분포 현황

1) 용도별 전국 건축물 분포현황

국토교통부가 조사하여 발표한 2021년 12월 말 기준의 용도별 전국 건축물 분포 현황(Status of Buildings by Use) 은 다음의 〈표 26〉과 같다.

〈표 26〉 용도별 전국 건축물 분포현황(단위/동)

건축물 용도	분포현황
주거용 건축물	4,582,458(62.7%)
상업용 건축물	1,341,695(18.3%)
공업용 건축물	335,451(4.6%)
문교 사회용 건축물	200,425(2.7%)
기타용도 건축물	854,275(11.7%)
계	7,314,264(100%)

2) 층별 건축물 전국 분포현황

2021년 12월 말 기준 국토교통부가 조사하여 발표한 층별 전국 건축물 현황(Status of Buildings by Floor)은 다음의 〈표 27〉과 같다.

〈표 27〉 층별 전국 건축물 분포현황(단위/동)

1층	2층~4층	5층	6층~10층	11층~20층	21층~30층	30층 이상	계
4,463,261 61.0%)	2,426,975 (33.2%)	180,665 (2.5%)	97,287 (1.3%)	96,422 (1.3%)	27,030 (0.4%)	3,518 (0.0%)	7,314,264 (100%)

3) 소유구분별 전국 건축물 분포현황

2021년 12월 말 기준 국토교통부가 조사하여 발표한 소유구분별 전국 건축물 현황(Status of Buildings by Owner)은 다음의 〈표 28〉과 같다.

〈표 28〉 소유구분별 전국 건축물 분포현황(단위/동)

국공유	개인	법인	기타	계
225,015	5,699,833	541,148	848,264	7,314,264

4) 면적별 전국 건축물 분포현황

2021년 12월 말 기준 국토교통부가 조사하여 발표한 면적별 전국 건축물 현황(Status of Buildings by Dimension)은 다음의 〈표 29〉와 같다.

〈표 29〉 면적별 전국건축물 분포현황(단위/동)

1백㎡ 미만	1백㎡ ~2백㎡ 미만	2백㎡ ~3백㎡ 미만	3백㎡ ~5백㎡ 미만	5백㎡ ~1천㎡ 미만	1천㎡ ~3천㎡ 미만	3천㎡ ~1만㎡ 미만	1만㎡ 이상	계
4,463,26 161.0%)	2,426,975 (33.2%)	180,665 (2.5%)	97,287 (1.3%)	96,422 (1.3%)	27,030 (0.4%)	3,518 (0.0%)	65,567 (0.9%)	7,314,264 (100%)

제3절 건축물의 복합적 개념과 복합적 성격(복합성)

1. 건축물의 복합적 개념

건축물은 물건으로서 유체물이긴 하나 다른 종류의 물건 개념과 같이 물건에 존재하는 물리적 개념만이 존재하는 것이 아니라 다양한 성격의 복합적 개념과 복합성 개념을 가지고 있다. 왜냐하면 건축물은 인간의 자본과 기술과 노동력으로 결합에 의하여 생산된 물건으로서 건축허가와 건축사용승인 가(준공 필) 등의 행정적 절차를 거쳐 완공되었고, 완공 즉시 취득에 의한 소유권 등기를 경료 해야 하며, 건축법과 소방관계법 등에 의하여 법적으로 유지관리를 해야 한다.

또한 자연환경과 건축환경 등 환경에 의하여 직접 영향을 받을 뿐만 아니라 안전을 절대적으로 고려하여 설계해야 하고 시공하여 유지 관리해야 하는 관계로 건축물에는 물리적 개념 외에 경제적 개념, 행정적 개념, 법률적 개념, 환경적 개념 그리고 안전적 개념 등이 함께 병존하고 있기 때문이다. 따라서 건축물을 이해할 때 건축물을 건축대지, 건축시설(건축물), 건축설비, 기타 부대시설 등을 중심으로 구성되어 있음으로 물리적 개념만으로 이해하게 되면 건축물에 대한 정확한 이해라 할 수 없다. 그러므로 건축물을 하나의 물리적 물건(부동산의 일종)으로만 인식해서는 안되며 물리적 개념을 중심으로 건축물의 경제적 개념, 행정적 개념, 법률적 개념, 환경적 개념 안전적 개념 등의 복합적 개념으로 이해해야 한다.

다시 말하면 건축물은 자본, 기술, 노동력의 결합에 의하여 생산된 생산물이며 경제적 목적으로 기획, 설계, 시공, 유지관리 및 철거되는 상품이고 자산이기 때문이다. 뿐만 아니라 건축물은 소유권의 목적물이고 건축물 관계법령에 의하여 건축이 허가되고 사용승인 가(준공 필) 되었으며 유지관리 관계법령에 따라 유지·관리되고 있기 때문이다. 또한 건축물은 행정기관에 의하여 허가되고 준공되었으며 건축물대장, 지적공부 유지 등 건축물 일생동안 행정적으로 영향을 받을 뿐만 아니라 시, 군, 구 또는 도, 특별시 및 광역시 등 지방자치 단체장의 행정력이 작용하고 있기 때문이다. 또한 건축물은 안전성을 충분히 고려하여 설계되고 시공되었으며, 유지·관리되고 있기 때문에 6종류의 복합적 개념을 가지고 있기 때문이다.

뿐만 아니라 건축물은 자연환경의 영향을 크게 받고 있으며, 건축환경에 의하여 건축물의 사용가치가 결정되기 때문이다. 그러므로 건축물에는 단순한 물리적 개념 외에 건축물의 경제적 개념, 행정적 개념, 법률적 개념, 환경적 개념 그리고 안전적 개념 등 6종류의 개념이 복합적으로 존재하고 있으며 이로 인하여 6개 종류의 복합성이 존재하고 있다. 따라서 건축물을 효율적으로 유지·관리하기 위해서는 건축물의 복합적 개념을 이해하고 있어야 한다. 건축물의 복합개념을 구체적으로 설명하면 다음과 같다.

1) 건축물의 물리적 개념

건축물은 건축대지, 건축시설(건축물), 건축설비, 기타 부대시설 등으로 구성된 결합물로서 사람에 의해 생산된 물건이다. 그러므로 건축물에는 물건의 성질과 함께 물질로서 물리적 개념이 압도적으로 존재하고 있다.

2) 건축물의 경제적 개념

건축물은 자본과 기술과 노동력의 결합에 의하여 건축된 자산이자 상품의 일종이다. 뿐만 아니라 건축물은 사용과 수익 및 처분의 목적(경제적 목적)에 의하여 건축되고 취득하여 유지되며, 철거되는 물건으로서 수입과 지출 및 수지 차 개념이 건축물 일생 동안 적용되고 작용되는 거래의 목적물이다. 또한 건축물은 사용가치와 수익가치 및 처분가치인 경제적 가치를 가지고 있는 상품이기 때문에 건축물에는 경제적 개념이 존재하고 있다.

3) 건축물의 법률적 개념

건축물은 완공 즉시 물권의 일종인 소유권의 목적물이 된다. 왜냐하면 부동산등기법에 따라 완공 즉시 소유권 등기에 의하여 원시 취득되며, 매매의 경우에는 소유권 이전 등기에 의하여 건축물의 소유권이 승계 취득된다. 따라서 건축물은 법률적 개념이 존재하고 있다. 뿐만 아니라 건축물은 건축법과 주차장 법, 건축물관리법 등 건축물종합관리 관계법령에 의하여 유지되고 관리되고 있으며 건축물종합관리 관계법령의 적용을 일생 동안 받고 있어 건축물에는 법률적 개념이 존재하고 있다.

4) 건축물의 행정적 개념

건축물은 건축행정 처분에 의하여 허가되고 준공되었으며, 건축공부(지적 공부)에 의하여 건축물의 생애기간 동안 유지 · 관리되고 있다. 따라서 건축물에는 행정적 개념이 존재하고 있다.

5) 건축물의 안전적 개념

건축물은 안전을 충분히 고려하여 건축구조가 설계되고 시공되었을 뿐만 아니라 사람이 사용하고 수익하는 물건이므로 안전을 최우선으로 고려하여 건축되었으며, 유지 · 관리하고 있다. 따라서 건축물에는 안전적 개념이 존재하고 있다.

6) 건축물의 환경적 개념

건축물은 건축되는 인근지역의 바람의 방향, 햇빛, 온도, 지형, 지역 풍광 등 자연환경을 고려하여 설계 시공되었으며, 이를 고려하여 유지관리 되고 있다. 왜냐하면 건축물은 인근 지역의 자연환경의 영향을 절대적으로 받고 있어 자연환경을 충분히 고려하여 건축되고 유지 관리해야하기 때문이다. 또한 건축물은 자연환경 요소인 온도와 습도, 눈과 비, 바람, 일조, 지형의 조건에 부합할 때 비로소 존재할 수 있기 때문이다. 뿐만 아니라 건축물은 인공적 환경인 건축 환경(열 환경/빛 환경, 음 환경)의 절대적 영향을 받고 있기 때문에 건축물에는 환경적 개념이 존재하고 있다.

2. 건축물의 복합적 성격(복합성)

건축물은 앞에서 논의한 바와 같이 6종류의 복합적 개념의 존재로 인하여 건축물에는 물리적 성격(물리성), 경제적 성격(경제성), 법률적 성격(법률성), 행정적 성격(행정성), 환경적 성격(환경성) 그리고 안전적 성격(안전성) 등 6종류의 복합적 성격(복합성)이 존재하고 있다. 따라서 건축물의 유지관리 대상에는 물리성, 경제성, 법률성, 행정성, 환경성, 안전성 등 6종류의 유지관리 대상이 되는 업무를 가지고 있다.

종래의 전통적 국내 건축물종합관리 현장에서 일반적으로 인식하고 있는 건축물 유지관리 대상에는 오로지 물리적 유지관리 대상[건축대지, 건축시설(건축물), 건축설비, 기타 부대시설(주차장, 조경시설물 등)] 만을 유지관리의 대상으로 설정하고, 물리적 유지관리 업무 대상 중심으로 건축물종합관리 활동을 수행해 왔으나, 저자가 그간에 건축물종합관리에 대한 연구결과 건축물에는 6종류의 복합적 개념의 존재와 이로 인한 6종류의 복합적 성격(복합성)이 존재하고 있고, 이에 해당하는 업무가 존재하고 있음을 확인하였다. 따라서 건축물의 소유자와 관리자는 해당 건축물을 유지관리를 수행함에 있어서 시설관리와 환경미화관리 그리고 시설경비관리 등 건축물 유지관리 3분야(시설관리/ 환경미화/ 시설경비)에 각각 존재하는 6개 영역의 복합적 성격(복합성)에 따라 존재하는 6개 영역의 복합성 해당 업무를 대상으로 건축물종합관리 활동을 수행해야 한다. 다만, 이 책에서는 시설관리 분야는 6개의 영역의 6종류의 유지관리 업무에 대하여 설명하고 있으나, 시설경비 분야와 환경미화 분야는 서비스 3단계 설명법을 통하여 이론과 실무를 소개하고 있다. 건축물의 복합적 성격(복합성)의 내용을 간략하게 살펴보면 다음과 같다.

1) 건축물의 물리성

건축물은 인간의 손에 의하여 생산된 물건의 일종이므로 자연스럽게 물리성(물질성)을 가지고 있다. 따라서 건축물은 물건이고 물질이므로 물질의 자연 이치에 따라 만들어 진 물건(물질)은 일정기간 동안 머물다가 시간의 경과에 따라 기능과 성능이 점차 떨어지거나 고장이나 마모 또는 파손되어 마침내 분해가 되거나 멸실상태에 이르게 되어 마침내 자연으로 회귀하게 되며 다른 물질의 원소로 돌아가게 된다. 그러므로 건축물은 물건으로서 물리성과 물질성을 가지고 있으며 이에 대한 유지관리 해당 업무가 존재하고 있다.

2) 건축물의 경제성

건축물은 소비재인 동시에 경제재이다. 건축물은 사용목적과 수익 목적 및 처분 목적 등 인간의 경제적 목적에 따라 자본과 기술 및 노동력의 결합에 의하여 생산되어 유통하거나 거래의 객체가 되는 상품인 동시에 재산이자 자산의 성질을 가지고 있다. 그러므로 건축물은 경제적 산물로서 경제성의 성격을 가지고 있으며, 이로 인하여 경제성 유지관리 대상인 업무가 존재하고 있다.

3) 건축물의 행정성

건축물은 건축허가에 의하여 건축되고 멸실 신고에 의하여 철거되며 건축물대장, 지적도, 국토이용 및 계획 확인원 등 지적공부(행정공부)에 의하여 관리된다. 따라서 건축물은 지방자치 단체 행정의 산물로서 행정에 의하여 건축되고 유지 · 관리된다. 그러므로 건축물에는 행정성의 성격이 존재하고 있으며 이에 해당하는 경제성 업무에 대하여 유지 · 관리해야 한다.

4) 건축물의 법률성

건축물을 신축하게 되면 보존 등기에 의하여 원시취득 되고, 물권의 하나인 소유권의 목적물이 된다. 뿐만 아니라 건축물은 건축법, 시설물의 안전관리에 관한 특별법, 전기사업법 등 관계법령에 의하여 허가되고 시공되었으며 유지 · 관리되고 있다. 따라서 건축물은 법률적 성격(법률성)을 가지고 있으며, 이에 해당하는 법률성 업무가 존재하고 있으므로 이에 대하여 유지 · 관리해야 한다.

5) 건축물의 안전성

건축물은 안전을 충분히 고려하여 건축구조가 설계되고 시공되었으며 안전성 확보를 전제로 완공되었다. 또한 건축물은 인간을 위하여 건축된 생산물이므로 생활안전과 작업안전을 유지하기 위한 안전기술이 접목된 건축물이므로 건축물에는 안전성의 성격(안전성)이 존재하고 있다. 따라서 건축물종합관리 대상에는 안전성 업무가 존재하고 있으므로 이에 대하여 유지 · 관리해야 한다.

6) 건축물의 환경성

건축물은 그 지역의 토질, 지형, 비와 눈, 바람, 일조, 예상되는 자연재해 등 자연환경을 충분히 고려하고 반영하여 설계하고 시공한 건축물이므로 건축물에는 환경적 성격(환경성)이 성격이 존재하고 있다. 그러므로 건축물에 유지관리 대상에는 환경성 업무가 존재하고 있으므로 이에 대해서도 유지 · 관리해야 한다.

이상에서 설명한 건축물의 복합 개념과 복합적 성격(복합성)을 그림으로 정리하면 [그림 2]와 같다.

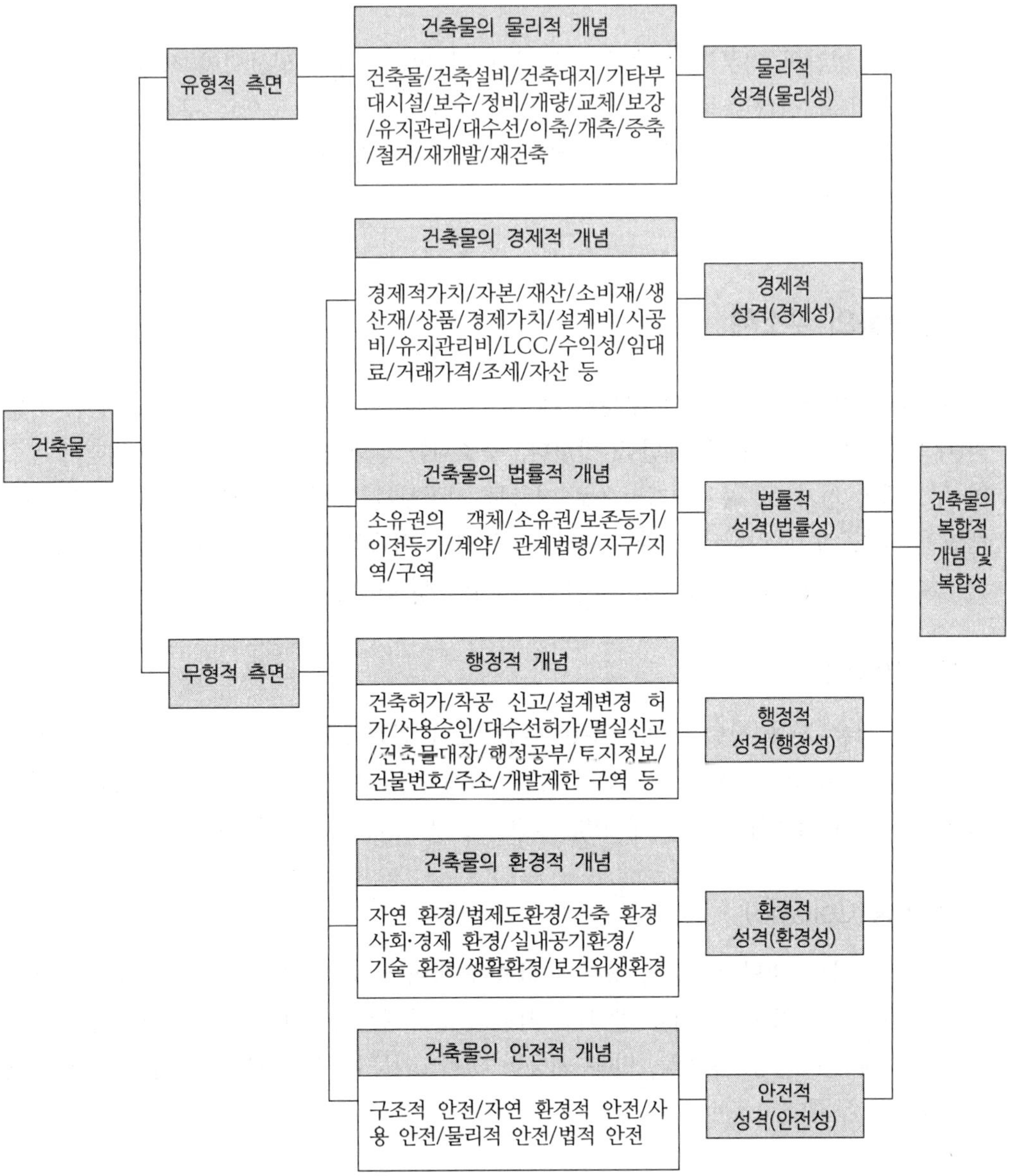

(자료출처 : 김일효(2014), 건물자산관리학원론, 상학당, p.158. 인용 및 재구성)

[그림 2] 건축물의 복합성 개념도

제4절 건축물의 주요 구조부

건축물은 인간의 자본과 기술과 노동력의 결합에 의하여 생산되며 생산된 건축물은 건축대지, 건축시설(건축물), 건축설비 그리고 기타 부대시설 등으로 구성되어 있다. 건축물(건축시설)을 형성하는 주요 구조부에는 구조 체와 구성부분이 있다. 이를 구체적으로 살펴보면 다음과 같다.

1. 건축물의 구조체

건축물의 각 부분을 나누어 구분할 때 구조상으로 중요한 부분을 말하며, 바닥, 기둥, 벽(내력벽), 보, 지붕과 주 계단을 말한다. 구조체를 일반적으로 골조 또는 뼈대라 부르며 구조체의 하자 보수는 원칙적으로 건축물 시공사가 10년 하자기간 내에는 시공사의 책임과 비용으로 처리해야 한다. 건축물 구조체는 뼈대와 외피 및 실내공간으로 구성되어 있다. 구조체를 구성하고 있는 요소에 대하여 설명하면 다음과 같다.

1) 벽(Wall)

벽이라 함은 건물 상층의 벽, 지붕, 바닥 등의 연직하중과 건물에 가해지는 풍압력, 지진력 등의 횡력인 수평하중을 받는 주요 벽체를 말한다. 주 벽체를 보강하는 벽체의 형태에 따라서 벽체의 종류는 내력벽, 대린 벽, 부축 벽 등으로 분류된다.

2) 기둥(Column)

기둥이란 지붕, 바닥 판 등의 상부의 하중을 받아서 토대 및 기초에 전달하고 벽체의 골격을 이루는 수직 구조 재를 말한다. 기둥의 종류에는 본 기둥과 샛기둥이 있고 본기둥에는 다시 통재기둥, 평기둥, 반쪽 기둥이 있다. 기둥이 짧게 된 것을 동바리 또는 동자기둥이라 부른다.

3) 바닥(Floor/Slab)

건물 바닥의 수평재 부분으로 사람의 활동이나 물건을 적재하는 공간이며, 적재하중을 기둥 또는 내력벽에 전달하는 역할을 하고 있다.

4) 보(Beam)

건물 혹은 구조물의 형틀부분을 구성하는 수평부재로 작은 보(Beam)와 큰 보(Glider)가 있다. 또한 보는 재축에 직각 방향으로 하중을 받는 부재의 총칭을 말한다.

5) 지붕(Roof)

건물의 최 상부를 덮어씌운 부분으로 우설을 막는 구조체로서 경사진 부분과 수평으로 된 경사지붕과 평지붕의 종류가 있다.

6) 주 계단(Stairs)

주 계단이라 함은 실내 계단 중 주된 계단(메인계단)을 말하며 상층과 하층을 연결하는 층 단으로 복도를 연결하는 연장을 말한다. 층계, 층층대라 호칭하기도 한다.

2. 건축물의 주요 구성부분

건축물을 형성하는 주요 부분을 주요 구성부분이라 하며, 주요 구성부분에는 기초, 기둥, 벽체, 바닥, 지붕, 천장, 계단, 수장, 창호, 마무리(마감) 부분 등이 있다. 이를 설명하면 다음과 같다.

1) 기 초

기초는 건축물에 있어서 하부구조 부분으로 고정하중(자중), 적재하중, 적설하중, 지진력, 풍력, 기타 외력을 받아 그 하중(무게)을 온전하게 지반에 전달하는 지중구조 부분을 말한다.

건축물의 기초는 완공 후 보수가 어렵고 재시공이 불가능하며 육안관찰이 불가능하고 기초 안전에 악영향을 끼치는 것이 많기 때문에 처음 기초공사시 완벽하게 시공해야 한다. 기초에는 푸팅기초의 종류인 독립기초, 복합기초, 연속기초, 온통기초와 특수기초 등의 종류가 있다.

2) 기 둥

기둥이란 지붕, 바닥 판 등의 하중을 부담하는 수직 재를 말한다. 또한 기둥이란 지붕, 바닥 판 등의 상부의 하중을 받아서 토대 및 기초에 전달하고 벽체의 골격을 이루는 수직 구조 재를 말한다. 기둥의 종류에는 본 기둥과 샛기둥이 있고 본기둥에는 다시 통재기둥, 평기둥, 반쪽 기둥이 있다. 기둥이 짧게 된 것을 동바리 또는 동자기둥이라 부른다.

3) 벽 체

수직으로 공간을 차단시킨 구조를 말하며, 내벽과 외벽이 있다. 상부의 하중을 지지하는 벽체를 내력벽(Bearing wall)이라 한다.

4) 바 닥

건물 바닥의 수평 재 부분으로 사람의 활동이나 물건을 적재하는 공간이며, 적재하중을 기둥 또는 내력벽에 전달한다.

5) 지 붕

건물의 최 상부를 덮어씌운 부분으로 우설을 막는 구조체로서 경사진 부분과 수평으로 된 경사지붕과 평지붕이 있다.

6) 천 장

지붕 밑 또는 하층부의 밑을 막아 열 차단, 소음방지와 장식 및 보온을 겸하여 꾸민 부분을 마란다. 천정과 같은 의미로 사용되나 천장(Ceiling)은 반자널이 없는 상층부의 바닥면을 말하며, 천장에는 재료에 따라 종이천장, 회반죽 천장, 금속탄 천장, 보드 천장 등이 있다. 즉, 천장은 반자의 속면을 말한다.

7) 계단(Stairs)

상층과 하층을 연결하는 층 단으로 된 복도를 연결하는 연장을 말하며 층계, 층층대라 호칭하기도 한다.

8) 수 장

벽면, 바닥, 천장에 단열, 방음 등의 차단 효과와 장식을 목적으로 본 구조 체에 붙여대는 것을 말하고 영어로 Fixture라 한다.

9) 창 호

창호란 건축물에 있어서 물품의 반 출입 또는 사람의 출입을 위한 문과 환기, 채공,

통풍, 조망을 위해서 만든 창문을 합하여 창호라 한다. 창호는 문 꼴(개구부)에 설치(창문 틀)에 고정 또는 부착한다.

창호의 요구성능에는 차밀성, 기밀성, 주밀성, 단열성, 견고성, 보안성, 방범성, 미관성 등이 요구된다. 창호의 종류에는 재료에 따라 목재 창호, 알뉴미늄 창호, 강재 창호, 플라스틱 창호, 스테인리스 창호 등의 종류가 있다 창호를 영어로 Fittings이라 한다.

10) 마무리(마감)

건축물의 마감일로서 본 구조 체를 덮어 씌워 건물의 내구성을 증대시키고 장식을 목적으로 시공한 것을 말 한다. 수장공사 보다 나중에 작업하거나 병행해서 시공해도 무방하다.

제5절 건축물의 구성요소

건축물은 대지와 건축물(건축시설), 건축설비 그리고 부대시설 등으로 구성된다. 이를 건축물의 구성요소라 하며, 구체적으로 설명하면 다음과 같다.

1. 건축대지

건축대지란 29개 토지용도 중 건축을 할 수 있는 토지를 말하며 "공간정보의 구축 및 관리 등에 관한 법률"에 따라 각 필지로 나눈 토지를 말 한다. 다만, 대통령령으로 정하는 토지는 둘 이상의 필지를 하나의 대지로 하거나, 하나 이상의 필지일부를 하나의 대지로 할 수 있다.

대한민국의 전체 토지면적(남북한 전체 면적)은 24만㎢ 이고 남한만의 토지면적은 9만 9천㎢이나 이중 2.7% 상당의 토지(2,693㎢)만이 대지의 용도로 이용되고 있다.

2. 건축시설

건축시설이란 건축물 구성요소 중 하나이다. 건축물을 구성하는 건축대지와 건축시설

(건축물), 건축설비 그리고 기타 부대시설 등으로 구성되는 건축물 구성 요소 중 하나로서 건축대지와 건축설비 및 부대시설을 제외한 건축물의 요소를 말한다. 주로 건축물 뼈대(골조) 부분과 주요구성부분 및 마감부재를 통칭하여 건축시설(건축물)이라 한다.

3. 건축설비

건축설비란 건축물 구성요소 중 하나로서 건축물에 설치하는 전기, 전화설비, 초고속 정보통신 설비, 지능형 홈 네트워크 설비, 가스, 급수 配水설비, 排水설비, 환기, 난방, 냉방, 소화, 배연, 및 오물처리 설비, 굴뚝, 승강기, 피뢰침, 국기 게양대, 공동시청 안테나, 유선방송 수신시설, 우편함, 저수조, 방범시설 그 밖에 국토교통부령으로 정하는 설비를 말한다.

4. 기타 부대시설

건축물 구성 요소 중 하나로서 본 건축물의 용도와 기능을 보완하기 위하여 주된 건축물에 부수하여 지어 진 건축시설물을 말한다. 주요 부대시설에는 창고, 담장, 출입 정문, 경비실, 안내실 등이 있다.

제6절 건축물의 공간설계 및 건물종합관리의 기본적 고려사항

건축물의 종류 중 주택은 인간의 역사 이래 인간이 가장 오래 머무는 공간이며, 문명이 고도화되고 문화가 발전할수록 건축물에 대한 인간의 사회적 문화적 욕구가 증대되는 경향을 보이고 있어 설계자와 시공자 및 유지관리자는 이런 점을 감안하여 주관적 고정관념을 버리고 건축물 사용자 및 이용자의 입장에서 요구하는 바를 파악하고 고려하여 설계, 시공 및 유지 · 관리해야 한다.

건축물의 공간설계 및 유지 · 관리시 기본적으로 고려해야 하는 사항은 다음과 같다.

1. 안전성(Stability)

인간은 건축공간을 통하여 자연의 비와 눈, 태풍, 춥고 더운 온도로부터 몸을 보호받기를 원할 뿐만 아니라 동물 등의 침입이나 위협으로부터 몸을 보호받기를 원하고 있다. 즉 인간은 본능적으로 건축물에 대하여 셀터(Shelter)역할을 해 주도록 바라고 있다.

또한 인간은 건축물을 통하여 인명이나 재산이 함께 보호받기를 희망하고 있다. 특히 지진이나 풍수해 발생 시에 보호받기를 강력히 원하고 있으며, 외부의 침입이나 도난으로부터 안전을 바라고 있다. 즉 건축물 설계와 시공 및 유지 · 관리시에 건축물 공간의 안전성이 보장되도록 설계되고 시공되어야 하며, 유지 · 관리되도록 안전성을 충분히 고려해야 한다.

2. 거주성(Habitability)

건축공간의 인간의 삶과 생활과 일을 영위하는 장소이므로 외부의 사회적 자연적 조건에 대하여 건축물 사용자들이 쾌적하고 건강한 생활과 업무수행이 보장되어야 한다. 즉 안전, 상하수도, 전원공급, 온도, 일조, 채광, 습도, 기류, 통풍, 소음, 진동, 악취 등에 문제가 없어야 한다. 왜냐하면 건축물에 거주성이 확보되지 않을 경우에는 질 높은 삶이 보장되지 아니하고 쾌적하고 건강한 생활이 보장될 수 없으며 생산적이고 창조적인 생산 또는 업무수행이 불가능하거나 제한되기 때문이다.

3. 내구성(Durability)

건축물은 막대한 자금을 투입하여 건축한 반영구적 재산이므로 건축물의 수명이 반영구적이라야 한다. 따라서 조기 노후화를 방지해야하고 물리적 내용연수를 장기화해야 한다. 철근코크리트 구조의 건축물의 물리적 내용연수는 60년으로 평가되고 있다. 건축물종합관리를 통하여 건축물의 물리적 내용연수나 경제적 내용연수 및 기능적 내용연수를 획기적으로 연장하도록 해야 한다.

4. 경제성(Economy)

건축물은 사용목적과 수익목적 및 처분 목적 즉, 경제적 목적으로 건축하거나 매입하여 사용수익하고 있다. 즉 투입하는 비용으로 보다 큰 경제적 효과를 얻어야 하는 경제원리가 작동하고 있으므로 설계, 시공, 유지 · 관리시에 경제성을 충분히 고려하여 설계, 시공, 유지 · 관리해야 한다.

5. 예술성(Beauty)

건축물은 종합예술품으로 평가되고 있다. 왜냐 하면 건축물은 그림 성격의 설계와 조각 성격의 시공 등을 통하여 설치미술의 성격을 가지고 있으며 색과 조형 및 외형을 아름답게 창조한 작품이기 때문이다.

또한 건축물은 삶의 보금자리요 생활의 터전이며 일의 기반이다. 그러므로 가족이나 조직의 구성원은 건축물을 기반으로 오랜 시간 함께 삶을 유지하고 생활하며 일을 영위해 가고 있다. 따라서 건축물은 인간에게 정서적으로 안정감을 주어야 하고 아름답고 즐거움을 주는 공간이어야 한다. 왜냐하면 인간은 사용하는 건축물을 통하여 아름답게 삶과 생활과 일을 영위하기를 의욕하고 희망하고 있기 때문이다. 그러므로 건축물은 아름답게 설계하고 시공해야 하며 유지 · 관리해야 한다.

제7절 건축물의 사용가치와 사용조건의 최적화 조건

1. 건축물의 사용가치

건축물의 사용가치라 함은 건축물을 사용함에 있어서 인정되는 건축물의 의의나 중요함을 말한다. 건축물의 가치를 구성하는 요소에는 건축물의 기능, 쾌적, 안전, 편의, 위생, 환경 등의 요소가 있다.

건축물종합관리자는 건축물사용상 요구되는 건축물의 사용가치를 향상 또는 극대화하도록 관리해야 한다.

2. 건축물 사용조건의 최적화 조건

건축물 사용자는 건축물을 기반으로 이루어지는 삶과 생활과 일(업무)을 수행하기 위해서 불가피하게 사용해야 하는 건축물의 시설이나 설비(화장실, 엘리베이터, 조명설비, 위생설비, 소방설비, 입출입 설비, 실내 공기조화 설비, 환경의 청결 등) 들에 대하여 이용상 불편이나 문제가 없어야 한다. 다시 말하면 건축물 사용자는 건축물에 부속되고 있는 시설이나 설비의 사용상의 조건을 최고 또는 최선의 상태의 조건(최적화 조건)을 요구하고 있다. 따라서 건축물종합관리자는 건축물의 시설이나 설비의 사용상의 조건을 최고 또는 최선의 조건으로 유지할 수 있도록 관리해야 한다. 건축물의 사용상 요구되는 최적화 조건의 대상은 건축물 기능조건과 건축물 구조조건 및 건축물 환경조건으로 그 내용은 다음과 같다.

1) 건축물의 기능조건

건축물은 기능조건(기능, 안전, 편의, 쾌적, 위생 등의 기능)을 확보하고 있어야 한다. 이를 통하여 수면, 식사, 휴식, 섹스, 호흡, 위생처리, 개인의 프라이버시 보호 등 인간의 생리적 욕구를 충족할 수 있는 건축물 기능조건을 구비하고 있어야 한다.

2) 건축물의 구조조건

비바람이나 대기의 온·습도, 태양열과 자외선, 전자파, 지진, 태풍 등 자연재해나 외부의 침입으로부터 인간을 보호할 수 있는 구조조건을 가지고 있어야 한다.

3) 건축물의 환경조건

건축물환경조건에는 일조권이 보장되고 물의 흐름이 문제가 없어야 하고, 산불 또는 산사태의 위험이 없는 등 자연환경 조건과 청결, 위생, 질서, 안전 등 인위적 환경조건 등이 있다.

제8절 건축물의 일반기능과 역할

건축물은 각 건축시설과 건축설비 별로 고유의 기능을 가지고 있으며 기대하는 역할이 있다. 그러므로 건축물은 인간의 삶과 생활과 일의 영위에 매우 중요한 자산이 된다. 건축물의 일반기능과 기대하는 역할에 대하여 설명하면 다음과 같다.

1. 건축물의 일반기능

기능의 사전적 의미는 사물의 작용이나 활용을 말한다. 건축물 역시 건축물로서 작용이 있고 활용부분이 존재하고 있는바 이를 건축물의 기능(Functions of Building)이라 한다. 건축물종합관리자가 건축물에 대한 일반기능의 이해의 목적은 관리대상 건축물의 기능이 바람직하게 나타나고 유지하도록 하는데 있다.

〈표 30〉 건축물의 일반기능(예시)

1) 실내 온·습도 조절기능	24) 승강기 작동 감시기능
2) 음용수(상수도) 공급기능 및 하수(하수도) 배출기능	25) 에너지 사용상태 감시기능
	26) 화재 확산 방지기능
3) 공기급기 및 배기기능	27) 화재 소화 기능
4) 가스에너지 공급기능	28) 화재 연기차단 기능
5) 전원 공급기능	29) 화재시 대피 유도기능
6) 승강기능	30) 열보존 기능
7) 적재하중 지지기능	31) 소음차단 기능
8) 조명기능	32) 빛 조절 기능
9) 적재기능	33) 시건기능
10) 업무(사무/생산)지원 기능	34) 실내공기 조절기능
11) 방화/방재/방범기능	35) 생활지원 기능
12) 공간기능	36) 프라이버시 보호기능
13) 안전기능	37) 적재기능
14) 외부영향 차단기능	38) 보안기능
15) 통풍 및 환기기능	39) 단열기능
16) 방음기능	40) 비, 바람, 태풍, 지진 등 자연재해 보호기능
17) 방습기능	41) 채광 기능
18) 주차기능	42) 사용/수익/처분/담보기능
19) 위생처리기능	43) 입출입 기능
20) 전기누전 차단기능	44) 인간생존 3대 조건 중 住條件 기능
21) 화재경보 기능	45) 조망기능
22) 가스누설 감지기능	46) 건축환경 기계적 조절기능
23) 도난감시기능	47) 건축환경 자연적 조절기능 등

건축물의 기능은 건축물의 성격, 규모, 용도, 골조, 자재, 장착 건축설비의 종류와 설비의 수준 등에 따라 건축물 기능의 종류와 강도가 차이가 있을 수 있음을 이해해야 한다. 또한 건축물종합관리자는 건축물의 기능과 역할이 부분적으로 상충되는 면이 있음도 이해하고 있어야 한다. 건축물의 일반적 기능은 〈표 30〉과 같다.

2. 건축물의 역할

일반적으로 역할이라 함은 어떤 구실을 담당하는 것을 말한다. 건축물의 용도, 성격, 소유자와 사용자 및 이용자의 목적, 위치, 건축물의 양태 및 양식 등에 따라 건축물의 역할은 매우 다양하게 나타날 수 있다.

건축물의 기본적 역할은 자연의 눈과 비, 바람과 외부 위협으로부터 보호하는 역할로부터 인간의 생활과 일의 영위에 있어서 기반 역할, 거리의 이정표 역할 그리고 경제적 부의 척도 역할, 소유자의 신인도 역할 등 여러 가지 역할을 담당하고 있다. 특히 건축물은 은유적 메시지 역할과 시대와 역사 기록물 역할은 사회 문화와 역사측면에서 매우 의미가 있는 역할 인 것으로 인식된다.

건축물 유지관리자들이 건축물의 기능과 함께 역할에 대하여 이해함으로서 건축물 유지관리 과정에서 유지관리자는 유지관리 대상 건축물이 현재의 역할을 계속 이어감은 물론 바람직한 문화적, 사회적, 경제적 역할을 담당할 수 있도록 관리해야 한다. 여기에서 소개하는 건축물의 역할은 건축물의 일반적 역할로서 이를 정리하면 〈표 31〉과 같다.

〈표 31〉 건축물의 역할

1) 쉘터(Shelter) 역할 2) 삶과 생활 및 업무의 기반 역할 3) 생활의 터전 역할 4) 삶의 보금자리 역할 5) 생산기지 역할 6) 상품 역할 7) 재산 역할 8) 자산 역할 9) 개인 프라이버시 보호 역할 10) 매매, 임대차, 담보의 목적물 역할 11) 시대와 역사의 기록물 역할

12) 건축물 소유자와 설계자의 은유적 메시지 역할
13) Land Mark 역할
14) 기업 또는 단체의 상징(Symbol) 역할
15) 경제적 부의 척도 및 표상 역할
16) 물건 적재 공간 역할
17) 종합예술 작품 역할
18) 개인과 조직의 무대역할
19) 거주자의 신분상징 역할
20) 개인 또는 단체의 수행 업무성격 표상 역할
21) 住 環境측면의 인간생존지원 역할 등

제9절 건축물 공부의 정보

건축물 공부의 정보는 건축물공부를 통하여 파악할 수 있다. 건축물공부에는 지적공부와 등기공부가 있다. 지적공부는 시, 군, 구 지방자치단체가 작성하고 유지하면서 건축물행정관리와 민원인의 요구에 따라 교부, 열람, 발급 등을 통하여 건축물 정보를 제공하고 있다.

등기공부는 등기소 또는 법원, 지원 등에서 등기공무원이 작성하고 비치하여 열람 또는 사본을 교부하여 권리의 실체를 증명하는 용도로 활용되고 있다. 건축물 관련 지적공부(행정공부)에는 건축물 대장이 있으며 등기 공부에는 등기사항전부증명서 - 건물(건물등기부) 또는 - 토지(토지등기부) 등이 있다.

건축물종합관리자는 공부상의 건축물 정보를 파악하여 경제적, 법률적, 행정적 하자가 발생하지 않도록 관리해야 한다. 해당 공부에 대하여 설명하면 다음과 같다.

1. 행정공부 - 건축물대장의 건축물 정보

건축물대장은 〈건축물의 기재 및 관리 등에 관한 규칙〉에 의하여 시, 군, 구가 발급하고 열람하는 지적 공부로서 다음과 같은 건축물 정보를 담고 있다.

1) 건물명/건물번호
2) 대지 위치/지번/도로명 주소
3) 대지면적/연면적/지역/지구/구역
4) 건축면적/연 면적/용적률 산정용 연 면적/주 구조/주용도/층 수
5) 건폐율/용적률/높이/지붕/부속건축물
6) 조경면적/공개공지 면적 또는 공개공간의 면적/건축선 후퇴 면적/건축선 후퇴거리
7) 지하수위/기초형식/설계지내력/구조설계 해석법
8) 건축물 현황[층별/구조/용도/면적(제곱미터)]
9) 소유자 현황(소유자성명/주민 번호 앞자리/주소/소유권 지분/소유권 변동일)
10) 건축주[성명 또는 명칭/면허(등록)번호]
11) 설계사[성명 또는 명칭/면허(등록)번호]
12) 공사감리자[성명 또는 명칭/면허(등록)번호]
13) 공시시공자[성명 또는 명칭/면허(등록) 번호]
14) 주차장(옥내, 옥외/기계식/자주식/대/제곱미터)
15) 승강기(승용/비상용/대)
16) 오수 정화시설(형식/용량/인용)
17) 허가일/착공일/사용승인일
18) 건축물에너지등급 인증(등급/에너지 절감률/유효기간)
19) 에너지 성능지표 점수(　　점)
20) 녹색 건축 인증(등급/인증점수/유효기간)
21) 지능형 건축물 인증(등급/인증점수)
22) 기재 변동사항(변동일/ 변동내용 및 원인/그 밖의 기재사항)
23) 기타 위변조 확인용 바코드 및 발급일로부터 90일 유효사용 조항

2. 등기공부 - 등기사항전부증명서(건물)의 건축물 정보

등기사항전부증명서 - 건물(건물 등기사항 증명서)은 부동산 등기법에 의하여 법원, 등기소 등기공무원에 의하여 작성하고 해당 건물의 소유권과 기타 권리 등을 기재하여 증명하는 등기공부 중 하나이다.

등기사항전부증명서는 표제부와 갑 · 구 및 을 구로 구성 되어 있으며, 기재사항은 다음과 같다.

1) 표제부(건물의 표시)
   (1) 주소/
   (2) 표시번호
   (3) 접수일
   (4) 소재지번 및 건물번호
   (5) 건물내역
   (6) 등기원인 및 기타사항
2) 갑 구(소유권에 관한 사항)
   (1) 순위번호
   (2) 등기 목적
   (3) 접수(연/월/일/ 접수번호)
   (4) 등기원인
   (5) 권리자 및 기타사항
3) 을 구(소유권 이외의 권리에 관한 사항)
   (1) 순위번호
   (2) 등기목적
   (3) 접수(연/월/일/접수번호)
   (4) 등기원인
   (5) 권리자 및 기타사항

제10절 건축물에 대한 인간의 욕구

건축물은 인간을 위하여 존재한다. 다시 말하면 건축물은 인간의 욕구에 부응하기 위하여 존재한다. 건축물에 대한 인간의 욕구는 기본적 요구(생리적 욕구)와 사회 문화적 욕구 및 경제적 욕구 등으로 집약 된다. 이를 설명하면 다음과 같다.

1. 기본적 욕구

건축물에 대한 인간의 기본적 욕구는 생존의 지원에 대한 욕구이다. 인간은 생존을 위하여 기본적으로 衣食住 조건을 어느 정도 충족해야만 생존이 가능하다. 건축물은 住의 조건에 해당하는 생존조건으로서 인간의 생존에 매우 중요한 조건으로 작용한다. 따라서 건축물은 인간생존에 필수적인 住의 조건으로서 다음과 같은 조건을 충족하고 있어야 한다.

1) 건축물은 수면, 식사, 휴식, 섹스, 호흡, 위생처리 등 인간의 생리적 욕구를 충족할 수 있는 건축물 조건을 구비하고 있어야 한다.
2) 비바람이나 대기의 온·습도, 태양열과 자외선, 전자파, 지진, 태풍 등 자연재해나 외부의 침입으로부터 인간을 보호할 수 있는 건축물 구조조건을 가지고 있어야 한다.
3) 일조권이 확보되고 물의 흐름이나 산불 또는 산사태 등의 위험이 없어야 하며 깨끗하고 위생적인 건축물 환경 조건을 가지고 있어야 한다.

2. 사회 문화적 욕구

건축물은 그 사회와 그 시대 문화의 소산물이자 역사의 기록물이므로 사회의 시대적 사조와 문화에 부합하는 건축물 이어야 한다. 예컨대 농업경제사회의 건축물은 농업사회에 조화되고 부합하는 건축물이어야 하고 산업사회의 건축물은 산업사회의 요구에 부합하는 건축물이어야 한다.

특히 현대와 같은 지식경제사회의 건축물은 지식을 생산하고 가공하며 저장하는 데 유익한 시설과 설비를 갖춘 건축물이어야 비로소 건축물로서 가치와 의미가 있다. 다시 말하면 건축물은 그 시대, 그 사회가 문화적으로 요구하는 바를 충족하는 건축물이어야 한다.

3. 경제적 욕구

건축물은 인간의 사용목적과 수익 목적 및 처분목적에 따라 신축하거나 매입 등을 통하여 취득된다. 즉 건축물은 인간의 경제적 욕구에 의하여 생산되고 유통되며 소비된다. 인간은 저마다의 사정과 여건, 의도와 목적에 따라 건축물을 사용하고 수익하며 처분의 과정을 반복하며 경제적 욕구를 관철해 가고 있다. 그러므로 건축물은 인간의 경제적 욕구에 부응하는 건축물이 되도록 건축물 유지관리 방향이 설정되고, 설정된 유지관리 방향에 따라 유지 관리해야 한다.

제11절 건축대지(토지)의 자연적 특성과 건축물의 인문적 특성

건물(부동산)의 특성에는 토지의 자연적 특성과 건물의 인문적 특성이 있다. 인문적 특성은 그 시대, 그 사회의 문화에 의하여 나타나는 특성으로서 건축물에는 대체로 다음과 같은 인문적 특성이 존재하고 있다. 건축물을 중심으로 건축대지(토지)의 자연적 특성과 건물의 인문적 특성을 설명하면 다음과 같다.

1. 건축대지(토지)의 자연적 특성

토지의 자연적 특성에는 부동성, 부증성, 연속성, 개별성 등의 특성이 있으며 토지의 특성의 내용을 살펴보면 다음과 같다.

1) 부동성

토지의 부동성이라 함은 사람의 힘으로는 움직일 수 없는 특성을 말하는 것으로 고정성의 특성이라고도 한다. 그러나 자연의 힘으로 움직일 수 있으며 토지에 정착하고 있는 건축물 역시 이동할 수 있음을 유의해야 한다. 또한 토지의 일부를 이루고 있는 물이나 토양과 바위 및 광물 등은 이동이 가능하다.

2) 부증성

토지의 자연적 특성 중 하나인 부증성은 사람의 힘으로는 물리적으로 증가가 되지 않는다는 특성이다. 토지의 부증성은 인간의 힘으로는 증가하거나 재생산할 수 없다. 왜냐하면 토지는 물건이 아니라 자연이기 때문이다. 그러나 자연의 힘으로 토지의 증가 또는 소멸이 언제든지 가능하다. 매립의 경우와 방조제 축조 등의 방법으로 일정 부분 물리적으로 증가가 가능하다.

3) 영속성

사람의 힘으로는 소멸되지 않는다는 특성이다. 또한 토지는 사용하여 소모 또는 마모되지 않으며, 영속성과 불변성을 가지고 있다 그러나 경제적 가치는 언제든지 변할 수 있으며 물리적으로 변화되지 않는다는 특성을 영속성이라 한다. 그러나 영속성의 특성을 가지고 있는 토지라 할지라도 자연의 힘으로 언제든지 소멸될 수 있음을 유의해야 한다.

4) 개별성

동일한 토지는 절대적으로 존재할 수 없다는 특성을 말한다. 다시 말하면 토지는 위치와 지형, 지반, 방향, 특징 면에서 동일한 토지는 없다는 물리적 특성을 말한다. 그러나 토지 필지의 인접성으로 인하여 개별성은 다소 완화될 여지가 있어 보인다. 토지의 개별성으로 인하여 1물 1가의 법칙이 적용되지 않으며 토지가액이 각각 다르게 형성되고 거래되고 있다.

2. 건축물의 인문적 특성

건축물에 대한 법과 제도 등에 의하여 문화적으로 존재하는 건축물의 인문적 특성을 살펴보면 다음과 같다.

1) 물건성

건축물은 물건의 일종이다. 물건의 개념은 자연의 상대적 개념으로서 인간의 손에 의하여 만들어 진 재화나 물질을 말한다. 따라서 건축물에는 물건의 성질이 존재한다.

2) 상품성

건축물은 화폐 단위로 거래가 가능한 물건이므로 경제학적으로 상품으로 분류된다. 따라서 건축물에는 거래하는 재화로서 상품성이 존재한다.

3) 유한성과 희소성

건축물은 물질이므로 물리적 내용연수가 있으며, 물질의 원리상 시간의 경과에 따라 기능이나 성능이 떨러지고 마모되며 고장을 일으키다가 마침내 자연으로 돌아가는 물질의 원리가 작용하고 있어 건축물에는 유한성의 성질이 있다. 또한 건축물은 인간의 손에 의하여 생산된 물건이므로 제한적으로 생산 유통되므로 희소성의 특성이 있다. 따라서 건축물에는 유한성과 희소성이 함께 존재하고 있다.

4) 토지의 정착성

건축물은 토지의 정착물이 원칙이다. 소수의 수상 건축물, 우주 공간에 더 있는 우주 건축물, 지상 수목위에 건축한 수목 건축물 등을 제외하고는 원칙적으로 모든 건축물은 토지 지표면과 지하에 정착하고 있다. 따라서 건축물은 토지정착성의 성질을 가지고 있다.

5) 재산성

건축물은 일반적으로 경제적 가치를 가지고 있어 재산으로서 평가된다. 왜냐하면 재산이란 토지 건물 화폐 등 개인이나 단체가 소유한 유형·무형의 경제적 가치가 있는 것의 총체를 말하기 때문이다. 따라서 건축물은 유형의 건물로서 경제적 가치가 있으므로 건축물에는 재산성이 존재하고 있다.

6) 용도의 다양성

건축물의 용도란 건축물의 종류를 유사한 구조, 이용목적, 및 형태별로 묶어 분류한 것을 말한다. 건축물의 용도에는 주거용, 상업용, 공업용, 문교사회용 기타용도 외에 단독 주택에서부터 교육연구 시설, 의료시설 등 무려 29개 용도로 분류되고 있다. 따라서 건축물에는 다양한 용도성이 존재하고 있다.

7) 토지용도별 건축 제한성

건축물은 토지의 정착물로서 토지 29개용도 중 대지에 국한하여 건축할 수 있다. 농지나 임야 등 일정한 경우에 건축물을 건축할 수 있으나, 대지로의 용도전환 후에 건축물의 건축이 가능하다. 따라서 건축물은 토지용도의 제한을 받고 있어 토지용도별 건축 제한성이 존재하고 있다. 또한 건축물은 건축법에 따라 토지의 용도에 따라 건폐율과 용적률이 각각 다르므로 건축물의 용도와 지구, 지역, 구역에 따라서 건축의 연 면적과 층수가 제한되고 건축행위 가부가 결정되고 있음을 유의해야 한다.

8) 건축물 용도별 사용성

건축물은 용도에 따라 사용하고 수익해야 한다. 왜냐하면 건축물에는 건축법에 의하여 용도가 지정되어 있고 지정된 용도에 따라 건축물을 사용하고 수익할 수 있도록 법적으로 규정하고 있기 때문이다. 만일 타용도로 사용하기를 바란다면 시·군·구로부터 용도변경 허가를 받아야 한다.

9) 종합예술작품성

건축물은 과학과 기술 및 미(美)가 종합하여 생산된 공작물이다. 따라서 건축물에는 종합예술작품성이 존재하고 있다.

10) 복합성

건축물에는 물리적 성격(물리성) 외에 행정적 성격(행정성), 경제적 성격(경제성), 법률적 성격(법률성) 환경적 성격(환경성), 안전적 성격(안전성) 등 복합적 성격(복합성)이 존재하고 있다.

11) 내구성

건축물은 물질이므로 영원히 존재할 수 없다. 그러나 철근콘크리트 구조의 건축물의 물리적 내용연수는 60년으로 평가되고 있어 반영구적 내구성이 확보되어 있다. 따라서 건축물에는 내구성이 존재하고 있다.

12) 기능성

건축물에는 건축물을 사용하고 수익하는데 필요한 에너지 공급기능과 조명기능 및 실내 공기조절 기능 등 수십 종류의 건축물의 기능이 있다. 이를 건축물의 일반 기능이라 한다. 따라서 건축물에는 기능성이 존재하고 있다.

제12절 건축물의 생애단계

건축물은 인간의 성장단계와 유사한 생애단계 개념이 있다. 이를 건축물의 생애단계라 하며, 이에는 기획설계단계, 시공단계, 유지관리단계 그리고 철거단계 등 4단계가 있다. 이를 설명하면 다음과 같다.

1. 기획설계단계

건축물의 생애 중 첫 번째 생애단계로서 건축주의 건축의도와 목적 및 여건과 건축사의 건축물에 대한 해석을 통하여 건축물의 건축을 계획하고 설계도서를 작성하여 건축허가를 받는 단계까지를 말한다.

2. 시공단계

건축물 생애단계 중 두번째 생애단계로서 건축허가 후부터 설계도와 기술시방서에 따라 건설회사가 기술인력과 자재 및 장비를 투입하여 완공하는 단계를 말한다.

3. 유지 · 관리단계

건축물 생애단계 중 세 번째 생애단계로서 완공 후부터 철거시까지 완공된 건축물의 기능을 보전하고 이용자의 안전과 편의를 높이기 위하여 일상점검 정비하고, 손상된 부분은 원상회복하며 시간의 경과에 따라 요구되는 보수, 개량, 교체, 보강활동을 수행해 가는 과정을 말하며 철거 될 때 까지를 말한다.

4. 철거단계

건축물의 생애 중 마지막 생애단계로서 재건축 또는 재개발 등의 명목으로 건축물을 멸실 또는 해체하고 멸실 결과를 시 · 군 · 구에 멸실 신고할 때까지를 말한다.

제13절 건축물의 총 생애비용

건축물의 총 생애비용(BLCC/Buildingl Life Cycle Cost)이라 함은 건축물의 기획설계, 시공, 유지관리, 그리고 철거 등 건축물의 생애 동안 소요되는 비용을 말한다. 다만 건축물 총 생애비용은 건축물의 규모, 성격, 용도, 수준, 건축설계 및 시공기간, 자재 수준, 장비의 종류와 특성, 유지관리 품질, 철거방법 등에 따라 건축물의 총 생애비용은 단계별로 얼마든지 달라질 수 있다.

1. 설계비

건축주가 건축물을 사용 수익 및 처분을 위하여 설계하는 단계에 소요되는 비용을 말하는 것으로 연구 자료에 의하면 전체 건축물 일생비용 중 약 0.4%가 소요되는 것으로 조사되고 있다.

2. 시공비

시공공법과 사용자재 및 설비, 공기, 천재지변 등 환경 등에 따라 건축시공비는 얼마든지 달라 질 수 있으나 연구자료에 의하면 전제 건축물 일생 소요비용 중 약 16%가 소요되는 것으로 조사되고 있다.

3. 유지관리비

건축물이 완공되어 철거할 때까지의 기간동안 소요되는 비용으로서 약 83.2%가 소요되는 것으로 조사되고 있다.

4. 철거비(해체비)

건축물의 기능 저하 도는 목적에 의하여 철거되는 경우 소요되는 비용으로서 연구 자료에 의하면 약 0.4%가 소요되는 것으로 조사되고 있다.

특별한 건축물의 건축을 제외한 일반 건축물의 건축에 소요되는 건축물의 총 생애 비용을 일본 능률협회의 연구자료를 토대로 정리하면 다음과 삳다.

〈표 32〉 건축물 총 생애비용(BLCC)

구분	설계비	시공비	유지관리비	철거비	계
비율(%)	0.4%	16%	83.2%	0.4%	100%

(자료출처 : 일본능률협회 건축물 총 생애비용 조사자료)

제14절 건축물의 내용연수

건축물에도 인간의 수명과 같은 내용연수 개념이 존재하고 있다. 건축물의 내용연수 개념에는 여러 종류의 연수개념이 있으나 대표적 연수 개념에는 물리적 내용연수 개념이 있다. 이 밖에도 세법에서 말하는 법정 내용연수 개념이 있고 기타 기능적 내용연수, 경제적 내용연수, 행정적 내용 연수 개념 등이 있다.

건축물은 신축되어 철거에 이르는 동안 건축설계능력, 시공기술, 유지관리 기술과 능력, 사용조건, 관리 상태 등의 조건에 따라 건축물의 이용효과와 물리적 내용연수가 단축될 수 있으며, 반대로 극대화 할 수도 있다. 건축물에 관계되는 내용연수 개념들에 대하여 설명하면 다음과 같다.

1. 물리적 내용연수

물리적 내용연수(Physical Life)라 함은 건축물의 물리적 유용성 한계기간을 말한다. 건축물을 구성하는 주요 설비나 부재가 물리적으로 그 수명을 다하여 기술적으로 더 이상 사용이 불가능하게 되어 폐기할 때까지의 연수를 물리적 내용연수라 한다.

건축물이 사용과 시간의 경과로 발생하는 마모, 파손, 온도나 습도의 변화에 의한 수축과 팽창, 눈과 비 및 바람 등 자연현상으로 생기는 노후화 현상, 지진, 태풍, 화재 등의 원인으로 사용이 불가능하게 될 때까지 견디는 유용성 한계 연수를 물리적 내용연수라 한다.

〈표 33〉 건축물의 구조별 물리적 내용연수(년)

구 조	사무용 건축물	숙박시설	창고공장	주거용 건축물
철근 콘크리조	55	50	45	50
벽돌조	50	45	40	45
연와조	45	40	35	40
블록조	45	40	35	40
목조	35	30	25	40

(자료출처 : 한국감정원(1999), 유형고정자산 내용연수 표, pp.5-11)

사무용도의 건축물은 구조를 기준으로 길게는 55년, 짧게는 35년의 물리적 내용연수를 가지고 있다. 또한 건축물에 장착되어 있는 건축물 주요 설비의 물리적 내용연수는 짧게는 15년, 길게는 20년의 물리적 내용연수를 가지고 있어 적어도 3~4번의 교체가 있어야 건축물 본체와 물리적 수명을 함께 이어 갈 수 있다. 건축물의 내용 연수와 주요 설비의 내용연수를 정리하면 〈표 34〉와 같다.

〈표 34〉 건축물 주요설비별 물리적 내용연수(년)

구 분	주요시설	내용연수
전 기	수 변전 설비 특 고압정식	20
	특 고압약식	15-20
	발전설비	20
	전화교환대	10
	U.P.S 설비	10
	방송설비	10
	T.V 공시청 설비	10
	피뢰침 설비(일반식)	10
	화재탐지 설비	10
기 계	난방설비	15-20
	냉방설비	15-20
	공기조절설비	10-15
	공기세징기	10
	가열기	10
	승강기	15-20
	주차설비(타워파킹식)	10-15
	주차요금계산 설비	10-15
	위생기구	10-15
	배관 및 장비	10-20
	옥내소화전 설비	15-20
	스프링클러설비	15-20
	덤웨이터 설비	15-20
	곤도라 설비	10-15
	문, 지붕, 창 등 잡시설	10-30

(자료출처 : 한국감정원(1999), 유형고정자산 내용연수표, pp.53-54)

2. 법정 내용연수

법정내용연수(法定耐用年數)라 함은 부동산재산의 과세, 평가, 감정 또는 감가상각을 목적으로 우리나라 법인세법에서 명시하고 있는 내용연수를 말한다. 법정 내용연수는 물리적 내용연수와 매우 상이한 연수로서 주로 감가상각이나 건축물의 잔존가에 대한 경제적 가치평가, 재산 감정평가 등에 활용되고 있다. 건축물의 법정내용연수는 건축물의 구조와 재료 등에 따라 상이하다. 법정내용연수는 법인세법 시행규칙 제15조 제3항 별표5에서 명시하고 있으며 그 내용은 〈표 35〉와 같다.

〈표 35〉 건축물 법정내용연수

구 분	법정내용 연수
연와조, 블록조, 콘크리트조, 토조, 토벽조, 목조, 목골모르타르조, 기타 조의 모든 건축물(부속 설비 포함)과 구축물	20년 (최소 15년~최대 25년)
철골콘크리트조, 석조, 연와석조, 철골조의 모든 건축물(부속 설비 포함)과 구축물	40년 (최소 30년~최대 50년)

(자료출처 : 법인세법 시행규칙 제5조 제3항 별표 5)

3. 기능적 내용연수

기능적 내용연수(Functional Life)라 함은 기능적으로 유효한 기간을 말하며 부지와 건축물의 부적응, 설계의 부실이나 시공한 설비의 불량과 용량의 부족 그리고 외관의 부적절한 자재 선택 등이 기능연수에 영향을 미친다. 기능적 내용연수는 건축물이 기능적으로 한계에 도달하여 더 이상 사용할 수 없기 때문에 기능적 내용연수를 연장하기 위해서는 보수, 개량, 교체, 대수선 등의 공사가 필요하다.

4. 행정적 내용연수

행정적 내용연수(Administrative Life)라 함은 법 제도나 행정처분에 의해 건축물의 수명이 다할 때까지의 기간을 말한다. 예컨대 철거 대상 지정 행정처분, 재개발, 재건축 허가, 안전진단 결과 E등급 판정 등으로 사용할 수 없게 될 때까지의 기간을 행정적 내용연수라 한다.

5. 경제적 내용연수

경제적 내용연수(Economic Life)란 건축물의 경제적 수명이 다할 때까지의 수명을 말한다. 경제적 내용연수는 동일생활권의 변화, 시장경기의 변화, 상권의 이동, 인근환경과 부적합 등의 요인에 의하여 결정된다. 상업용 건축물은 상업권의 타 지역 이동으로 영향을 받으며, 업무용 건축물의 경우에는 업무지구가 이동함으로써 수요가 감퇴하고 임대조건이 나빠지는 요인에 의하여 영향을 받는다. 건축물의 경제적 내용연수에 대하여 법적 규정은 없으나 한국감정원의 유형고정자산내용연수 표에 의하면 건축물의 용도별 경제적 내용연수는 〈표 36〉과 같다.

〈표 36〉 건축물의 용도별 경제적 내용연수

구 분	경제적 내용연수
철근콘크리트조 단독주택, 공동주택, 점포, 호텔, 여관, 극장 등	50년
철근콘크리트조 청사, 사무실, 은행, 오피스텔, 방송국, 체육관 등	55년
철근콘크리트조 정비공장, 주차장, 작업장, 식물원 등	45년

(자료출처 : 한국감정원(1999), 유형고정자산 내용연수 표, p.14)

제15절 건축물의 유지 · 관리환경

건축물의 유지관리 환경이란 건축물 유지관리 현장을 둘러싸고 있는 환경으로서 직접 또는 간접으로 건축물 유지관리 현장에 영향을 미치고 있는 환경을 말한다. 건축물 유지관리 현장에 영향을 미치고 있는 환경에는 자연환경과 인문적 환경(외부환경 및 내부환경) 등이 있다. 이를 살펴보면 다음과 같다.

1. 환경의 개념

환경의 사전적 의미는 인간을 비롯한 동식물을 둘러싸고 있는 모든 것을 말하며 햇빛, 물, 바람, 토양, 동물, 나무 등 식물등과 같이 자연적으로 이루어 진 자연환경과 건물, 도로, 제도, 학문, 법령, 정책 등으로 인하여 만들어 진 인문적 환경 등 두 종류의 환경개념이 있다. 건축물종합관리현장에 영향을 주는 환경에는 자연환경과 인문적 환경(인공 환경) 모두 영향을 주고 있으며 환경은 자연의 활동과 인간의 활동에 의하여 계속 변화되고 있다. 왜냐하면 자연과 인간은 환경변화를 통하여 자연을 계속 변화시켜 왔으며 인간의 문명을 지속적으로 발전시켜 왔기 때문이다.

2. 자연환경

자연환경은 문자 그대로 자연히 만들어 진 환경을 말한다. 즉, 비, 바람, 햇빛, 토양 동물, 식물 등 자연환경 요소들로 만들어진 환경으로서 인간에게 인간생존에 필요한 물과 햇빛과 바람 및 토양 그리고 각종 광물자원 및 식물자원을 제공해 주는 등 많은 영향을 주고 있으나 인간은 자연환경에게 나쁜 영향을 계속 주고 있어 자연과 인간 간에는 심각한 환경문제가 대두되고 있다. 특히 자연환경요소 중 대기환경 오염요소와 수질환경오염요소는 건축물 유지관리에 직접 영향을 미치고 있어 건축물종합관리자는 이에 대한 연구가 필요하다.

1) 대기환경

지구는 공기로 둘러싸여 있으며 지구를 둘러싸고 있는 공기를 대기라 하고 이와 같은 대기가 이루고 있는 층을 대기권이라 한다. 대기는 78%의 질소와 21%의 산소 그리고 아르곤, 이산화탄소, 네온, 수소, 헬륨, 매탄 등 기타 기체로 구성되어 있다.

대기는 주지하는 바와 같이 동식불이 숨을 쉬는데 반드시 필요한 산소를 공급해 주고 있어 인간은 대기환경을 청정하게 관리할 필요가 있다. 그러나 자연적 요인과 인위적 요인에 의하여 대기는 점차 오염일로에 있어 자연환경의 문제를 일으키고 있다. 자연의 대기환경 오염원은 화산 폭발과 지진, 산불과 황사현상 등을 들 수 있으며, 사람에 의한 오염원은 공장 매년과 자동차 배기가스, 건축물의 냉난방으로 인한 배출 연기, 화력발전소의 석탄연소로 인한 매연 등을 들 수 있으며 생활 전자기기의 하나인 냉장고와 에어컨에서 나오는 냉매 염화플루오르화탄소는 오존층을 파괴시키고 있으며 대기를 오염시키고 있다.

시대적으로 고찰해 보면 18세기 영국을 중심으로 일어 난 산업혁명과 도시화는 자연을 부분별 하게 개발하여 지구를 황폐화 시켜가고 있으며 이로 인한 사막의 황사유입과 각종 공장으로부터 내뿜는 공장매연과 도로를 달리고 있는 자동차의 매연, 각종 생활

전자기기들인 냉장고, 에어컨 등의 과도한 사용은 대기권의 공기를 오염시켜 사람이 숨조차 마음 놓고 쉴 수 없는 지경으로 만들고 있다. 특히 건축물에서 냉방과 난방을 위하여 사용하는 각종 에너지와 생활 쓰레기와 산업폐기물 소각, 실내 담배연기 등이 대기 오염원으로 작용하고 있어 건축물종합관리자는 대기환경 오염원을 제거하고 관리하여 친환경 건축물로 유지 관리하는 노력이 필요하다.

건축물종합관리자가 유지관리하고 있는 건축물을 친환경 건축물로 만들기 위해서는 다음과 같은 조치가 필요하다.

(1) 냉난방 배출물질의 농도를 기술을 적용하여 감소시키고 유해성이 적은 물질로 변화시켜야 한다.
(2) 전기 등 에너지 사용을 최소화해야 한다.
(3) 생활 쓰레기와 산업폐기물을 최대로 줄여 배출해야 한다.
(4) 건축물 내외에서 먼지를 일으키지 않도록 해야 한다.
(5) 건축주는 대기오염 방지시설을 설치해야 한다.
(6) 건축물 주변에 나무를 많이 심어야 한다.

2) 수질환경

물은 동물과 식물들이 생존하는데 요구되는 필수적 요소이다. 건축물 내 외에서 인간은 매일 물을 마셔야 살아 갈 수 있으나 유감스럽게도 수질이 오염되어 아무 물이나 마실 수 없는 세상이 되었다. 생활폐수와 공장폐수 및 축산폐수 등으로 인한 강물의 오염과 오염된 강물로 인한 바닷물의 오염도 점차 확대되어 기고 있어 지구 전체의 수질오염이 지구 재앙을 시사하고 있다.

수질의 오염의 원인을 살펴보면, 생활하수와 공장폐수 및 축산폐수 등을 들 수 있다. 이와 같은 수질 오염원의 배출은 모두 건축물로부터 시작되고 있어 이에 대한 연구가 필요하다. 수질 오염원에 대하여 살펴보면 다음과 같다.

(1) 생활하수가 수질오염원으로 작용하고 있다. 생활하수는 인간의 생활로부터 배출되는 하수로 사람의 배설물과 합성세제를 포함한 각종 오염물질 생활하수에 포함되어 건축물 밖으로 매일 배출된다. 배출되는 생활하수를 정화하지 아니하고 밖으로 배출되는 경우 수질 오염원으로 작용하고 있다.
(2) 공장폐수가 수질오염원으로 작용하고 있다. 공장에서 사용하고 버리는 물로서 유해한 화학물질과 중금속을 포함하고 있다. 공장폐수를 정화 처리하지 않고 배출하는 경우, 수질 오염의 주범이 된다.

(3) 축산폐수가 수질오염원으로 작용하고 있다. 축산폐수는 다량의 유기물질과 병원체를 가지고 있으며, 화학 비료와 농약에 쓰인 비료는 식물과 고기나 어패류를 죽게 하며 이것이 증발하여 대기 중의 구름 속에 있다가 일정한 온도와 결합하여 비나 눈으로 지구상에 떨어 질 때, 인체에 유해한 작용을 하게 되다. 수질오염피해를 방지하기 위해서는 다음과 같은 대책을 수립하여 실천해야 한다.

- 생활하수, 공장 폐수 및 축산폐수 처리기술을 개발하여 하천으로 수질 오염배출을 최대로 억제하거나 최소화해야 한다. 하수종말처리장, 오수 처리장, 공단 폐수처리장, 분뇨 처리장, 축산폐수 처리장 등을 통하여 수질오염배출 전에 정화하고 배출해야 한다.
- 국가와 지방자치단체는 수질오염방지를 위하여 필요한 법령을 변화하는 환경에 따라 제정하고 제도를 정비 보완해 나가야 한다.
- 수질오염원을 배출하는 개인이나 기업체에 대하여 적정한 처리비용을 부담하게 해야 한다.
- 가정에서도 각종 세제사용을 억제하고 생활하수를 줄여 최소로 방류하도록 노력해야 한다.
- 건축물 유지관리자도 건축물종합관리 활동 과정에서 발생하는 각종 폐수 및 악성 알카리성 물질을 정화 처리하여 건축물 밖으로 배출해야 한다. 특히 보일러 세관 작업 후의 악성폐수는 반드시 환경업체에 위탁하여 환경관계법령에 따라 처리하고 기록을 남겨야 하며, 건축물 마감재 카펫트 청소와 바닥 왁스 작업 후 청소장비에 모이는 악성 알카리성 폐수는 공중위생관리법 및 관계법령에 따라 희석 처리해야 하고 처리결과에 대하여 기록을 남기어 보관하고 있어야 한다. 먹는 물 관리법에 따라 배수 또는 급수배관은 정기적으로 청관작업을 실시해야 하며, 저수조와 고가수조 등은 정기적으로 청소 및 검사(법정 1년 2회) 실시해야 한다.

3. 인문적 환경(인공환경)

건축물종합관리 현장에 영향을 미치는 환경에는 건축물종합관리 법제도 환경, 도시환경 환경, 건축물 유지관리 기술 환경과 시장 환경, 건축물종합관리 조직의 내부 환경, 건축물종합관리조직의 과업환경 그리고 건축물종합관리조직의 일반환경 및 토지정책 환경 등이 건축물종합관리 환경요소로 작용하여 건축물종합관리 현장에 영향을 미치고 있다. 이를 구체적으로 살펴보면 다음과 같다.

1) 건축물종합관리 법제도 환경

건축물 유지관리 업무 대부분은 관계법령과 관계법령에 의하여 만들어 진 법정제도와 시장과 기업에서 만들어 진 임의제도 등에 의하여 주로 운영관리 된다.

건축물종합관리 관계법령에는 건축법, 시설물의 소유 및 관리에 관한 법률, 공동주택관리법과 소방시설의 설치 유지 및 안전관리에 관한 법률, 승강시설 안전관리법, 주차장법, 전기사업법, 도시가스사업법 등이 있으며 주요 유지관리제도에는 법정검사제도, 법정자격 선임 및 해임제도 등이 있다. 이와 같은 건축물종합관리 관계법령과 제도가 건축물종합관리에 결정적으로 영향을 미친다.

건축법령에 의하여 증개축 건축행위 가능여부가 결정되며 대수선이 허가 된다. 뿐만 아니라 건축물에 대한 유지관리 행위가 작위의무가 되기도 한다. 왜냐하면 건축물종합관리는 반드시 관계법령과 제도에 의하여 운영관리 되고 있기 때문이다. 따라서 건축물 소유자와 관리자는 건축물종합관리 관계법령과 제도에 관하여 연구와 이해가 필요하다.

2) 도시환경

도시란 상공업을 중심으로 한 경제 및 행정, 문화, 교통망, 편의 시설 따위의 중심지를 말하며 대량 건축물이 집결되어 있고 인구가 집중하여 인구밀도가 매우 높은 지역을 말한다. 도시는 각 도시마다 도시의 특성이 있고 성격이 각각 다르다.

도시환경이란 이와 같이 도시를 둘러싸고 있는 건축물, 인구, 교통망, 도로, 편의시설 등으로 형성되는 환경을 말한다. 특히 도시는 관계법령과 국가정책에 의하여 도시계획이 수립되고 이에 따라 도시의 구획, 가로, 교통, 위생, 주택 등에 관한 건축물의 건축과 개량사업이 추진되기 때문에 건축물의 유지관리 역시 해당되는 도시의 환경에 적합하게 유지 관리되어야 한다. 즉, 도시계획상에 요구하고 있는 건축물의 용도유지와 규모유지 및 성격 보존과 유지는 매우 중요하다. 이와 같이 도시환경은 해당 건축묵물유지관리에 영향을 주고 있다.

3) 건물종합 · 관리기술환경

건물종합 · 관리기술환경의 변화가 해당 건축물종합관리에 영향을 미치고 있다. 건축물 설계 및 시공기술의 발전과 자재장비의 발달은 건축물의 질적 양적으로 변화를 가져왔으며, 이로 인하여 유지 · 관리기술 또한 건축물의 설계와 시공기술 수준과 이를 통하여 도입하고 장착 또는 시공된 자재와 장비의 유지관리에 문제가 발생하지 않도록 관리되어야 한다.

4) 건물종합관리 서비스 시장환경

건물종합관리 서비스 시장을 형성하는 요소에는 건축물의 소유주와 입주자(사용자/ 점유자 등) 등과 관리자 등이 있다. 종전에는 건축주가 중심이 되는 유지관리 서비스 시장이 형성되어 있었으나, 현제에는 건축물 사용자가 중심이 되는 서비스 시장환경으로 변모하여 건축물 사용자가 요구하는 각종 서비스를 제공해야 하는 환경이 되었다. 따라서 건축물소유자와 유지관리자는 건축물 사용자의 요구에 적절하게 대응해야 한다. 이와 같이 건축물종합관리 서비스 시장 환경변화가 건축물 유지관리에도 영향을 주고 있다.

5) 건축물종합관리 조직의 내부환경

건물종합관리 조직의 내부 환경은 일반 환경과 과업환경으로 이루어지는 외부환경에 대한 상대적 환경개념으로 경영자와 종업원 및 조직문화 등에 의하여 이루어지는 환경을 말한다. 경영자는 경영방침과 건축물 유지관리에 대한 신념과 철학을 통하여 건축물 유지관리에 영향을 주게 되며 종업원은 조직에 대한 충성심이나 속해 있는 조직의 문화에 따라 서비스 정신으로 무장하고 고객에게 충성하는 면을 보일 수도 있으나 보상이나 조직의 문화가 종업원 이기주의로 흐르는 경우 서비스 정신은 살아지고 매일매일 수동적인 업무에 안일하게 임하게 된다. 즉 조직의 문화가 비 자율적 업무 수행 형태의 X 인간형을 선호하게 하는 경우 감독관이 있는 경우에만 일하고 감독관이 없는 경우에는 작업이나 사무를 중단하게 된다. 그러나 조직의 문화가 자율적 업무수행 형태의 Y인간형을 선호하게 되는 경우에는 감독관이 있든 없든 종사자 모두가 열심히 고객에게 충성하게 된다. 따라서 내부 환경이 건축물종합관리에 영향을 미치므로 건축물종합관리자는 내부 환경에 매우 유의해야 한다.

6) 건물종합관리 · 관리조직의 과업환경

건물종합관리 과업환경이란 외부환경에 속하는 환경으로서 경쟁사와 자재장비 납품업자 및 인력시장 등으로 형성되는 외부 환경을 말한다.

인력시장은 유지관리 현장에 인력을 공급하는 것을 통하여 건축물 유지관리에 영향을 미치며, 자재 장비 납품업자는 자재와 장비를 납품을 통하여 건축물종합관리 현장에 영향을 미친다. 또한 경쟁사는 건축물종합관리 용역시장에서 경쟁을 통하여 건축물종합관리 현장에 영향을 미치고 있다. 따라서 건축물종합관리자는 과업 환경 요소들에 대한 영향 정도를 면밀히 검토하고 분석하여 건축물종합관리가 효과적으로 이루어지도록 해야 한다.

7) 건물종합관리 조직의 일반 환경

건물종합관리 외부환경에 해당하는 일반 환경은 경제환경, 정치사회환경, 국제환경 등으로 형성되는 외부환경을 말한다. 경제 환경은 경기변동과 수요 공급을 통하여, 정치사회환경은 정치적 안정과 사회의 질서를 통하여 그리고 국제환경은 국제적 평화와 분쟁을 통하여 건축물종합관리에 간접적으로 영향을 미치게 된다. 따라서 건축물 유지관리자는 일반 환경요소들의 변화에 대하여 면밀히 검토하고 분석하여 이에 적절히 대응해야 한다.

제16절 건축물의 기본요소

건축물은 사용목적과 수익목적 및 처분 목적의 전체 또는 일부에 해당하는 목적으로서 건축물이 신축되거나 재개발 또는 매입 등의 방법으로 취득하고 보유하게 된다. 이와 같은 목적이 이루어지려면 건축물에는 사용 수익을 위하여 요구되는 건축물의 기능이 있어야 하고 공간이 구획되어 있어야 하며, 안전성이 확보되어야 함은 물론 건축물 특유의 아름다움(미)이 있어야 한다. 이를 건축물의 기본 요소라 한다.

건축물종합관리자는 건축물의 기본요소에 대하여 이해를 바탕으로 각 기본요소에 대하여 분석하고 요소에 맞게 유지 관리해야 한다. 건축물의 기본요소에 대하여 살펴보면 다음과 같다.

1. 건축물의 기능

건축물의 기능이라 함은 건축물의 작용이나 활용을 말한다. 즉 건축물을 활용하는데 필요한 작용을 건축물의 기능이라 한다. 예컨대 건축물의 사용 수익에 필요한 기능으로는 현관이나 대문을 통하여 출입하는 출입기능 그리고 엘리베이터나 에스컬레이터 또는 계단 등을 통한 이동기능, 전원 및 전열 공급기능, 위생 처리기능, 온습도 조절기능 등 많은 종류의 건축물 기능 등이 있다. 건축물종합관리자는 건축물의 사용과 수익에 필요한 건축물의 기능을 파악하고 건축물의 사용과 수익에 적합한 양질의 건축물 기능을 제공할 수 있도록 해야 한다. (제9절 건축물의 일반기능 참조)

2. 건축물의 공간

건축물의 사용과 수익을 위해서는 일정한 공간이 필요하다. 왜냐 하면 건축물은 사람이 들어가 살거나 물건을 적재하기 위하여 지어진 집을 말하기 때문이다. 공간의 사전적 의미는 아무것도 없이 비어 있는 칸을 말하나, 건축학에서는 가로 세로 높이가 있는 3차원 공간으로서 사람이 생활하거나 물건을 적재하고 업무수행 또는 생산하기 위한 장소를 공간이라 한다.

건축물의 공간은 물리적으로만 존재하는 공간이 아니라 공간을 사용 수익하기 위하여 필요한 열 환경, 빛 환경, 음 환경이 갖추어 져야 하고 위생적인 공간에다 사무자동화가 편리하게 작동되어야 하는 공간이어야 한다. 뿐만 아니라 공간은 청결성과 쾌적성 및 안전성이 확보되어야 한다. 따라서 건축물종합관리자는 건축물의 공간을 유지·관리할 때 반드시 사용수익에 매우 적합한 공간으로 관리해야 한다.

3. 건축물의 안전

건축물의 사용수익을 위해서는 안전성이 우선적으로 확보되어야 한다. 사람에 대한 사망, 위해, 부상, 상해, 질병의 감염으로부터 자유로워야 하고 재산의 멸실이나 감손으로부터 자유롭도록 건축물을 유지 관리해야 한다. 따라서 건축물종합관리자는 건축물의 사용과 수익을 위하여 건축물의 안전을 우선적으로 확보해야 한다.

4. 건축물의 미(美)

건축이 건물과 다른 점을 구분하는 잣대는 미가 있는 공작물을 건축이라 하고 美가 없는 공작물을 건물이라 구분한다. 건축물은 종합예술과 기술이 결합하여 건축한 건축물로서 고유의 미를 가지고 있다. 따라서 건축물종합관리자는 고유의 건축의 미를 살리는 방향으로 유지 관리해야 한다. 결론적으로 건축물 유지관리자는 건축물 기본요소별로 요구하는 바를 파악하여 기본요소에 부합하도록 유지·관리해야 한다.

제17절 건축물의 가치

1. 가치의 개념

모든 건축물에는 각각 동일하지 않으나 나름대로의 의미와 중요성을 가지고 있다. 수익성 건축물의 경우에는 건축물의 가치 중 사용가치와 수익가치 및 처분가치 등 경제적 가치를 모두 가지고 있으나, 비수익성 건축물의 경우 경제적 가치 중 오직 사용가치만 존재하는 건축물도 있다.

또한 건축물에 따라 상이하나 문화적 가치와 역사적 가치 및 예술적 가치를 모두 가지고 있는 건축물이 있는가 하면 어떤 건축물은 역사적 문화적 예술적 가치가 전무한 건축물도 있다. 따라서 건축물 유지관리자는 관리대상 건축물의 가치범위를 파악하고 존재하고 있는 가치를 보존, 유지 및 개량하도록 관리해야 한다.

2. 가치의 종류

1) 기능적 가치

건축물의 사용에 있어 필요로 하는 기능적 가치에는 건축물의 기능, 안전, 편리, 미관, 쾌적, 위생 등의 기능적 가치가 존재하고 있다.

2) 경제적 가치

건축물에는 경제적 가치가 존재한다. 건축물의 경제적 가치는 사용가치와 수익가치 및 처분가치를 말한다. 수익성 건축물에는 사용가치와 수익가치 및 처분가치 모두 존재하나 비 수익성 건축물이 아닌 교회 건물, 사찰, 성당, 학교 등의 건축물에는 사용가치는 있으나, 수익가치와 처분가치가 원칙적으로 없다. 다만 학교시설의 경우 교육부 장관의 용도 폐기 결정이 있는 경우, 사용가치와 수익가치 및 처분가치 모두 있어 경제적 가치가 인정 된다. 건축물종합관리자는 경제적 가치가 있는 건축물을 유지·관리할 때 경제적 가치가 보존되고 유지되며 개량될 수 있도록 관리해야 한다.

3) 문화적 가치

건축물에도 문화가치가 인정된다. 음악당으로 건축된 건축물이나 종교 용도로 건축한 종교 성당, 사찰 등은 종교적 문화를 배경으로 건축되고 그 용도로 사용되어 왔기 때문에 당시의 문화적 창조물이라 할 수 있다.

건축물종합관리자가 문화적 가치를 지니고 있는 건축물을 유지 관리할 때, 건축물종합관리자는 그 건축물에 존재하는 문화적 가치를 보존하고 유지하며 개량될 수 있도록 관리해야 한다.

4) 역사적 가치

건축물이 건축 당시 시대의 메시지를 은유적으로 전하는 건축물인 경우에는 역사적 가치를 지니고 있는 건축물이라 할 수 있다. 예컨대 독립기념관이나 남대문, 서대문 형무소, 일제 강점기의 한국은행 본점 건물, 조선총독부 청사로 사용 하였던 중앙청 청사와 같은 건축물은 역사성이 매우 깊은 건축물이며 역사적 차치가 존재하고 있다. 이와 같은 건축물을 건축물종합관리자가 유지·관리할 때 역사적 가치가 보존되고 유지되며 개량될 수 있도록 유지·관리해야 한다.

5) 종합예술적 가치

예술성이 인정되는 것을 건축물이라 호칭하고, 아름다움 美가 없는 건축물은 건물이라 일반적으로 부르고 있는 점만 보드라도 건축물에는 아름다움이 존재해야 하고 미적 가치와 종합 예술적 가치가 존재하고 있어야 한다.

건축물은 기술과 과학 및 예술이 결합하여 창조한 작품이므로 당연히 예술적 가치가 존재하고 있다. 이태리 로마의 고색창연한 고대 건축물마다 아름다움을 표현하기 위하여 당시에 살았던 로마 건축사의 예술적 노력을 볼 때 건축물에는 확실하게 예술적 가치가 존재 하고 있음을 알 수 있다. 따라서 예술적 가치가 살아 숨 쉬는 건축물로 유지 관리할 때 건축물종합관리자는 그 건축물에 존재하는 예술적 가치가 보존되고 유지되며 개량될 수 있도록 관리해야 한다.

제 6 장	건물종합관리 서비스 생산조직 시스템
제 7 장	건물종합관리 관계법령과 법정제도
제 8 장	건물종합관리 서비스 생산 5대 자원
제 9 장	건물종합관리 대상 건축물의 정보
제10장	**건물종합관리 서비스의 품질매뉴얼**
제11장	건물종합관리 서비스의 도급계약 및 과업지시서
제12장	건물종합관리 서비스의 생산이론과 지식 및 기술

제1절 건물종합관리 서비스 품질매뉴얼의 의의

1. 서비스 품질매뉴얼 개념의 정의

매뉴얼(Mannual)의 사전적 의미는 어떤 업무를 처리하거나 어떤 물건을 사용할 때 알기 쉽게 설명한 책을 말한다. 따라서 건물종합관리 서비스 품질매뉴얼이라 함은 건물종합관리 서비스 생산방법이나 절차 및 품질 기준을 쉽게 설명한 책을 의미한다.

건물종합관리 서비스 품질매뉴얼은 건물종합관리 서비스 생산업무 방법을 쉽고 간결하게 설명하고 있어 서비스 현장에서는 서비스 품질매뉴얼에 따라 서비스를 생산공급을 하고 있다. 따라서 건물종합관리 서비스 품질매뉴얼은 건물종합관리 서비스 생산의 기반으로 작용하게 된다.

2. 건물종합관리 서비스 품질매뉴얼의 기능과 역할

건물종합관리 서비스는 해당 분야 서비스 품질매뉴얼에 따라 주로 생산하고 제공된다. 따라서 서비스 품질매뉴얼은 서비스 생산품질의 기준이 되고, 생산서비스를 제공하여 고객만족의 지침이 되고 있다. 건물종합관리 서비스 품질매뉴얼은 서비스 용어를 통일하고, 서비스 생산 프로세스(절차)와 기반구조를 규정하고 서비스 생산업무의 단순화와 표준화를 유도하여 서비스 생산에 투입하는 비용과 시간 및 노력의 양을 줄여 주는 기능과 서비스 품질수준을 유지해 주는 역할을 담당하고 있다.

제2절 건물종합관리 서비스 품질매뉴얼의 종류

건물종합관리 서비스 품질매뉴얼의 종류에는 크게 시설관리 서비스 품질매뉴얼과 환경위생 서비스 매뉴얼 및 시설경비관리 매뉴얼(시설보안관리 매뉴얼) 등이 있다. 구체적인 내용은 다음과 같다.

1. 시설관리 서비스 품질매뉴얼

시설관리 서비스 품질매뉴얼은 건물시설관리 서비스 생산지침서 용도로 개발 된 것으로 시설관리 서비스 품질매뉴얼과 규정(절차서) 및 지침서 등으로 구성되어 있다. 건물시설관리 서비스 품질매뉴얼의 종류와 구성항목은 다음과 같다.

매뉴얼의 명칭	구성항목
1) 시설관리서비스 품질매뉴얼	(1) 서비스 표준화 일반 (2) 서비스 운영체계 (3) 서비스 운영 (4) 서비스 인력관리 (5) 시설, 장비, 환경 및 안전관리
2) 시설관리서비스 품질 규정 (절차서)	(1) 사내표준관리 규정 (2) 경영검토 규정 (3) 내부심사 기준 (4) 제안제도 규정 (5) 분임조 규정 (6) 기록관리 규정 (7) 문서관리 규정

	(8) 시정예방 규정 (9) 방침관리 규정 (10) 보안관리 규정 (11) 협력사관리 규정 (12) 조직 및 업무분장 규정 (13) 계약관리 규정 (14) 시설운영서비스 규정 (15) 건축물 인수업무 규정 (16) 입주 및 퇴거지원 규정 (17) 고객만족도 관리 규정 (18) 자재관리 규정 (19) 고객불만족 관리 규정 (20) 인력관리 규정 (21) 교육훈련 규정 (22) 시설관리 규정 (23) 계측기 관리 규정 (24) 환경관리 규정 (25) 방화관리 규정 (26) 안전관리 규정 (27) 고객 재산관리 규정 (28) 손실보상 관리 규정
3) 시설관리 서비스 품질 지침서	(1) 건축운영 지침서 (2) 기계운영 지침서 (3) 전기운영 지침서 (4) 승강기운영 지침서 (5) 비상발전기관리 지침서 (6) 비상운영 지침서 (7) 방재운영 지침서

2. 환경위생관리 서비스(환경미화서비스/청소서비스) 품질매뉴얼

환경위생관리 서비스 품질매뉴얼 역시 건축물클리링 서비스(청소서비스) 업무 용도로 개발 된 것으로 건축물클리닝(청소) 서비스 품질매뉴얼과 규정(절차서) 및 지침서 등으로 구성되어 있다. 또한 건축물크리닝(환경미화/청소) 교재가 2016년 후반기에 고용노동부 산업인력관리공단에서 NCS 체계에 맞추어 〈환경미화〉 학습모듈 8권을 출판하고 공유하도록 허용하고 있어 참고 매뉴얼 역할이 기대되고 있다.

www.ncs.go.kr로 접속하면 환경미화 학습모듈 정보를 얻을 수 있다. 환경미화 서비스(건축물클리닝 서비스) 매뉴얼을 종류와 구성항목을 소개하면 다음과 같다.

매뉴얼의 명칭	구성항목
1) 클리닝서비스 품질매뉴얼	(1) 클리닝 서비스 수행절차 (2) 건축시설물의 파악 (3) 서비스 제안 (4) 계약체결 (5) 서비스계획 수립 (6) 클리닝서비스 수행 (7) 서비스 품질검정 시스템 (8) 고객 클레임 (9) 클리닝서비스 사업요건 (10) 클리닝 장비 (11) 작업환경 (12) 작업안전 (13) 교육훈련 시스템 (14) 품질관리 시스템
2) 클리닝서비스 품질관리 규정 (절차서)	(1) 클리닝서비스 수행 규정 (2) 서비스품질 측정 규정 (3) 기록보존 및 정기보고관리 규정 (4) 클리닝서비스 사업요건 규정 (5) 클리닝서비스 수행 규정 (6) 서비스품질 측정 규정 (7) 기록보존 및 정기보고관리 규정 (8) 청소인력 관리 규정 (9) 안전관리 규정 (10) 폐기물 관리 규정 (11) 교육훈련 규정 (12) 품질관리 시스템 규정 (13) 외주업체 관리 규정 (14) 고객 클레임 처리규정
3) 클리닝서비스 품질 지침서	(1) 위생안전관리 지침서 (2) 교육훈련 지침서 (3) 인력관리 지침서

3. 시설경비 서비스 품질매뉴얼(시설보안관리 매뉴얼)

시설경비 활동 수행에 있어 일정한 경비서비스 표준이 필요하다. 즉, 시설경비 업무관리 매뉴얼과 경비시설 및 장비 매뉴얼, 경비인력관리 매뉴얼 등이 필요하다.

시설경비 서비스 품질매뉴얼은 효율적인 시설경비업무 수행을 위하여 개발한 매뉴얼이다. 구체적인 내용은 국가기술표준원 KS S 1005에 명시되어 있으며, 산업인력관리공단에서 2016년에 보안학습모듈 12권을 개발하고 공유하고 있어 시설경비 서비스 품질매뉴얼로서 역할이 기대 된다.

www.ncs.go.kr로 접속하면 보안 학습모듈 정보를 얻을 수 있다. 시설경비 서비스 품질 경비매뉴얼의 종류를 소개하면 다음과 같다.

매뉴얼의 명칭	매뉴얼의 종류
경비서비스 업무 매뉴얼	순찰업무 지침서 출동업무 절차서 중앙관제소와 경비원 간 통신체계 절차서 출입통제 지침서 비상상황대응 지침서 고객만족도 관리 및 평가 절차서
경비시설 및 장비 매뉴얼	중앙관제소 및 상황실 운영관리 절차서 경비시스템 유지보수 지침서 출동차량 및 장구점검 및 유지보수 지침서 경비기기 및 시스템 검사 및 교정 절차서 경비시설 및 장비의 이력관리 및 기록 지침서
경비인력관리 매뉴얼	경비인력 채용 지침서 경비원 자질 정기평가 절차서 경비원 신원조회 및 신원보증 절차서 경비원 교육훈련 지침서 경비원 복리후생 지침서 경비원 근무 지침서
품질시스템 매뉴얼	품질방침의 수립 절차서 품질관리 지침서 품질매뉴얼 개발 및 운영 지침서

제 6 장	건물종합관리 서비스 생산조직 시스템
제 7 장	건물종합관리 관계법령과 법정제도
제 8 장	건물종합관리 서비스 생산 5대 자원
제 9 장	건물종합관리 대상 건축물의 정보
제10장	건물종합관리 서비스의 품질매뉴얼
제11장	건물종합관리 서비스의 도급계약 및 과업지시서
제12장	건물종합관리 서비스의 생산이론과 지식 및 기술

제1절 건물종합관리 서비스 도급계약

1. 서비스 도급계약서의 개념

서비스 도급계약서라 함은 건물주와 관리 전문업체간에 합의에 의하여 건물주는 서비스 도급 금액을 지불할 것을 약속하고 관리 전문업체는 계약서와 과업지시서에 따라 건물주가 요구하는 서비스를 생산하고 제공할 것을 상호 약정한 법적 문서를 말한다.

2. 서비스 도급계약서의 기재사항

서비스 도급계약서에는 다음과 같은 계약서 필요 기재사항이 명시되어야 계약이 효력에 하자가 없게 된다. 서비스 도급계약서의 기재사항은 다음과 같다.

1) 계약서의 명칭(㉮ 시설관리 서비스 도급계약서)
2) 계약의 목적
3) 시설관리 목적물의 표시(소재지, 건물명, 소유자, 용도, 층수, 건축면적 및 연면적, 건물의 특성, 주요 건축설비의 종류와 기능, 건축대지 면적)

4) 시설관리 업무의 범위
5) 일부 하도급
6) 도급비용의 부담
7) 사무실제공 및 에너지 무상 제공
8) 보고서 등의 의무
9) 서류의 보관 및 귀속
10) 사고예방 및 통보
11) 보고서 등의 의무
12) 보험가입 의무
13) 배상책임
14) 도급금액 및 지불방법
15) 계약기간
16) 계약의 해지
17) 기타 특약사항
18) 계약 체결일
19) 계약 당사자 갑을(상호, 주소, 사업자 등록 번호, 연락처 대표자 성명 및 서명날인)

3. 서비스 도급계약의 성격

서비스 도급계약 체결은 법률 행위이므로 사실 행위와 상반된 개념이다. 서비스 도급계약은 다음과 같은 성격을 가지고 있다.

1) 계약은 법률행위이다
2) 계약은 사실행위가 아니다.
3) 계약은 계약 당사자를 구속한다.
4) 계약서는 민사 소송의 중요한 물적 증거가 된다.
5) 계약 당사자 어느 일방이 의무를 해태하는 경우, 의무 해태자가 손해배상의 책임을 지게 되며 계약 해지 또는 해제의 원인이 된다.
6) 미성자, 한정 치산자는 법정 대리인의 조력 없이는 단독으로 계약의 당사자가 될 수 없으며, 법인이 계약 당사자가 되는 경우에는 법인 정관에 대표 권한이 있는자가 계약 당사자가 될 수 있다.
7) 서비스 도급계약은 유명계약의 일종이다.
8) 서비스 도급계약은 당사자, 목적 의사표시가 있어야 성립한다.
9) 서비스 도급계약은 유상계약이다.

10) 서비스 도급계약은 전형계약이다.
11) 서비스 도급계약은 낙성계약이다.
12) 서비스 도급계약은 쌍무계약이다.
13) 서비스 도급계약은 본계약이다.
14) 서비스 도급계약은 불요식 계약이다.

4. 서비스 도급계약의 효력

서비스 도급계약은 법률행위이므로 법적 효력을 가지는 문서이다. 따라서 서비스 도급계약은 계약 당사에게 권리와 의무 및 책임을 명확하게 규정하고 불이행시 손해 배상의 책임을 지게하고 있으며, 신의 성실의 원칙에 따라 성실하게 이행하도록 강제하고 있다. 또한 불이행시 계약해지, 해제의 책임을 지도록 하고 있다.

서비스 돕급계약의 결정적 효력은 건물주는 관리 전문업체에게 서비스 도급금액을 지불할 의무를 지게하고, 서비스 공급을 받는 권리를 인정하는 효력과 관리 전문업체는 도급을 받는 권리와 서비스 생산과 공급의 의무를 지는 법률적 효력을 가지는 점이다.

제2절 건물종합관리 서비스 과업지시서

1. 서비스 과업지시서의 개념

서비스 과업지시서라 함은 도급 계약의 일부로서 용역의 범위와 용역 이행 방법, 등을 정하고 있는 발주처의 도급계약의 일부 서면을 말한다. 과업지시서는 서비스 도급계약의 일부로서 효력을 가지게 되나 발주처 별로 정형화 된 서면의 양식이 없는점이 특징이다. 다만, 발주처가 계약서에 상세하게 기재할 수 없는 업무지침을 규정하고 있다는 점에서 서비스 도급계약과 차이점이 있다. 과업지시서는 일반적으로 과업지시서 본문과 부속 서면으로 구성되어 있다.

2. 서비스 과업지시서의 기재사항 및 부속 서면

1) 서비스 과업지시서의 기재사항

서비스 과업지시서에는 대체로 다음과 같은 기재사항이 명시되어 있다.

(1) 과업의 목적	(16) 도급대금(용역비) 청구
(2) 과업기간	(17) 배상 및 감액
(3) 과업수행 방법	(18) 복장
(4) 도급의 대상	(19) 금지사항
(5) 도급의 범위	(20) 하도급의 제한
(6) 과업의 내용	(21) 책임한계
(7) 기술인력 확보 및 관리	(22) 보험가입
(8) 안전 및 관리계획의 수립	(23) 계약내용의 변경
(9) 안전사고 예방 및 점검	(24) 계약의 해지
(10) 교육 및 훈련	(25) 윤리강령의 이행
(11) 보유장비 및 관리	(26) 계약의 연장
(12) 비치문서	(27) 직원의 복지
(13) 긴급조치 의무	(28) 시설사용 및 복리후생
(14) 업무보고	(29) 서비스의 품질
(15) 보안유지	(30) 기타

2) 과업지시서의 부속 서면

부속 서면에는 대체로 다음과 같은 기재사항이 명시되어 있다.

(1) 건축물 및 건축설비 개요	(6) 근무자 근무 방침
(2) 현장관리 조직도와 업무 분장의 범위	(7) 용역검사 규정
(3) 법정 기술인력의 선임	(8) 용역 기성검사 기준
(4) 윤리강령	(9) 용역수행 평가표
(5) 인력소요 현황	(10) 항목별 정산 기준

3. 서비스 과업지시서의 효력

서비스 과업지시서는 도급 계약의 일부로서 계약의 법적 효력을 가지고 있다. 따라서 서비스 도급업체에서는 이를 도급계약과 함께 성실하게 이행해야 한다.

제 6 장	건물종합관리 서비스 생산조직 시스템
제 7 장	건물종합관리 관계법령과 법정제도
제 8 장	건물종합관리 서비스 생산 5대 자원
제 9 장	건물종합관리 대상 건축물의 정보
제10장	건물종합관리 서비스의 품질매뉴얼
제11장	건물종합관리 서비스의 도급계약 및 과업지시서
제12장	건물종합관리 서비스의 생산이론과 지식 및 기술

제1절 건물종합관리 서비스의 생산이론

1. 서비스 생산 이론의 개념

건물종합관리 서비스 생산이론이라 함은 낱낱이 다른 건물종합관리 서비스 생산에 대한 사물과 현상을 일정한 원리와 법칙에 따라 통일적으로 설명할 수 있는 보편적인 지식체계를 의미한다. 또한 건물종합관리 서비스 생산이론이란 건물종합관리 서비스 생산에 대한 특정한 학자의 견해나 학설을 말한다.

2. 서비스 생산이론의 분류

서비스 생산이론을 분류하면 서비스 생산사물의 사실이론(개념이론)과 서비스 생산절차이론[서비스 생산방법 이론 및 서비스 생산행위 이론(서비스 생산활동 이론)]으로 분류할 수 있다.

1) 서비스 생산사실 이론(서비스 생산개념 이론)

서비스 생산사실 이론이라 함은 낱낱이 다른 건물종합관리 서비스 생산에 대한 사물과 현상을 개념적으로 설명하는 보편적인 지식체계를 말한다. 또한 건물종합관리 서비스 생산사실 이론이란 건물종합관리 서비스 생산개념을 사실적으로 설명하는 지식체계를 의미한다.

2) 서비스 생산절차 이론(서비스 생산방법 이론)

서비스 생산절차 이론이라 함은 서비스 생산을 위하여 필요한 서비스 생산방법이나 절차, 프로세스 등을 설명하는 이론체계를 말한다.

3) 서비스 생산행위 이론(서비스 생산활동 이론)

서비스 생산행위 이론이라 함은 건물종합관리 서비스를 작업이나 프로그래밍, 지시, 작동 등의 행위를 통하여 직접 서비스를 생산하는 서비스 생산활동을 설명하는 이론체계를 말한다.

3. 서비스 생산이론의 건물종합관리 서비스 생산의 기반성 분석

서비스 생산이론이 건물종합관리 서비스 생산의 기반으로 작용하는 이유는 서비스 생산관리자가 서비스 생산에 개념에 대하여 설명을 통하여 이해하고, 서비스 생산절차를 숙지하여 작업이나 작동을 통하여 행동하게 됨으로서 건물종합관리 서비스가 생산되고 제공하게 된다. 따라서 건물종합관리 서비스는 서비스 생산개념 이론과 방법 이론 및 활동 이론을 기반으로 생산·제공됨으로 서비스 생산이론은 건물종합관리 서비스 생산의 기반요소로 분석할 수 있다.

제2절 건물종합관리 서비스의 생산지식

1. 서비스 생산지식의 개념

건물종합관리 서비스 생산지식이라 함은 건물종합관리 서비스 생산에 관한 명료한 의식과 판단을 말한다. 또한 건물종합관리 서비스 생산에 관하여 배우거나 알고 있는 내용을 말한다. 뿐만 아니라 건물종합관리 서비스 생산지식은 인식으로 얻어져 객관적으로 확정된 건물종합관리 서비스 생산의 성과로 정의할 수 있다.

2. 서비스 생산지식의 분류

서비스 생산지식을 분류하면 건물종합관리 서비스 생산개념 지식과 서비스 생산방법 지식 및 서비스 생산활동 지식 등으로 분류할 수 있다.

1) 건물종합관리 서비스 생산개념 지식

서비스 생산지식이란 건물종합관리 서비스 생산의 개념에 대하여 배우거나 알고 있는 내용을 말한다. 어떤 작업이나 연구를 수행하기 위해서는 무엇보다 먼저 작업의 개념이나 수행하고자 하는 연구의 개념에 대하여 명료한 의식과 판단을 해야 하고, 배우거나 알고 있어야 작업이나 연구의 출발이 가능하게 된다.

2) 건물종합관리 서비스 생산방법 지식

서비스 생산방법 지식이란 작업이나 연구수행 절차에 대하여 배우거나 알고 있는 내용을 말하며, 작업이나 연구 수행절차에 대하여 명료한 의식과 판단을 의미한다.

3) 건물종합관리 서비스 생산활동 지식

서비스 생산활동 지식은 서비스 생산활동 수행내용을 배우거나 알고 있는 것으로 서비스 생산을 수행하는 것에 대하여 명료한 의식이나 판단을 말한다.

3. 서비스 생산지식의 건물종합관리 서비스 생산의 기반성 분석

서비스 생산지식이 건물종합관리 서비스 생산의 기반성을 가지고 있다. 왜냐 하면 건물종합관리 서비스 생산자가 서비스 생산개념에 대하여 알고 있어야 하고, 생산절차에 대하여 명료한 의식을 가지고 판단하고 생산절차에 따라 서비스 생산활동을 수행하기 때문이다. 그러므로 서비스 생산지식은 건물종합관리 서비스 생산의 기반으로 분석할 수 있다.

제3절 건물종합관리 서비스의 생산기술

1. 서비스 생산기술

건물종합관리 서비스 생산기술이라 함은 건물종합관리 서비스 생산업무(일)을 정확하고 능률적으로 해내는 솜씨를 말한다. 또한 건물종합관리 서비스 생산기술이란 과학지식을 건물종합관리 서비스 생산에 응용하는 방법이나 수단을 말한다.

2. 서비스 생산기술의 분류

건물종합관리 서비스 생산지식을 서비스 종류 기준 서비스 생산기술을 분류하면 시설관리 서비스 생산기술, 환경위생관리 서비스 생산기술, 시설경비 서비스 생산기술 등으로 분류할 수 있다. 또한 서비스 생산주체 기준으로 서비스 생산기술을 분류하면 휴먼 서비스 생산 기술과 엔지니어링 서비스 생산기술 등으로 분류할 수 있다.

1) 서비스 종류 기준 서비스 생산기술의 분류

(1) 시설관리 서비스 생산기술

시설관리 서비스 생산기술이라 함은 시설관리 서비스를 정확하고 능률적으로 생산하는 솜씨를 말하다. 시설관리 서비스 생산기술에는 점검기술, 감시기술, 작동기술, 통제기술, 제어기술, 보수기술, 정비기술, 수리기술, 시운전 기술, 교체기술, 개량기술, 보강기술 등이 있다. 이와 같은 시설관리 서비스 생산기술은 냉난방 서비스, 전원 및 조명 서비스, 음용수 공급서비스, 공용시설 이용 비스, 방화 · 방제 안전서비스 등을 생산하는데 있어 정확하고 능률적으로 처리하게 한다.

(2) 환경위생관리 서비스 생산기술

환경위생관리 서비스 생산기술이라 함은 건물환경위생관리 서비스를 정확하고 능률적으로 처리하는 솜씨를 말한다. 환경위생관리 서비스 생산기술에는 청소장비 운전기술, 청소약품 처리기술, 대리석 청소기술, 카펫트 청소기술, 왁스 작업기술, 외벽 청소기술, 정화조 청소기술 등이 있다.

(3) 시설경비 서비스 생산기술

시설경비 서비스 생산기술이라 함은 시설경비 서비스를 정확하고 능률적으로 생산하는 솜씨를 말한다. 시설경비 서비스 생산 기술에는 CCTV 감시기술, 순찰기술, 검문검색 기술, 보안장비 운용기술, 거동 수상자 검문기술, 빌딩 범죄 예방기술 등이 있다.

2) 서비스 생산주체 기준 서비스 생산기술의 분류

(1) 휴먼(사람) 서비스 생산기술

휴먼(사람)서비스 생산기술이라 함은 사람 중심으로 건물종합관리 서비스를 생산하는 기술을 말하다. 예컨대 시설관리 서비스는 시설관리자 사람의 기술에 의하여 생산하고. 환경위생관리 서비스는 청소종사자 사람의 기술에 의하여 생산되며, 시설경비 서비스는 경비원인 사람의 경비기술에 의하여 생산된다. 다시 말하면 사람의 기술에 의하여 생산되는 서비스 생산기술을 말한다.

(2) 엔지니어링(기계) 서비스 생산기술

엔지니어링 서비스 생산기술이라 함은 장비나 설비기술에 의하여 서비스 생산을 정확하고 능률적으로 처리한 것을 말한다. 예컨대, 냉난방 서비스는 보일러와 냉·난방시설에 의하여 기계적 기술로 인하여 생산되며, 전원 및 조명 서비스는 전기 인입시설과 수변전 시설, 배전반과 분전반을 경유하는 기계적 기술에 의하여 정확하고 능률적으로 처리된다.

3. 서비스 생산기술의 건물종합관리 서비스 생산의 기반성 분석

서비스 생산은 휴먼서비스 생산기술과 엔지니어링 기술에 의하여 생산 공급된다. 따라서 서비스 기술 역시 건물종합관리 서비스 생산의 기반으로 해석할 수 있다.

제Ⅳ편 건물종합관리 3분야 서비스 생산의 개념지식과 방법지식 및 활동지식

제Ⅳ편 건물종합관리 3분야 서비스 생산의 개념지식과 방법지식 및 활동지식 편에서는 5개항의 장을 두고 건물종합관리 서비스 생산의 개념지식과 방법지식 및 활동지식을 소개하고 있다.
활동지식은 건물시설관리 서비스 생산 활동지식, 건물환경위생관리 서비스 생 활동지식 그리고 건물 시설경비 서비스 생산활동 지식순으로 실무적 차원에서 설명하고 있다.

제13장	건물종합관리 서비스 생산의 개념지식
제14장	건물종합관리 서비스 생산의 방법지식
제15장	건물시설관리 서비스 생산의 활동지식
제16장	건물 환경위생관리 서비스의 생산활동 지식
제17장	건물 시설경비(보안) 서비스의 생산활동 지식

제1절 건물종합관리 서비스 생산 개념지식의 이해

1. 개념지식 개념의 정의

건물종합관리 개념지식이라 함은 건물종합관리에 대하여 배우거나 알고 있는 내용을 말한다. 또한 건물종합관리의 사물과 현상에 대한 명료한 의식과 판단을 의미한다. 또한 건물종합관리의 개념지식은 건물종합관리 서비스 생산을 위하여 반드시 이해해야하는 건물관리 기초개념에 대한 사실지식을 말한다.

2. 개념지식 이해의 필요성

건물종합관리자가 바람직한 건물종합관리 서비스를 생산하기 위해서는 건물종합관리 서비스 생산활동을 수행해야 하며, 이를 수행하기 위해서는 건물종합관리의 개념지식에 대하여 정확한 이해가 필요하다.

3. 건물종합관리의 개념

건물종합관리라 함은 완성된 건물의 기능을 보전하고 이용자의 편의와 안전을 높이기 위하여 일상점검으로 정비하며 시간의 경과에 따라 요구되는 보수, 개량, 교체 및 보강을 목적으로 하는 건물의 시설관리와 건물의 청결성 유지과 미관성 및 위생보건성과 쾌적성 유지 및 개량을 목적으로 하는 환경위생관리 그리고 건물의 안전과 보안유지 및 개량을 목적으로 하는 시설경비 등의 건물 통합관리를 의미한다.

건물종합관리 개념은 건물종합관리 개념을 구성하는 건물의 시설관리나 환경위생관리 또는 시설경비 등의 개별관리 개념에 대한 상대적 개념으로서 하나의 관리 주체와 하나의 현장관리 조직이 건물관리 대상에 대하여 관리 수단을 가지고 체계적인 관리활동을 수행하여 시설관리 서비스와 환경위생관리 서비스 및 시설경비 서비스를 통합적으로 생산하고 제공하는 통합형 건물관리 서비스 생산 형태를 말한다. 이와 같은 서비스를 생산·제공하는 건물종합관리의 주요 업종에는 건물의 시설관리업과 환경위생관리업 그리고 시설경비업 등이 있다.

건물종합관리업을 구성하는 3대 업종 중 개별 관리주체가 개별적으로 관리하는 형태를 개별관리업(㉑ 시설관리 용역업)이라 하고, 하나의 관리 주체가 통합적으로 관리하는 형태를 건물종합관리업으로 호칭하고 있다. 그러나 건물의 속성상 존재하고 있는 건물의 복합성(건물의 물리성, 경제성, 법률성, 행정성, 환경성, 안전성)을 대상으로 통합적으로 관리를 해야 함으로 현대의 건물종합관리의 개념은 건물의 복합성 관리차원의 건물통합관리 개념이 타당한 건물종합관리 개념이라 볼 수 있다.

따라서 건물종합관리 용역 발주처에서도 향후 건물종합관리 용역 통합 발주를 설계하고 이에 따라 발주해야 하며, 낙찰받은 건물종합관리 용역 전문업체는 낙찰받은 건물관리 대상을 통합관리하여 통합 건물관리 서비스를 생산하고 고객(건물소유자와 사용자 및 이용자)에게 각각의 필요한 서비스를 제공해야 한다. 그러므로 건물관리 용역 전문업체 스스로 건물통합관리 조직을 현장에 구축하고 구축한 현장 건물관리 조직속에 건물의 물리성관리(시설관리), 환경성관리(미화관리 및 방역소독), 안전성관리(경비, 방재, 보안관리), 경제성관리(경리, 회계, 임대관리, 구매관리) 법률성관리(계약관리와 관계법령 및 법무관리), 행정성 관리(사무행정, 전산, 조직관리, 인사관리) 등의 관리기능을 가지는 팀을 두어 현장 관리책임자(관리소장, 사무소장)의 지휘하에 통합적으로 관리하도록 조직구조를 변화시켜야 한다.

향후 건물종합관리업은 시설관리, 시설경비관리, 환경위생관리 등의 개별 관리시에는 현재와 같은 개별 발주 시스템을 유지하여 개별 관리업의 형태로 관리하거나 또는 전체적으로 건물종합관리업(Total Facility Management Bussiness)으로 변경하고 건물의 경제성, 행정성, 법률성, 물리성(기술성), 환경성 그리고 안전성 등 건물의 6대 복합성을 대상으로 통합 관리하여 건물종합관리 서비스를 생산하고 제공함이 타당할 것으로 인식된다.

4. 건물종합관리의 특성

건물관리 종사자는 건물종합관리의 목적 또는 건물개별관리의 목적을 효율적으로 달성하기 위해서는 건물종합관리의 특성에 대하여 자세하게 살펴보고 이를 충분하게 이해할 필요가 있다. 건물종합관리는 다음과 같은 특별한 성질을 가지고 있다

1) 건물종합관리는 완성된 건물을 대상으로 이루어지므로 완성 건물 대상성의 특성을 가지고 있다.
2) 건물을 기반으로 이루어지는 고객의 건물소유와 사용 및 이용을 바람직하게 건물의 소유와 사용 및 이용할 수 있도록 수행하는 고객 지원성 서비스의 특성을 가지고 있다.
3) 건물종합관리는 건물의 시설관리 서비스와 환경위생관리 서비스 및 시설경비 서비스 등의 건물종합관리 서비스를 통합적으로 생산하는 서비스 통합 생산성의 특성을 가지고 있다.
4) 건물종합관리는 하나의 관리주체가 건물의 시설관리 서비스와 환경위생관리 서비스 및 시설경비 서비스를 통합하여 생산하고 동시 제공하는 동시 생산성과 동시 제공성의 특성을 가지고 있다.
5) 건물종합관리는 관리대상과 관리방법 및 관리목적 또는 관리기술과 자격 등이 상호 상이한 건물종합관리 방법의 다양성의 성격을 가지고 있다.
6) 건물종합관리는 하나의 관리주체가 하나의 관리조직을 통하여 운영하는 단일 관리조직성의 특성을 가지고 있다.
7) 건물종합관리의 개별관리 분야는 의사결정이 신속하게 이루어지며, 분야별 문제점 해결이나 개선이 지체없이 이루어지는 문제해결 신속성의 특성을 가지고 있다.
8) 건물주에 대한 보고체계가 단순하여 사건사고 발생시 건물주의 보고가 신속하게 이루어 지는 보고체계의 단순성의 특성을 가지고 있다.
9) 하나의 현장조직 책임자의 지휘를 통하여 현장이 운영되므로 일사분란한 현장운영이 가능하며, 시간과 비용의 낭비가 방지되고 각각의 업무협조가 원활하게 이루어지는 업무협조성의 특성이 있다.
10) 개별관리 용역발주보다 건물종합관리 용역발주가 이루어지므로 발주시간과 비용이 절감되는 용역발주 경제성의 특성이 있다.

5. 건물종합관리의 목적과 목표

1) 건물종합관리의 목적

건물종합관리의 목적은 건물종합관리 활동을 통하여 달성하고자 하는 방향이나 목표를 말한다. 건물종합관리의 목적은 1차적 목적개념과 2차적 목적개념이 있다.

(1) 건물종합관리의 1차적 목적

건물종합관리의 1차적 목적은 과학적 관리에 의한 양질의 건물종합관리 서비스의 생산과 이를 통한 고객의 만족 실현, 기술적 관리에 의한 건물사용가치(건물의 기능, 안전, 편의, 미관, 쾌적, 위생 등의 치)의 유지 및 향상과 건물 사용조건의 최적화 실현, 과학적 관리와 기술적 관리에 의한 건물 물리적 상태의 정상적 보존과 유지 및 물리적 내용연수와 경제적 내용연수 및 기능적 내용연수의 장기화 실현에 두고 있다. 건물종합관리의 1차적 목적을 요약 정리하면 다음과 같다.

① 과학적 관리에 의한 양질의 건물종합관리 서비스의 효과적 생산과 이를 통한 고객의 만족 실현
② 기술적 관리에 의한 건물사용가치(건물의 기능, 안전, 편의, 미관, 쾌적, 위생 등의 가치)의 유지 및 향상과 건물 사용조건의 최적화 실현
③ 과학적 관리와 기술적 관리에 의한 건물 물리적 상태의 정상적 보존과 유지 및 물리적 내용연수와 경제적 내용연수 및 기능적 내용연수의 장기화 실현

(2) 건물종합관리의 2차적 목적

건물종합관리의 2차적 목적은 1차적 목적의 실현을 통하여 달성되며, 2차적 목적의 내용은 다음과 같다.

① 국내 건물종합관리 산업의 발전 견인 및 국가 경제발전 이바지
② 건물 기반의 인간의 삶과 생활과 일의 바람직한 영위 주환경 측면의 지원
③ 건물종합관리 고객(건물의 소유자와 사용자 및 이용자)의 바람직한 건물의 소유와 사용 및 이용실현 지원
④ 국민의 안전과 편의 및 복리증진

이상과 같은 목적을 가진 건물종합관리의 목적은 시설관리와 환경위생관리 및 시설경비 등 3분야의 개별관리 목표달성을 통합하여 이루어지는 특징을 가지고 있다.

건물종합관리의 제1분야인 시설관리의 목적은 관리대상 건축시설물(건축대지, 건축물, 건설설비, 기타 부대시설)을 대상으로 체계적인 시설관리 활동을 통하여 완성된 건물의 기능을 보전하고 이용자의 안전과 편의를 높이기 위하여 일상점검으로 정비하고 손상된 부분은 원상복구하며 시간의 경과에 따라 요구되는 보수, 교체. 개량, 보강 활동을 수행하여 건물의 물리적 상태를 정상적으로 보존 유지하고 조기 노후화를 방지하여 물리적 수명을 장기화 하는데 있다.

또한 시설관리의 목적은 건물의 소유자와 사용자 및 이용자가 바람직한 건물의 소유와 사용 및 이용을 위하여 요구되는 양질의 건물종합관리 서비스(냉난방서비스, 전원 및 조명서비스, 방재서비스, 공용시설이용 서비스, 이사지원 서비스, 민원처리 서비스 등)의 생산과 건물의 사용가치(건물의 기능, 편의, 안전, 미관, 쾌적 등의 가치)의 유지 및 향상을 도모 하는데 있으며, 건물 사용조건의 최적화를 가장 경제적 방법으로 안전하게, 효율적으로, 적합하게, 효과적으로 달성하여 양질의 시설관리 서비스를 생산하고 이를 고객(건물소유자와 사용자 및 이용자)에게 적절하게 제공하여 고객을 만족하도록 하는데 있다.

그리고 건물종합관리의 제2분야인 환경위생관리의 목적은 체계적인 환경위생관리 활동을 통하여 양질의 청결성 서비스와 미관성 서비스, 보건 위생성 서비스 및 쾌적성 서비스를 가장 경제적인 방법으로 안전하게 효율적으로 적합하게 효과적으로 생산하고 이를 고객에게 적절하게 제공하여 위생환경 측면에서 고객을 만족하도록 하는데 있다. 뿐만 아니라 건물종합관리의 제3분야인 시설경비 관리의 목적은 건물의 체계적인 시설경비활동을 통하여 양질의 안전 서비스와 방재서비스, 질서유지서비스와 보안서비스 등을 가장 경제적인 방법으로 안전하게 효율적으로 적합하게 효과적으로 생산하고 이를 고객에게 적절하게 제공하여 보안 및 안전 측면에서 고객을 만족하게 하는데 있다.

2) 건물종합관리의 목표

건물종합관리의 목표라 함은 관리활동(유지관리 행동) 통하여 이루거나 도달하려고 함 또는 그 대상을 말한다. 다시 말하면 전술한 건물종합관리의 목적을 가장 경제적 방법으로 안전하게, 효율적으로, 적합하게, 효과적으로 달성하는 것을 건물종합관리의 목표라 한다. 건물종합관리의 목적을 효과적으로 달성하기 위한 목표에는 시설관리 목표와 환경위생관리 목표 및 시설경비 목표 등이 있다.

건물종합관리 분야(시설관리 분야/환경위생관리 분야/시설경비 분야) 별 시설관리 목표와 환경위생관리 목표 및 시설경비 목표에 대하여 살펴보면 다음과 같다.

(1) 시설관리의 목표

시설관리의 목표는 시설관리를 통하여 달성해야 하는 목표에는 건축물 사용조건의 최적화 목표와 사용가치의 유지 및 향상 목표, 물리적 상태의 정상적 보존과 유지 및 개량 목표, 기능과 성능의 장기적 유지 목표, 편리성 제고 목표, 안전성 확보 목표 등이 있다.

(2) 환경위생관리의 목표

환경위생관리를 통하여 달성해야 하는 목표에는 건축물과 시설물의 청결유지 목표와 위생환경 조성 목표, 쾌적한 환경조성 목표, 미관성 유지 목표 등이 있다.

(3) 시설경비의 목표

시설경비 통하여 달성해야 하는 목표에는 각종 사고위험 발생 방지 목표와 질서유지 목표 및 인명과 재산보호 목표 등이 있다.

6. 건물종합관리 서비스의 생산방식

건물종합관리 서비스의 생산방식이라 함은 건물관리 서비스 생산의 방도나 형식을 말한다. 건물종합관리 서비스 생산방식에는 방식분류 기준에 따라 다양하게 분류할 수 있다. 먼저 건물종합관리 분야 서비스 생산의 통합 여부 기준에 따라 분류하면 종합관리 서비스 생산방식과 건물 개별관리 서비스 생산방식으로 분류할 수 있다.

종합관리 서비스 생산방식은 건물종합관리 개념을 구성하는 시설관리와 환경위생관리 및 시설경비 업무를 하나의 관리 주체가 하나의 관리 조직을 통하여 건물종합관리 서비스를 생산하고 통합적으로 서비스를 제공하는 관리 형태를 말하고, 개별관리 서비스 생산 방식은 시설관리와 환경위생관리 및 시설경비의 업무를 각각 다른 업체가 다른 현장 조직을 통하여 각각의 서비스를 생산하고 각각 제공하는 관리형태를 말한다. 예컨대 시설관리 개별관리는 시설관리업체가 파견한 시설관리 현장 조직에 의하여 시설관리 서비스를 생산하고 개별적으로 제공하는 형태를 말하고, 환경위생관리의 개별관리는 환경위생관리 전문 업체가 파견한 현장 조직에 의하여 환경위생관리 서비스를 생산하고 개별적으로 제공하는 형태를 말한다. 또한 시설경비 개별관리는 시설경비의의 현장조직에 의하여 시설경비 서비스를 생산하고 이를 각각 제공하는 관리 형태를 말한다.

7. 건물종합관리 분야별 관리 대상과 주요 업무

건물종합관리 대상은 시설관리 대상과 환경위생관리 대상 및 시설경비 대상의 통합 대상을 말한다. 건물종합관리 분야별 주요업무는 다음과 같다.

건물종합관리	관리 대상	주요 업무분야
시설관리	건축대지, 건축물(건축시설), 건축설비, 기타 부대시설	• 관리 대상 시설 및 설비의 분야 기능보전 안전성 편의성 제고 • 고장난 부분 원상 복구 • 시간의 경과에 따라 요구되는 보수, 교체, 개량 및 보강, 시설관리 서비스 생산
환경위생관리	건축마감재, 공유 면적과 전용면적, 건물 내 · 외부 공간	• 환경위생관리 대상의 청결성 분야 • 미관성, 보건위생성, 쾌적성의 유지 및 개량, 환경위생 관리 서비스 생산
시설경비	건축마감재, 공유 면적과 전용면적, 건물 내 · 외부 공간	• 환경위생관리 대상의 청결성 분야 • 미관성, 보건위생성, 쾌적성의 유지 및 개량, 환경위생 관리 서비스 생산
	건물 입출입자, 출입차량, 입출고 물건, 건물 내 보안관리	• 경비 보안관리 대상 감시 분야 • 경비, 순찰, 점검, 위험확인 대상, 건물 내외 위험물 • 안전사고 예방 및 방지, 건물 내 각종 사건사고 피해 최소화 조치, 조기수습, 시설경비 서비스 생산

8. 건물종합관리 분야별 생산서비스의 종류

건물종합관리 분야별 서비스라 함은 시설관리 분야의 서비스와 환경위생관리 분야의 서비스 및 시설경비 분야 서비스를 말한다. 건물종합관리 분야별 생산서비스의 종류는 다음과 같다.

건물종합관리 분야	분야별 생산서비스의 종류
시설관리 분야	냉난방 서비스, 전원 및 조명 서비스, 공용시설 이용 서비스, 방재서비스, 승강기 이용 서비스, 음용수 공급 서비스, 민원 처리 서비스, 이사 지원 서비스, 공사지원 서비스, 관리비 정산 서비스 등

건물종합관리 분야	분야별 생산서비스의 종류
환경위생관리 분야	청결성 서비스, 미관성 서비스, 보건 위생성 서비스, 쾌적성 서비스 등
시설경비 분야	사건사고 예방 서비스, 질서 유지 서비스, 범죄예방 서비스, 화재 감시 서비스, 보안유지 서비스, 침입자 감시 서비스 등

9. 건물종합관리 업종별 사업자 자격취득 필요조건

건물종합관리 분야의 주요 업종별 사업자 자격취득 필요조건으로는 여러 가지 조건이 있을 수 있으나 관계법령에 따른 업종별 사업자 자격취득 필요조건은 다음과 같다.

건물종합관리 업종	업종별 사업자 자격취득 필요조건
시설관리업	① 허가, 신고, 등록 조건 없음 ② 관할 세무서 사업자 등록(업태/시설관리 용역업, 업종/서비스업)만으로 사업이 가능함 ③ 전기사업 법령 등에 따라 전기, 기계, 소방 등 기술자격 소지자 의무 고용 배치 요함 ④ 발주처에 따라 요구하는 시설유지관리업 허가, 소방업 허가 등이 필요함
환경위생관리업	① 허가, 등록 불필요 ② 일정한 시설 장비(사무실과 청소장비 7종) 갖추고 창업사 대표자 건물위생교육 이수한 후 소정의 건물위생관리업 신고서를 작성하고 시, 군, 구에 신고함으로서 위생관리업의 자격을 취득함 ③ 관할 세무서에 사업자 등록 요함
시설경비업	① 지방경찰청장으로부터 시설경비업 허가 요함 ② 경비현장 발생시 신고 요함 ③ 일정한 경우(상시 경비원 200명을 초과는 경우, 경비지도사 의무 고용 및 현장배치 요함 ④ 관할 세무서 사업자 등록 요함

제2절 건물종합관리의 필요성

건물종합관리는 다음에서 논의하는 건물종합관리 필요성의 논의를 통하여 관리 필요성의 이유와 배경을 이해하게 될 것으로 인식된다.

1. 건물 사용조건의 최적화와 건물 사용가치의 유지 및 향상의 필요성

건물은 사용과 수익 및 처분에 대한 인간의 경제적 욕구에 의하여 막대한 자본과 기술과 노력의 결합에 의하여 건축되고 신축되어 취득하고 있으나, 시간의 경과나 사용상의 잘못에 의하여 물리적 내용연수 도래 전에 기능과 성능이 저하되고 물리적 상태의 노후화가 진행되어 건물의 사용조건과 경제적 가치가 저하됨에 따라 조기 철거되거나 재개발됨으로서 자원의 낭비는 물론 사회적 비용의 증가와 인간생존 기반기능의 후퇴로 이어져 건물에 대한 인간의 경제적 욕구 충족을 부분적으로 저해하고 있다.

이와 같은 건물의 조기 노후화 현상과 기능과 성능의 조기저하 현상 및 조기 사용조건의 악화는 전적으로 건물관리에 대한 관심 부족과 관리 필요성에 대한 인식 결여로 나타난 부정적인 현상으로서 이에 대한 반작용으로 건물 사용조건의 최적화와 건물 사용가치(기능, 편의, 안전, 미관, 쾌적, 위생 등의 가치)의 유지 및 향상과 건물의 물리적 상태의 정상적 보존 및 기능과 성능의 장기적 유지 필요성의 요구가 경제사회 일각에서 대두하기 시작하고 있다.

철근콘크리트 구조의 건물의 물리적 내용연수는 60년이고 법정 내용 연수는 최소 45년 최대 50년이며, 주요 건축설비의 수명은 15년에서 20년인 것으로 조사되고 있다. (한국감정원, 고형자산 내용연수통계) 막대한 자금을 투입하여 신축한 건물 중 일부의 건물의 경우에는 조기 노후화가 진행되는 현상이 심하게 나타나고 있으며, 이로 인한 조기 철거와 재건축으로 사회적 비용이 증가 되고 있다. 예컨대 서울의 J 아파트의 경우 조기 노후화되어 60년의 물리적 내용연수를 가진 철근콘크리트조의 아파트가 불가 18.9년 만에 재개발의 명목으로 철거되고 새로운 대단지의 아파트로 신축됨으로써 건축공사 사업자와 소유자에게는 막대한 경제적 이익이 주어 졌으나 단지 내 외의 토목시설과 도로 확장 및 전기, 수도시설의 증설로 인한 자원의 낭비와 사회적 비용은 전적으로 국민의 피해로 귀결되고 있다.

이와 같이 조기 노후화에 의한 건물 사용조건의 악화와 물리적 상태의 슬럼화와 기능과 성능의 악화 현상은 체계적이고 전문적인 건물 관리가 접목되지 않는 경우의 결과물로서 이를 또다시 답습하는 경우, 자원의 낭비는 물론 사회적 비용은 계속 증가될 것으로 추정된다. 따라서 자원의 낭비와 사회적 비용 증가를 방지하기 위하여 요구되는 건물의 물리적 상태의 정상적 보존과 기능과 성능의 장기화 및 사용조건 최적화와 사용가치의 극대화를 위하여 건물종합 관리가 필요하다.

2. 건물에 대한 인간의 기본적 욕구와 사회적 욕구 및 경제적 욕구충족 지원 필요성

인간은 요람에서 무덤까지 살아가는 일생동안 스스로의 삶과 생활과 일의 영위를 위하여 누구나 최소한의 衣食住 3대 생존조건을 일정부분 충족하여야 한다. 즉, 인간은 생존을 위하여 먹고 마시고 옷과 이불로 몸의 체온을 유지해야 하며, 보호해야 함은 물론 최소한의 衣食조건을 충족해야 할 뿐만 아니라 삶과 생활과 일을 바람직하게 영위하기 위하여 住의 조건 또한 충족하여야 한다.

그러므로 인간은 개인과 단체를 불문하고 저 마다의 사정과 입장 및 여건과 형편 그리고 용도와 목적(사용목적과 수익목적 및 처분목적)에 따라 건물을 신축하거나 기존의 건물을 매입하는 방법으로 건물을 취득하고 취득한 건물의 용도에 따라 사용하거나 수익 또는 처분을 통하여 住의 조건을 충족함으로서 인간의 기본적 욕구와 경제적 욕구 및 사회문화적 욕구의 충족을 통하여 생존과 생활을 영위해 가고 있다.

다시 말하면, 인간은 생존하고 생활하는 동안 어떤 형태로던 사정과 여건, 형편과 환경 등에 따라 건물과 불가분의 관계를 가지고 취득한 건물을 기반으로 건물의 지원을 통하여 삶과 생활과 일의 영위를 도모하며 살아가고 있다. 그러므로 인간은 생존을 위하여 住의 조건 충족이 당연히 요구되고 있다. 이와 같은 이유로 인간은 현대사회에 진입하면서부터 건물의 기능과 역할의 중요성을 사회적으로 재인식되기 시작하였다.

그러나 이와 같은 住의 생존조건을 충족하기 위하여 취득한 건물은 건물 스스로 인간의 생존을 위한 건물의 기능과 성능을 발휘할 수 없을 뿐만 아니라 인간의 생존 지원을 위하여 필수적으로 요구되는 인간의 삶과 생활과 일의 기반기능과 역할을 담당할 수 없다. 왜냐하면 건물은 물건의 성격을 가지고 있어 완공 당시에는 정상적으로 기능하나 시간의 경과나 사용상의 잘못에 의하여 고장이 자주 발생하고 기능과 성능이 점차적으로 떨어져 건물의 기반기능과 역할이 장기적으로 그리고 정상적으로 유지할 수 없게 되며 시간의 경과에 따라 자연으로의 회귀 속도가 빨라지게 되기 때문이다. 즉, 건물은 물질의 성질을 가지고 있으므로 물질의 성주개공 원리(物質成住壞空 原理)에 따라 시간의 경과로 물질의 자연회귀 패턴인 마모, 고장, 파손, 분해, 멸실 과정을 거쳐 자연으로 회귀하게 된다.

뿐만 아니라 건축물은 인간과 유사한 생애단계개념이 있어 완공 후 철거 될 때까지 신축단계와 안정단계까지는 건축물의 기능과 성능이 비교적 정상적으로 유지되나 노후화 단계에 접어들면서 부터 인간의 건강관리와 같은 체계적이고 전문적인 점검과 정비, 진단과 교체, 보수, 개량, 보강 등의 관리활동이 접목되지 않을 경우에는 조기 노후화가 촉진되고 건물의 기능과 성능이 급격히 떨어지게 되며, 물리적 내용연수를 채우지 못하게 될 뿐만 아니라 경제적 내용연수마저 크게 단축하게 되며 마침내 물질의 수명이 다하여 공(空)의 상태로 돌아가게 된다. 그러므로 완공된 건물은 완공 후부터 철거시까지의 유지관리 단계 동안 전문적이고 기술적이며 과학적인 관리가 필요하다.

이를 위해서 건물관리자는 건물의 물리적 수명을 장기화해야 하고, 건물의 기능과 성능을 정상적으로 유지해야 하며, 건물의 공간을 인간의 활동에 적합하게 건축 환경을 조성해야 한다. 즉, 건물의 환경조절 기능을 통하여 인간의 활동에 적합한 온도, 습도, 기류, 청정도, 소음, 진동, 안전성, 위생환경, 실내조도, 악취 등을 조절하고 통제하여 건물의 열 환경과 빛 환경 및 음 환경 등을 적절하게 제어함으로서 건물의 물리적 수명과 경제적 수명 및 기능적 수명을 최대로 연장하여 인간의 기본적 욕구와 사회적 욕구 및 경제적 욕구를 적절하게 충족시켜 줄 수 있도록 해야 한다. 이와 같은 인간 생존 기반시설로서 건물의 기능과 역할에 대한 사회적 재인식이 자연스럽게 건물관리 필요성의 문화적 배경으로 작용하였다.

3. 건물의 양적·질적 환경의 변화에 대한 기술적 과학적 대응 필요성

1960년대의 건물은 양적으로나 질적으로 미미하여 건물 통계조차 잡을 수 없는 수준이었으나 1970년대부터 시작된 산업화와 도시화의 속도가 가속도를 내기 시작한 1980년대부터 고층건물과 대형 건물 및 사무자동화 건물이 서울을 중심으로 건축 붐을 일으키기 시작하여 2021년 말 현재 전국의 건물의 동수는 무려 7,314,264동에 달하고 있다 따라서 건물의 양적변화와 함께 장비와 설비 및 마감자재 등의 발달로 첨단건물이 대거 등장하게 되어 건물의 질적 변화를 가져와 선진국의 건물 수준과 동일한 양적 질적 성장을 도모하게 되었다.

뿐만 아니라 2021년 말 현재 31층 이상의 고층 건물이 전국적으로 3,518동으로 조사되고 있으며, 1960년대 재래식 건축시설에서 1980년대의 반자동화 건축시설로 발전되어 오다가 2000년대에 이르러 사무자동화 시설인 BAS 건축물(Building Automation

System)이 건축되기 시작하였고 2010년대에 진입하면서부터 최첨단 인공지능건물인 IBS 건물(Intelligent Building System)이 우후죽순처럼 건축되기 시작하여 오다가 2017년 5월에는 국내 최초로 123층 초고층 빌딩(Skyscraper Building) 롯데타워가 완공되어 우리나라 대표 건축물로 자리매김 하였다. 2010년대에 진입하면서부터 최첨단 설비를 장착한 인테리젼트 건축물(인공지능 건축물)이 대세를 이르고 있는 가운데 건축물종합관리 종합관제 시스템인 FMS(Facility Management System)와 종합감시 제어 시스템인 BMS(Building Management System) 그리고 에너지 및 환경관리 시스템인 BEMS (Building and Energy Management System) 등이 건축물종합관리 현장에 도입되기 시작하여 이른바 건물관리의 자동화 시대를 연출하고 있다. 이와 같은 건물의 양적 · 질적 변화가 자연스럽게 기술적이고 과학적이며 전문적인 건물 종합관리 필요성의 문화적 배경으로 작용하였다.

4. 현대 건물의 특성에 따른 대형 잠재위험의 체계적 관리의 필요성

현대 건물은 규모의 대형화, 층수의 고층화, 용도의 복합화, 건축설비의 첨단화의 특성을 가지고 건축되고 있어 특정 건물의 소유자의 수가 많을 뿐만 아니라 불특정 건축물 사용자와 이용자의 수가 엄청나 건물관리자의 통제가 쉽지 않게 되었다. 이와 같은 사정과 연유로 1995년 6월 29일 발생한 삼풍백화점 붕괴 사고, 2008년 1월 7일에 발생한 이천 냉동 창고 화재사고, 2014년 5월 26일에 발생한 고양종합터미널 화재 사고, 2017년 2월 4일에 발생한 동탄 메타폴리스 홈플러스 화재 사고가 연이어 발생하여 막대한 인적 물적 피해가 발생하였다.

이와 같은 대형 건물의 안전사고는 현대건물의 특성으로 인하여 잠재위험이 현실화된 사고로서 현대건물에 잠재하고 있는 잠재위험이 관리자와 작업자의 안전 불감증과 무지와 부주의 등의 인적 결함과 물적 결함 및 환경적 결함 등이 서로 결합하여 대형 화재 폭발사고를 지속적으로 발생시키고 있다. 이와 같은 현대 건물의 특성에 따른 대형 잠재위험의 증가가 체계적인 건물종합관리 필요성을 웅변하고 있다.

5. 건물사용자의 다양한 서비스 요구 충족을 위한 과학적 관리와 전문적 관리 및 기술적 관리의 필요성

종래의 건물 사용자(입주자/임차인)는 건축물의 일정한 공간과 일반 시설의 제공만으로 건물의 사용에 만족하였으나, 현대사회의 건물 사용자는 일정한 공간 외에 편의시설과 사무 자동화 시설을 요구하고 있으며, 사무공간은 반드시 쾌적하고 청결하며 안전성이 보장되는 공간만을 요구하고 있다. 또한 현대의 건축물 사용자는 첨단 시설의 기능과 원 스톱 서비스(One stop - Service)를 요구하는 등 매우 다양한 서비스를 끊임없이 요구하고 있다. 이와 같은 건물 사용자의 다양한 서비스와 양질의 서비스 요구는 자연스럽게 과학적 관리와 전문적 관리 및 기술적 관리의 필요성을 제기하고 있다.

6. 건물사용자의 사무생산성 향상을 위한 쾌적한 환경요구 대응의 필요성

현대 건물의 입주자(사용자)는 입주 목적이 거주, 생산, 업무, 연구 등 매우 다양한 사용 목적을 가지고 입주하고 있으나 업무의 경우, 사무 생산성에 대하여 매우 중요하게 인식하고 있다. 이와 같은 사무생산성에 대한 건물 사용자의 인식에 부합하기 위해서는 반드시 전문적이고 기술적이며 과학적 관리가 수반되어야 가능하다. 따라서 건물공간의 사무 생산성의 재인식이 자연스럽게 건물종합관리 필요성의 문화적 배경으로 작용하였다.

7. 양질의 건물종합관리 서비스의 효과적 생산과 이를 통한 고객만족 실현의 필요성

건물종합관리의 1차적 목적 중에는 양질의 건물종합관리 서비스의 효과적 생산과 이를 통한 고객만족 실현의 목적을 설정하고 있다. 이를 위해서는 건물종합관리의 체계적 관리가 필요하다 따라서 건물종합관리 서비스의 효과적 생산과 이를 통한 고객의 만족의 실현을 위하여 건물종합관리가 필요하다.

8. 건축물종합관리에 대한 사회적 패러다임의 변화 대응의 필요성

종전의 건축물 소유자는 신축 건축물은 완공 즉시 건축물의 기능과 건축설비의 성능이 저절로 나타나고, 신축된 건축물은 절대로 붕괴되지 않으며, 전원이 자동으로 공급되고, 엘리베이터가 자동적으로 작동되며, 조명 서비스와 냉난방 서비스가 자동적으로 공급되는 모든 건축물의 서비스가 자동적으로 생산 공급되는 것으로 인식하는 오류를 범하였다. 그러나 현대의 건축물 소유주와 사용자 모두는 비록 신축 건축물이라 할지라고 인간의 태아기, 유아기, 소년기, 청년기 등의 시기에 적합한 양육과 교육 및 건강관리가 필요 하듯이 건축물 역시 단계별 유지관리가 필요함을 인식하고 있다. 즉, 건축물종합관리의 사회적 패러다임이 변화 하였다. 이와 같은 건축물종합관리에 대한 사회적 패러다임의 변화가 자연스럽게 건축물 유지관리 필요성의 문화적 배경으로 작용하였다.

제3절 건물의 복합성 관리대상과 대상별 주요 업무

1. 물리적(기술적) 관리의 대상과 대상별 주요 업무

물리적(기술적) 관리의 대상이라 함은 눈에 보이는 대상으로서 일정한 공간에 위치하고 있는 물질, 물건(건축시설 건축설비 및 기타 시설물)성격의 대상을 말한다. 물리적 관리대상이란 구체적 관리대상으로서 이에는 건축대지, 건축물(건축시설), 건축설비, 기타 부대시설 등이 있다 물리적 관리대상 주요 업무에는 물리적 건축물의 기능과 성능의 유지와 상태의 보존 및 사용조건의 최적화 업무와 사용가치의 유지 및 향상업무 등이 있다. 물리적 관리업무는 구체적으로 언급하면 업무에는 점검과 보수, 정비와 운전(조작), 진단과 교체, 보강과 감시업무, 개량과 교체업무 등이 있다.

2. 행정적 관리의 대상과 대상별 주요 업무

행정적 관리의 대상이라 함은 건물 위에 존재하는 건물의 행정적 개념과 이로 인하여 나타나는 행정성으로 인하여 관념적으로 존재하는 행정성 업무(조직설계, 인사노무, 문서관리 등)와 행정적 가치를 행정적 유지관리 대상이라 한다. 행정적 가치(건축허가, 사용 가(준공허가), 건축물대장 정보 등)는 정상적으로 보존하며 장기적으로 유지하고 개량하는 방법으로 관리한다.

3. 법률적 관리의 대상과 대상별 주요 업무

법률적 유지관리 대상이라 함은 건축물위에 존재하는 법률적 복합개념과 이로 인하여 나타나는 복합성으로 법률적 성격의 법률성과 법률적 가치가 존재하는바 이를 법률적 유지관리 대상이라 한다. 법률적 유지관리 업무에는 각종 계약 업무, 인허가 업무, 유지관리 관계법령의 이행업무 등이 있다. 법률적 가치에는 소유권 가치, 등기상의 권리 가치와 법 제도상의 가치 등이 있으며 법률적 가치 상태의 정상적 보존과 장기적 유지 및 개량하는 방법으로 유지 관리한다.

4. 경제적 관리의 대상과 대상별 주요 업무

경제적 관리의 대상이라 함은 건물 위에 존재하는 경제적 복합개념과 이로 인하여 나타나는 경제성으로 인하여 관념적으로 존재하는 경제성과 경제적 가치를 말한다. 경제성 업무에는 현장 실행예산의 작성 및 승인, 인건비, 자재대금, 공사 대금, 에너지 사용료 산출 및 정산, 공과잡비 청구 및 정산 등의 업무와 세무 회계처리 업무 등이 있으며 경제적 가치에는 수익 가치와 사용 가치 및 처분가치가 있다. 경제적 가치는 가치 상태의 정상적 보존과 장기적 유지 및 개량하는 방법으로 관리한다.

5. 환경적 관리의 대상과 대상별 주요 업무

환경적 관리의 대상이라 함은 건물 위에 존재하는 환경적 복합개념과 복합성으로 인하여 환경성과 환경적 가치가 존재하는바 이를 환경적 관리 대상이라 한다. 환경성업무에는 실내 환경유지(실내공기 질 관리업무), 토지오염관리, 수질오염관리, 방역 소독 등 위생 환경관리, 정화조 청소, 저수조 청소, 고가수조 청소 및 소독 등의 업무가 있으며, 환경적 가치에는 인근 지형, 일조, 바람, 조망, 경관 등의 자연환경가치와 도로, 지하철 비행기, 기차 등의 교통 환경 가치 및 병원, 우체국, 약국, 은행, 관공서 등의 편의 시설 가치 등이 있다. 환경적 가치는 가치상태의 정상적 보존과 장기적 유지 및 개량방법으로 관리할 수 있다.

6. 안전적 관리의 대상과 대상별 주요 업무

안전적 관리의 대상이라 함은 건물 위에 존재하는 안전적 복합개념과 이로 인하여 나타나는 안전성의 존재로 지켜져야 하는 안전적 가치가 존재하는바 이를 안전적 관리 대상이라 한다. 안전적 가치에는 건축구조 안전설계 가치와 방범과 방화 및 방재 안전시스템 가치 등이 있으며 안전성 주요 업무에는 위험물 안전관리 업무, 방화, 방재, 방범 등 재난관리 업무, 작업위험관리 및 시설안전관리 업무 등이 있다. 안전적 가치는 가치상태의 정상적 보존과 장기적 유지 및 개량방법으로 관리할 수 있다.

제4절 건물종합관리 분야별 핵심 업무

완성된 건축물의 기능의 보전과 이용자의 안전과 편의를 높이기 위하여 일상점검으로 정비하고, 손상된 부분은 원상 복구하며 시간의 경과나 사용상의 잘못으로 인하여 요구되는 보수, 교체, 개량, 보강 등의 활동으로 정의 되는 건축물의 유지관리는 유지관이 분야 업종을 기준으로 분류하면 시설관리 업무와 환경위생 관리 업무(환경미화관리 업무), 시설경비(보안관리) 업무 등으로 분류할 수 있으며, 업무의 성격 기준으로 건축물종합관리업무를 분류하면 행정적 유지관리 업무, 법률적 유지관리 업무, 경제적 유지관리 업무, 물리적(기술적) 유지관리 업무, 환경적 유지관리 업무 그리고 안전적 유지관리 업무 등으로 분류된다.

또한 경영주체의 직영관리와 관리주체의 위탁관리를 기준으로 건축물종합관리 업무를 분류하면 직영관리 업무와 위탁관리 업무로 분류된다. 건축물종합관리 업무범위에 대하여 유의할 점은 유지관리의 업무 범위는 유지관리 대상 건축물 소유주체의 방침, 건축물의 용도와 성격 및 규모, 시설과 설비의 종류, 유지관리 방법, 유지관리의 계약과 과업지시서 등에 따라 증감 또는 업무의 종류나 내용이 달라질 수 있음을 유의해야 한다. 영역별 유지관리 업무는 제3편 건축물종합관리 활동 편에서 소개하는 각 분야별 유지관리 활동에서 설명할 예정이며 본 절에서는 건축물 유지관리 분야의 업종 기준 업무 범위와 건축주의 직영관리 및 위탁관리 기준의 유지관리 업무만 요약·정리하여 소개하기로 한다.

건축물종합관리 측면의 3 분야인 시설관리 분야와 환경위생관리 분야 및 시설경비 분야의 핵심 업무는 다음과 같다.

1. 시설관리 분야 핵심 업무

건물관리 측면의 중심 관리 업무인 시설관리 분야의 핵심 관리 업무에는 건축시설의 점검 및 영선관리와 건축설비의 점검 및 유지관리 등 다음과 같은 핵심 업무 들이 있다. 시설관리의 주된 업무는 건물 상태의 정상적 보존과 사용자와 이용자 요구에 적합한 사무공간과 환경을 조성하기 위하여 건물의 기능과 성능을 장기적으로 최적화하는데 있다.

(1) 건축시설물의 점검 및 영선관리
(2) 건축설비 점검, 운전, 정비, 보수 및 유지관리
(3) 실내 공기 질 관리, 정화조와 저수조 청소 등 환경관리
(4) 위험감지시설 감시 및 안전관리
(5) 에너지 관리
(6) 자재관리
(7) 공사관리 및 안전관리
(8) 기타시설물 (주차장/ 조경시설/광고 간판/설치 미술품 등)의 유지관리

2. 환경위생관리 분야 핵심 업무

건물 내외의 청결성 및 미관성의 유지와 보건위생환경 조성을 주된 임무로 설정하고 있는 환경위생관리 분야의 핵심 업무에는 다음과 같은 업무들이 있다.

(1) 정리 정돈
(2) 보건 위생환경 관리
(3) 청소작업 및 작업 안전관리
(4) 청소장비 관리
(5) 청소약품 관리
(6) 청소 품질 관리
(7) 청소활동 사후관리
(8) 쓰레기 수거 및 배출
(9) 방역 및 소독

3. 시설경비 분야 핵심 업무

건물 내외의 안전 확보와 질서 유지 및 건물 내의 재산과 인명보호를 주된 임무로 설정하고 있는 시설경비 분야의 핵심 업무에는 다음과 같은 업무들이 있다.

(1) 시설물 순찰
(2) 출입자, 물품의 반입과 반출 출입차량 안내 및 통제
(3) 건축물 내외의 질서 유지
(4) 사고위험 예방 및 통제
(5) 방화, 방재, 방범 활동
(6) 건물사용자의 인명과 재산의 보호

제5절 건물종합관리의 원칙

건물종합관리는 활동을 통하여 관리 목적을 효과적으로 달성하는 데 있다. 이와 같이 건물관리 목적을 효과적으로 달성하기 위하여 수행하는 건물종합관리활동에는 일정한 기준이 요구되는바 이를 건물종합관리의 원칙이라 한다.

건물종합관리의 원칙에는 관리비용의 경제화 원칙과 안전성 우선의 원칙, 관리업무의 효율화 원칙과 고객만족 서비스 적합화의 원칙 그리고 관리 활동 효과화의 원칙 등 다섯 가지 원칙이 있으며 건물 관리자가 해당 건물을 관리함에 있어서 반드시 준수해야 하는 원칙이다. 건물종합관리 원칙의 내용을 살펴보면 다음과 같다.

1. 관리비용 경제화의 원칙

건물종합관리 활동을 수행함에 있어서 비용의 경제화를 통하여 관리목적을 달성해야 한다는 원칙이다. 즉, 최소의 비용으로 최대의 관리효과를 창출해야 한다는 원칙이다. 건물종합관리는 인건비와 에너지 비용이 70% 이상을 차지하고 있음으로 현장 인건비와 에너지비의 경제화가 요구된다. 현장 실행예산의 범위 내에서 관리비용을 지출해야 하며 실행예산에 적자가 발생하지 않도록 최선을 다하여 관리비용 경제화의 원칙을 준수해야 한다.

2. 안전성 우선의 원칙

건물 관리자는 건물을 관리할 때 시설관리나 환경위생관리 및 시설 경비관리 업무 등 건물종합관리 업무수행시 반드시 안전성을 우선적으로 확보한 후에 수행해야 한다는 원칙이다.

안전성 우선의 원칙이란 관리업무를 수행함에 있어서 사건사고의 위험성을 최소화하여 인적 물적 피해가 발생하지 않도록 해야 한다는 원칙이다.

안전성 우선의 원칙은 시설물 위험뿐만 아니라 인적 위험이나 법률적 위험 또는 환경위험 등을 회피하거나 통제하고 영업배상 책임보험이나 산재보험 및 화재보험에 가입하여 각종 위험을 보험회사에 전가하여 피해가 발생하는 경우 보험금을 통하여 인적·물적 피해를 보상하여 위험 피해를 최소화해야 한다는 원칙이다. 건물관리 현장에는 가스 위험, 전기위험 등이 산재하고 있어 안전성 우선의 원칙은 가장 중요한 건물종합관리 현장의 최선을 다하여 지켜져야 한다. 2021년 말 현재 전국의 건축물은 730만동을 상회하고 있으며, 2017년 4월말 현재까지만 하드라도 화재사고가 무려 17,724건이 발생하고 있어 건축물의 화재 위험은 좀처럼 통제되지 못하고 있다(자료 : 국민안전처 국가화재정보센터, 연도별 화재발생 통계, 2017년 4월 말 기준). 따라서 안정성 우선의 원칙은 최우선적으로 준수되어야 한다.

3. 서비스 생산업무 효율화의 원칙

건물종합관리 서비스 생산업무에 적용되는 서비스 생산효율화의 원칙이란 건물종합관리 활동에 투입(input)되는 시간, 비용, 노력의 양보다 산출(output)되는 건물종합관리 서비스 생산이 효과가 반드시 커야 한다는 원칙을 말한다. 효율화의 원칙은 관리비용 경제화의 원칙과 다소 겹치는 원칙이나 경제화의 원칙과 효율화의 원칙이 균형있고 조화롭게 실천되어야 하는 원칙이다.

4. 고객만족서비스 적합화의 원칙

건물종합관리에 적용되는 적합화의 원칙이란 건물 소유자와 사용자 및 이용자가 요구하는 건물의 소유와 사용 및 이용에 있어서 만족에 적합한 관리 서비스를 생산하고 제공하여야 한다는 원칙이다. 즉, 고객만족서비스 적합화의 원칙은 건물 소유자와 사용자 및 이용자가 건물을 바람직하게 소유하고 사용하며 이용하는데 적합한 서비스를 생산하고 제공해야 한다는 원칙이다.

그러나 우리나라 건물종합관리 서비스는 일괄적으로 동시 생산하고 동시 공급하는 관계로 입주고객의 개별적 서비스 만족도는 전혀 고려하지 않고 있어 선진국의 건물관리 서비스와 비교해 볼 때 적합화의 원칙에 문제가 있는 것으로 추정된다.

5. 관리활동 효과화의 원칙

건물종합관리에 적용하는 관리활동 효과화의 원칙이란 건물종합관리 활동을 수행함에 있서 건물종합관리 목적을 달성하는데 효과가 반드시 나타 나도록해야 한다는 원칙이다. 비용과 시간 및 노력을 투입하여 산출되는 효과가 없다면 더 이상 바람직한 건물종합관리

활동이라 할 수 없다. 따라서 건물종합관리활동은 건물의 소유와 사용 및 이용에 필요한 양질의 서비스 생산활동에 효과가 있는 건물종합관리 활동을 수행해야 한다는 원칙이다.

제6절 건물종합관리의 3분야

건물종합관리 측면은 건물자산관리 3측면 중 한 측면으로서 건물부동산 운영관리와 건물자산경영관리를 직접 지원하는 측면으로서 건축물의 물리적 상태를 정상적으로 보존하고 건물의 기능과 성능을 장기적으로 유지하며 건물사용 조건의 최적화를 목적으로 하는 건물자산관리 기초관리 측면을 말한다.

건물종합관리(Facilities Management Field)측면은 건물종합관리 목적을 효과적으로 달성하기 위하여 시설관리 분야와 환경위생관리 분야, 시설경비 분야 등 3개 관리 분야로 분류하고, 각 분야별로 성격을 달리하는 관리업무 범위를 설정하여 건물종합관리 업무를 수행하고 있다. 중요하게 인식해야 할 점은 건물종합관리측면을 시설관리 분야와 환경위생관리 분야 그리고 시설경비 분야 등 3개 분야로 나누어 각각 수행하는 업무는 하나의 건물종합관리 측면의 전체 업무로서 편의상 분류하는 것일 뿐 각각 목적을 달리하는 3개 분야의 업무가 아니라는 점이다. 따라서 3개 분야를 하나의 관리주체가 통합적으로 관리하는 경우가 일반적 건물종합관리 형태이며, 이를 건물종합관리라 하고 시설관리나 환경위생관리 또는 시설경비관리를 여러 개의 관리 주체가 각각 개별적으로 관리하는 경우를 건물개별관리라 한다. 건물종합관리 3분야에 대하여 살펴보면 다음과 같다.

1. 시설관리 분야

시설관리 분야는 완성된 시설물의 기능을 보전하고 이용자의 안전과 편의를 높이기 위하여 일상 점검 정비하고 손상된 부분은 원상복구하며 시간의 경과에 따라 요구되는 보수, 개량, 보강에 필요한 활동으로서 다음과 같은 업무를 물리적으로 유지하고 관리하는 분야이다.

시설관리 분야의 목적은 건축물의 사용조건을 최적화하고 건축물상태의 정상적 보존과 기능과 성능의 장기화에 있으며 실내 환경의 쾌적성과 편리성 및 안전성을 확보하여 입주 고객의 업무생산성 향상 지원에 목표를 두고 있다. 또한 시설관리는 건축물의 사용가치 극대화에 목표를 두고 있는 궁극적으로 건축ㅂ물의 소유와 사용 ㅁ및 이용에 필요한 건축물종합관리 서비스를 생산 제공하는 물리적 관리 분야로서 다음과 같은 업무를 수행하는 건축물종합관리 분야 중 가장 핵심관리 분야이다. 일반적으로 건축물종합관리는 시설관리 분야를 의미한다.

(1) 건축물 영선관리
(2) 건축설비 관리
(3) 에너지 관리
(4) 자재관리
(5) 실내 공기 질 관리, 정화조 청소, 저수조 청소 등 환경관리
(7) 공사관리 및 공사안전관리
(8) 각종 위험물 관리와 감지시설 감시 및 안전관리
(9) 기타 시설물 관리

2. 환경위생관리 분야

환경위생관리 분야는 건물종합관리 분야 중 하나의 관리 분야로서 보건성과 청결성 및 미관성의 공간과 환경을 조성하여 입주고객이 쾌적하고 깨끗한 공간과 환경에서 입주 건물을 사용 수익할 수 있도록 지원하는 환경위생관리 분야이다. 건물 내부의 바닥재와 벽재, 천장재 및 건축물 부지안의 외부 공간에 대한 먼지와 쓰레기 등 오염원 제거와 정리정돈 등의 청소와 건축물 마감 부재의 기능과 색상을 장기적으로 유지하는 건물종합관리 의미의 메인터넌스(Maintenance) 기능도 함께 수행하고 있는 분야이다.

환경위생관리 분야는 다음과 같은 청소업무 중심으로 환경위생관리업무를 수행하여 건물의 사용가치와 쾌적성 및 미관성, 보건위생성 가치를 높이는 역할을 담당하고 있다.

건물종합관리 건물환경위생관리 분야의 주업무는 다음과 같다.

(1) 청소대상물 파악
(2) 청소계획의 수립
(3) 청소활동의 수행
(4) 청소품질 검증
(5) 청소약품 관리
(6) 청소장비 관리
(7) 청소작업 위험관리 및 안전관리
(8) 소독, 방역 위생 보건관리
(9) 청소활동 사후관리

3. 시설경비 분야

시설경비 분야는 건물에 잠재적으로 존재하는 시설물의 화재, 폭발, 침하, 기물 파손 등의 위험과 위험물 위험 및 빌딩 범죄 등 각종 위험 등을 예방하여 각종 사건사고의 위험 발생을 방지함으로서 인적 물적 피해를 최소화 하고, 건축시설물의 재산과 인명보호를 목적으로 하는 건물종합관리의 한 분야이다.

시설경비 분야는 위험물 감시, 출입 차량과 입출입자 통제, 순찰, 방범과 방화 및 방재, 시설물 손괴방지 등의 경비업무를 전담하고 있는 분야이다. 주요 업무는 다음과 같다.

(1) 시설물 경계 및 방비
(2) 시설물 순찰
(3) 건축물 내외 질서유지
(4) 위험 통제업무
(5) 방화, 방재, 방범 등 위험사고 예방 및 피해 최소화
(6) 위험시설물 감시
(7) 출입차량 및 입출입자 안내 및 통제
(8) 건물 내의 인명 및 재산보호
(9) 건물사용자 및 이용자 안전 확보

제7절 건물종합관리의 분야별 6개 영역

건물종합관리는 건물의 복합개념과 이로 인한 복합성의 존재로 인하여 시설관리 분야와 환경위생관리 분야 및 시설경비 분야 등 3분야로 분류하고 각각의 분야별로 물리적 관리영역, 경제적 관리영역, 법률적 관리영역, 행정적 관리영역, 환경적 관리영역 그리고 안전적 관리영역 등 6종류의 관리 영역으로 분류되며, 각 영역별로 수행해야할 관리업무가 각각 존재하고 있다. 건물종합관리 분야별 6개 관리영역을 설명하면 다음과 같다.

1. 물리적(기술적) 관리영역

시설관리 분야의 물리적(기술적) 관리영역이라 함은 건축대지, 건축시설(건축물), 건축설비, 기타 부대시설(주차시설, 조경시설 등) 등에 대한 관리범주를 말하고, 환경위생관리 분야에 있어서는 건물의 마감 부재인 바닥재와 벽재 및 천장재 등과 건물 부지안의 외부 공간 그리고 건물의 공용면적 및 공용시설 등이 물리적 관리영역에 해당된다.

또한 시설경비 분야의 물리적 관리영역은 건물 내 · 외 공간 및 위험시설과 위험물 그리고 출입차량과 입출입자가 시설경비 분야 물리적 관리영역의 관리업무 범주에 해당된다.

2. 경제적 관리영역

건물종합관리 각 분야별 경제적 관리영역이라 함은 건물종합관리를 위하여 수입되고 지출되는 일체의 비용관리 영역을 말한다. 시설관리 분야의 경우, 현장에서 관리되는 실행예산 관리와 본사에서 지급 관리되는 인건비, 에너지 사용료, 수선비, 재료비, 공과금, 수선비, 복리후생비, 사무비, 교통비, 통신비 등 일반관리비 등에 대한 비용 관리영역을 말하고, 환경위생관리의 경우 현장 실행예산 외 인건비, 세제 및 소모품 구입비, 장비 사용료, 기타 조직 사무실의 운영비 등을 관리하는 영역을 말한다.

시설경비 분야 경제적 관리영역은 현장 실행예산, 경비 보안 근무자의 인건비와 경비 장비 및 소모품 구입비 등의 관리영역이 경제적 관리영역이라 할 수 있다.

3. 법률적 관리영역

건물종합관리 분야 법률적 관리영역이라 함은 시설관리 분야의 경우, 관리 관계법령(건축법, 건축물관리법, 공동주택관리법 전기사업법, 도시가스사업법, 환경보전법 등)과 관리관련 계약(보험계약, 구매계약, 각종 서비스 계약, 주차사용계약, 건물관리계약 등) 및 관리 자치법규(사내표준, 매뉴얼, 각종규정과 지침서)와 관리관련 소송등기 등의 법무 관리영역을 말하고 환경위생관리 분야와 시설경비 분야의 법률적 관리영역은 관리 관계법령 관리, 관리관련 계약관리 등을 관리하는 영역을 말한다.

법률적 관리영역에 있어서 관계법령에 의한 시설관리 관리항목은 다음의 〈표 37〉과 같다.

〈표 37〉 법률적 관리영역의 관계법령에 의한 관리항목(예시)

관리관계 법령	관리항목
건축법 및 지방 자치단체 건축조례	• 건축물종합관리 기준(법제35조/시행령 및 시행규칙 제23조) • 용도변경의 적합성과 증축 및 개축 등
시설물의 안전관리에 관한 특별법	• 건축물 진단 및 정밀 안전진단
주차장법	• 주차시설 유지관리
승강기안전관리법	• 자체 검사 및 유지관리 • 법정 검사
소방시설의 설치 유지 및 안전관리에 관한 법률	• 소방계획서 작성 및 보고 • 유류탱크, 위험물 안전점검 • 소방시설 점검
소방법	
공중위생관리법	
폐기물관리법	• 정화조, 하수도 시설 등의 적합성 • 생활폐기물/산업폐기물 처리
전기사업법	• 수 변전 시설 안전검사 • 절연저항측정 및 전력부하관리
도시가스사업법	• 도시가스시설, 보일러, 정압시설 검사
고압가스안전관리법	• 가스시설 검사
에너지 이용합리화법	• 보일러, 열교환기, 실내온도, 검사
환경보전법	• 소음, 진동, 분진 관리 • 환경민원 관리
다중이용시설의 공기질관리법	• 온도/습도, 조도, 청정도(미세먼지/Co/Co_2/No_2/So_2/석면/소음/부유세균/포름알데히드/VOC)검사
통신사업법	• 구내사설교환시설 및 정보통신 시설 유지관리
도시정비사업법	• 네온샤인/광고/간판/팻말/샤인보드/광고탑관리

관리관계 법령	관리항목
상하수도법 및 지방자치단체 조례	• 상하수도 시설 유지관리/시수요금 정산 • 지하수 개발 및 사용허가
도시계획법	• 도로확장/연결 도로/육교 허가 유지관리
도로법	• 도로점용/도로개설 및 폐쇄/지하도/도로 관리
건축물관리법	• 건축물의 안전, 편의, 쾌적, 미관, 기능, 해체 관리
기계설비관리법	• 기계설비 유지관리 • 기계설비 유지관리자 법정 선임

4. 행정적 관리영역

시설관리, 환경위생관리, 시설경비 분야의 행정적 관리영역이란 건물종합관리 활동 수행을 지원하기 위하여 요구되는 현장조직 관리, 업무 분장, 인사노무 관리, 보험계약, 문서행정, 소모품 및 용역 구매, 자재관리, 전산행정 등을 담당하는 영역을 말한다.

5. 환경적 관리영역

시설관리, 환경위생관리 시설경비 분야의 환경적 관리영역이란 위생보건환경, 건축환경(열 환경/빛 환경/음 환경), 작업환경, 수질, 토양, 대기 관련 자연환경, 실내 공기 질 관리, 공기청정도(온도/습도/조도/기류/소음/진동/악취 등) 방역, 소독, 구서, 구충 등에 대한 위생관리 영역을 말한다.

6. 안전적 관리영역

시설관리, 환경위생관리, 시설경비를 통하여 건물의 위험사고 방지와 안전확보 및 재산과 인명을 보호하고 인적·물적 피해를 최소화를 목적으로 하는 위험관리영역을 말한다.

제8절 건물자산관리 3측면과 건물종합관리 3분야의 구조

1. 건물자산관리 3측면 구조

건물자산관리에는 건물자산 경영관리 측면(AM/Asset Business Management Side)과 건물부동산 운영관리 측면(PM/Property Operation and Maintenance Side) 그리고 건축시설관리 측면(FM/Facilities Management Side) 등 3측면의 구조를 가지고 있다. 결과적으로 건물자산관리의 목적을 달성하기 위해서는 건물자산관리 3측면의 업무를 전략적 제휴와 분업 방식의 개별관리 또는 통합적으로 관리하여야만 건물자산관리 목적을 최종적으로 달성할 수 있게 된다. 따라서 건물자산관리는 건물자산관리 3측면을 통하여 완성된다.

2. 건물종합관리 3분야 구조

건물종합관리 분야 측면에는 시설관리 분야(Building Maintenance Service Field)와 환경위생관리 분야(Building Cleaning Service Field), 시설경비 분야(Building Security Service Field) 등 3개 분야의 구조를 가지고 있다.

건물종합관리 분야의 목적으로 효과적으로 달성하기 위해서는 전략적 제휴나 전문적 분업형태로 개별 관리하거나 통합관리 함으로서 건물종합관리 분야 전체 효과를 얻을 수 있다. 따라서 건물종합관리의 목적은 3분야의 통합을 통하여 이루어진다.

3. 시설관리 분야와 환경위생관리 분야 및 시설경비 분야의 6개 영역 구조

시설관리 분야와 환경위생관리 분야 및 시설경비 분야에는 전술한 바와 같이 건물의 복합개념과 이로 인한 복합성의 존재로 건물의 물리성에 의한 물리적 관리영역(Physical Management Field), 경제성에 의한 경제적 관리영역(Economic Management Field), 법률적 관리영역(Legal Management Field), 행정성에 의한 행정적 관리영역(Administrative Management Field), 환경성에 의한 환경적 관리영역(Environmental

Management Field), 안전성에 의한 안전적 관리영역(Safety and Security Management Field) 등 6개의 관리영역의 구조로 이루어져 있다. 따라서 각각의 분야에는 6개 영역과 이에 따른 영역별 고유 업무가 존재하고 있다. 예컨대 시설관리 분야의 6개 영역에는 물리적 관리대상, 경제적 관리 대상, 법률적 관리 대상, 행정적 관리 대상, 환경적 관리 대상 그리고 안전적 관리 대상 등 6개 영역의 관리 대상별 업무가 존재하고 있다. 결과적으로 분야별 건물관리는 6개 영역의 업무수행을 통하여 완성된다.

제9절 시설관리 분야 관리대상과 세부업무 범위

시설관리의 대상이라 함은 시설관리의 목적물을 의미하며 앞에서 논의한 바와 같이 6개 관리 영역별로 고유의 관리 대상이 각각 존재하고 있다. 시설관리의 관리대상에는 물리적 관리대상, 경제적 관리대상, 행정적 관리대상, 법률적 관리대상, 환경적 관리대상, 안전적 관리대상 등 6종류의 관리대상들이 있다. 이상에서 논의한 건물 전체의 관리에 대하여 요약 정리하면 〈표 38〉과 같이 정리할 수 있다.

〈표 38〉 건물시설관리 분야 관리대상과 세부업무 범위(예시)

관리영역	관리대상	세부업무 범위
물리적 관리 영역	건축대지	• 토지공부 확인 • 지적공부(도시계획확인원/국토의 계획 및 이용 확인원/지적도) 확인 및 개선 • 토지 상하 토목시설 점검 및 유지보수
	건축물 (건축시설)	• 건축물 점검 계획 수립 및 시행 • 점검, 영선, 유지관리, 보수, 교체, 개량, 보강, 진단 등
	건축설비	• 건축설비 유지관리계획 수립 및 점검, 운전 정비, 진단, 검사 등 시행

	전기설비	• 수 · 변전설비 /배전반 및 분전반 유지관리 • 부하설비 점검 보수 • 간선/배선 유지관리 • 조명설비 점검 보수 • 비상발전설비 유지보수 등
	냉난방설비	• 점검/운전/유지관리 계획 수립 및 실행/유지관리 및 점검 기준 설정 및 시행 등
	자동제어	• 운전/유지관리 계획 수립 및 실행/유지관리 및 점검 기준 설정 및 시행 • 열원설비, 공조 및 부속설비 운전 및 유지보수
	자동제어 설비	• HVAC/전력제어/조명제어/CCTV 보안설비 등 자동제어 설비운전/점검 보수
	통신설비	• 전화기/교환기 등 유지 및 선로점검 보수 • 통신시설 부대시설 유지관리
	위생설비	• 화장실 위생기구 점검 보수 • 급 · 배수/정화조/급탕/소화설비 유지관리 • 수조 및 물탱크설비 제어장치점검 유지보수 • 펌프설비 과부하/누수/진동/소음 관리
	방재설비	• 방재설비 감시 및 운전 • 소화설비 점검 및 충 약 관리 • 자동화재/탐재설비 유지관리 • 법정 점검계획 수립 및 실행
	승강설비	• 승강설비 감시 및 유지보수 • 정기점검/자체점검/법정 안전검사 • 검사기록 유지 • 유지보수업체 통제 및 협력
	공사관리	• 연중공사계획 수립/발주/감독/품질 검사/하자관리
	기타 부대시설	• 점검 보수 및 유지관리

경제적 관리 영역	실행예산	• 산출 및 작성/승인/통제/감사
	인건비	• 산출/지급/사후관리
	에너지비	• 전력/가스/용수/유류 사용분석 및 예측 • 사용량 조사/원인분석/절감대책 수립 및 시행
	재료구입비	• 과학적 자재관리 시스템 운영 • 자재창고 관리 시스템 도입 • 소모자재 재고관리 • 연중 자재 수급계획 수립 및 시행
	유지보수비	• 산출/신청/수령/지급/정산
	제세공과금	• 월별/연중 지출계획 수립 및 시행
	현장 운영비	• 배정/통제
	인적 · 물적 피해보상	• 위험 예방 및 최소화 • 안전사고 예방 및 피해 보상 • 위험 전가/화재 영영배상 책임보험 가입 및 관리
	세무 및 회계	• 각종 세금 납부 • 기업회계 처리 및 장부기장 및 기록 유지 • 현장 경리 업무 수행
	건물관리비	• 산출/청구/수납/정산
법률적 관리 영역	관계법령	• 관계법령집 작성(유지관리/안전관리/환경위생관리/방화관리/보험관리 관계 법령집) 및 유지 • 유지관리 관계법령 검토 및 이행사항 조치
	관련계약	• 계약체결/이행/사후관리
	법정자격	• 선임 및 해임 보고
	법정 검사	• 신청/이행
	자치법규	• 사내자치법규집 작성 및 운영 및 개정, 폐기

<table>
<tr><td rowspan="9">행정적
관리 영역</td><td>조직관리</td><td>• 현장 조직화 및 업무 분장</td></tr>
<tr><td>전산행정</td><td>• 전산프로그램 설계 및 운용, 현황 파악, 통제</td></tr>
<tr><td>인사노무관리</td><td>• 현장 종사자 인사고과, 배치, 교육 훈련 및 노무관리</td></tr>
<tr><td>구매관리</td><td>• 현장 소요 자재, 에너지, 용역, 소모품 파악 및 조달계획 수립 및 시행</td></tr>
<tr><td>자재관리</td><td>• 입고/분류/출고/기록/재고관리</td></tr>
<tr><td>문서사무</td><td>• 품의, 결재, 보관, 사후관리 및 기록 관리
• 사내 표준, 규정집 관리</td></tr>
<tr><td>보험관리</td><td>• 유지관리 및 안전관리 관련 보험 가입 및 사후관리(화재보험/영업배상 책임보험/ 4대 보험 관리)</td></tr>
<tr><td>업무보고</td><td>• 일일업무보고/월간/주간/연간 보고서 작성 및 보고</td></tr>
<tr style="display:none"><td></td><td></td></tr>
<tr><td rowspan="4">환경적
관리영역</td><td>청소 및 위생</td><td>• 청소대상물 파악
• 청소계획 수립
• 청소활동 수행
• 청소품질 검증
• 청소작업 안전관리
• 청소약품 운용
• 청소장비 운용
• 위생환경관리
• 청소활동 사후관리</td></tr>
<tr><td>실내공기질 관리</td><td>• 신청, 시행, 보고, 기록 유지</td></tr>
<tr><td>청정도</td><td>• 계절별 법정 온 습도 유지
• 법정 실내 기류 유지(0.5미터/초)
• 부유분진 법정 조건 유지
• 법정 실내 조도 유지</td></tr>
<tr><td>자연환경</td><td>• 계절별 자연재해 대비
• 자연환경 재해위험 개선</td></tr>
</table>

	건축환경	• 열 환경 적정수준 유지 • 음 환경 적정수준 유지 • 빛 환경 적정수준 유지
안전적 관리 영역	건축물 위험	• 위험 점검, 안전관리 대책 수립 및 시행
	위험시설	• 파악 및 특별관리 계획 수립 및 집중 관리
	위험물	• 파악 및 책임 관리자 임명 일일점검 관리 및 기록 유지
	환경위험	• 조사, 분석 및 특별대응
	작업안전	• 작업안전매뉴얼 제정 및 사전 안전 교육 실시
	방범	• 순찰 강화 /취약지구 지역 CCTV 집중 감시/ 출입차량 및 출입인 감시 순찰 기록 관리
	방화	• 점화원 특별 관리 인화물질 격리 및 소방시설 일일 점검 • 개인 불법 전열기 특별관리 • 쓰레기 수거집하장 담배꽁초 투기 집중감시 • 경보가 및 가스 누출경보기 등 경보신호 수신 즉시 현장 확인 및 신속 대응
	자연재해	• 자연재해 대비 매뉴얼 작성 및 사전 대응훈련 및 자연재해 대비 물자 비축
	안전망	• 내 및 외부 안전망 구축 및 일상 점검 • 비상 시 방송 및 전파 사전 점검 및 훈련
	비상상황	• 대응 시나리오 및 매뉴얼 개발 • 가상 비상 대응훈련 정기적 실시
	안전교육 훈련	• 위험최소화 및 피해 최소화를 위한 안전교육훈련 정기적 실시
	안전사고 피해보상	• 산재보험 및 화재보험, 영업배상 책임보험 가입 및 사후관리

제10절 건축물 및 시설물의 관리의무자

1. 관리의무자의 의의

건축법과 건물물관리법 및 시설물의 안전관리에 관한 특별법 등에서는 건축물 관리의무자와 관리의무를 규정하고 있다. 사용 승인된 건축물의 관리 의무자란 해당 건물에 대하여 반드시 관리해야 하는 법적 책임을 가진 자를 말하며 건축법 제35조와 같은 법 시행령 제23조 그리고 같은 법 시행규칙 제23조에서 건축물 소유자와 관리자는 반드시 건축법 및 관련법에 따라 해당 건축물을 유지 관리해야 함을 규정하고 있다. 건축법 상 건축물의 관리 의무자에는 건축물 소유자와 관리자가 있다.

2. 관리의무자의 종류

건축물 관리관계법과 국유재산관리법 등에서는 관리의무자에 대하여 명시적으로 규정하고 있다. 이를 살펴보면 자음과 같다.

1) 건축법의 건축물 관리의무자

건축법 제35조와 같은 법 시행령 제 23조 및 같은 법 제23조에서 건축물 유지관리자로 건축물 소유자와 관리자를 명시하고 있다. 이를 살펴보면 다음과 같다.

(1) 건축물 소유자

건축물 소유자란 해당 건축물에 소유권을 가지고 해당 건축물을 전면 지배하고 있는 개인, 단체, 법인을 말한다.

(2) 건축물 관리자

건축물 관리자란 고용, 위임, 계약 또는 관계법령에 의하여 해당 건축물을 유지관리 할 수 있는 권리나 권한을 부여받은 개인 단체 또는 법인을 말한다. 건축물관리자 군에 속하는 자는 다음에 해당하는 자를 말한다.

① 건축물 소유자 또는 건축물 소유자로부터 고용 또는 위임받은 자
② 건축물 관리권을 계약에 의하여 위임받은 관리 전문회사
③ 소유권을 가진 단체나 법인
④ 관련법령에 의하여 관리 주체로 인정된 단체(집합건물 관리단의 관리인/공동주택(의무관리 대상 아파트)입주자대표회의에 의하여 선임된 관리소장/인계전의 사업주체/국유재산의 총괄청/관리청/재산분임관 등

2) 시설물의 안전관리에 관한 특별법의 시설물 관리의무자

시설물의 안전관리에 관한 특별법 제18조에서는 시설물의 관리 주체(공공관리 주체 및 민간관리주체)는 이 법에 따라 시설물을 성실이 유지 관리해야 함을 규정하고 있다.

시설물이라 함은 건설공사를 통하여 만들어 진 구조물과 그 부대시설로서 1종 시설물과 2종 시설물을 말한다. 1종 시설물은 교량, 터널, 항만, 댐, 건축물(21층 이상의 아파트, 연 면적 5만 제곱미터 이상의 건축물) 등 공공의 이용편의와 안전을 도모하기 위하여 특별히 관리할 필요가 있거나 구조상 유지관리에 고도의 기술이 필요하다고 대통령령으로 정하는 시설물을 말한다.

2종 시설물(16층 이상의 아파트, 5천 제곱미터 이상의 건축물(판매시설)은 1종 시설물 외의 시설물로서 대통령령으로 정하는 시설물을 말한다. 시설물유지 관리의무자에는 공공관리 주체와 민간관리 주체 등이 있다. 관리주체의 의미는 관계법령에 따라 시설물의 관리자로 규정된 자나 해당 시설물의 소유자를 말한다. 이 경우 해당 시설물의 소유자와 관리계약 등에 따라 시설물의 관리책임을 진 자를 관리주체라 하며, 이에는 공공관리주체와 민간관리 주체 등 두 종류의 관리 주체가 있다. 이를 살펴보면 다음과 같다.

(1) 공공관리주체

공공관리주체는 시설물유지관리 의무를 부담하는 관리주체 중 하나의 관리주체로서 다음에 해당하는 자를 말한다.

① 국가, 지방자치단체
② 공공기관의 운영에 관한 법률 제 4조에 따른 공공기관
③ 지방공기업법에 따른 지방 공기업

(2) 민간관리주체

민간관리주체는 공공관리주체 외의 관리주체를 말하며, 이에 해당하는 자는 다음과

같다.

① 해당 시설물의 소유자
② 해당 시설물의 소유자와 관리계약 등으로 유지관리 책임을 지는 개인, 단체, 법인

3) 국유재산관리법의 관리의무자(관리주체)

국가소유 국유재산의 관리 주체는 국유재산법에 다음의 관리주체가 관리하도록 명시하고 있다.

(1) 총괄청(기획재정부 장관)
(2) 관리청(점유 또는 상시적으로 사용하고 있는 각 부 장관)
(3) 재산 분임관(관리청 장관으로부터 해당 국유재산의 관리권을 위임받은 서기관 공무원)

4) 건축물관리법의 관리의무자

(1) 건축물 소유자
(2) 건축물 관리자

3. 건축물과 시설물 및 국유재산관리 의무자의 의무내용

건축물 소유자와 관리자 등 유지관리 의무자는 건축법과 시설물안전관리에 관한 특별법 및 국유재산 관리법 등에 따라 건축물 등의 유지관리를 수행하여할 의무가 있다. 뿐만 아니라 건축물의 기능을 보전하고 이용자의 편의를 높이기 위하여 일상점검으로 정비하고 손상된 부분은 원상 복구해야 한다.

또한 시간의 경과에 따라 요구되는 보수, 교체, 개량, 보강 등을 수행해야 하고 건축물의 소유자와 사용자 및 이용자의 생명과 재산을 보호하기 위하여 안전관리와 환경위생관리를 수행해할 의무를 부담하고 있다.

제13장	건물종합관리 서비스 생산의 개념지식
제14장	건물종합관리 서비스 생산의 방법지식
제15장	건물시설관리 서비스 생산의 활동지식
제16장	건물 환경위생관리 서비스의 생산활동 지식
제17장	건물 시설경비(보안) 서비스의 생산활동 지식

제1절 건물종합관리 서비스 생산방법 지식의 의의

1. 서비스 생산방법 지식의 개념

건물종합관리 서비스 생산방법 지식이라 함은 서비스 생산절차에 대하여 배워서 알고 있거나 서비스 생산절차에 대하여 명료한 의식과 정확한 판단을 말한다. 또한 서비스 생산방법 지식이란 건물종합관리 서비스 생산을 효과적으로 달성하기 위하여 활용하는 서비스 생산의 절차에 관한 지식을 말한다.

다시 말하면 건물종합관리 서비스 생산방법 지식이란 건물종합관리 서비스를 가장 경제적 방법으로 안전하게, 효율적으로, 적합하게, 효과적으로 생산하는 방법 이론체계를 의미한다.

건물종합관리 서비스 생산방법에는 여러 가지 방법이 있을 수 있으나 제품생산을 위하여 기계나 설비 및 시스템을 설치해 놓은 생산공장과 생산라인을 건물종합관리 서비스 생산에 비유하면 제품생산 공장이 건물종합관리 서비스 생산 시스템이라면, 서비스 생산방법은 제품생산 라인의 공정 또는 생산 수단이나 절차와 동일한 개념이라 할 수 있다. 특히 건물종합관리 서비스의 종류와 내용이 건물종합관리 서비스 3 분야(시설관리 분야/환경위생관리 분야/시설경비 분야)별로 각각 다르고 내용이 또한 다르기 때문에 어떤 건물종합관리 서비스 생산방법이 효과적이고 유익한 것인가 질문에 대한 답변이라 할 수 있다.

또한 서비스 생산방법에 대하여 이론적 서비스 생산방법이 효과적이고 유익한지 또는 실무적 서비스 생산 방법이 효과적이고 유익한지에 대하여 비교·검토하고 선택하는 지적 작업을 건물종합관리 서비스 생산방법론이라 할 수 있다. 이론적 서비스 생산방법은 서비스의 질을 고려하고 가장 경제적 방법으로 안전하게, 효율적으로, 적합하게, 효과적으로 생산하는 방법이론 모델로 활용함이 효과적이고 유익할 것으로 판단된다.

실무적 서비스 생산방법은 건물종합관리 서비스 생산절차 용도로 활용함이 효과적이며 유익할 것으로 판단된다. 따라서 이론적 서비스 생산방법과 실무적 서비스 생산방법의 선택은 상황에 따라 개별적으로 적용 또는 활용하거나 아니면 통합적으로 적용 또는 활용함이 효과적이며 유익할 것으로 판단된다.

2. 건물종합관리 서비스 생산방법 선택의 목적

건물종합관리 서비스 생산방법을 선택하고자 하는 목적은 양질의 건물종합관리 서비스 생산을 어떤 서비스 생산방법을 활용하는 것이 가장 경제적 방법으로 안전하게, 효율적으로, 적합하게, 효과적으로 생산할 수 있는 방법인가와 어떤 서비스 생산방법을 선택하여 건물종합관리 서비스를 생산하는 경우 서비스 생산업무의 시행착오나 품질의 하자나 자원의 낭비 없이 양질의 건물종합관리 서비스를 생산할 수 있는지가 건물종합관리 서비스 생산방법 선택의 목적이라 할 수 있다.

다시 말하면 건물종합관리 서비스 생산방법의 선택은 산에 오르는 사람이 산 정상에 오르는 길은 여러 가지 길이 있으나 어느 길을 선택하여 오르는 방법이 가장 효과적으로 산의 정상에 오르는 길인가를 검토하고 선택하는 경우와 같다고 할 수 있다. 건물종합관리 서비스 생산관리자가 여러 가지 서비스 생산방법을 검토하고 고려하여 선택하는 목적은 양질의 건물종합관리 서비스를 생산하는데 어떤 서비스 생산 방법보다 효과적이고 유익한 최적의 서비스 생산 모형인지에 대하여 진지하게 고민하고 논의하여 선택하고 활용함이 타당해 보인다.

3. 건물종합관리 서비스 생산방법의 종류

건물종합관리 서비스 생산방법의 종류에는 전술한 바와 같이 이론적 건물종합관리 서비스 생산방법과 실무적 건물종합관리 서비스 생산방법들이 있다. 이론적 건물종합관리 서비스 생산방법은 건물종합관리 서비스 생산에 이론적으로 접근하는 방법이고, 실무적 건물종합관리 서비스 생산방법은 건물종합관리 서비스 생산에 실무적으로 접근하는 방법을 말한다. 이에 대한 구체적 내용은 다음과 같다.

1) 이론적 건물종합관리 서비스 생산방법

이론적 건물종합관리 서비스 생산방법이라 함은 건물종합관리 서비스 생산에 이론적으로 접근하는 방법을 말한다. 건물종합관리 서비스 생산에 관한 학자의 견해나 연구자의 주장에 따라 건물종합관리 서비스 생산방법에 대한 이론적 논의를 말한다.

다시 말하면 건물종합관리 서비스 생산에 대한 일정한 원리에 따라 보편적 지식으로 생산하는 서비스 생산방법에 대한 논의를 말한다. 이론적 건물종합관리 서비스 생산방법에는 건물종합관리 서비스 최 유효 생산관리법과 건물종합관리 서비스 과학적 생산관리법, 건물종합관리 서비스 종합생산 관리법과 개별 생산관리법, 건물종합관리 서비스 경영과정 생산관리법 그리고 건물종합관리 서비스 창조적 5단계 생산관리법 등이 있다.

2) 실무적 건물종합관리 서비스 생산방법

실무적 건물종합관리 서비스 생산방법이라 함은 건물종합관리 서비스 생산방법에 대하여 실무적으로 접근하는 서비스 생산방법으로서 실제 건물종합관리 서비스 생산업무 수행절차에 대하여 논의하고 실무를 효과적으로 서비스를 생산하는 방법을 도출하는 절차 방법에 대한 논의를 의미한다.

실무적 건물종합관리 서비스 생산방법에는 시설관리 서비스 생산방법과 환경위생관리 서비스 생산방법 그리고 시설경비 서비스 생산방법 등이 있다.

4. 건물종합관리 서비스 생산방법의 기능과 역할

1) 이론적 서비스 생산방법의 기능과 역할

이론적 서비스 생산방법의 기능과 역할은 이론적으로 서비스 생산방법에 대하여 설명하고 건물종합관리 서비스 생산의 궁극적 목적을 효과적으로 달성하기 위한 여러 가지 방법 중에서 어떤 방법이 건물종합관리 서비스 생산방법으로서 최적의 방법이고 차선의 방법인지에 대한 검토와 기준을 정하고 바람직한 실무적 건물종합관리 서비스 생산을 이론적으로 가이드 하는 기능과 역할을 담당하고 있다.

2) 실무적 서비스 생산방법의 기능과 역할

실무적 서비스 생산방법의 기능과 역할은 이론적 서비스 생산방법의 이론적 지원을 받아 실제 건물시설관리 서비스 생산활동과 환경위생관리 서비스 생산활동 및 시설경비 서비스 생산활동의 실무를 수행하여 건물종합관리 서비스를 생산하고 산출(out put)하는 기능과 역할을 담당하고 있다.

제2절 건물종합관리 서비스 최유효 생산관리법

1. 건물종합관리 서비스 최유효 생산관리법의 의의

건물종합관리 서비스 최유효 생산관리법이라 함은 건물종합관리 서비스 생산활동을 수행함에 있어서 건물종합관리 서비스 최유효 생산관리법의 이론에 따라 최선의 가치를 지닌 양질의 건물종합관리 서비스를 생산하여 고객에게 제공하여 고객을 만족하게 하는 가설성격의 건물종합관리 서비스 생산방법론을 말한다.

건물종합관리 서비스 최유효 생산관리법은 건물의 소유자와 사용자 및 이용자의 바람직한 건물의 소유와 사용 및 이용만족에 초점을 맞추고 생산하는 건물종합관리 서비스가 고객의 만족에 적합한 서비스인가(서비스의 고객 만족 적합화 요건), 건물종합관리 서비스 생산비가 경제적인가(서비스 생산비용의 경제화 요건), 건물종합관리 서비스 생산활동이 안전한가(서비스 생산활동의 안전화 요건), 그리고 건물종합관리 서비스 생산자원이 효율적으로 배분되었는가(서비스 생산활동 자원의 효율화 요건), 건물종합관리 서비스 생산활동 결과가 효과가 있는가(서비스 생산활동의 효과화 요건) 등 다섯 종류의 요건 충족을 통하여 양질의 건물종합관리 서비스를 생산하고, 이를 고객에게 제공하여 고객만족을 합목적적으로 실현하고자하는 이론적 건물종합관리 서비스 생산방법을 의미한다.

2. 건물종합관리 서비스 최유효 생산관리법의 5대 요건

건물의 소유와 사용 및 이용에 필요한 양질의 건물종합관리 서비스를 생산하고 제공하기 위하여 건물종합관리 서비스 최유효 생산관리법을 활용하고자 하는 경우 다음에서 설명하는 건물종합관리 서비스 최유효 생산관리법의 5대 요건을 충족해야 한다. 왜냐

하면 건물종합관리 서비스 최유효 생산관리법은 5대 요건의 충족을 통하여 생산 제공되는 건물종합관리 서비스만이 건물의 소유자와 사용자 및 이용자들에게 바람직한 건물의 소유와 사용 및 이용의 만족을 보장해 줄 수 있다고 간주하고 있기 때문이다. 건물종합관리 서비스 최유효 생산관리법의 5대 요건을 설명하면 다음과 같다.

1) 건물종합관리 서비스의 고객만족 적합화 요건

건물종합관리 서비스 최유효 생산관리법은 건물종합관리 서비스 생산목적의 실현을 통하여 건물의 소유자와 사용자 및 이용자 등의 고객의 만족조건을 충족하여 고객을 만족하게 하는데 최고의 의미와 최선의 가치를 부여하고 있다. 따라서 건물은 완성 자체만으로 건물을 편리하고 안전하며 쾌적하게 사용하거나 수익할 수 없다. 왜냐하면 완성된 건물은 인간의 노력과 기계적 작용 없이는 건물 사용수익에 필요한 건물의 사용조건의 최적화와 정상적인 건물의 기능과 성능을 보여 줄 수 없기 때문이다. 그러므로 건물은 완공 이후 철거 또는 완전 멸실될 때까지 건물의 유지관리 단계 동안 관리가 필요하다. 이와 같은 이유로 서비스의 고객만족 적합화가 필요하다.

종래의 전통적 건물종합관리 서비스 현장의 경우에는 건물 사용수익의 수요가 공급을 압도적으로 초과하고 있었던 당시에는 건물관리 서비스 공급자인 건물소유자 또는 관리주체가 서비스 소비자 고객보다 항상 우월적 지위를 가지고 공급자의 이익만을 위하여 소유건물을 운영하고 관리하고 있었기 때문에 건물의 일반 시설물의 기능만을 가지는 건축 공간의 제공만으로도 당시의 소비자 고객의 만족에 부합하였으나, 현대와 같이 소비자 고객의 요구가 매우 다양하고 요구수준이 높은 상황에서는 양질의 쾌적성과 편리성, 안전성과 기능성 등의 서비스를 제공하지 않을 경우 고객은 즉시 불만을 표출하고 사용 수익하던 건물을 떠나버리는 시장의 환경변화로 인하여 건물 소유자와 관리자는 고객의 요구에 부합하는 수준 높은 양질의 관리서비스를 생산하고, 이를 적절하게 고객에게 제공하여 고객을 만족하게 해야 한다. 이를 위해서 건물종합관리 서비스의 생산과 공급에 있어서 서비스 생산관리법이 활용되어야 하고, 이를 통하여 건물종합관리 서비스의 고객만족 적합화 요건을 충족하는 양질의 서비스를 생산하고 제공해야 한다.

아무리 건물소유자가 건물종합관리 서비스의 품질 유지에 강한 의지가 있다 하더라도, 그리고 아무리 건물종합관리 서비스 관리자가 경험이 품부하고 전문성과 기술을 확보하고 최선을 다하여 관리활동을 수행하여 양질의 관리 서비스를 생산하더라도 생산된 건물관리 서비스가 고객의 만족에 부합하지 않을 경우, 그 건물의 관리 서비스는 더 이상 건물관리 서비스로서 의미와 가치가 없다. 따라서 건물관리 서비스는 고객이 만족하는 서비스에 적합해야 한다.

서비스의 고객만족 적합화는 정기적인 고객만족도 설문조사와 불만족 요인에 대한 개선으로 고객 요구를 충족시킬 수 있다. 또한 건물 관리에 관한 고객의 민원을 접수, 즉시 처리해 줌으로서 고객의 만족을 충족시킬 수 있다. 뿐만 아니라 고객의 만족 적합화는 고객과의 원만한 관계를 유지하고 소통을 통하여 충족할 수 있다.

2) 건물종합관리 서비스 생산비용의 경제화 요건

양질의 건물종합관리 서비스를 창출하여 고객을 만족하게 하려면 경제적인 비용으로 관리 서비스를 생산하고 제공해야 한다. 건물관리 서비스를 생산·제공하기 위해서는 필연적으로 건물종합관리 활동(시설관리 활동, 환경위생관리 활동, 시설경비활동 등) 을 수행해야 하며, 수행하는 건물관리 활동에는 인건비, 에너지 비, 수선비, 공과 잡비 등의 관리비용이 반드시 소요된다. 예컨대 시설관리의 경우 건물의 용도와 규모, 성격 등에 다소 차이는 있으나 연구문헌(국가기술표준원, 2005, 시설관리 서비스 표준화 연구, p.55)에 의하면 일반 건물의 소요 관리비는 인건비 55%, 에너지비 24%, 수선유지비 13%, 제세 공과 8% 등 도합 100%의 비용이 발생되고 있다. 따라서 건물관리 비용의 경제화가 요구되고 있다. 이를 위해서는 건물관리에 있어서 가장 많이 소요되는 인건비와 에너지비를 우선적으로 경제화해야 한다.

인건비의 경제화는 적정 인원 산정방안(㉠ 적정인원 산정공식 Y= a+bX)에 따라 현장 인력을 과다수준에서 적정수준으로 조정하여 배치함으로써 인건비의 경제화가 실현될 수 있으며, 에너지비의 경제화는 한국무역협회 산하 서울의 COEX 등 대형건물에서 활용하고 있는 에너지 BeMS 시스템의 도입과 적용으로 에너지비를 일정 부분 경제화할 수 있다. 아무리 고객만족에 부합하는 건물관리 서비스라 할지라고 과도한 비용으로 관리 서비스를 생산하는 경우 건물 사용자는 과도한 관리비를 부담해야하기 때문에 1차적으로 건물사용자가 피해를 당하게 되며 건물 사용자의 불만요인이 된다. 이와 같은 연유로 건물관리 서비스 비용의 경제화 요건은 반드시 충족되어야 한다.

3) 건물종합관리 서비스 생산과정의 안전화 요건

건물의 소유자와 사용자 및 이용자가 바람직하게 건물의 소유와 사용 및 이용에 만족을 느끼게 하려면 요구되는 양질의 건물관리 서비스를 생산하고 타이밍 맞게 고객에게 적절히 제공해 주어 건물 소유자와 사용자 및 이용자가 안전하고 편리하며 쾌적하게 건물을 소유하거나 사용 또는 이용해야 한다. 그러므로 건물관리 과정에서 어떠한 인적·물적 피해를 가져오는 화재, 폭발, 붕괴 등의 안전사고가 발생하지 않아야 한다.

건물종합관리 서비스 생산과정의 안전화는 현장에 잠재하고 있거나 새롭게 생성하는 위험을 통제, 회피, 보유, 전가 등의 방법을 통하여 실현될 수 있다. 특히 대형 화재나 폭발사고를 방지하기 위해선 화재나 폭발위험을 통제해야 하며, 건물화재 위험은 화재보험에 반드시 가입하여 화재 피해발생시 화재피해 보상을 화재 보험사에 전가시켜 두어야 한다.

고양터미널 화재 폭발사고, 이천 냉동창고 화재 폭발사고, 평택 주상복합 건물 화재 폭발사고는 하나같이 전기용접 공사와 신나성 페인트 도장공사가 같은 장소에서 동시에 이루어져 화재 위험과 폭발위험이 함께 존재하고 있었음에도 불구하고 현장 공사관리자와 안전관리자의 위험통제 소홀의 결과로 수많은 인명의 손실과 막대한 재산손실을 초래하게 하였다. 더욱 안타까운 사실은 사고를 안전관리 무지의 소치로 건물종합관리 용역업체가 건물주의 화재보험 계약서상의 피보험자 명단에 등재되지 못하여 용역회사 소속의 종사자의 과실로 화재 발생시 발생하는 화재 피해에 대하여 화재 보험사로부터 구상권 청구를 당하게 되기 때문에 막대한 피해를 당하게 된다.

건물관리 용역회사가 영업배상책임보험조차 가입되어 있지 않는 경우 수억 원에서 수백억의 경제적 부담을 안을 수 있기 때문에 경영상 치명적인 손실을 부담하게 되어 도산이 불가피하게 된다. 이와 같이 건물종합관리 서비스 생산활동 과정에서 대형 안전사고가 발생하는 경우에는 고객은 건물을 안전하고 쾌적하며 편리하게 사용할 수 없게 된다. 따라서 건물의 소유자와 관리자는 반드시 건물관리 활동과정에서 안전사고가 단 한 건이라도 발생하지 않도록 건물관리 활동과정의 안전화 요건을 충족하여야 한다.

건물종합관리 서비스 생산과정의 안전화 요건은 건축시설물의 위험통제, 위험회피, 위험 보유, 위험전가 등의 방법으로 위험을 철저히 관리하고 물리적 위험 외에 경영위험, 법률위험, 환경위험, 인적 위험 그리고 빌딩범죄 위험에 이르기 까지 사전적 위험통제와 회피 및 위험전가(보험가입)를 통하여 충족할 수 있다.

4) 건물종합관리 서비스 생산자원 배분의 효율화 요건

건물종합관리 서비스를 건물관리 비용과 관리시간 그리고 관리자의 노력이 투입(In put)되어야 비로소 건물종합관리 서비스가 산출(Out put)된다. 또한 건물을 관리하려면 인적 · 물적 자원, 재무적 · 기술적 자원 그리고 정보자원이 효율적으로 배분되고 투입되어야 한다. 이와 같은 자원의 투입결과로 인하여 반대급부로 얻어지는 관리서비스는 고객이 만족이상의 서비스가 생산되고 제공되어야 비로소 효율적이라 할 수 있다. 이와 같이 투입하는 관리자원은 제한적이고 유한한 자원이기 때문에 효율적으로 우선순위를 정하여 효율적으로 투입해야 한다.

건물관리 인력은 과학적 방법에 의하여 도출한 적정 인원 산정방정식(Y= a+bX)의 적용에 의하여 적정 인력이 산출되어야 하고 적정 인력이 투입해야 한다(참고문헌 양준석 논문 참조). 재무적 자원은 현장 실행예산의 범위 내에서 투입해야 하며, 불요불급한 에너지와 재료나 원료, 그리고 공 도구장비 등은 최소로 투입해야 하고, 기술능력을 가지고 있는 인력을 선발 투입해야 할 뿐만 아니라 서비스 품질매뉴얼에 따라 양질의 서비스를 생산 제공하여 고객을 만족하게 해야 한다. 다시 말하면 건물관리 활동에 투입하는 자원을 효율적으로 배분하고 효율적으로 투입해야 하며, 투입하는 자원에 비해 산출되는 서비스가 양질의 서비스이어야 하고 고객이 만족하는 서비스이어야 한다. 건물종합관리 서비스 최유효 생산방법을 통하여 고객이 요구하는 서비스를 생산 제공하여 고객을 만족하게 하려면 건물관리 생산자원 배분의 효율화 요건이 충족되어야 한다.

5) 건물종합관리 서비스 생산활동의 효과화 요건

건물종합관리 서비스 최유효 생산관리법을 통하여 양질의 서비스를 생산하고 고객에게 제공하여 고객을 만족하게 하려면 관리활동이 서비스 생산활동에 유효한 활동이어야 한다. 왜냐하면 건물종합관리 서비스 생산활동을 위하여 자원의 투입으로 생산한 서비스가 고객의 만족에 효과가 없는 서비스인 경우에는 고객만족을 지향하는 건물관리활동이 무용지물이 되기 때문이다. 따라서 건물관리자는 건물종합관리 서비스 최유효 생산 관리법을 통하여 고객을 만족하게 하려면 건물관리 활동의 효과화 요건을 충족해야 한다.

건물관리 활동의 효과화는 고객만족 수준의 서비스 생산과 상관관계가 있다. 따라서 건물관리자는 고객이 만족할 수 있는 수준 이상의 건물관리 서비스를 생산하고 제공해야 한다.

3. 건물종합관리 서비스 최유효 생산관리법의 운용 프로세스

건물종합관리 서비스 최유효 생산관리법의 이론에 따라 관리 서비스를 생산하고 고객에게 제공하려면 건물종합관리 서비스 최유효 생산관리법의 운용 프로세스에 따라 건물종합관리 서비스 생산활동을 수행해야 한다. 왜냐 하면 건물종합관리 서비스 최유효 생산관리법의 운용 프로세스를 간과하여 서비스를 생산하는 경우에는 고객의 만족과 관계없는 서비스가 생산될 수도 있기 때문이다.

건물종합관리 서비스 최유효 생산관리법의 단계별 운용 프로세스는 〈표 39〉와 같다.

〈표 39〉 건물종합관리 서비스 최유효 생산관리법의 단계별 운용 프로세스

단계	운용 프로세스
1단계	건물관리 대상 건물의 현황파악 및 고객요구 서비스의 종류와 만족 수준 분석
2단계	서비스 생산활동 수행계획 수립 및 서비스 5대 요건 실행지침과 서비스 품질매뉴얼 개발
3단계	전체 종사자 서비스 생산활동 수행계획과 서비스 5대 실행지침 및 서비스 품질매뉴얼 교육 및 공유
4단계	건물관리 서비스 활동 투입자원 배분 및 인력, 장비 배치
5단계	서비스 생산활동 수행계획과 5대요건 실행지침 및 서비스 품질매뉴얼에 따라 건물종합관리 서비스 생산활동 수행
6단계	고객만족도 평가
7단계	평가결과 피드백

4. 건물종합관리 서비스 최유효 생산관리법의 기반 요소

건물종합관리 서비스 최유효 생산관리법이 서비스 생산에 효과적으로 작동되려면 건물종합관리 서비스 최유효 생산관리법의 기초와 기본이 되는 기반이 필요하다. 이를 건물종합관리 서비스 최유효 생산관리법의 기반이라 한다. 건물종합관리 서비스 최유효 생산관리법의 기반을 형성하는 요소에는 다음과 같은 기반 요소들이 작동하고 있다.

1) 건물주의 건물종합관리 방침

직영관리 시스템이나 위탁관리 시스템 모두의 경우에 건물주의 관리 방침에 따라 관리활동을 수행하게 된다. 건물주의 관리방침은 구두로 전달되는 경우도 있으나 주로 관리용역 계약서와 과업지시서를 통하여 전달된다. 따라서 건물주의 관리방침이 가장 중요한 건물종합관리 서비스 최유효 생산관리법의 기반이 된다.

2) 건물종합관리 서비스 도급계약서 및 과업지시서

건물종합관리 서비스 도급계약서 및 과업지시서가 건물종합관리 서비스 최유효 생산관리법의 기반으로 작용한다. 따라서 건물관리자는 관리 도급계약서와 과업지시서 내용을 숙지하고 철저하게 이행해야 한다.

3) 건물종합관리 서비스 생산활동 자원

건물종합관리 서비스 생산활동 자원에는 인적 자원, 물적 자원, 재무적 자원, 기술적 자원 그리고 정보 자원 등이 있다. 이와 같은 건물종합관리 서비스 생산활동 자원이 건물종합관리 서비스 최유효 생산관리법의 기반으로 작용하고 있다. 따라서 인적자원은 평상시 다기능 다 역화 할 수 있도록 교육 훈련하여 전문화 되어야 하고, 물적 자원은 언제든지 사용할 수 있도록 사전에 정비 보수해 두어야 하며, 재무적 자원은 필요시 비용 집행이 가능하도록 유동성을 확보해야 하고, 기술적 자원은 효용성 있는 기술을 확보하고 공유해야 하며, 정보 자원인 매뉴얼, 과업지시서, 사내 표준 등은 항상 숙지하고 있어야 한다.

4) 건물종합관리 서비스 관계법령 및 제도

건물종합관리 서비스 생산의 관계법령 및 제도가 건물종합관리 서비스 최유효 생산관리법의 중요한 기반요소가 된다. 왜냐하면 건물관리 활동은 관계법령과 제도 등에 따라 수행해야 하기 때문이다. 따라서 건물관리자는 관리 관계법령집을 작성 · 유지하고 매달 업데이트(Up date) 해야 하며, 이를 철저히 숙지하여 건물관리에 필요한 법정 검사 신청과 법정 자격 선임 신고 및 해임 신고 등을 적절히 이행해야 한다.

5) 건물종합관리 서비스 품질 지침

건물종합관리 서비스 최유효 생산관리법의 이론을 활용하여 양질의 관리서비스를 효과적으로 생산하려면 우선적으로 서비스를 생산하는 기업의 경영자가 계약 당시 함께 체결하는 관리서비스 과업지시서를 통하여 명시하는 서비스 품질에 대한 확고한 지침과 상관관계가 있기 때문이다. 왜냐 하면 관리서비스 생산은 경영자의 서비스 품질 방침과 서비스 매뉴얼에 따라 생산되고 제공되기 때문이다. 그러므로 건물관리 서비스 발주 기업 경영자의 건물종합관리 서비스 품질이 건물종합관리 서비스 최유효 생산관리법의 기반이 된다.

6) 건물종합관리 서비스 종사자의 서비스 마인드

건물종합관리 서비스 최유효 생산관리법을 활용하여 고객이 요구하는 양질의 관리 서비스를 생산하고 제공하려면 서비스 생산에 종사하는 관리자나 감독 및 근무자의 마음에 확고한 서비스 마인드가 자리 잡고 있어야 한다. 따라서 서비스 종사자의 서비스 마인드가 건물종합관리 서비스 최유효 생산관리법의 기반으로 작용하고 있다.

7) 건물종합관리 서비스 품질매뉴얼과 서비스 품질의 사내 표준

건물종합관리 서비스 최유효 생산관리법에 따라 양질의 서비스를 생산하고 제공하려면 관리 종사자가 경영자의 서비스 품질방침과 매뉴얼 및 사내 표준 등에 따라 관리서비스를 생산하고 제공하게 된다. 따라서 서비스 품질매뉴얼과 사내표준 등이 또 하나의 건물종합관리 서비스 최유효 생산관리법의 중요한 기반이 된다.

8) 건물종합관리 서비스 운영시스템

건물종합관리 서비스 최유효 생산관리법에 따라 양질의 서비스를 생산·제공하려면 서비스 운영시스템에 따라 시스템적으로 생산·제공하게 된다. 따라서 관리현장에는 효율적 관리서비스 운영시스템을 구축하고 있어야 한다. 왜냐 하면 관리서비스 운영시스템에 의하여 기계적으로 서비스가 생산되기 때문이다. 따라서 서비스 운영시스템이 또 하나의 건물종합관리 서비스 최유효 생산관리법의 기반이 된다.

5. 건물종합관리 서비스 최유효 생산관리법의 강점

건물종합관리 서비스 최유효 생산관리법을 채택하여 관리서비스를 생산하는 경우 다음과 같은 강점을 발견할 수 있다.

1) 고객의 요구에 부합하는 서비스를 가장 경제적 방법으로 생산·제공할 수 있다.
2) 고객의 요구에 부합하는 서비스를 가장 안전하게 생산·제공할 수 있다.
3) 고객의 요구에 부합하는 양질의 관리서비스를 가장 효율적으로 생산·제공할 수 있다.
4) 고객의 요구에 부합하는 양질의 관리서비스를 가장 효과적으로 생산·제공할 수 있다.

6. 건물종합관리 서비스 최유효 생산관리법의 선택 및 활용

건물종합관리 서비스 업계와 현장 및 학계에서는 아직까지 건물종합관리 서비스 최유효 생산관리법의 이론이 정립되지 못하고 있으며, 이론체계화가 미흡하여 건물종합관리의 사물과 현상에 대하여 통일적 설명이 매우 어려운 실정에 있으나 건물종합관리 서비스 생산의 목표가 고객의 만족에 적합한 양질의 관리서비스를 가장 경제적 방법으로 가장 안전하게, 가장 효율적으로, 가장 효과적 방법으로 생산하고 이를 고객에게 제공하여 고객을 만족하게 하는데 있음으로 건물종합관리 서비스 최유효 생산관리법을 선택하여 건물종합관리 서비스 생산목적을 실현하는 것이 매우 바람직해 보인다. 따라서 건물소유자와 관리자는 건물관리 방법론으로서 건물종합관리 서비스 최유효 생산관리법을 선택하고, 이를 적절히 현장에 활용함이 현명한 선택으로 판단된다.

7. 건물종합관리 서비스 최유효 생산관리법 선택 및 활용의 기대효과

건물종합관리 서비스 최유효 생산관리법을 선택하고 활용하는 경우 기대되는 효과는 다음과 같이 나타날 것으로 추정할 수 있다. 이를 요약 정리하면 〈표 43〉과 같다.

〈표 43〉 건물종합관리 서비스 최유효 생산관리법의 선택과 활용의 기대효과

(1) 건물종합관리 서비스 최유효 생산관리법을 통하여 시설관리활동을 수행하는 경우 고객요구에 적합한 건물 사용가치의 유지 및 향상과 건물 사용조건의 최적화를 가장 경제적 방법으로 안전하게 효율적으로 효과적으로 달성하여 고객요구 시설관리 서비스를 생산·제공할 수 있다.

(2) 건물종합관리 서비스 최유효 생산관리법을 통하여 건축물의 환경위생관리활동을 수행하는 경우 고객요구에 적합한 청결성 서비스와 미관성 서비스, 보건위생성 서비스와 쾌적성 서비스, 실내 재실자의 생명건강 보호성 서비스와 감염방지 서비스 등을 가장 경제적 방법으로 안전하게 효율적으로 적합하게 효과적 방법으로 생산·제공할 수 있다.

(3) 건물종합관리 서비스 최유효 생산관리법을 통하여 시설경비 활동을 수행하는 경우 고객요구에 적합한 안정성 서비스와 질서성 서비스 및 방화성 서비스와 방재성 서비스 및 방범성 서비스, 입주자의 생명과 신체 및 재산 보호성 서비스 등 양질의 경비 서비스를 가장 경제적 방법으로 안전하게 효율적 방법과 효과적 방법으로 생산·제공할 수 있다.

(4) 건물종합관리 서비스 최유효 생산관리법을 통하여 건물종합관리 활동을 수행하는 경우 양질의 건물종합관리 통합서비스를 생산하여 건물을 기반으로 이루어지는 인간의 삶과 새활과 일의 영위를 주거환경 측면에서 바람직하게 이루어지도록 지원할 수 있다.
(5) 건물종합관리 서비스 최유효 생산관리법을 통하여 서비스 생산활동을 수행하는 경우 건물 사용자의 업무생산성이 향상될 수 있으며, 양적 생산성과 질적 생산성을 창조적으로 향상시킬 수 있다.
(6) 건물종합관리 서비스 최유효 생산관리법을 통하여 서비스 생산활동을 수행하는 경우 건물종합관리 서비스 생산활동을 과학적 방법으로 체계적으로 생산·제공할 수 있다.

제3절 건물종합관리 서비스 종합 생산관리법 및 개별 생산관리법

1. 서비스 종합생산 관리법 및 개별 생산관리법의 의의

종합 생산관리법 및 개별생산 관리법은 관리서비스를 통합적으로 생산할 것인가 아니면 개별적으로 생산할 것인가에 대한 논의이다. 어떤 방법으로 생산하고 생산한 서비스를 통하여 어느 정도로 고객을 만족하게 하는가에 대한 서비스 생산에 대한 논의이다.

관리서비스는 업종 면에서 시설관리업, 환경위생 관리업, 시설경비 업 등 3대 분야로 나누어 져 있으나 현실적으로 건물종합관리 서비스 시장과 현장에서 운용되고 있는 관리 분야를 중심으로 다시 분류하면 시설관리 분야와 환경위생관리 분야(또는 환경미화 분야) 및 시설경비 분야 그리고 방역 소독 분야 등 4분야로 분류할 수 있다. 이와 같은 전체 관리업무를 하나의 관리주체가 통합적으로 관리하는 경우를 종합관리(General Method of Building Management)라 하고 시설관리 분야와 환경위생관리 분야 및 시설경비 분야 중 하나의 분야만을 관리하는 경우에는 개별관리(Individual Method of Building Management)라 호칭하고 있다. 이와 같은 3개 분야를 하나의 회사가 종합관리를 수행하는 모형을 건물종합관리 서비스 종합 생산관리법이라 하고 두 회사 또는 3 회사가 각각의 분야를 개별적으로 나누어 관리하는 모형을 개발생산 관리법이라 한다.

2. 종합 생산관리법 및 개별생산 관리법의 비교

건물종합관리는 시설관리 분야와 환경위생관리 분야 및 시설경비 분야의 관리활동을 통하여 고객이 요구하는 분야별 관리서비스를 생산하고, 이를 통하여 고객을 만족하게 하는데 있다.

〈표 40〉 종합 생산관리법 및 개별 생산관리법의 비교

종합 생산관리법의 강점	개별 생산관리법의 약점
• 지휘통제가 용이하다	• 지휘통제가 다소 어렵다
• 구성원 간 협조가 용이하다	• 구성원 간 협조가 다소 어렵다
• 품질수준이 일정하다	• 품질수준이 다소 다르다
• 현장보고체계가 단순하다	• 현장 보고체계가 다소 복잡하다
• 의사결정이 빠르다	• 의사결정이 비교적 느리다
• 고객만족도 종합관리가 용이하다	• 고객만족도 종합관리가 다소 어렵다
• 고객민원 접수처리가 단순하다	• 고객민원 접수처리가 복잡하다
• 적정인력 유지가 쉽다	• 적정인력 유지가 다소 어렵다
• 회의시간이 비교적 짧다	• 회의시간이 비교적 길다
• 책임한계가 분명하다	• 책임한계가 다소 불분명하다
• 조직간 갈등구조 문제가 적다	• 조직간 갈등문제가 많다
• 조직문화가 동일하다	• 조직문화가 다르다
• 관리가 일사불란하다	• 관리가 일사불란하지 않다
• 문제점 발생시 즉시 해결 된다	• 문제점 발생시 즉시 해결이 어렵다
• 관리비용이 경제적이다	• 관리비용이 다소 비경제적이다
• 교육이 효율적으로 이루어진다	• 교육이 비효율적으로 이루어진다
• 관리조직이 단순하다	• 관리조직이 복잡하다
• 현장인계시 일괄인계가 가능하다	• 현장인계시 일부인계가 가능하다

건물종합관리 전체 서비스를 관리 분야별로 고객이 요구하는 서비스 종류를 살펴보면 시설관리 분야에 대한 고객의 요구 서비스는 냉난방 서비스, 전원 및 조명 서비스, 승강기 서비스, 음용수 공급 서비스, 방재방화 서비스, 민원처리 서비스, 공용시설 이용 서비스, 이사지원 서비스 등이며 환경위생관리 분야에 대한 고객의 요구 서비스는 청결성 서비스와 미관성 서비스, 보건위생성 서비스와 쾌적성 서비스 등이다. 또한 시설경비 분

야에 대한 고객의 요구 서비스는 방범 서비스와 방화 서비스 및 방재서비스, 안전성 서비스와 질서유지 서비스, 위험사고 발생 방지 서비스와 인명과 재산 보호 서비스 등이다.

이상에서 논의한 건물종합관리 서비스의 종류가 건물종합관리 전체 서비스의 종류라 할 수 있으며, 건물종합관리 전체 서비스 생산을 하나의 조직(하나의 관리주체)으로 전체 서비스를 생산하는 방법을 종합 생산관리법이라 하고 한 분야 또는 두 분야의 서비스 생산만 책임지는 경우를 개별 생산관리법이라 한다. 종합서비스 생산관리법 및 개별서비스 생산관리법을 비교하여 요약 정리하면 〈표 40〉과 같다.

3. 종합 생산관리법 및 개별생산 관리법의 적용 조건

1) 종합 생산관리법의 적용 조건

건물종합관리를 수행함에 있어서 종합 생산관리법을 통하여 양질의 종합관리 서비스를 생산하려면 다음과 같은 종합 생산관리법의 적용 조건들이 선행적으로 존재하고 있어야 한다.

(1) 관리주체의 성격상 고도의 보안유지를 위하여 직영관리 시스템으로 관리해야 하는 필요성과 건물의 성격, 용도, 규모 위치 등이 위탁관리를 할 수 없어 직영방식 시스템에 의한 종합서비스 생산방법에 적합한 건물이라야 한다.

(2) 종합서비스 생산관리법을 통하여 전체 관리업무를 성공적으로 수행하려면 조직의 구성원 중 시설관리 법정 자격자를 확보하고 있어야 하고, 시설관리와 환경위생관리 및 시설경비 분야에 필요한 사업자 자격과 허가나 신고 등의 업종별 법적 자격을 가지고 있어야 한다.

(3) 건물종합관리 조직은 전 업종의 관리를 충분히 감당할 수 있는 기술과 전문성을 확보하고 있어야 한다.

(4) 종합서비스 생산관리법을 통하여 양질의 관리서비스를 생산하려면 효율적인 종합관리조직을 운용할 수 있어야 하며, 관리자원을 효율적으로 배분할 수 있어야 한다.

(5) 종합관리주체는 종합관리 권한을 확보하고 있어야 하고, 지휘체계가 확립되어 있어야 한다.

(6) 종합관리현장에는 사용할 실행예산을 확보하고, 이를 현장책임자의 권한으로 집행할 수 있어야 한다.

2) 개별 생산관리법의 적용 조건

개별 생산관리법을 활용하여 양질의 서비스 생산에 성공하려면 다음과 같은 개별 생산 관리법의 적용 조건이 선행적으로 존재하고 있어야 한다.

(1) 관리대상 건물 소유자의 형편과 여건 상 개별관리 모형에 적합한 경우와 건물의 규모가 대형 건물인 관계로 다수의 관리전문 업체의 참여가 불가피한 건물이어야 한다.
(2) 기밀유지와 보안유지가 불필요한 건물이어야 한다.
(3) 참여 복수관리 업체의 협력과 소통이 조화롭게 이루어 져야 한다.
(4) 관리참여 업체의 지위는 평등해야 하며, 어느 업체가 우월적 지위를 가지고 있지 말아야 한다.
(5) 관리참여 업체 종사자의 경제적 보상수준이 월등하게 차별적인 수준이 아니어야 한다.
(6) 개별서비스 생산관리법에 참여한 업체의 종사자 간에 이질적인 조직문화로 인하여 충돌이 없어야 하고 문화적 갈등이 없어야 한다.

4. 종합 생산관리법 및 개별 생산관리법의 선택 기준

앞에서 논의한 바와 같이 발주처와 현장의 여건 및 사정이 허용되는 범위 내에서 종합서비스 생산관리법을 선택하여 건물을 종합관리 하는 방법이 현명할 것으로 판단된다. 왜냐 하면 개별 생산관리법 보다 종합서비스 생산관리법이 압도적으로 장점이 많기 때문이다. 그러나 현실적으로 관리용역 발주처와 현장의 여건과 사정으로 종합서비스 생산관리법 및 개별서비스 생산관리법을 선호하는 현장이 많음을 실증조사 분석결과로 밝혀지고 있다.

그럼에도 불구하고 향후 건물종합관리 현장에는 개별 서비스 생산관리법을 선택하고 적용하는 현장보다 종합 서비스 생산관리법을 선택하고 적용하는 현장이 증가될 것으로 추정된다.

5. 종합 생산관리법의 기대효과

건물관리 활동을 수행함에 있어서 종합서비스 생산관리법을 선택하고 활용하는 경우 다음과 같은 효과를 기대할 수 있다.

1) 경제적 비용으로 관리가 이루어진다.
2) 관리업무가 신속하고 체계적으로 처리 된다.
3) 동일한 직장 조직문화로 직종 간 또는 종사자 간 충돌이나 분쟁 또는 문화적 갈등 현상은 비교적 일어나지 않는다.
4) 회사 기밀이 보호되고 보안이 유지된다.
5) 건물종합관리 서비스 품질이 동일수준으로 생산 · 제공된다.
6) 관리대상 건물의 물리적 기능의 보전은 물론 재산보호에 긍정적 효과가 나타난다.

제4절 건물종합관리 서비스 경영과정 생산관리법

1. 서비스 경영과정 생산관리법의 의의

건물종합관리 서비스 경영과정 생산관리법(Business Management Process Method of Building General Service Management)이라 함은 계획, 조직화, 지휘, 통제 등의 4단계 경영과정을 통하여 서비스를 생산하는 건물종합 관리 수행방법을 말한다. 다시 말하면, 경영과정 생산방법은 계획, 조직화, 지휘, 통제 등의 경영기능을 활용하여 고객이 요구하는 관리서비스를 생산하고 제공하는 관리방법을 말한다.

경영과정 생산관리법은 경영학에서 도입한 이론으로 건물을 관리함에 있어서 직관이나 상식 및 경험에 의존하여 관리하는 이른바 하여 주먹구구식 관리방법(Management Method of Rule of Thumb)에 대한 문제점을 개선하기 위하여 도출한 경영학적 사고에 의한 경영계획과 전략 및 기법에 따라 관리 서비스를 생산하는 방법론이다. 경영과정 생산방법은 다프트(R.L.Daft)가 주장한 4단계 경영과정 이론을 모델로 고안한 가설 성격의 건물종합관리 서비스 생산방법 이론(Service Production Theory)이라 할 수 있다.

2. 경영과정 생산관리법의 프로세스 및 세부실천 사항

건물종합관리 서비스 생산 경영과정 생산관리법 이론에 따라 서비스를 생산하려면 경영과정 생산관리법의 프로세스에 맞추어 관리활동을 수행해야 한다. 경영과정 생산관리법의 프로세스는 〈표 41〉과 같다.

〈표 41〉 경영과정 생산관리법의 단계별 프로세스 및 세부 실천사항

단계	프로세스	세부 실천사항
1단계	관리계획	목표설정/계획수립/전략 개발
2단계	관리자원의 조직화	조직설계/업무 분장/자원배분 및 관리
3단계	관리활동 지휘	리더십/동기부여/커뮤니케이션/팀웍
4단계	관리활동 통제	사전통제/동시통제/사후통제

3. 경영과정 생산관리법의 강점

경영과정 생산관리법은 현대 경영학의 주류를 이루고 있는 다프트(R.L.Daft) 4단계 경영과정 이론(계획, 조직화, 지휘, 통제)을 모델로 하여 고객요구에 부합하는 양질의 서비스를 생산하고 제공하는 관리 방법론으로서 다음과 같은 강점을 가지고 있다.

1) 경영과정 생산관리법 1단계의 계획과정을 통하여 고객요구 서비스 수준을 파악하고 관리서비스 목표를 설정하여 건물관리 수행계획을 수립함으로서 고객의 요구에 부합하는 서비스 활동을 시행착오 없이 계획적으로 준비할 수 있다.
2) 자원의 조직화 과정을 경유함으로써 관리서비스 생산에 적합한 조직을 설계하고 업무를 분장하며 인적 자원, 물적 자원, 재무적 자원, 기술적 자원, 정보적 자원 등의 관리활동 자원을 효율적으로 배분하고 관리함으로서 자원의 낭비없이 조직적으로 서비스를 생산하는 강점을 가지고 있다.
3) 경영과정 생산관리법 3단계의 지휘과정을 통하여 건물관리자는 리더십을 발휘하고 동기부여와 커뮤니케이션(소통)을 통하여 전체 관리 근로자의 서비스 마인드를 확립하여 줌으로서 고객의 요구에 부합하는 양질의 시설관리 서비스와 환경위생관리 서비스 및 시설경비 서비스 중심의 건물종합관리 서비스를 적극적으로 생산 · 제공할 수 있다.
4) 경영과정 생산관리법 4단계의 통제과정을 통하여 수행하고 있는 관리활동 결과가 당초에 수립한 관리 목표 사이에 편차가 나타나는 경우에는 이를 실시간 수정 · 보완함으로서 당초에 수립한 관리목표를 달성할 수 있다.

4. 경영과정 생산관리법의 유효조건

경영과정 생산관리법이 건물종합관리 현장에서 유효하게 작동하려면 경영과정별 경영기능 유효조건과 경영자원별 유효조건이 모두 충족되어야 한다. 이를 요약 정리하면 〈표 42〉와 같다.

〈표 42〉 경영과정 생산관리법의 유효조건

1) 경영과정별 경영기능 유효조건 (1) 경영과정의 계획단계에서 이념과 비전을 설정하고 전략적 목표를 설정해야 하며, 전략적 계획과 전술적 계획을 수립하고 업무계획을 수립해야 한다. (2) 경영과정 조직화 단계에서 조직구조를 설계하고 조직의 분권화를 도모해야 하며, 권한과 책임을 위양하고 의사 결정방법과 선택방법을 결정해야 한다. (3) 경영과정 지휘단계에서 합리적 인사원칙을 수립하고 개인목표와 조직목표를 통합해야 하며, 동기부여와 리더십을 발휘해야 하고, 효과적 커뮤니케이션을 통하여 지휘해야 하며 직무를 설계해야 한다. 또한 팀워크 촉진과 소집단을 운영해야 한다. (4) 경영과정 통제단계에서 성과표준을 설정하고 실제성과를 측정해야 하며, 성과표준과 실제성과를 측정하여 필요한 수정조치를 강구해야 한다. 통제시스템을 구축하고 사전 통제, 동시통제, 사후통제를 실시해야 한다. 2) 경영자원별 유효소선 (1) 인적 자원은 전문성과 기술을 확보하고 다기능 다역화 능력을 가지고 있어야 한다. 또한 경영자와 종업원 간에는 원만한 협조관계가 유지되어야 한다. (2) 물적 자원은 언제나 사용할 수 있도록 점검 정비되어 있어야 하고 정리정돈 상태에 있어야 한다. (3) 재무적 자원은 적절히 확보하고 있어야 한다. (4) 기술적 자원은 효용성을 가지는 기술이어야 하고 경쟁력을 가지고 있어야 한다. (5) 정보자원은 경쟁력을 가지고 있어야 하고, 필요 즉시 활용할 수 있는 상태에 있어야 하며 정보 Data Base를 구축하고 있어야 한다.

(자료 출처 : 신민식 권중생(2006), 경영의 이해, 법문사, pp.7-10 인용 및 재구성)

제5절 건물종합관리 서비스 과학적 생산관리법

1. 서비스 과학적 생산관리법의 의의

건물종합관리의 목적은 고객인 건물 소유자와 사용자 및 이용자 모두가 최유효 건물의 소유와 사용 및 이용에 요구되는 양질의 건물종합관리 서비스를 생산하고 이를 적절하게 제공하여 고객을 만족 하도록 하는데 있다.

이와 같이 고객 만족에 요구되는 서비스는 고품격의 서비스 이어야 하고 양질의 서비스여야 함으로 주먹구구식 서비스 생산방법으로는 양질의 서비스 생산이 불가능하기 때문에 전문적이고 기술적이며 과학적 방법으로 관리서비스를 생산해야 한다. 이를 위하여 건물종합관리 서비스 과학적 생산방법이 필요하다.

건물종합관리 서비스 과학적 생산관리법이라 함은 과학적 지식과 원리 및 기술을 이용하여 최소의 비용과 노력으로 고객의 건물의 소유와 사용 및 이용에 필요한 고품격 관리서비스를 생산을 목적으로 하는 건물종합관리 서비스 생산의 방법이론으로서 F. W.Taylor에 의하여 주창된 과학적 관리이론에서 추론한 서비스 생산이론이다. 건물종합관리 서비스 과학적 생산관리법은 주먹구구식 관리법의 상대적 개념으로서 건물종합관리서비스 관리자가 경험이나 직관 또는 상식으로 건물을 관리하는 방법이 아니라 과학적 기술 및 원리를 활용하여 건물을 관리하는 방법을 말한다. 건물종합관리 서비스 과학적 생산관리법은 모든 용도와 종류의 건물에 적용할 수 있는 방법이나 특별히 대형 건물과 고층 건물, 복합 건물, 다중이용 시설물, 첨단 건물이나 자동화 건물 또는 반도체 공장이나 전자공장 및 대형병원이나 백화점과 대형쇼핑몰 등에 활용도가 매우 높은 서비스 과학적 생산방법이라 할 수 있다.

2. 서비스 과학적 생산관리법의 전제 조건

건물종합관리 서비스 과학적 생산관리법은 관리대상 건물관리에 적용하기 위해서는 다음과 같은 조건들이 전제되어야 한다.

1) 과학적 데이터와 원리 및 기술을 바탕으로 체계적이고 전문적인 관리시스템이 구축되어야 하고 컴퓨터 프로그램에 의한 설비운전 및 자동제어 시스템과 관리 프

로그램, 프로세스 및 서비스 업무표준 매뉴얼, 규정과 지침서 등 과학적 관리 인프라가 구축하고 있어야 한다.

2) 건물관리자가 건물관리에 대한 과학적 관리지식과 정보로 무장되어 있어야 한다.
3) 건물관리 사무 행정성 관리 업무는 조사분석 ⇨ 문제점 파악 ⇨ 계획수립 ⇨ 업무수행 ⇨ 수행업무 평가 ⇨ 사후관리 ⇨ 피드백 ⇨ 재조사 분석 ⇨ 재계획 등의 순서로 수행해야 한다.
4) 물리적 작업성 관리업무는 점검 ⇨ 정비 ⇨ 운전 ⇨ 보수 ⇨ 교체 ⇨ 개량 ⇨ 보강 등의 순서로 작업을 수행해야 한다.
5) 관리조직을 생산성 관리조직으로 설계하고, 조직화를 통하여 자원을 효율적으로 배분해야 하며 직무분석을 통하여 장·단기 업무량을 산정하고 업무분장을 통하여 계획적으로 업무를 소화할 수 있도록 직무를 설계를 해야 한다.
6) 건물관리자는 Y형 인간형(감독자의 유무에 관계없이 스스로 업무를 성실히 수행하는 인간형)의 직무 태도와 자세를 견지해야 한다.
7) 사무자동화 기기, 컴퓨터, 인터넷, IT 등 정보통신 전자기술을 최대로 활용하여 업무를 처리할 수 있는 사무자동화 시스템을 구축하고 있어야 한다.

3. 서비스 과학적 생산관리법의 문제점 분석

서비스 과학적 생산관리법은 과학의 자료나 기술 및 원리를 이용하여 관리서비스를 생산하는 점에 있어서는 매우 좋은 서비스 생산방법이나 다음의 경우에는 서비스 과학적 생산방법의 적용에는 다소 문제점이 있을 것으로 판단된다.

1) 서비스 과학적 생산관리법은 기계나 설비에 의한 서비스인 공학적 서비스(Engineering Service)만으로 건물의 사용수익에 문제없는 현장에는 서비스 과학적 생산방법의 활용이 무방하나 인간적 서비스(Human Being Service)를 요구하는 현장에는 다소 부적합한 서비스 과학적 생산방법으로 평가된다.
2) 첨단시설이나 설비가 장착하고 있는 대형 건물이나 첨단 건축물이나 사무자동화 시설과 자동제어 시스템 등의 인프라가 있는 건물에는 적합한 방법이나 소규모의 전통적 건물이나 일반건물 관리방법으로는 부적합한 서비스 생산방법으로 평가된다.
3) 건물관리자가 전문성과 기술 및 정보로 무장하고 있는 현장에는 적합한 방법이나 경험과 직관 및 상식으로 관리하는 현장에는 부적합한 방법으로 평가된다.
4) 서비스 과학적 생산방법은 기계적 운용방법으로 관리하기 때문에 설계한 프로그램이 오작동 또는 설비나 기계적 결함 및 고장을 일으키는 경우에는 고객만족은 고

사하고 고객불만의 단초가 될 수 있는 관리방법으로 평가된다.

5) 서비스 과학적 생산방법은 미리 설계한 기계적 프로그램을 이용하여 관리서비스를 생산함으로 일률적 품질의 서비스를 생산하게 되고, 동시에 일괄적으로 제공하게 됨으로 온도나 습도 및 조도 등이 개인차 문제로 만족할 수 없는 소수의 고객에게는 만족할 수 없게 되는 서비스 생산방법으로 평가된다.

4. 서비스 과학적 생산관리법의 기대효과

건물종합관리 현장에 건물종합관리 서비스 과학적 생산관리법을 도입하여 관리서비스를 생산하는 경우 다음과 같은 효과를 기대할 수 있다.

1) 고객서비스 만족수준을 분석하여 파악한 후 이를 컴퓨터에 프로그램화하여 관리서비스를 생산하는 경우 동일한 품질의 서비스를 생산할 수 있고, 동시에 제공할 수 있다.
2) 건물관리 업무가 기계적으로 그리고 계획적으로 수행되므로 시행착오가 줄어들고 민원이나 불만접수 건수가 감소한다.
3) 현장근무자의 수가 줄어들고 인건비가 감소하나 에너지 비의 증가 현상이 나타날 수 있다.
4) 관리조직이 슬림화(Slim Organization) 될 수 있어 조직운영이 단순화 된다.
5) 하나의 관리조직이 여러 건물을 동시에 관리하는 군관리제도(群 管理制度)를 도입할 수 있다.

제6절 건물종합관리 서비스 창조적 5단계 생산관리법

1. 서비스 창조적 5단계 생산관리법의 의의

건물종합관리 서비스 창조적 5단계 생산관리법이라 함은 건물관리 활동을 통하여 고객 불만족 수준의 관리서비스를 벤치마킹과정(Bench Marking Process)과 모방과정

(Imitation Process), 그리고 고객만족 수준의 서비스 생산기술 격차를 해소하는 만회과정(Catch up Process)을 경유하면서 고객만족 느낌 수준의 서비스 생산과정을 거쳐 고객만족 확신 수준의 서비스를 생산하고, 이를 다시 혁신과정(Innovation Process)과정과 창조과정(Creation Process)을 경유하면서 고객감동 느낌 수준의 서비스 생산을 최종적으로 실현하는 단계별 · 수준별 상향식 서비스 생산방법이라 할 수 있다.

단계별 · 수준별 상향식 서비스 생산이론에서 "창조적" 용어를 접목하는 이유는 5단계 중 최종단계인 창조단계에서 생산 · 제공하는 최고 최선의 서비스는 고객감동 확신 수준의 서비스로서 건물종합관리 서비스 창조적 5단계 생산방법을 강조하기 위함이다.

2. 단계별 · 수준별 상향식 서비스의 생산방법

건물종합관리 서비스 창조적 5단계 생산관리법에서는 현재의 단계에서 건물관리 현장에서 생산 · 제공하는 서비스 수준을 고객불만 수준임을 전제로 하고 건물관리 활동을 진행하는 단계에 따라 서비스 품질을 향상시켜 이를 다시 최종 단계인 창조단계에서 고객이 감동을 확신하는 서비스를 창출하는 상향식 단계별로 서비스 품질수준도 향상시키는 이른바 상향식 수준별 서비스 생산방법 이론이라 할 수 있다.

〈표 43〉 서비스 창조적 5단계 생산관리법의 단계별 조치사항 및 생산서비스 수준

단 계	단계별 조치사항	생산서비스 수준
Bench Marking Process Step	선진 경쟁사 서비스 생산방법 연구	고객불만 수준 서비스
Imitation Process Step	선진 경쟁사 서비스 생산방법 모방	고객만족 느낌 수준 서비스
Catch up Process Step	선진 경쟁사 서비스 수준격차 해소	고객만족 확신 수준 서비스
Innovation Process Step	서비스 생산방법 혁신	고객감동 느낌 수준 서비스
Creation Process Step	고품격 서비스 창조기술 개발 및 생산	고객감동 확신 수준 서비스

(자료출처 : 김일효(2014), 건물자산관리학원론, 상학당, pp.216-218 인용 및 재구성)

따라서 처음 단계에서부터 마지막 단계에 이르기까지의 단계별 서비스 생산과정은 서로 상이하나 최종적으로 고객감동 확신 수준의 서비스 생산을 목표로 하고 있다. 건물종합관리 서비스 창조적 5단계 생산방법의 단계별 조치사항과 생산서비스 수준을 소개하면 〈표 43〉과 같다.

3. 서비스 창조적 5단계 생산관리법의 강점

건물종합관리 서비스 창조적 5단계 생산관리법은 건물관리 서비스에 대한 불만이 많은 우리나라 관리 현장의 현실에서 낮은 수준의 고객불만 서비스를 단계별로 고객만족 수준 서비스로 서비스 품질수준을 향상시키고, 이를 다시 높은 수준 단계의 고객감동 수준 서비스 품질생산을 지향하는 서비스 생산방향과 방법을 함께 제시하고 있어 매우 바람직한 서비스 생산방법으로 평가된다. 건물종합관리 서비스 창조적 5단계 생산관리법의 강점을 소개하면 다음과 같다.

(1) 서비스 창조적 5단계 생산관리법은 낮은 단계의 서비스 수준을 높은 단계로의 서비스 수준 향상에 강점이 있다.
(2) 서비스 창조적 5단계 생산관리법은 서비스 수준 목표를 서비스 최고 품질수준인 고객감동 확신 수준에 목표를 설정하고 있는 서비스 생산방법론이다.
(3) 서비스 창조적 5단계 생산관리법은 서비스 품질개선과 목표 상향 조정으로 건물의 소유주체와 사용주체 및 관리주체 모두에게 만족을 제공하는 서비스 생산방법이다.
(4) 서비스 창조적 5단계 생산관리법은 서비스의 저 품질문제 연구에서 선진 경쟁사 서비스 품질 생산방법의 모방으로, 서비스 품질 모방에서 다시 서비스 품질 격차 해소로, 서비스 품질 격차해소에서 다시 서비스 생산방법 혁신으로, 그리고 서비스 품질혁신에서 고객감동 확신 서비스를 창조적 방법으로 생산하는 이른바 단계별, 수준별 상향식 서비스 생산방법 이론이다.

4. 서비스 창조적 5단계 생산관리법의 적용조건

건물종합관리 서비스 생산현장에서 서비스 창조적 5단계 생산관리법을 적용하기 위해서는 다음과 같은 적용조건이 충족되어야 한다.

(1) 관리주체와 현장 종사자들이 생산하는 서비스 품질 수준 목표를 고객감동 서비스 수준에 목표를 설정하고 있어야 한다.
(2) 관리주체와 현장 근무자 모두는 고객감동을 강력하게 의욕하고 있어야 한다.
(3) 현장관리 역량을 고객감동 서비스 생산에 집중할 수 있어야 한다.
(4) 서비스 품질을 정기적으로 점검하고, 서비스의 문제점을 개선하여 서비스 고객감동 수준을 지속적으로 유지하고 있어야 한다.
(5) 현장관리 종사자5의 노력으로 일정기간 고객감동 수준이 유지되는 경우 고객감동에 대한 경제적 행정적 보상이 수반되어야 한다.

5. 서비스 창조적 5단계 생산관리법의 기대효과

건물종합관리 현장에 서비스 창조적 5단계 생산관리법을 적용하여 건물을 관리하는 경우 전체고객의 평균 만족도가 감동수준을 유지함으로 이를 통하여 다음과 같은 효과를 기대할 수 있다.

(1) 임차 수요가 점증 한다.
(2) 임대 소득 및 관리 수입이 제고 된다.
(3) 건물자산의 경제적 가치가 높아진다.
(4) 안전사고 감소로 인석 물적 피해가 최소화 된다.
(5) 근무자의 이직 율이 떨어진다.
(6) 관리주체는 재입찰 과정 없이 장기간 관리주체의 지위를 유지할 수 있다.
(7) 직장의 분위가 명랑해진다.
(8) 건물의 물리적 경제적 내용연수가 연장 된다.
(9) 관리비와 임대료의 연체율은 제로베이스를 유지한다.
(10) 건물 사용자의 업무 생산성이 향상된다.
(11) 건물 사용자와 이용자는 안심하고 건물을 사용 또는 이용할 수 있다.
(12) 건물사용자의 생명, 건강 및 재산이 보호된다.
(13) 사람이 모여들고 방문자(이용자)가 늘어난다.
(14) 건물의 성격이 랜드마크 건물로 변모한다.

제1절 시설관리 서비스 생산활동 지식의 이론적 기초

1. 시설관리 서비스 생산활동 지식의 의의

시설관리 서비스 생산활동 지식이라 함은 시설관리 서비스 생산에 대하여 배워서 알고 있는 것으로 시설관리 서비스 생산에 대하여 명료한 의식과 정확한 판단을 말하다. 또한 시설관리 서비스 생산활동 지식은 서비스 생산행동 또는 서비스 생산을 위하여 행하는 서비스 생산행위에 대하여 배워서 알고 있는 인식의 범위와 이에 대한 명료한 의식과 정확한 판단을 말한다.

2. 시설관리 서비스 생산활동 개념의 정의

시설관리 서비스 생산활동이라 함은 시설관리 서비스를 생산하기 위하여 수행하는 일체의 행위를 말한다. 시설관리 활동을 통하여 생산하는 시설관리 서비스에는 건물 입주 및 퇴거지원 서비스, 냉난방 서비스, 전등 전열공급 서비스, 실내 환경유지 서비스, 위생 및 급수공급 서비스, 공용시설 이용 서비스, 환경관리 서비스, 안전관리 서비스, 고객불만 처리 및 만족도관리 서비스, 고객 피해보상 서비스 등이 있으며, 이를 통하여 바람직한 건물의 소유와 사용 및 이용만족 실현과 건물의 소유자와 사용자 및 이용자의 바라직한 건물의 소유와 사용 및 이용의 실현을 지원하고 있다. 이와 같은 시설관리 서비스를 생산하기 위하여 수행해야 하는 건물의 물리적 시설관리 활동(기술적 시설관리 활동)과 물리적 시설관리 활동을 사무행정적 측면에서 지원하는 행정적 시설관리 활동과 법률적 시설관리 활동 및 경제적 시설관리 활동 그리고 기술기능적 측면에서 물리적 시설관리 활동을 지원하는 환경적 시설관리 활동과 안전적 시설관리 활동 등을 총칭하여 건물의 시설관리 활동이라 한다.

3. 시설관리 영역 및 주체 간의 상호작용과 영향구조

1) 시설관리 영역 간의 상호작용

시설관리 활동은 전술한 바와 같이 물리적 시설관리 활동중심으로 사무행정적 측면에서 물리적 시설관리 활동을 지원하는 행정적 시설관리 활동과 기술기능적 측면에서 물리적 시설관리 활동을 지원하는 환경적 시설관리 활동과 안전적 시설관리 활동 등이 유기적으로 상호 작용하고 지원하며 영향을 주고받는 구조로 형성되어 있다.

2) 시설관리 주체 간의 상호작용과 영향구조

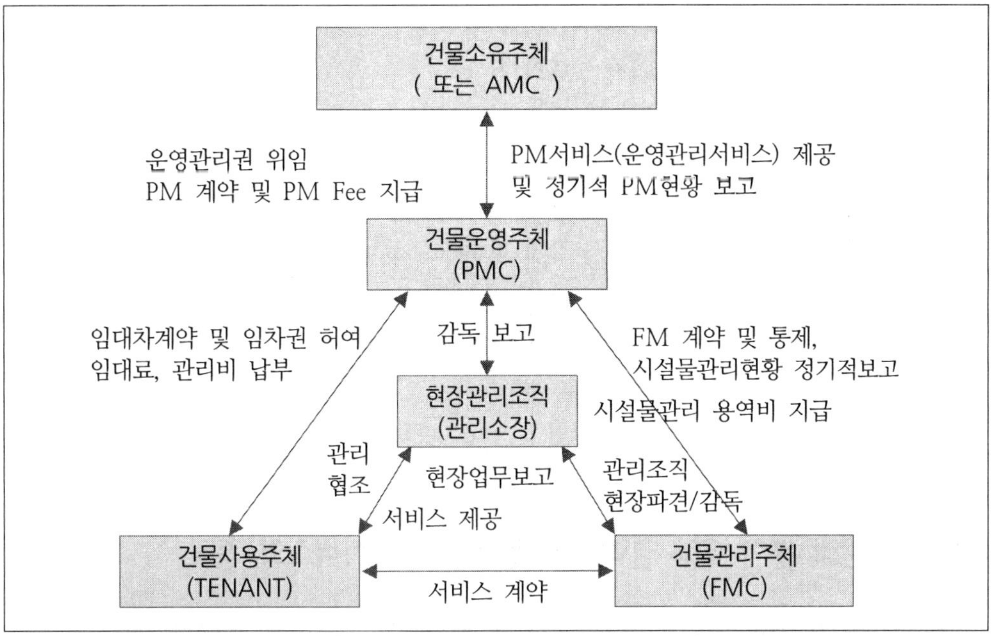

(자료 출처 : 김일효(2011), 건물자산운영관리론, 남두도서, p.31 인용 및 재구성)

[그림 3] 시설관리 주체 간의 상호작용과 영향개념도

시설관리 현장에는 건물소유 주체와 운영주체 및 시설관리 주체와 사용 주체 등 4종류의 주체가 상존하고 있어 상호 작용하고 영향을 주고받으며 유기적으로 작용하고 있다. 시설관리 서비스를 위탁하는 소유주체와 운영을 위탁 받는 운영주체 그리고 서비스를 생산하는 시설관리주체와 시설관리 서비스를 소비하는 건물 사용주체 간에 다음의 그림과 같이 상호 작용하고 영향을 주고받으면서 유기적으로 작동되고 있다. 이를 그림으로 정리하면 [그림 3]과 같다.

4. 시설관리 활동의 목적

시설관리 활동을 통하여 달성 하고자는 시설관리의 목표나 방향을 의미하는 시설관리 활동의 목적에는 1차 목적과 2차 목적 및 3차 목적(시설관리 서비스 활동의 궁극적 목적) 등이 있다. 시설관리 활동 목적의 종류와 내용을 소개하면 〈표 44〉와 같다.

〈표 44〉 시설관리 활동의 목적

목적의 종류	목적의 내용
1차 목적	• 건물 사용조건의 최적화 • 건물 사용가치의 유지 및 향상 • 건물 물리적 상태의 정상적 보존 • 건축물 기능과 성능의 장기적 유지
2차 목적	• 안전하고 쾌적하며 편리하고 위생적인 공간 조성 • 건물 사용자(입주자) 업무생산성 향상 • 건물 경제가치 유지 및 제고
3차 목적	• 건물 소유자의 바람직한 소유만족 실현, 건물 사용자의 바람직한 사용만족 실현, 건물 이용자의 바람직한 이용 만족 실현 지원 • 건물을 기반으로 이루어지는 인간의 삶과 생활과 일(업무)의 바람직한 영위 실현

5. 시설관리 분야 6개 영역관리 활동별 생산서비스의 종류

건물시설관리 서비스를 생산하는 건축물 시설관리 활동에는 건물시설관리 활동에서 가장 중심이 되는 물리적 시설관리 활동(기술적 시설관리 활동)과 사무행정적 측면에서 물리적 시설관리 활동을 지원하는 행정적 시설관리 활동 및 법률적 시설관리 활동 그리고 기술 기능적 측면에서 물리적 시설관리 활동을 지원하는 환경적 시설관리 활동 및 안전적 시설관리 활동 등 6종류의 시설관리 6개 영역별 시설관리 활동의 종류가 있다. 이를 통하여 생산하는 시설관리 서비스 종류는 〈표 45〉와 같다.

〈표 45〉 시설관리 활동의 종류별 생산서비스의 종류

시설관리 활동 구분	생산서비스의 종류
물리적 시설관리 활동	물리성 서비스(기술성 서비스)
	1) 건축물 냉난방 서비스 2) 전열 조명 서비스 3) 실내 환경유지 서비스 4) 위생 및 급수공급서비스 5) 공용시설 이용 서비스 6) 안전관리 서비스 7) 환경관리 서비스 8) 공사 지원 서비스
행정적 시설관리 활동	행정성 서비스
	1) 고객 민원 접수 및 처리 서비스 2) 고객 만족도 관리 서비스 3) 입주 및 퇴거 지원 서비스 4) 보험계약 서비스
법률적 시설관리 활동	법률성 서비스
	1) 시설관리 관계법령 이행 서비스 2) 입주자 권리 유지 및 보호 서비스 3) 시설관리 관련계약관리 서비스
경제적 시설관리 활동	경제성 서비스
	4) 피해보상 서비스 5) 시설관리 현장 실행예산관리 서비스 6) 입주자 건물관리비 산출과 청구 및 정산 서비스 7) 임대료 관리대행 서비스 8) 시설관리 관련 입출금 세무 및 회계 처리 서비스 9) 시설관리 관련 수입 및 지출 관리 서비스

환경적 시설관리 활동	환경성 서비스
	1) 저수조 청소 및 소독 서비스 2) 실내 공기 질 측정 서비스 3) 소독 및 방역 서비스 4) 음 용수 수질 검사 외 보건성 검사 서비스 5) 실내 환경유지 서비스(물리성 서비스 성격도 있음) 6) 위생 및 급수공급 서비스(물리성 서비스 성격 있음)
안전적 시설관리 활동	안전성 서비스
	1) 시설안전 서비스(Facilities safety service) 2) 방화, 방재, 방범 서비스 3) 주차 및 안내 서비스 4) 위험 감시 및 통제 서비스

6. 시설관리 활동의 업무 범위

시설관리 영역의 업무 범위는 건물 유지관리 분야별 시설관리 업무와 영역별 시설관리 업무 및 관계법령 시설관리 업무 및 LCC 측면의 시설관리 업무 범위 등이 있다. 이를 차례대로 기술하면 다음과 같으나 건축물 유지관리자가 특별히 유의해야할 점은 어떤 기준의 시설관리 업무라 할지라고 앞에서 설명한 시설관리 활동의 1차 목적과 2차 목적 및 3차 목적에 포커스(Focus)를 맞추어 시설관리 활동을 수행해야 하고 시설관리 활동 수행은 건물종합관리활동 5대 원칙(안전성의 원칙과 경제성의 원칙, 효율성의 원칙과 적합성의 원칙 및 효과성의 원칙)을 준수하여 수행해야 한다는 점이다.

여기서 소개하는 각 기준별 시설관리 업무범위는 건축물종합관리자가 기준에 따라 시설관리 업무가 분류되고 한정될 수 있으며 분류기준에 해당하는 시설관리 업무는 분류기준의 성격에 맞게 관리해야 한다. 분류기준에 의한 시설관리 업무 범위는 다음과 같다.

1) 건물시설관리 분야의 전체 업무 범위

건물종합관리 분야(시설관리 분야, 환경위생관리 분야, 시설경비관리 분야 중 시설관리 분야의 전체 업무범위는 일반적으로 다음과 같다. 여기서 소개하는 시설관리 업무는 최초로 시설관리 업체가 신규 시설관리 도급계약을 체결하고 시작하는 본사와 시설관리 현장업무를 중심으로 소개하고 있음을 참고하기 바란다.

또한 여기서 소개하는 건물시설관리 업무범위는 대형, 고층, 복합, 첨단건물을 모델로 도출한 시설관리 업무범위 임을 밝혀 둔다. 시설관리 분야 전체 업무범위는 다음의 〈표 46〉과 같다.

〈표 46〉 신규 시설관리 분야 전체 업무 범위

1) 시설관리 현장조사 및 현장파악
2) 시설관리 서비스 도급계약체결
3) 현장 및 서류 인수
4) 시설관리 운영기준 수립
   (1) 시설관리 계획 수립
   (2) 건물 사용규칙 제정(주차장 사용규칙 포함)
   (3) 현장 실행예산 설계 및 현장 운영비 사용기준 설정
   (4) 건물유지관리 유지보수 규정 작성
   (5) 건물 관리비 대행 서비스 절차 수립(내역 작성 및 관리 청구, 수납, 정산, 환불)
   (6) 제세공과금 납부기준
   (7) 화재보험, 영업배상 책임 보험 및 4대 보험 관리 기준작성
   (8) 시설관리 서비스 품질매뉴얼 사내표준 개발
5) 현장조직 설계 및 업무 분장
6) 자재관리
   (1) 유지보수 자재 수급계획수립
   (2) 유지보수 자재 발주 및 대금 지불
   (3) 유지보수 자재 입고 및 출고
   (4) 에너지 구매
   (5) 계측기 구입
   (6) 공 도구 및 소모성 자재 구입
7) 자료관리
   (1) 건축물 관련 법정서류 및 기록관리
   (2) 건축물 도면관리
   (3) 시설물관리 및 장비 사용 매뉴얼 관리
   (4) 건축물 관련 인허가 서류 관리
8) 계약관리
   (1) 하도계약 및 사후관리
   (2) 건축물 관련 외주계약 및 사후관리
   (3) 하자관리

(4) 대금 지불
(5) 기반시설 외주계약

9) 일반관리
(1) 구내 표시판관리
(2) 시설물대장 관리
(3) 각종 현수막관리
(4) 고객 불편사항 접수 및 처리
(5) 운영비품 구입 및 관리
(6) 미술품 및 조형물 관리
(7) 공용시설관리
(8) 인허가 관리
(9) 기타 부대시설관리(광고 간판/광고탑/옥상 설치 통신시설/헬기장 등)

10) 하도급관리
(1) 시설경비
(2) 환경미화
(3) 조경
(4) 방역 소독
(5) 쓰레기 및 폐기물 배출
(6) 실내공기 질 측정
(7) 보일러 세관 등
(8) 시설 및 설비 유지보수

11) 대관 및 법정 업무
(1) 법정검사 신청 및 이행
(2) 법정 자격 선임 및 해임 신고
(3) 관공서 지적 사항 및 안내사항 조치
(4) 대관업무 처리 및 보고

12) 에너지(전기/가스/유류/수돗물) 관리
(1) 사용량 확인
(2) 에너지 요금산출 및 정산
(3) 에너지 사용요금 청구 및 정산
(4) 에너지 사용분석 및 절감방안 연구

13) 시공관리(공사 작업관리)
(1) 연간 공사계획 수립
(2) 공사감독 및 공사안전관리
(3) 공사협력업체 관리

(4) 공사하자 관리

14) 전기설비 관리

(1) 수 변전 및 배전설비 관리

(2) 비상 전원(발전기/UPS) 설비관리

(3) 전기시설물 정기점검 및 보수(조명 및 전열 보수/법정사항, 전열사항 측정 등)

15) 기계설비 관리

(1) 냉난방 공조시설 관리

(2) 공조 냉난방 관리

(3) 급배수 시수 관리

(4) 위생, 오수 정화 설비 관리

(5) 경유, 가스 등 위험물 관리

16) 건축 영선

(1) 창호, 출입문 보수

(2) 도장작업

(3) 미장, 조적작업 및 목공작업

(4) 바닥, 벽체 및 천정 등 보수

17) 방재설비관리

(1) 소화설비 관리

(2) 자동화재 탐지설비관리

(3) 방재설비 및 방화관리

(4) 피난기구 관리

(5) 소방 및 재해예방 훈련

18) 통신설비 관리

(1) 교환설비 관리

(2) 전화기 관리

19) 방송설비 관리

(1) 구내 방송설비 운영 및 관리

(2) CATV 및 비상방송설비 관리

20) 피뢰 설비 관리

(1) 점검 및 비상상황 조치

(2) 정기점검 및 예방자체 점검

21) 예방 보수

(1) 고장신고 접수 및 조치

(2) 전기점검 및 예방조치 등

2) 시설관리 분야 영역별 업무 범위

시설관리 분야 영역별 업무 범위는 건축물에 존재하는 복합개념과 이로 인하여 나타나는 복합성의 특성으로 인하여 분류되는 시설관리 분야의 6개 영역별로 존재하는 시설관리 업무 범주를 말한다. 다만, 유의해야할 점은 영역별 시설관리 업무는 주요 시설관리의 물리적 시설관리(기술적 시설관리) 업무 위주로 범주를 한정하고 있다는 점과 분야별 전체 시설관리 업무에서 축소 또는 누락되어 있음을 유의해 주기 바란다. 시설관리 분야 영역별 시설관리 주요 업무 범위를 소개하면 〈표 47〉과 같다.

〈표 47〉 시설관리 분야 영역별 주요 업무 범위

1) 행정적 시설관리 영역의 업무
   (1) 현장조사 및 파악
   (2) 현장 및 서류 인수
   (3) 현장운영 기준 수립
   (4) 현장조직 설계 및 업무 분장
   (5) 현장인력 관리(선발/교육/현장배치/인사 노무관리/교육 및 훈련)
   (6) 협력사 관리
   (7) 구매관리
   (8) 자재관리
   (9) 문서관리
   (10) 고객만족도 관리
   (11) 고객 불편사항 접수 및 처리
   (12) 시설관리 서비스 품질매뉴얼 사내표준 개발 등
2) 경제적 시설관리 영역의 업무
   (1) 시설관리 현장 실행예산 수립 및 관리
   (2) 건물관리비 대행 서비스(관리비 산출/고지 청구/수납/환불/정산/보고)
   (3) 시설관리 관련 수입 지출 및 세무회계 관리
   (4) 건축물 유지보수 관련 비용청구 및 정산
   (5) 현장운영비 관리
   (6) 세금 및 부담금 청구 및 납부
   (7) 에너지 사용료 청구 및 납부 등
3) 법률적 시설관리 영역의 업무
   (1) 시설관리 서비스 도급계약 체결 및 사후관리
   (2) 시설관리 관련 법적 사건 사고 대응

(3) 법적 하자 처리
(4) 건물유지관리 관련 외주 계약체결 및 사후관리
(5) 시설관리 법령 검토 및 이행사항 처리
(6) 유관기관 관련 법정 업무 접수 및 처리
(7) 대관업무 실적 보고 등

4) 물리적(기술적) 시설관리 영역의 업무
(1) 연간공사 및 점검계획 수립
(2) 건축설비 및 시설 유지보수
(3) 공사협력업체 관리
(4) 공사안전 관리
(5) 공사하자 관리
(6) 건축시설 점검 및 영선관리
- 창호, 출입문 보수
- 바닥, 천정, 벽체 등 보수
- 도장작업

(7) 전기설비 관리
- 수 변전 및 배전설비 관리
- 비상전원(발전기/UPS)설비관리
- 전기시설물 정기점검 및 보수
- 조명 및 전열보수
- 절연저항 측정 및 법정검사 이행
- 조명설비 관리

(8) 기계설비 관리
- 냉난방 공조시설 운용 및 정비
- 공조 냉난방 관리
- 급배수 및 시수 관리
- 위생, 오수 정화설비 관리
- 위험시설물 관리

(9) 방재설비 관리
- 소화설비 관리
- 자동 화재탐지 설비관리
- 방재설비 및 방화관리
- 피난기구 관리
- 소방 및 재해예방 훈련

(10) 통신설비 관리
- 교환설비 관리
- 전화기 관리

(11) 방송설비 관리
- 구내방송설비 관리
- CATV 및 비상방송설비 관리

(12) 승강설비 관리
- 일반점검 및 비상조치
- 유지보수 업체 관리

(13) 예방정비 및 보수
- 고장 신고접수 및 조치
- 정기점검 및 예방정비 등

5) 환경적 시설관리 영역의 업무
(1) 건축 환경(열 환경, 음 화경, 수 환경) 관리
(2) 실내 환경 및 위생관리
(3) 보일러 세관 및 보고
(4) 쿨링타워 청소 및 위생검사
(5) 저수조 정기청소
(6) 실내 공기 질 측정 및 보고
(7) 정화조 청소 및 보고
(8) 먹는 물 수질검사 등

6) 안전적 시설관리 영역의 업무
(1) 시설물 안전관리
(2) 위험물 안전관리
(3) 방범, 방화, 방재 관리
(4) 사건사고 위험 발생 예방
(5) 시설위험 분석 및 통제 등

3) 건물종합관리 관계법령상의 시설관리 업무

건물종합관리 관계법령에서는 법과 제도에 따라 관리하도록 명시하고 있다. 따라서 관리자는 건물종합관리 관계법령에 대하여 숙지하고 이행해야 한다. 건물종합관리 관계법령상 이행해야 하는 주요 시설관리 업무는 〈표 48〉과 같다.

〈표 48〉 건물종합관리 관계법령상의 시설관리 업무

관리 관계법령	시설관리 업무
건축법 및 지방자치단체 건축조례	• 건물유지관리 기준(법 제35조/시행령 및 시행규칙 제23조) • 용도변경의 적합성과 증축 및 개축 등
시설물의 안전관리에 관한 특별법	• 건축물 진단 및 정밀 안전진단
주차장법	• 주차시설 유지관리
승강기안전관리법	• 자체 검사 및 유지관리 • 법정 검사
소방시설의 설치 유지 및 안전관리에 관한 법률	• 소방계획서 작성 및 보고 • 유류탱크, 위험물 안전점검 • 소방시설 점검
소방법	• 소방설치 사전 검사 • 소방시설 정기점검
공중위생관리법	• 건물위생관리업체 대표 청소현장 인수전 위생교육 • 청소현장 발생 신고
폐기물관리법	• 정화조, 하수도 시설 등의 적합성 • 생활폐기물/산업폐기물 처리
전기사업법	• 수변전시설 안전검사 • 절연저항측정 및 전력부하관리
도시가스사업법	• 도시가스시설, 보일러, 정압시설 검사
고압가스안전관리법	• 가스시설 검사
에너지 이용합리화법	• 보일러, 열교환기, 실내온도, 검사
환경보전법	• 소음, 진동, 분진 관리 • 환경민원 관리
다중이용시설의 공기질관리법	• 온도/습도, 조도, 청정도(미세먼지)/Co/Co_2/No_2/So_2/석면/소음/부유세균/포름 • 알데히드/VOC)검사
통신사업법	• 구내사설교환시설 및 정보통신 시설 유지관리

도시정비사업법	• 네온사인/광고/간판/팻말/사인보드/광고탑관리
상 하수도법 및 지방자치단체 조례	• 상하수도 시설 유지관리/시수요금 정산 • 지하수 개발 및 사용허가
도시계획법	• 도로확장/연결 도로/육교 허가 유지관리
도로법	• 도로점용/도로개설 및 폐쇄/지하도/도로 관리
건축물관리법	• 건축물생애이력 정보체계 구축 • 건축물 점검 • 건축물 해체 허가
기계설비법	• 기계설비 유지관리자 선임 • 기계설비 유지관리자 교육 이수

4) 건축물 LCC 측면의 시설관리 업무

시설관리 업무 범주를 건축물 총 생애단계 중 유지관리 단계에서 건축물 완공 당시 초기 건축물의 기능과 성능이 시간의 경과에 따라 점차 낮아지는 현상을 방지하기 위하여 점검하고 보수하며, 진단하고 교체, 개량 및 보강하는 물리적 활동을 BLCC(Building life cycle cost) 측면의 시설관리 업무라 한다.

건축물의 기능과 성능 및 물리적 수명은 시간의 경과나 사용상의 잘못에 의하여 기능과 성능이 떨어지고 수명이 단축된다. 따라서 일정한 수준의 유지관리 행위가 지속적으로 접목되어야만 준공 당시의 기능과 성능을 장기적으로 유지할 수 있으며 물리적 수명 역시 일정 부분 연장할 수 있다.

본래 LCC(Life cycle cost) 개념은 미국의 국립 표준연구소(NIST)가 초기 투자비용과 운영비용의 합이 가장 적은 시점을 분석하여 경제성을 높이고자 개발한 경제성 분석도구 개념이다. BLCC측면의 시설관리 업무는 다음과 같다.

(1) 시설물의 점검 및 보수
(2) 시설물의 진단/교체/개량/보강/대수선

7. 시설관리 활동의 기대효과

건물의 시설관리 활동을 체계적이고 전문적으로 수행하는 경우 다음과 같은 효과가 나타날 것으로 기대된다.

1) 건물의 물리적 상태가 정상적으로 보존된다.
2) 건물의 기능과 성능이 장기적으로 유지된다.
3) 건물의 사용조건이 최적화 된다.
4) 건물의 사용가치가 유지 · 향상된다.
5) 건물의 사용가치가 유지 및 향상되다 이로 인하여 건물의 경제적 가치가 제고되며, 건물 사용자의 업무 생산성이 향상된다.
5) 건물 소유자의 소유 만족과 사용자의 사용 만족 및 이용자의 이용 만족이 이루어진다.
6) 건물 기반의 삶과 생활과 일(업무)의 바람직한 영위가 바람직하게 이루어진다.

제2절 행정적 시설관리 활동

1. 행정적 시설관리 개념의 의의

행정적 시설관리라 함은 시설관리 업 중 사무적 성격의 문서를 매개로 이루어지는 시설관리 업무로서 사무적 성격을 가지고 있는 시설관리 업무를 말한다. 건물에는 단순히 물건의 성격인 물리적 개념만 존재하는 것이 아니라 건물 위에 존재하는 복합개념으로 인하여 물리적 성격 외에 행정적 성격과 경제적 성격, 법률적 성격, 환경적 성격 그리고 안전적 성격 등 6종류의 건물 성격이 존재하고 있다. 이로 인하여 6개 영역의 시설관리 업무가 존재하고 있다. 따라서 6개 영역의 시설관리 업무 모두를 이행할 때 비로소 시설관리 업무 수행이 완료된다. 다만 6개 영역의 시설관리 업무 영역 중 물리적 시설관리 영역의 업무가 시설관리 분야의 핵심 업무의 영역이라 할 수 있다.

행정적 성격의 시설관리영역과 경제적 성격의 시설관리 영역 및 법률적 성격의 시설관리 영역은 사무행정적 측면에서 물리적 성격의 시설관리 영역을 지원하고 있으며, 환경적 성격의 시설관리 영역과 안전적 성격의 시설관리 영역은 기술 기능적 측면에서 물리적 시설관리 영역을 지원하고 있음을 참고하기 바란다.

2. 행정적 시설관리 업무의 범위

시설관리 분야 6개의 영역의 시설관리 업무에는 전술한 바와 같이 행정적 시설관리 업무, 경제적 시설관리 업무, 법률적 시설관리 업무, 물리적 시설관리 업무, 환경적 시설관리 업무 그리고 안전적 시설관리 업무 등 6종류의 시설관리 업무 등이 있으며, 행정적 시설관리 업무의 범위는 〈표 49〉와 같다.

〈표 49〉 행정적 시설관리 업무의 범위

1) 시설관리 현장 현황조사 및 파악
2) 현장 및 서류 인수
3) 현장 운영관리 기준의 수립
(1) FM 운영계획(시설관리 계획) 수립
(2) 건물운영관리 규칙제정
(3) 건물관리비 대행서비스 수행절차 수립
(4) 시설관리 서비스 매뉴얼 사내표준 개발
4) 시설관리 현장 조직설계 및 업무 분장
5) 현장 인력 관리
6) 현장 문서 관리
7) 현장용품 및 용역구매 관리
8) 현장 고객 불편사항 접수 및 처리
9) 현장 고객만족도 관리
10) 현장 종사자 교육훈련
11) 현장 자재 관리
12) 입주 및 퇴거 지원 등

3. 시설관리 현장현황 조사 및 파악

1) 현장 현황조사의 개념

시설관리 현장파악을 위하여 다음과 같은 조사방법에 따라 조사하고, 시설관리 현장을 파악하여 시설관리 서비스 도급계약 체결과 현장인수 및 향후 현장관리 운영기준 수립 등에 활용해야 한다. 현장조사 및 현장파악 방법은 다음과 같다.

2) 현장 현황조사 및 파악절차

(1) 현장 조사계획 및 조사일정의 협의 확정

건축주와 현장 입찰, 도급계약, 인수, 운영관리 기준 수립 등의 자료로 활용하기 위하여 실시해야하는 현장 조사계획과 조사일정을 협의하고 확정한다.

① 현장 조사계획을 수립한다.
② 현장 조사일정을 협의하고 확정한다.
③ 현장 조사일정표를 2부로 작성하고, 1부는 소지하고 다른 1부는 건축물 소유주에게 전달한다.

(2) 체크리스트 작성

건축물 실사 팀을 조직하고 체크리스트(Check list)를 작성하여 현장조사에 활용한다.

시설관리 서비스 도급계약을 체결하기 위해서는 계약의 목적물인 건축물의 현황을 파악해야 한다. 이를 위해서는 건축물 조사 팀을 구성하되 영업팀 종사자 1인과 기술지원팀 기술 인력 1인으로 2인 1조로 조직하고 조사 체크리스트를 작성하여 이를 토대로 계약 당사자인 발주처 직원과 함께 현장을 확인하고 파악한다. 현장 파악을 위한 조사 방법은 다음과 같으며 현장 조사 체크리스트는 〈표 50〉과 같이 작성하고 유지한다.

① 현장 조사 팀을 조직한다.
② 현장 조사 체크목록을 작성한다.
③ 작성한 체크목록을 가지고 현장 조사활동을 수행한다.
④ 조사한 결과 자료를 기록 유지한다.

〈표 50〉 건축물 조사 체크목록

건축도면 및 물리적 현황
등기공부 및 권리 현황
지적 공부 및 행정적/법적 제한사항
입주자 건물관리 서비스 계약/건물사용 규칙 및 관리비 현황
입주자 현황

협력사 현황
직전 시설관리업체 인력보유 현황
물리적/행정적 하자 유무
공구/장비/원료/자재/부품 등 재고현황
기타 건축물 파악에 필요한 사항
20 . .   확인자 인   입회자 인

(3) 시설관리현장 건축물의 물리적 현황

건축도면을 입수하고 시설관리현장 건축물의 물리적 현황을 조사하고 파악한다.

건축물의 시설관리는 건축물 파악을 통한 시설관리 서비스 도급계약을 체결하고 현장을 인수함으로서 전체 현장 파악이 모두 이루어 질 수 있으나 시설관리 도급계약 체결을 위하여 도급계약 체결 전에 건축물에 대한 물리적 시설과 설비에 대한 파악은 필수적이다. 다음에 열거하고 있는 시설관리 파악사항 중 시설관리 계약 전과 후 및 시설관리 현장 인수시 또는 후에 이루어지는 파악사항을 나누어 파악해야 한다. 시설관리 현장 파악은 서면과 실물 중심으로 파악하되 오관 검사를 포함하여 필요한 경우 검사 장비를 활용하여 확인하고 파악해야 한다. 또한 현장파악은 기술직 종사자와 함께 수행해야 한다.

건축물의 층별 면적과 공용면적 전용면적, 연 면적과 건폐율 및 용적 등 관리 대상 건축물의 물리적 현황을 확인하고 건축물의 일반 개요서를 다음과 같이 작성하고 유지한다. 건축도면을 통한 현장 조사 방법은 다음과 같다.

① 건축준공도면을 확보한다.
② 건축설비도면을 확보한다.
③ 도면을 검토하고 건축물의 물리적 현황을 확인하고 파악한다.
④ 파악한 결과를 토대로 건축물의 일반개요를 다음과 같이 작성하고 기록을 유지한다.

〈표 51〉 관리대상 건축물의 일반 개요

건물명		/소유자 명	/연락처		
소재지					
대지 면적		/용도	/지역	/지구	/구역
건축면적	/연면적	/건폐율	/용적률	/조경면적	
건물 준공일		/착공일		/건축허가일	
시공회사		/감리회사		/설계사	
주용도		/보조용도			
주차대수	대	옥내	대	옥외	대
건물 높이	지하	층	지상	층 (	미터)
구조					
지붕재료					
외부마감					
주요 사용자재 현황					
주요 건축설비 현황					
현장 특기사항					

(4) 건축설비 리스트와 사용설명서

건축설비 리스트와 사용설명서 등을 확보하고 설비와 장비의 기능과 성능 및 하자 유무를 확인하고 파악 한다.

건축설비 도면과 리스트를 입수하고 관련 기술직 종사자와 함께 장비 별/설비별로 일일이(One by One) 점검하고 파악한다. 육안 검사방법과 계측기를 사용하는 계측기 검사방법으로 검사하고, 필요한 경우 커미셔닝을 실시하고 인수 후에는 A.T.B(Adjustment/Test/Balancing)를 실시하여 설비의 이상 유무를 점검하고 파악한다.

만일 점검과정에서 문제점이 발견되는 경우에는 점검결과 펀치 리스트(Punch list)를

〈표 52〉와 같이 작성하고 이에 따라 문제를 해결 받는다. 건축설비 리스트를 통한 현장 조사 및 파악방법은 다음과 같다.

① 건축설비 리스트와 사용설명서 등을 입수하고 검토한다.
② 건축설비의 장비의 기능과 성능을 확인한다.
③ 작동방법과 주의사항 및 사용법을 확인하고 파악한다.
④ 필요한 경우 커미셔닝과 A.T.B를 실시한다.
⑤ 확인결과 하자가 발견되는 경우에는 Punch List를 작성하고 문제를 해결한다.

Punch List는 다음과 같이 작성하고 조사결과를 기록 유지한다.

〈표 52〉 ○○ 건축설비 및 장비하자 Punch List

<table>
<tr><th>설비 및 장비 명</th><th>하자 및 문제점</th><th>개선 대책</th></tr>
<tr><td></td><td></td><td></td></tr>
<tr><td></td><td></td><td></td></tr>
<tr><td></td><td></td><td></td></tr>
<tr><td></td><td></td><td></td></tr>
<tr><td></td><td></td><td></td></tr>
<tr><td colspan="3">작성일 : 20 . . .
작성자 : (인)

○○○ 건축물 소유자 귀하</td></tr>
</table>

(5) 건축물의 지적공부와 등기공부

건축물의 지적공부와 등기공부를 확보하고 권리 또는 건물과 토지에 대하여 하자 유무를 파악한다.

지적공부와 등기공부를 확보하고 확인하는 목적은 건축물의 현황과 토지 이용의 제도적/법적 제한 등 공적 토지관리 상태를 점검하고 소유자와 소유권의 제한물권 등 권리상의 하자나 문제점을 확인하여 파악하기 위함이다. 지적공부(행정공부)에는 국토의 이용 및 계획 확인원, 도시계획 확인원, 지적도 등이 있으며, 등기공부에는 토지 등기부와 건물등기부 등이 있다. 열람은 인터넷으로도 가능하며 점검자가 직접 열람하는 것이 현명하다. 왜냐 하면 등기공부와 지적 공부의 위조 및 변조 등을 방지하기 위함이다. 건축물 지적공부와 등기공부를 통한 현장조사 및 파악방법은 다음과 같다.

① 토지등기부와 건물등기부를 확보하고 토지와 건물관련 권리정보를 확인한다.
② 도시계획 확인원 또는 국토이용계획 확인원, 지적도 등을 확보하고 토지정보를 확인한다.
③ 권리와 건물 및 토지에 관련 하자 유무를 파악한다.
④ 확인하고 파악한 자료를 기록 유지한다.

(6) 건물입주자현황정보를 확보하고 입주자현황 및 관리비 수납상태 파악

수익성 건축물에는 임차인이 반드시 존재함으로 임대차 계약 체결과 함께 건물사용계약 또는 건물사용 규약 (주차장 사용계약 포함)등이 임대인과 임차인 사이에 존재하고 있다.

건축물 실사 팀은 이와 같은 임대차 계약 현황과 건물사용계약서 등을 확보하고, 이를 통하여 입주자 현황과 관리비 상태를 점검해야 한다. 특히 입주자의 연체현황과 불량 입주자 현황을 파악하고 향후 예상되는 불량 입주자의 문제점에 대하여 사전에 대응전략을 마련 해 두어야 한다.

입주자 현황은 〈표 53〉과 같이 작성하고 매달 업데이트하여 유지한다. 건축물 입주자 현황 정보를 통한 현장조사 및 파악방법은 다음과 같다.

① 입주자 리스트(Tenant List) 확보한다.
② 입주자 현황을 파악한다.
③ 관리비 납부 및 수납상태를 파악한다.
④ 입주자 현황표를 작성하고 유지한다.

〈표 53〉 ○○빌딩 입주자 현황

(20 년 월 일 현재)

입주자명	층/임대면적	대표자/담당자	연락처	입주일	퇴거일	보증금/ 관리비	연체 현황
작성일 : 20 . . . 작성자 : (인)							

(7) 관리 방식 및 보고체계 파악

시설관리 도급계약을 체결하기 전에 종전의 시설관리업자가 발주처 동의하에 사용하던 시설관리 방식과 관행 및 문화를 파악하고 이를 유지해야 한다. 또한 발주처의 보고체계가 일일보고, 주간보고, 월간보고, 그리고 연간보고를 모두 해야 하는지와 보고서 양식과 내용 모두 파악해 두는 것이 향후 시설관리현장 운영에 유리하다.

관리방식과 보고체계 파악방법은 다음과 같다.

① 시설관리 과업지시서를 확보한다.
② 확보한 시설관리 과업지시서를 검토한다.
③ 검토한 자료를 통하여 관리방식 및 보고체계를 파악한다.
④ 파악한 정보와 자료를 기록하고 유지한다.

(8) 건물관리 관련 보험의 가입현황 파악

시설관리현장 운영은 매우 위험한 위험물이 존재하고 있는 현장으로서 시설관리 과정에서 화재사고나 폭발사고 또는 작업 안전사고가 발생할 개연성이 항상 존재하고 있다. 그러므로 시설관리 현장의 보험가입 현황을 확인하고 사전에 위험 통제와 위험회피 방법으로 안전관리를 하여야하나 만일의 사고로 발생하는 인적 피해와 물적 피해보상을 위하여 화재보험에 가입하고 이를 사후 관리해야 한다(그러나 실제는 건축물 소유자가 소유 건축물에 대하여 화재 보험에 가입하고 있다. 따라서 시설관리 업체는 피보험자 명단에 기입하도록 사전에 건축물 소유자로부터 협조를 구하는 것이 상책이다).

또한 시설관리 업체는 시설관리현장 인수 즉시 건축물의 소유자와 관리자 영업배상 책임보험과 주차장 영업배상 책임보험 및 가스영업 배상책임 보험 등에 반드시 가입하고, 근로자를 위한 4대 보험의 의무적 가입과 사후관리는 필수적이다. 보험가입 현황 파악방법은 다음과 같다.

① 가입보험증서 사본을 확보한다.
② 확보한 보험증서 사본을 분석한다.
③ 검토한 자료를 통하여 가입 보험의 종류, 내용과 범위를 파악한다.
④ 가입 보험에 문제가 있는 경우, 현장 인수 후에 지체 없이 보완한다.
⑤ 파악한 정보와 자료는 기록하고 유지한다.

(9) 협력기관과 관계기관(유관기관)의 현황 및 관련 업무 파악

시설관리 현장 인수와 함께 협력기관의 현황과 관계기관의 현황을 모두 파악하고 협력 기관과 관계기관과의 진행업무도 파악해야 한다. 왜냐 하면 시설관리 현장에는 협의의 시설관리현장 조직(관리소장 + 감독자 + 근무자)으로만 운영되지 아니하고 광의의 시설관리현장 조직[관리소장 + 시설관리 관계자(한국전력공사/한국도시가스공사/수도사업소/시 · 군 · 구/소방서/보건소 등 공적서비스 공급기관)], 협력자(자재 납품업자 + 인력공급업자 + 검사 대행사 + 정밀 안전진단 기관 + 보험사 + 보수정비 및 수선과 유지관리 업체 등 사적서비스 공급업체) + 감독자 + 근로자 등으로 공식 또는 비공식으로 조직화된 넓은 의미의 시설관리 현장 조직에 의하여 현장이 운영되고 있기 때문이다. 협력기관과 관계기관(유관기관)의 현황 파악방법은 다음과 같다.

① 비상 연락망을 확보한다.
② 유관기관의 관계 업무를 파악한다.
③ 유지관리 보수협력업체 명단을 확보한다.

④ 협력기관의 협력 업무를 파악한다.
⑤ 관계기관(유관기관)과 협력업체의 정보를 확보하고 기록 유지한다.

(10) 종사자 현황과 인사노무 관계서류를 확보하고 종전의 인사노무 현황 파악

시설관리 서비스 도급계약을 체결하고 현장 인수전에 종전 시설관리 업체의 종사자들에 대하여 파악하고 종업원 승계인수에 대비해야 한다. 왜냐 하면 전 현장 종사자 모두를 특별한 이유가 없는 한 전원을 포괄 승계해야하기 때문이다. 따라서 신규 시설관리 업체는 종전 시설관리 업체의 종사자 현황과 인사 노무관계 서류를 확보하고, 종전의 시설관리업체 종사자에 대한 인사노무 현황을 파악해야 한다. 종전 인력의 인사 노무현황 파악방법은 다음과 같다.

① 인력 고용 승계 서를 확보한다.
② 인력 고용 승계 서를 검토한다.
③ 종사자 현황과 인사 노무현황을 파악한다.
④ 파악한 인력 인사노무 정보를 취합하여 기록 유지한다.

(11) 재고 스페어파트(부품)와 자재 및 원료 등 재고현황 점검 및 파악

현장인수시를 대비하여 종전 시설관리 업체 또는 발주처나 건축물 소유주체가 보관하고 있는 재고 자재나 공 도구, 원료 부품 등을 파악하고 확인자가 재고자재 목록표를 작성하고 확인 · 서명한다.

① 재고자제 리스트를 작성한다.
② 재고 현황을 공동으로 확인한다.
③ 재고 인수 인계서를 작성하고 서명 날인한다.

(12) 시설관리업무 관련 기록일체를 확보하고 시설관리 문제점 파악

현장 파악을 위해서는 종전의 시설관리 업체와 그 종사자들이 작성하고 유지하고 있는 업무 일지와 검사 대장 및 점검대장 등을 입수하고 파악한다.

(13) 비상연락망 파악

시설관리 현장에 비상상황이 발생하는 경우에 이를 조기에 수습하고 원상복구하기 위하여 비상연락망을 구축하고 운영하고 있다. 비상연락망에는 내부 비상연락망과 외부 비상 연락망이 있으며, 이를 확보하고 검토하여 파악한다.

① 내부 비상연락망을 표로 작성한다.
② 외부 비상연락망을 표로 작성한다.
③ 전체 비상연락망을 표로 작성하고 해당 장소에 비치하고, 비상상황 발생시 이를 적극적으로 활용하여 비상상황에 대응한다.

(14) 에너지 장기 수급계약 내용 파악

건축물종합관리를 위해서는 전기, 가스, 수돗물, 유류 등 에너지가 필요하다. 따라서 시설관리 주체는 에너지 공급처와 에너지 장기 수급계약을 체결하고 에너지를 공급받고 있다. 이와 관련한 에너지 수급계약서를 확보하고 에너지 수급의 비용상의 문제가 있는지와 수급방법의 잘못은 없는지 등에 대하여 파악한다.

① 전기 장기 공급계약서를 확보하고 계약내용을 파악한다.
② 도시가스 공급계약서를 확보하고 계약내용을 확인한다.
③ 수돗물 공급계약서를 확보하고 계약내용을 확인한다.
④ 유류 등 거래 내역서를 확보하고 거래내용을 확인한다.
⑤ 파악한 내용과 정보 및 자료를 '에너지관리 대장'에 기록하고 유지한다.

(15) 현장에서 사용중인 각종 매뉴얼과 규정, 지침서 등 확보 및 파악

현장에서 보유하고 사용하고 있는 각종 매뉴얼과 규정 및 지침서 등을 확보하고 유지관리기준과 절차 등을 파악한다. 파악방법은 다음과 같다.

① 시설관리 서비스 품질매뉴얼과 절차서(규정) 및 지침서 목록을 작성한다.
② 매뉴얼 종류별 주요 내용을 기록한다.
③ 현장 업무 수행에 유효성 정도를 확인한다.
④ 문제점이 있는 매뉴얼은 수정 보완한다(개정 또는 폐기한다).

4. 시설관리 현장의 인수

1) 현장인수의 개념

시설관리 현장인수란 시설관리 서비스 업무를 수탁 받아 서비스를 대행하는 경우에 서비스를 생산·제공하기 위하여 건축물과 시설물 각종 서류와 도서 및 정보 등을 발주처나 건축물 소유주 또는 전 관리주체로부터 넘겨받는 것을 말한다.

시설관리 서비스 도급계약 체결이 이루어지고 나면 정한 일시까지 현장을 인수해야 한다. 현장인수시 사전에 파악한 현장점검과 확인 및 파악정보가 매우 유용하게 활용되며, 향후 시설관리 운영계획 수립에 요긴하게 사용 된다. 시설관리 현장인수는 인계자와 인수자가 2인 1조가 되어 계약의 상대방인 건축주로부터 인수한다. 시설관리 인수는 서류 인수와 건축물 및 설비인수로 나누어 다음과 같은 방법으로 인수한다.

2) 현장인수 절차

(1) 인수방법 및 절차 협의

① 인수인계 범위와 업무에 대하여 인계자와 인수자가 협의한다.
② 인수인계 일정계획을 수립한다.
③ 인수인계 체크리스트를 작성한다.
④ 인수인계체크리스트에 의거하여 인수인계 업무를 인계자와 인수자가 공동으로 수행한다.
⑤ 인수인계서를 작성하고 인수인계 종료시 인수인계자가 서명하고 1부씩 보관한다.
⑥ 현장 사무실과 사무기기, 집기 비품 및 통신시설 등을 인수한다.

(2) 시설관리 관련 서류 인수

① 다음 양식에 의거하여 전기인허가 서류를 인수한다.

서류명	주무관청	수량	인계자	인수자
전기 공작물사용 개시 신고 필증	안전공사			
전력수급 계약서	한국전력			
전력공급 동의서	한국전력			
자가용 전기공작물 공사계획	각 구청			
공청 TV설치 시공확인서				
승강기 설치확인서	승강기관리원			
구내 교환설비 준공검사 확인서	통신사업자			
절연 및 절연저항 측정 기록표				
방화관리자(소방안전기사) 선임 필증	소방서			
하론 충전검사 확인서	소방업체			
전기안전관리자 선임 필증	각 구청			

② 다음 양식에 의거 기계설비 인허가 서류를 인수한다.

서류명	주무관청	수량	인계자	인수자
검사대상 기기 검사증	에너지공단			
검사대상 기기 조정자 선임 필증	에너지공단			
배출시설 설치 허가증(수질 및 대기)	각 구청			
상수도 통수 확인서	수도사업소			
도시가스 안전검사 필증	가스안전공사			
위험물 제조소 설치 허가증	소방서			
압력용기 구조 용접 검사증	에너지관리공단			
고압가스 저장소 허가증	각 구청			
고압가스 안전검사 필증	각 구청			
액화석유가스 사용신고 필증	각 구청			
가스사고 배상 책임보험증권	각 구청			
정화조 설치허가	각 구청			
소방시설 검사 필증	소방서			
위험물 취급자 신고 필증	각 구청			
소방시설완공 검사 필증	소방서			
위험물취급자 신고 필증	각 구청			
고압가스 취급자 신고 필증	각 구청			
공중위생시설 신고 필증	각 구청			
일반폐기물 다량 배출자 신고서	각 구청			
위탁업체 지정서	각 구청			

③ 다음 양식에 의거 건축인허가 서류를 인수한다.

서류명	주무관청	수량	인계자	인수자
주차장설치 신고 필증	각 구청			
교통영향평가 승인서	각 시도			
진입도로 점용도로 허가증	각 구청			
예술조형물 관리대장	각 구청			

서류명	주무관청	수량	인계자	인수자
하수도 준공 필증	각 구청			
정화조 준공신고서 및 관리카드	각 구청			
방염시험 성적서	방염 협회			
한국산업표준 표시 허가증	중소기업청			
건축물 임시사용 승인서	각 시도			
준공검사 필증	각 구청			
준공신고서	각 구청			
소방시설 완공검사 필증	소방서			
건축허가서	시, 군, 구			

④ 다음 양식에 의거 기기시험 성적서 서류를 인수한다.

서류명	주무관청	수량	인계자	인수자
주차단기 시험성적서	한국전기공업			
MOF 시험성적서	한국전력공사			
케이블헤드 시험성적서	한국전력공업			
C.T 시험성적서	한국전기연구			
L.A 시험성적서	한국전기공업			
A.T.S 시험성적서	한국전기공업			
U.P.S 시험성적서	한국전기공업			
G.C〉B V.C.B 시험성적서	한국전기공업			
저압 변압기 시험성적서	전기안전공사			
보호 계전기류 시험성적서	한국전기연구			
특고 및 고압케이블 시험성적서	한국전기공업			
발전기 시험 가동 테스트 리스트	한국전기공업			
발전기 엔진부분 시험성적서	한국전기공업			

⑤ 다음 양식에 의거 기계설비 승인서, 시방서, 시험성적서, 카탈로그, 매뉴얼 등 기계설비 서류를 인수한다.

구 분	승인서	시방서	시험성적서	카탈로그	매뉴얼	인계자	인수자
보일러							
냉온수기							
냉각탑							
공조 기기 AHU FAN FCU PAC 항온항습기							
탱크 급탕 고가수조 팽창 오일							
펌프수처리기							
위생기구							
일반배관설비							
덕트설비							
자동제어설비							
소화벌비 스프링클러 소화전 가스소화설비 배연설비							
도시가스설비							
주차설비							
폐수처리설비							
오수 · 정수처리설비							
승강설비 엘리베이터 에스컬레이터 휠체어리프트							
필터							

⑥ 다음 양식에 의거 전기설비 승인서, 시방서, 시험성적서, 카탈로그, 매뉴얼 등 전기설비 서류를 인수한다.

구 분	승인서	시방서	시험성적서	카탈로그	매뉴얼	인계자	인수자
LBS							
비상 발전기							
큐비클 고압 큐비클 저압							
축전지							
분전반 전등전열							
접지설비							
피뢰설비							
일반배관설비							
M.C.C							
자동제어							
방재설비 소화설비 경보설비 피난설비 소화활동설비							
교환기							
무선호출기							
전광방송							
공청설비							
CCTV							
CATV							
비상등							
외등/가로등 조경등 투광등							
약전설비							

⑦ 다음의 양식에 의거 건축시설물관리 서류를 인수한다.

구 분	승인서	시방서	시험성적서	카탈로그	매뉴얼	인계자	인수자
외장재							
내장재/천정 벽 바닥							
창호/유리 하드웨어 도어 방화문 자동문							
방화 셔터							
타일							
도장							
레일							
핸드 레일							
도어 로크							
조경 식재							
실제 조경							
보온재/단열재							
보도블록							

⑧ 다음 양식에 의거 도면을 인수한다.

구 분	도면명	규 격	수 량	인계자	인수자
건축	건축평면도 건축재료 마감표 건축천정도 건축구조도 건축설계도 조경설계도 하수관로도				

구 분	도면명	규 격	수 량	인계자	인수자
기계	공조닥트 도면 냉난방 배관 도면 위생배관 도면 소화설비 도면 유틸리티 배관 도면 주장설비 도면 정화조 도면 폐수처리설비 도면 도시가스설비 도면 자동제어설비 도면				
전기	수변전설비 도면 약전 도면 M.C.C 도면 전열 도면 전등 도면 접지 도면 방송 도면 소방설비 도면 소화설비 자동화재탐지설비 방재건축 평면도 자동제어 도면 분전반 결선도 기계실 동력				

(자료 : 국가기술표준원(2011), KS S 1004-2, pp.19-24 인용)

(3) 건축물 및 건축설비 인수

① 건축물 일반 현황과 전기설비 현황, 기계설비 현황, 방재설비 현황, 정화조시설 현황 등을 포함하여 '건축물 인계인수 목록표'를 작성한다.

② 건축물 인수인계 목록표에 따라 상태 건축물과 설비의 상태점검과 기능점검을 실시한다.

③ 점검결과 문제가 있는 부분은 Punch List를 작성하고 상호 확인한다.

④ 필요한 경우, 커미셔닝 및 A.T.B를 실시한다.

⑤ 인수인계가 종료되면 건축물 및 설비 인수인계서에 서명하고 각 1부씩 보관한다.

5. 시설관리 현장 운영기준의 수립

1) 현장 운영기준의 개념

현장인수가 종료될 때 시설관리 주체는 지체 없이 연간 FM운영계획(시설관리 계획)을 수립하고 건물운영 규칙과 현장 실행예산 수립, 건물관리비 산출 및 정산 서비스 수행 절차, 시설관리 서비스 업무 표준 제정 등 업무수행 기준을 수립하고, 이에 따라 시설관리업무를 수행해야 한다. 수립해야할 주요 시설관리 관련 운영기준은 다음과 같다.

(1) FM운영관리 계획(시설관리 계획)
(2) 건물운영관리 규칙
(3) 현장 실행예산 수립기준
(4) 건물관리비 산출 및 정산서비스 수행절차
(5) 시설관리 서비스 사내표준(매뉴얼, 절차서 및 지침서) 등

6. FM 운영관리 계획(시설관리 계획)의 수립

1) FM 운영관리 계획의 개념

FM운영관리 계획이라 함은 시설관리 현장의 운영에 있어서 가장 기본이 되는 운영기준으로서 시설관리 서비스 계약을 체결한 현장에서는 계약기간 동안 시설관리 운영방침과 시설 및 설비의 점검, 정비 운전 보수 개량 교체 등의 수행 업무 및 작업계획, 교육 훈련계획, 민원 처리계획, 긴급 상황대처 절차, 보고절차 등 시설관리 전체 업무수행의 기본방침과 수행절차를 수립하는 계획을 말한다.

시설관리 업체는 시설관리 서비스 계약을 체결하고 현장인수가 이루어지는 즉시 FM 운영관리 계획서를 작성하고 이를 발주처에 제출해야 하며, 전체 시설관리 현장 종사자들이 교육을 통하여 공유하도록 해야 한다.

2) FM 운영관리계획 수립절차 및 방법

FM 운영관리계획 수립절차와 방법은 다음과 같다.

(1) 시설관리 운영방침을 정한다 : 운영 방침에는 운영 방침과 목표, 행동지침, 관리분야와 시설관리 분야별 중점 업무 등을 중심으로 작성한다.

(2) 현장개요 및 시설현황을 조사하고 건축물 개요서를 작성한다 : 현장개요는 건물 명칭, 위치, 지역지구, 주용도, 구조, 층수, 대지면적, 건축면적, 연면적, 건폐율, 용적률, 전용율과 공용율, 건물 높이, 주차대수, 냉난방방식, 승강기, 정화조, 조경면적 등을 포함하여 건축개요서를 작성해야 한다. 시설현황은 주요 시설만을 포함하되 시설의 종류, 제작사, 대수, 설치 연도, 기능과 성능, 사용설명서, 기술시방서, 매뉴얼, 정비 이력 등을 포함하여 작성한다.

(3) 과업지시서를 통하여 시설관리 과업 수행지침을 확인한다 : 과업수행지침은 지침서의 목적, 업무의 범위, 종업원의 배치, 근무시간, 점검 및 보수 책임, 장비 부속 등의 공급책임, 계측시험, 시설관리 업무내용, 장비이력 카드 작성 및 유지, 안전관리, 환경위생관리, 공휴일 및 심야 근무, 방화관리, 장비 및 공구의 확보, 시설 운영지침서 작성 및 발주처(갑)에게 제출, 업무일지의 작성보고, 기타 갑의 지시사항 등을 포함하여 작성한다.

(4) 시설분야 작업계획을 수립한다 : 시설관리분야 운영계획은 시설관리 수행내용을 중심으로 작성하되 다음 사항을 포함하여 작성하고 갑(발주처, 감독부서)에게 제출해야 한다. 시설관리분야 운영계획서에 포함되어야할 사항은 다음과 같다.

① 시설관리 점검 및 작업계획서
- 일일, 주간, 월간, 분기, 연간, 정기점검 및 작업계획
- 법적 점검 및 작업계획
- 시설물의 수리 및 장비의 정밀 점검 및 작업계획

② 시설별, 장비별 부속품, 소모품 교체계획
③ 장비, 공구, 장구 류 등의 공급계획
④ 관계법령에 따른 정기 점검, 검사, 신고, 보고 및 수선계획
⑤ 시설물 인수 인계방법 및 절차
⑥ 하자보수 처리계획
⑦ 기술 인력 배치계획 및 기술인력 교육 계획 등을 포함하여 작성한다.

(5) 준공도면을 확보한다 : 건축물 준공도면을 다음과 같이 확보하고 검토한다.

전 기	수변전설비 도면, 약전 도면, M.C.C 도면, 전열 도면, 전등 도면, 접지 도면, 방송 도면, 소방설비 도면/소화설비, 자동화 재탐지설비, 방재건축 평면도, 가동제어 도면, 분전반 결선도, 기계실 동력

건 축	건축평면도, 건축재료 마감표, 건축천정도, 건축구조도, 건축설계도, 조경설계도, 하수관로도
기 계	공조닥트 도면, 냉난방배관 도면, 위생배관 도면, 소화설비 도면, 유틸리티배관 도면, 주방설비 도면, 정화조 도면, 폐수처리설비 도면, 도시가스설비 도면, 자동제어설비 도면

(6) 교육 훈련계획을 수립한다.
(7) 민원처리 계획을 수립한다.
(8) 비상상황 대응절차를 수립한다.
(9) 테러 등 재난 유형별 방호계획을 수립한다.
(10) 보고 체계 및 절차를 확인한다.
(11) 현장 조직을 설계하고 업무를 분장한다.
(12) 수립한 계획을 다시 검토한다.
(13) 검토결과 문제점은 개선하고 수정 · 보완하여 FM운영관리 계획서를 최종 작성한다.
(14) 작성한 FM운영관리 계획을 교육을 통하여 전체 시설관리 종사자와 공유한다.
(15) 발주처(건물주/감독기관/감독부서)에 1부를 제출한다.
(16) 업무수행은 시설관리 운영계획서 내용과 부합하게 수행한다.
(17) FM운영관리 계획(시설관리 계획)을 다음과 같이 작성하고 현장운영 기준으로 활용한다. FM운영계획은 다음의 내용을 수록하여 작성하고 유지해야 하며, 발주처(건물소유자/감독 부서)에 1부 제출한다.

〈표 54〉 FM 운영관리 계획서(예시)

(1) 건축물 개요
(2) 시설운영 방침
(3) 조직 및 업무분장
(4) 시설관리 점검 및 작업계획서
- 일일, 주간, 월간, 분기, 연간, 정기점검 및 작업계획
- 법적 점검 및 작업계획
- 시설물의 수리 및 장비의 정밀 점검 및 작업계획

(5) 시설별, 장비별 부속품, 소모품 교체계획
(6) 장비, 공구, 장구 류 등의 공급계획

(7) 관계법령에 따른 정기 점검, 검사, 신고, 보고 및 수선계획
(8) 시설물 인수인계 방법 및 절차
(9) 하자보수 처리계획
(10) 기술 인력 배치계획 및 기술인력 교육계획
(11) 직무교육 및 훈련계획
(12) 민원처리계획
(13) 긴급상황 대응절차
(14) 보고절차
(15) 기타 시설관리에 필요한 사항

주) FM 운영계획서는 건축물의 성격과 용도, 시설관리의 범위 및 운영관리 방침 등에 따라 다소 다르게 작성될 수 있음.

7. 건물 운영관리 규칙의 제정

1) 운영관리 규칙의 개념

건물 운영관리 규칙이라 함은 건축물시설관리 주체(건축물 소유주체 포함)와 시설관리 서비스를 생산하고 공급시 지켜야 하는 서비스 공급기준과 건물 입주자가 입주 건물을 사용하고 수익함에 있어서 반드시 지켜야 하거나 알아 두어야 할 사용조건과 기준 및 정보를 명시하고 있는 자치법규를 말한다.

2) 건물운영관리 규칙제정 절차

건물운영관리 규칙 또는 규정은 다음 사항을 포함하여 제정하고, 이를 전체 종사자와 입주자가 공유하고 지키도록 홍보하고 교육해야 한다. 건물 운영관리 규칙은 다음의 내용을 포함하여 작성하고 유지해야 한다.

(1) 관리 건축물의 개요를 조사하고 건축물 개요서를 먼저 작성한다.
(2) 인근 유사빌딩의 출입기준 사례를 조사하고 입 · 출입기준을 설정한다.
(3) 임대차 계약서를 검토하고 임대자가 임차인에게 제공해야하는 서비스와 품질 및 조건 등을 조사하고 시설 및 설비 운영기준을 확정한다.
(4) 시설이용 및 관리기준을 확정한다.
(5) 검토회의를 통하여 확정한 기준을 검토하고, 현장실정과 건물사용자 입장을 고려

하고 반영한다.

(6) 최종 건물 운영관리 계획을 확정하고, 건축 소유자(건축물 소유주체/임대인 등)의 승인을 득한다.

(7) 임대차 계약시 건물 운영규칙을 계약서 일부 서면으로 포함하여 건물관리 계약 체결시 사용자의 동의를 얻어야 하며, 임차인에게 1부를 제출하고 이를 공유하도록 한다. 시설관리 주체로부터 승인을 받도록 한다.

건물 운영관리 규칙은 다음의 〈표 55〉와 같이 작성하고 유지해야 하며, 건물전체 사용자가 이를 준수하도록 조치해야 한다. 건물 운영관리는 원칙적으로 운영관리 규칙대로 운영하고 관리해야 하나 사정과 상황에 다라 다소 유동적으로 운영하는 것이 현명하다.

〈표 55〉 건물 운영관리 규칙 (예시)

(1) 운영관리규칙 제정의 목적
(2) 운영관리규칙 적용 범위
(3) 건축물의 시설 및 설비 개요
(4) 건축물 출입관리
- 출입문 개폐 운영기준(평일/토요일/일요일/공휴일)
- 사무실 출입
- 물품 반 출입
- 이삿짐 반 출입
- 보안 및 안내관리

(5) 설비 운영기준
- 냉난방 서비스 공급기준
- 급수 서비스 공급기준
- 전력공급 서비스 기준
- 중앙관제실 및 야간 당직실 운영기준
- 고객 불편사항 접수 및 처리절차

(5) 공용시설 이용 기준
- 방문객 예약 기준
- 강당 이용 기준
- 직원식당 이용 기준

(6) 시설 운영 및 관리 기준

- 사무실 운영 기준
- 상업시설 운영 기준
- 주차장 운영기준

(7) 승강설비 운행 및 이용 기준
(7) 통신시설 운영 및 이용 기준
(8) 분야별 보수 기준
(9) 건물관리비 청구 및 수납 기준

주) 건물 운영관리 규칙은 건축물의 성격, 용도, 설비의 종류와 관리 방법, 운영관리 방침 등에 따라 다소 달라질 수 있음.

8. 시설관리 서비스 사내표준 제정

1) 서비스 사내표준의 개념

시설관리 서비스 생산과 제공은 주로 관계법령과 관련 제도에 따라 이루어지는 특징이 있으나 고객이 요구하는 표준서비스를 생산하고 고객에게 제공하려면 시설관리 서비스 사내표준을 제정하고 이를 적극 활용하여 양질의 시설관리 서비스를 생산하고 제공해야 한다.

시설관리 서비스 사내표준(FM/Facilities Management Service Standard)이란 시설관리활동을 통하여 생산하는 서비스의 품질 기준 및 목표를 말한다. 시설관리 서비스 사내 표준의 제정절차와 방법은 다음과 같다.

2) 사내표준 제정절차

(1) 적용범위를 정한다

00시설관리 현장 시설관리 업무수행에 필요한 서비스 품질 문서의 작성, 검토, 승인, 등록, 배포 및 변경에 대하여 적용한다.

(2) 제정목적을 확정한다

품질시스템을 구축하고, 시설관리서비스 시스템을 효과적으로 운영하는데 목적이 있다.

(3) 시설관리 서비스 표준 관련 용어를 정의한다

① 시설관리서비스 품질매뉴얼
② 시설관리 서비스 품질 절차서(서비스 품질 규정)
③ 시설관리서비스 품질 지침서

(4) 사내표준 제정 프로세스를 분석한다

분석순서는 다음과 같다.

> ① 서비스 업무 분석 ⇨ ② 서비스 품질 문서작성 ⇨ ③ 관련 부서 합의 ⇨ ④ 검토 및 승인 ⇨ ⑤ 등록 ⇨ ⑥ 발행 및 배포 ⇨ ⑦ 교육 ⇨ ⑧ 개정 및 폐지

(5) 권한과 책임을 정한다

① 경영자의 권한과 책임
② 관리소장(사업소장)의 권한과 책임
③ 부서장(팀장)의 권한과 책임
④ 품질관리 담당자의 권한과 책임

(6) 표준의 체계를 구축한다

서비스 품질매뉴얼 + 서비스 품질 절차서(양식 포함) + 업무 지침서, 업무 및 기술 기준, 교안(양식 포함) 등으로 사내표준으로 구축한다. 사내 시설관리 서비스 품질 표준 체계는 다음의 〈표 56〉과 같이 구축한다.

〈표 56〉 시설관리 서비스 사내표준 체계(예시)

표준의 명칭	서비스 표준의 종류
1) 시설관리서비스 품질매뉴얼	(1) 서비스 표준화 일반 (2) 서비스 운영체계 (3) 서비스 운영 (4) 서비스 인력관리 (5) 시설, 장비, 환경 및 안전관리

2) 시설관리서비스 절차서(규정)	(1) 사내표준관리 규정 (2) 경영검토규정 (3) 내부 심사기준 (4) 제안제도규정 (5) 분임조규정 (6) 기록 관리규정 (7) 문서관리규정 (8) 시정예방규정 (9) 방침관리규정 (10) 보안 관리규정 (11) 협력사관리규정 (12) 조직 및 업무분장 규정 (13) 계약관리규정 (14) 시설운영서비스규정 (15) 건축물인수업무규정 (16) 입주 및 퇴거지원규정 (17) 고객만족도관리규정 (18) 자재관리규정 (19) 고객 불만족관리규정 (20) 인력 관리규정 (21) 교육훈련규정 (22) 시설관리규정 (23) 계측기관리규정 (24) 환경관리규정 (25) 방화관리규정 (26) 안전관리규정 (27) 고객재산관리규정 (28) 손실보상 관리규정
3) 시설관리 지침서	(1) 건축운영지침서 (2) 기계설비 운영지침서 (3) 전기설비 운영지침서 (4) 승강기 운영지침서 (5) 비상발전기관리 지침서 (6) 비상상황 대응 지침서 (7) 방재설비 운영지침서

주) 시설관리 서비스 사내표준 체계는 현장의 성격, 규모, 업무 범위 등에 따라 다소 다르게 제정될 수 있음.

(7) 서비스 품질문서를 개발한다

① 서비스 품질문서 개발범위를 정한다.
② 서비스 품질문서를 작성한다.
③ 작성한 서비스 품질문서를 검토한다.
④ 검토한 서비스 품질문서를 승인한다.
⑤ 승인한 서비스 품질문서를 등록한다.
⑥ 등록한 서비스 품질문서를 배포한다.
⑦ 서비스업무 적용결과 오류나 문제가 발견되는 경우에는 개정 또는 변경한다.
⑧ 사내 서비스 품질표준에 문서번호를 부여한다.
⑨ 사내 서비스 품질표준의 제정, 개정 및 폐지기준을 정한다.
⑩ 제정한 사내 서비스 품질표준을 교육한다.
⑪ 관련 규정을 기술한다.
⑫ 기록하고 유지 · 관리한다.

9. 시설관리 현장조직 설계 및 업무분장

1) 조직설계 및 업무분장의 개념

조직의 사전적 의미는 어떤 목표를 달성하기 위하여 일정한 지위와 역할을 가진 사람이나 물건이 모여서 질서 있는 하나의 집합체를 이룸이나 그 집합체를 말한다.

업무 분장이란 날마다 하는 일을 조직의 구성원에게 분담시키는 계획을 말한다. 또한 조직이란 '일정한 목표를 달성하기 위하여 형성된 분업과 통합의 활동 체계를 갖춘 사회적 단위(민진, 1996, 조직관리론, 대영문화사, p.33)'로 정의할 수 있다.

시설관리 현장 조직이란 '시설관리 목표를 효율적으로 달성하기 위하여 의도적으로 조직한 힘의 결합체'를 말하고, 시설관리업무 분장이란 '시설관리 업무를 구성원 각자에게 업무를 기능별, 부서별, 활동별, 개인별, 직책별로 나누어 수행하게 하는 업무의 분업 및 통합 계획'으로 이해된다.

2) 조직설계 및 업무분장 절차

(1) 시설관리 현장조직 시설관리 분야 행정적 시설관리 업무

시설관리 현장 조직 시설관리 분야 행정적 시설관리 업무 중에는 시설관리 현장을 구축하고 업무를 분장하는 업무가 있다. 현장조직과 업무분장은 시설관리 용역의 내용 업무 범위 시설과 설비의 종류 등에 따라 현장조직은 여러 가지 조직으로 설계할 수 있다. 본사 및 시설관리 현장조직을 예시하면 다음의 [그림 4]와 같다.

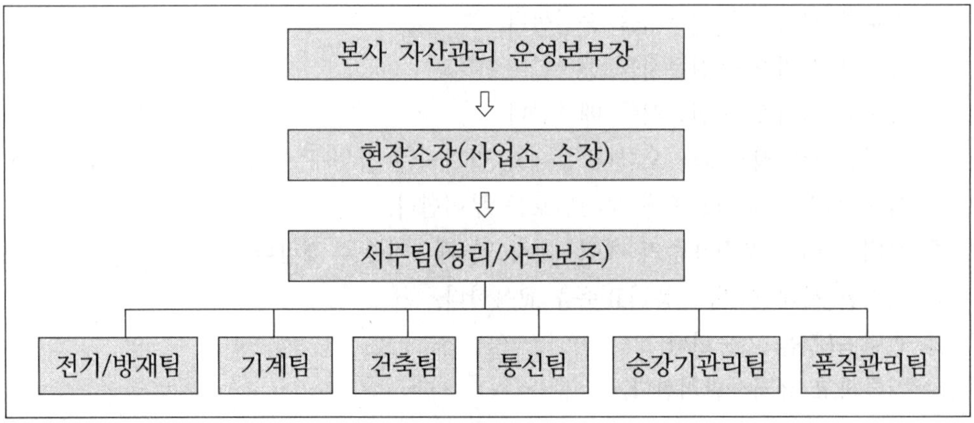

주) 현장사정과 업무의 성격과 종류 및 방침 등에 따라 현장조직은 달라질 수 있음.

[그림 4] 본사 및 현장조직(예시)

(2) 본사 및 시설관리 현장업무를 분장한다(예시)

시설관리 업무는 본사지원 업무와 현장수행 업무 등 두 종류의 시설관리 업무가 있다. 유의할 점은 시설관리 현장의 업무범위와 계약 및 과업지시서 내용 등에 따라 분장 업무는 다소 상이하게 분장 될 수 있다. 분장된 업무내용을 예시하면 다음과 같다.

① 본사 자산운영관리 본부장

- 경영자 대리인 지정
- 연간 실행예산의 승인
- 예산집행 감독
- 각 팀의 업무계획 조정
- 종업원 복리후생에 관한 사항
- 조직 및 업무분장과 정원변경의 인사에 관한 사항
- 대외보고 최종 결정
- 현장 운영관리상의 모든 책임과 권한
- 품질방침 및 목표 설정 및 지휘
- 최고 경영자 보좌

② **시설관리 현장 관리소장(사업소 소장/경영자 대리인)**
- 단위현장 경영자 대리인
- 운영본부장 보좌
- 당해 현장시설 운영관리 업무 전반 운영본부장에게 정기적 보고
- 정기적 내부감사 실시 및 시설관리 서비스 적합성과 유효성 파악
- 연간 사업계획서 검토
- 대외보고서 검토
- 운영본부장 부재시 해당현장 운영본부장 대행
- 시설관리 품질 감독
- 위험관리 총괄
- 각 단위별(팀별) 유기적 협조확인 및 조정
- 발주처 협조의뢰 사항 처리
- 시설관리 업무보고 등

③ **현장건축팀**
- 건축물 점검/보수/영선
- 건축물 주요부재(벽체/창호/출입문/바닥타일/도어/천장 등) 유지관리
- 도장 및 도색
- 구내 표지판 관리 시설물 영선관리
- 건축 관련 법정 선임/보고/검사 신청 행정처리

④ **현장기계팀**
- 중앙감시반 관리 및 에너지 사용 기록관리
- 냉난방 공조시설 운영관리
- 급배수 및 위생, 오수정화 설비관리
- 위험물 관리
- 보일러 시설 운전관리
- 냉동기 시설 운전관리
- 흡수식 냉온수기 시설 운전관리
- 기계시설물 점검 유지관리
- 소화설비 점검 유지관리
- 펌프설비 점검 유지관리
- 승강로 설비 관리
- 피트 각종 설비 관리
- 카 운행 및 레벨 점검 관리

- 카 및 외부도어 설비관리
- 감시반 운영관리
- CP반 점검관리
- 인터폰, 아나운서먼트 설비관리
- 덤웨이타, 무빙워크, 에스컬레이터, 곤돌라 설비 유지관리
- 휠체어 피프트 점검 유지관리
- 기계안전 관련 법정검사 및 법정자격 선임보고 행정처리 등

⑤ **현장전기/방재팀**

- 수 변전 전기설비 관리
- 비상전원(비상발전기/UPS)설비 관리
- 전기시설물 점검 유지관리
- 중앙감시반 관리 및 에너지 사용기록 관리
- 자동화재 탐지 설비 관리
- 방재설비 및 방화관리
- 소방 및 재해예방 관리
- 전기 안전관리자 법정자격 선임보고 및 검사 관련 행정업무 처리 등

⑥ **현장통신팀**

- 통신 및 약전 설비관리 총괄
- 통시설비 점검 및 유지관리
- 통신설비 행정 업무

⑦ **현장 승강기관리팀**

- 승강기 기계실 각종 설비관리
- 승강 로 각종 설비관리
- 피트 각종 설비관리
- 카 운행 및 레벨 점검관리
- 감시반 운용관리
- CP 반 운용관리
- 인터폰, 아나운서먼트 설비관리
- 덤웨이타, 무빙워커 설비관리
- 휠체어 리프트 설비관리 등

⑧ **품질관리팀**

- 회사표준 관리
- 측정기 관리

- 총무업무
- 현장 교육훈련 주관
- 고정자산 관리 및 보전
- 대외 관계기관 업무 관련 공문서 처리
- 고객불만 처리 및 고객만족도 평가업무

⑨ **현장서무팀**

- 경리업무
- 사무보조업무

10. 현장 인력관리

1) 현장 인력관리의 개념

시설관리 현장의 인력관리는 매우 중요한 행정적 시설관리 업무 중 하나의 업무이다. 왜냐 하면 시설관리 서비스는 기계적 방법으로 생산하는 서비스(엔지니어링 서비스)가 대종을 이루고 있으나 시설관리 서비스를 생산하는 각종 시설과 설비는 결국 사람의 손에 의하여 조작되고 작동되며 프로그래밍 되어 시설관리 서비스가 생산되기 때문이다.

2) 현장 인력관리 절차

현장 인력을 채용, 이동, 휴 복직, 퇴직, 급여 등 제반 인력 운용에 대한 행정업무를 기준을 세워 체계적으로 관리해야 한다. 이를 위한 인력관리 방법은 다음과 같이 운용되며 현장 사정과 시설관리 업무범위에 따라 소요 인력의 직종과 능력 및 수가 다르게 채용되고 관리 될 수 있다. 인력채용 업무 관리의 흐름도(Flow)를 예시하면 〈표 57〉과 같다.

〈표 57〉 인력채용 업무흐름도

① 소요 인력 판단 ⇨ ② 인력채용계획 수립 ⇨ ③ 채용 공고 ⇨ ④ 서류 전형 ⇨ ⑤ 면접 전형 ⇨ ⑥ 건강검진 ⇨ ⑦ 채용 보고 ⇨ ⑧ 채용 승인 ⇨ ⑨ 직무 및 안전관리 교육 ⇨ ⑩ 배치

11. 현장문서 관리

1) 문서의 개념

시설관리 현장에서 핵심 관리 업무인 물리적 시설관리 업무를 효율적으로 수행하기 위해서는 행정적 시설관리 업무의 지원을 받아야 하며 이중에서 문서관리의 지원을 체계적으로 받아야 한다.

시설관리 현장에서 말하는 문서관리(Documents Management)라 함은 시설관리 서비스를 이행하면서 양식에 의한 내 외부 문서의 작성, 검토, 승인, 발송, 접수, 파일링, 개정 및 유지관리를 말한다. 문서의 종류에는 기록물, 시방서, 절차서, 도면, 보고서, 시설물관리 및 장비 사용 매뉴얼, 건축물 인허가 서류, 건물관련 법정 서류, 사내표준 및 사규 문서, 업무일지 등의 문서 종류가 있다.

2) 문서관리의 절차

문서관리 업무절차는 다음의 〈표 58〉과 같다.

〈표 58〉 문서관리 절차

문서의 작성 ⇨ 품의 ⇨ 결재 ⇨ 문서의 접수 및 발송 ⇨ 문서의 편철 및 문서대장 등록 ⇨ 문서의 분류 ⇨ 문서의 보관 ⇨ 문서의 이관 ⇨ 문서의 보존 ⇨ 문서의 폐기

12. 현장용품 및 용역구매 관리

1) 구매관리의 개념

시설관리 현장에서 구매 관리는 매우 중요하다. 왜냐 하면 인적자원과 물적 자원 등을 가지고 시설관리 활동을 수행하기 때문이다. 구매의 의미는 시설관리 활동에 소요되는 물품과 용역을 일정한 대가를 지불하고 취득하거나 빌려 사용하는 것을 의미한다. 또한 구매 관리는 현장에서 필요한 재화나 용역을 언제든지 사용할 수 있도록 거래처나 협력사로 부터 양호한 품질의 용품이나 용역을 구매할 수 있도록 관리하는 것을 말한다. 또한 구매 관리란 구매를 계획하고 절차를 정하여 조정, 통제, 평가, 입고 및 재고 관리(자재 창고관리)하는 일련의 활동을 말한다.

시설관리 현장에서 구매해야 하는 대상에는 용품과 용역이 있다. 구매대상 용품과 및 용역을 예시하면 다음의 〈표 59〉와 같다.

〈표 59〉 시설관리 용도 구매대상 용품(예시)

(1) 전기설비 분야 구매대상
- 전기계측기
- 전기장비
- 전기공구
- 전기재료

(2) 기계설비 관리분야 구매대상
- 기계계측기
- 기계장비
- 기계공구
- 기계부품
- 기계재료

(3) 건축분야 구매대상
- 건축장비
- 건축공구
- 건축재료

(4) 관제분야 구매대상
- 관제계측기
- 관제장비와 공구

(5) 제어분야 구매대상
- 제어계측기
- 제어장비
- 제어공구

(6) 소방분야 구매대상
- 소방장비
- 소방공구

(7) 조명분야 구매대상

- 조명장비
- 조명공구

(8) 기타 구매대상
- 전기, 가스, 유류, 수돗물 등 에너지
- 사무실 집기 비품 및 기타 소모품 등

〈표 60〉 시설관리 용도 구매대상 용역(예시)

(1) 시설운영관리 용역
- 정화조설비 유지관리 용역
- 냉동기 유지보수 용역
- 항온 항습기 유지관리 용역
- 발전설비 유지보수 용역
- UPS설비 유지보수 용역
- 조경시설물 관리 용역
- 자동제어시스템 유지보수 용역
- 조명제어시스템 유지보수 용역
- 승강설비 유지보수 용역
- CCTV 정밀 점검 및 유지관리 용역
- 주차관제 용역
- 청소용역[일반 시설청소 및 특별 청소(정화조 청소, 닥트 청소, 저수조 청소, 외벽 창문 청소 등)]
- 시설경비 용역
- 시설관리 용역
- 주차장관리 용역
- 방역작업(소독작업) 용역
- 안전 및 안내 용역
- LED 전광판 시스템 유지보수 용역
- 방재 진동제어 및 소방시설 법정 점검 용역
- 보일러 운전 정비 및 유지보수 용역 등

(2) 건축영선보수 용역
- 목공보수 용역

- 타일보수 용역
- 미장 보수용역
- 도장 보수용역 등

(3) 기타 관리 용역
- 검사대행 용역
- 점검대행 용역
- 인력 파견용역
- 미술품관리 대행 용역
- 세무회계 대행 용역
- 진단대행 용역
- 컨설팅 용역
- 산업안전관리 대행 용역
- 비상발전기 안전관리 대행 용역
- 건물임대차관리 용역 등

주) 구매대상 용품과 용역의 종류는 건축물의 시설관리 현장의 업무 범위와 설비 및 시설의 종류와 성능, 마감재의 종류와 특성 등에 따라 크게 다를 수 있음.

2) 용품 및 용역구매 절차

(1) 용품구매 절차

구입신청 ⇨ 구매신청서 제출 ⇨ 구매신청서 검토 ⇨ 견적자료 발송 ⇨ 견적서 접수 및 검토 ⇨ 예산확인 및 구매승인 신청 ⇨ 구매승인 ⇨ 주문서 발송 ⇨ 납품 검수 및 재고대장 기록 ⇨ 소요부서 전달 ⇨ 대금정산 ⇨ 용품 사후관리

(2) 용역구매 절차

용역구매 절차는 경쟁입찰 방식에 의한 구매와 수의계약 방식에 의한 구매로 분류하여 용역을 구매한다. 경쟁입찰 방식에 의한 용역구매는 〈표 61〉과 같이 진행하고, 수의계약방식에 의한 용역 구매는 〈표 62〉와 같은 절차로 용역을 구매한다.

〈표 61〉 경쟁입찰 방식에 의한 용역구매 절차

용역상황 발생 ⇨ 용역검토 및 발주계획 수립 ⇨ 시행 내부품의 및 승인 ⇨ 입찰공고 ⇨ 입찰등록 및 현장설명 ⇨ 입찰실시(투찰) ⇨ 낙찰 예정자 결정 및 계약서류 접수 ⇨ 낙찰자 결정 및 계약방법 등 품의 및 승인 ⇨ 계약체결 ⇨ 용역현장 제공 ⇨ 용역품질 검사 ⇨ 대금정산 ⇨ 용역 사후관리

〈표 62〉 수의계약 방식에 의한 용역구매 절차

긴급 보수상황 발생 ⇨ 상황보고 및 긴급 보수작업 승인 ⇨ 해당 업체 통보 및 현장설명 ⇨ 견적서 접수 및 대비 ⇨ 보수업체 선정 및 계약방법 등 품의 ⇨ 보수작업 수행 및 감독 ⇨ 용역품질 검사 및 용역조서 작성 ⇨ 용역대금 정산 ⇨ 용역 사후관리

13. 현장고객 불편사항 접수 및 처리

1) 고객 불편사항의 개념

고객 불편사항이란 고객의 입장에서 입주한 건물을 사용 수익함에 있어 필요한 서비스 제공이 없거나 고장 신고를 했음에도 불구하고 지체 없이 수리 또는 보수공사의 지연 등으로 입주한 건물을 편리하고 쾌적하게 사용할 수 없는 상황을 의미한다.

시설관리 주체는 이와 같은 입주자 고객의 불편사항을 접수하고 지체 없이 해결하여 입주자가 편리하고 쾌적하게 건물을 사용 할 수 있도록 조치해야 한다. 이를 위해서 다음과 같은 절차대로 불편사항을 접수하고 조치하며, 이를 분석하고 업무에 반영하는 고객 불편사항 접수 및 처리절차를 수립하고, 이를 활용하여 고객의 불편을 해소해야 한다.

2) 고객 불편사항 처리절차

고객 불편사항 접수 및 처리절차는 〈표 63〉과 같다.

〈표 63〉 현장 고객 불편사항 접수 및 처리절차

(1) 불편사항 접수센터를 개설한다.
(2) 불편사항 접수 센터 개설 및 접수 방법을 입주자에게 공지한다.
(3) 불편사항 접수대장을 비치하고 신고 즉시 기록한다. 접수대장은 접수번호, 접수시간, 접수자, 신고자 성명 및 연락처, 신고내용, 조치결과(조치자, 조치시간, 조치내용), 결과통보 시간 통보방법 등을 내용으로 하는 불편사항 접수대장을 온라인과 오프라인 방식으로 비치한다.
(4) 접수 즉시 현장을 점검하고 불편사항을 확인한다.
(5) 처리 담당자에 접수사항을 전파하고 조지를 요망한다.
(6) 조치를 취하고 그 결과를 신고자에게 지체 없이 통보하고, 만족 여부를 확인 한다. 통보결과를 기록하고 유지한다.
(7) 신고 고객 불편사항을 분석하고 업무계획에 반영한다.

고객 불편사항을 접수하는 접수대장은 접수번호, 접수시간, 접수자, 신고자 성명 및 연락처, 신고내용, 조치결과(조치자, 조치시간, 조치내용), 결과통보 시간 통 방법 등을 포함하는 양식을 개발하고 불편사항 접수대장을 온라인과 오프라인 방식으로 접수한다. 접수대장의 양식을 예시하면 〈표 64〉와 같다.

〈표 64〉 고객 불편사항 접수 및 처리대장 양식(예시)

접수 번호	접수 시간	접수자 성명	신고자 성명/연락처	신고내용	조치결과 조치자/시간/내용	결과통보 시간/방법

(자료 : 국가기술표준원(2011) KS S 1004-1, p.23)

14. 현장 고객만족도 관리

1) 고객만족도의 개념

시설관리의 궁극적 목적인 3차 목적은 건물 소유자의 소유 만족, 건물 사용자의 사용 만족, 건물 이용자의 이용 만족 실현 그리고 주 환경(住 環境) 측면의 지원에 의한 건물 기반의 삶과 생활과 일(업무)의 바람직한 영위 실현에 두고 있다. 특히 건물사용자가 고가의 건물 임대료와 관리비를 부담하고 건물에 입주한 목적은 입주 건축물을 최고 최선의 조건으로 입주건물을 사용하여 입주 목적을 효율적으로 달성하는데 있다. 그러므로 시설관리자는 입주고객의 만족도를 관리하고 평가·분석하여 그 결과를 경영활동에 반영해야 한다.

고객만족도라 함은 건물을 사용하고 있는 고객이 시설관리 주체가 생산·제공하는 서비스의 품질과 서비스 수준 및 친절의 정도가 설문조사 결과 평균 몇 점의 수준인지를 고객만족도 조사 결과 나타나는 서비스 만족에 대한 척도를 말한다. 입주고객의 만족도 조사는 다음과 같은 절차에 따라 분석·평가하고, 그 결과를 경영활동에 반영해야 하며 문제가 있는 경우 시정 조치해야 한다.

2) 고객만족도 관리절차

고객만족도 관리절차는 〈표 65〉와 같이 진행하고 반영한다.

〈표 65〉 고객만족도 관리절차

(1) 고객만족도 평가계획을 수립한다. (2) 만족 측정도구를 개발(설문조사지 설계)한다. (3) 만족도 설문 조사지를 고객에 배포하여 설문을 의뢰한다. (4) 설문지를 수거하고 통계분석 방법으로 분석한다. (5) 설문조사 분석결과를 해석하고 고객만족도를 평가한다. (6) 설문조사 분석결과 만족도 평가결과를 건축주와 본사에 보고한다. (7) 분석결과 불만족의 경우에는 개선대책을 수립하고 개선 조치한다. (8) 시설관리 서비스 고객만족도를 시설관리 활동에 반영한다.

15. 현장종사자 교육훈련

1) 현장종사자 교육훈련의 개념

교육훈련은 대표적인 행정적 성격(행정성)의 시설관리 업무이다. 교육훈련이란 시설관리에 종사하는 전 임직원의 지식, 기능, 태도 및 가치관의 향상 변화를 통해 개인의 능력계발과 자아실현을 기하기 위하여 지식을 가르치고 품성과 체력을 기르는 활동과 실지로 활용할 수 있도록 배워 익힘을 말한다.

2) 교육훈련 절차

(1) 연간 교육훈련 계획을 수립한다

① 교육 훈련과정을 개발한다.
② 시설관리 교육과 신입사원 교육, 법정교육, 계층 교육, 직능교육, 특별교육, 직무 및 기술교육, 안전관리 교육 등 연간 교육일정표를 작성한다.
③ 교재를 개발하고 강사를 섭외한다.
④ 해당 현장 교육 대상자에게 교육 이수 일정을 사전 통보한다.

(2) 교육훈련을 실시한다

① 시설관리교육을 실시한다.
② 신입사원교육을 실시한다.
③ 법정교육을 실시한다.
④ 계층교육을 실시한다.
⑤ 직능교육을 실시한다.
⑥ 특별교육을 실시한다.
⑦ 직무 및 기술교육을 실시한다.
⑧ 안전관리교육을 실시한다.

(3) 교육훈련 결과를 평가하고 반영한다

① 교육훈련 결과를 평가한다.
② 평가결과를 보직배치 및 인사고과에 반영한다.

(4) 교육훈련 결과통보 및 기록을 유지한다

① 평가결과를 개별적으로 통보한다.

② 평가결과를 개인이력관리카드에 기록하고 인사고과에 반영한다.

16. 현장자재관리

1) 자재관리의 개념

용품구매 후 입고에서부터 보관, 출고, 재고 파악, 본사 보고까지를 자재관리라 한다. 자재관리의 중요성은 구매자재를 체계적으로 관리하여 원가 절감, 낭비제거, 작업 효율성 제고, 적정 재고관리, 고객만족 서비스 도모에 있다.

2) 자재관리 업무절차

자재관리 업무절차는 〈표 66〉과 같이 수행한다.

〈표 66〉 현장 자재관리 업무절차

(1) 구매 자재를 입고한다. 자재 수불대장에 입고현황을 기록한다.
  ① 자재별로 식별이 가능하도록 분리 보관한다.
  ② 습기에 민감한 자재는 비닐 포장하여 보관한다.
  ③ 깨지기 쉬운 자재는 박스 보관한다.
  ④ 유동성 자재는 전용기에 담아 보관한다.
(2) 월 1회 보관상태를 점검하고 부적합 자재는 식별표를 붙여 별도 관리한다.
(3) 불량자재는 교환을 요구하거나 폐기한다. 폐기의 경우 불출로 기록한다.
(4) 자재를 출고할 때에는 필요 수량만을 출고하고, 자재 출고서와 자재 수불대장에 출고현황을 기록한다.
(5) 월 1회 재고자재를 파악한다.
(6) 자재 재고현황을 매월 정기적으로 본사에 보고한다.

제3절 경제적 시설관리 활동

1. 경제적 시설관리의 개념

경제적 시설관리라 함은 시설관리 업무 중 비용 지출과 수입 등에 관련한 현금, 비용. 구매대금, 인건비 등 예산관리와 정산 그리고 현장 실행예산의 수립, 현장 경리업무, 세무 및 회계에 관련된 시설관리 업무를 말한다.

2. 경제적 시설관리업무의 종류와 실무적 수행방법

전술한 바와 같이 경제적 성격의 시설관리 업무에는 현장 실행예산 수립, 건물관리비 대행 서비스 업무, 비용청구 및 정산업무 등이 있다. 주요 경제적 성격의 시설관리의 주요 경제적 시설관리업무의 종류는 〈표 67〉과 같다.

〈표 67〉 경제적 시설관리 주요 업무의 종류(예시)

(1) 시설관리 현장 실행예산의 수립 및 관리 (2) 건물관리비 산출 및 정산 서비스 수행 (3) 시설관리 관련 비용 청구 및 정산 (4) 현장 운영비 및 수입과 지출 등 경리업무 (5) 시설관리 관련 세무 및 회계업무

3. 시설관리 현장 실행예산 수립 및 관리

1) 현장 실행예산의 개념

시설관리 분야 경제적 시설관리 업무 중에는 현장 실행예산서 작성 업무가 있다. 실행예산(Operating Budget of ○○ Facilities Management Site)이란 시설관리 현장에서 연간 실제로 소요되는 비용을 항목별로 책정하고 이를 토대로 집행하기 위하여 설계한 예산계획을 말한다.

현장 실행계획은 현장 책임자가 원칙적으로 작성하고 본사 경영진에게 승인을 받아 집행 하는 소요 비용 집행 계획이나 실제는 본사 경리부 측면에서 도급금액 대비 본사 관리비와 영업이익을 차감한 범위 내에서 책정하여 현장에 시달하고 있다.

문제는 도급 금액이 실행 금액보다 작은 경우(덤핑 입찰 도는 입찰서를 잘못 작성하여 제출하고 계약을 체결한 경우) 현장 실행예산 작성에 문제점이 발생하고 현장에서 발생하는 추가 소요비용 조달에는 더욱 심각한 문제가 발생할 여지가 있다.

2) 현장 실행예산서 수립절차

현장 책임자(사업소 소장)가 작성해야 하는 실행 예산서는 직접비와 간접비로 나누고 직접비에 해당하는 인건비와 후생 복리비, 자재 구입비 등과 간접비에 해당하는 피복비와 공과 잡비 등을 포함하여 다음의 방법에 따라 실행예산서를 작성하고 본사에 보고하여 최고경영자의 승인(결재)을 받아 예산항목에 따라 집행하고 집행결과를 다시 본사에 보고해야 한다.

(1) 현장소장은 도급계약서와 도급금액 내역서를 확보하고 검토한다.
(2) 현장 실행예산에 대한 본사의 지침을 받는다.
(3) 과업지시서를 통하여 지출항목을 점검한다.
(4) 현장 실행예산서를 다음과 같이 작성하고, 본사의 승인을 득한다.

〈표 68〉 현장 실행예산서(예시)

구 분	세부항목	계약내역	2016년 실행계획	계약대비 증감	증감율	월	2월	3월	4월	5월	6월	7월	8월	9월	10월	11월	12월	비 고
급료와임금	현장 직원급여																	
상 여 금	상여금(수당)																	
잡 급	일용직원급여																	
노무비 소계 (I)																		
퇴 직 급 여	현장직퇴충금																	
급여성 보험	국민연금																	
	고용보험료																	
	산재보험료																	
	건강보험																	
	장기요양보험																	
	임금채권기금																	
	장애인부담금																	
노무비 소계 (II)																		
통 신 비	전화료 및 우편료																	

도서인쇄비	서식등 인쇄비																	
차량유지비	차량수리 및 유류대																	
여비교통비	교통비																	
광고선전비	구인광고비																	
교육훈련비	법정교육비																	
감가상각비	감가상각																	
수 선 비	시설보수비																	
소 모 품	미화유지보수자재																	
	기타 소모품																	
계																		
세금과공과	사업소세																	
	균등할 주민세																	
	기타제세공과금																	
계																		
보 험 료	영업배상/계약이행보험료																	
	차량보험료																	
	기 타 보 험 료																	
계																		
지급수수료	검사수수료																	
	기타수수료																	
계																		
접 대 비	접대비																	
복리후생비	명절선물비																	
	부식비																	
	사무용품비																	
	생수구입비																	
	식권구입비																	
	야유회비/송년회비																	
	우수사원 포상/생일선물																	
	직원간담회																	
	탕비용품비																	
	피복비																	
	피복세탁비																	
	회식비																	
계																		
기타외주비	방역방제																	
	외벽청소/저수조/정화조																	
	기타																	
계																		
경비 소계 (Ⅲ)																		
원가 합계 (Ⅰ+Ⅱ+Ⅲ)																		

주) 실행예산서는 시설관리 도급 금액, 업무 범위, 인력의 수, 본사 경영자의 방침 등에 따라 다소 변경 작성 될 수 있음.

4. 건물관리비 산출 및 정산서비스 수행

1) 건물관리비의 개념

건물관리비((Management Expenses)라 함은 건물입주자가 입주한 건물의 사용과 수익에 필요한 에너지 사용과 시설관리 서비스의 소비대가로 시설관리 서비스 생산공급자에게 지불하는 비용을 일반적으로 건물관리비라 한다.

건물관리비에는 협의의 건물관리비와 광의의 건물관리비의 종류가 있으며 협의의 건물관리비는 사용료나 장기수선충당금 등은 포함되지 아니하고 순수한 시설관리 서비스 생산에 소요된 직접비와 간접비만을 의미한다. 그러나 광의의 건물관리비에는 협의의 관리비에 사용료와 수선 충당금 등이 포함되는 건물관리비를 말한다.

건물 관리비의 산출과 청구 및 수납과 정산은 원칙적으로 건축물 소유자(임대인)이 담당하는 업무이나 예외적으로 시설관리업자에게 유상 조건으로 대행하도록 위임하는 경우가 있다. 이와 같은 경우에 현장에서는 건물관리비 대행 서비스 수행 절차를 수립하고 임대인의 승인을 받아 건물관리비를 매월 산출하고 청구하여 수납하고 이를 매월 정산해야 하며 이에 관련하여 매월 일정한 기일에 건물관리비 현황보고서를 건물소유주 또는 건물임대인에게 제출해야 한다.

2) 건물 관리비서비스 대행 수행절차

건물관리비 대행서비스 수행절차는 다음과 같은 방법으로 수립하고, 건물소유자의 승인을 받아 대집행 한다. 건물관리비 대행 서비스 수행은 〈표 69〉와 같이 수행된다.

〈표 69〉 건물관리비 대행서비스 수행절차(예시)

(1) 건물관리비 대행서비스 계약을 체결한다.
(2) 관리비 고지서를 작성한다.
(3) 다음의 세금계산서 항목의 관리비를 산출한다.
- 도급용역비(일반관리비)
- 전기료
- 공동전기료
- 수선유지비
- 냉난방비
- 장기수선 충당금이 있는 경우 장기수선 충당금
- 승강기 유지비
- 부가세(10%)

(4) 합산하여 소계(1)를 산출한다.
(5) 소계의 10% 부가세를 산출한다.

(6) 다음의 계산서 항목의 관리비를 산출한다.
- 기본 수도료
- 전력 기금
- 화재 보험료
- 건물 소독비
- 정화조 청소 및 정화조 소독비
- TV가 있는 수신료

(7) 합산하여 소계(2)를 산출한다.
(8) 소계 (1)과 (2)를 합산하여 당월 관리비를 산출한다.
(9) 연체금이 있는 경우, 연체금을 합산하여 최종 당월 관리비를 산출한다.
(10) 건물소유주체의 승인을 득한다.
(11) 건물관리비 프로그램을 활용하여 청구서를 인쇄한다.
(12) 청구서를 발송한다.
(13) 관리비를 지정 은행 구좌로 입금하고 입금 상태를 확인한다.
(14) 정산하고 회계 세무 처리한다.
(15) 매월 말 기준 건물관리비현황 보고서를 작성하고 다음달 10일 이내에 소유주에게 보고한다.
(16) 보고서를 보관하고 유지한다.
(17) 당월 관리비 업무를 마감한다.

주) 관리비 업무 수행절차와 관리비 항목은 관리건물의 임대특성과 계약내용 등에 따라 다소 상이하게 작성될 수 있음.

5. 시설관리 관련 비용청구 및 정산

현장의 성격과 업무의 종류와 범주에 따라 발생하는 비용의 종류와 금액이 달라질 수 있으나 통상 규모 있는 시설관리 현장에는 다음에 열거하는 시설관리 관련 항목들에 대한 비용이 정기적 또는 비정기적으로 발생하고, 납부 또는 지불하고 정산하는 경제적 성격의 업무가 허다하다.

대표적으로 발생하는 시설관리 관련 경제적 성격의 비용항목과 정산처리 방법은 〈표 70〉과 같다.

〈표 70〉 시설관리 관련 비용 지출항목과 처리방법

(1) 시설관리 용역 인건비
① 산출한다.
② 세금계산서를 첨부하여 청구하여 수령한다.
③ 입금처리 한 후 세무회계 한다.
(2) 전기료
① 분할계량기를 점검하고 사용량을 확인하여 사용료를 산출한다.
② 공용사용량(외곽/냉난방 등)을 확인하고, 공동 전기사용료를 산출한다.
③ 개인 사용료는 개인(세대별)에게 청구하고, 공동 전기사용료는 건물 관리비에 반영하여 청구한다.
(3) 상하수도료
① 점유하고 있는 전용부에 대하여 분리 부과한다.
② 공동사용료를 산출하고 관리비에 반영하여 청구한다.
(4) 도시가스료
① 취사용과 경비실, 식당 등에는 분리 부과한다.
② 냉 온수, 보일러에 대한 도시 가스료는 분리부과하고 관리비에 반영하여 청구 한다.
(5) 정기유지보수에 해당하는 다음의 항목에 대하여 유지보수비의 청구 납부 및 정산하고 세무회계 처리한다. 정기 유지보수 비용항목은 다음과 같다.
① 발전기, ATS 유지보수비
② UPS, 베터리, 액티브 필터 유지관리비
③ 승강기 유지관리비
④ 보안설비 유지관리비
⑤ 방역 소독 관리비
⑥ 조경시설물 관리비
(6) 다음의 수선유지비는 청구, 수령, 입금, 정산, 세무 회계처리 순으로 처리한다. 수선유지비 비용 항목은 다음과 같다.
① 건축 영선비
② 전기설비 수선유지비
③ 기계설비 수선유지비
④ 승강설비 수선유지비

⑤ 자동제어 설비 수선유지비
⑥ 보안설비 수선유지비
⑦ 통신설비 수선유지비

(7) 세관 및 청소비는 대금 산출, 청구, 수령, 입금, 정산, 세무 회계처리 순으로 처리한다. 세관 및 청소비용 발생 항목은 다음과 같다.

① 냉 온수시설 세관공사
② 보일러 세관공사
③ 물탱크 청소
④ 정화조 청소
⑤ 외벽 및 유리 청소

(8) 지급 수수료 및 정기 점검비는 산출, 청구, 수령, 입금, 정산, 세무회계 처리 순으로 수행한다. 지급 수수료와 정기 점검비 등 비용발생 항목은 다음과 같다.

① 건축물 정기점검(1호/3년)
② 건축물 일상점검(2회/년)
③ 소방시설물 정기점검(2회/년)
④ 정압기 분해청소(1회/3년)
⑤ 고압, 도시가스 정기검사(1회/년)
⑥ 전기안전공사 검사(1회/3년)
⑦ 승강기 정기검사(1회/년)
⑧ 실내공기 질 측정(1회/년)
⑨ 지하수, 먹는 물 검사(2회/년)
⑩ C/T레지오넬라 균 수질검사(1회/년)
⑪ 검사대상 기기검사(1회/년)
⑫ 저수조 청소(2회/년)

(9) 세금 및 공과잡비(지역개발세, 교통유발 부담금, 면허세 및 협회비 등)은 산출, 청구, 수령, 입금, 정산, 세무회계처리 순으로 수행한다.

(10) 영업배상 책임 보험금 및 기타 법정 가입 보험료는 산출, 청구, 수령, 입금, 정산, 세무회계 처리 순으로 수행한다.

(자료 출처 : 국가기술표준원(2011), KS S 1004-2 인용 및 재구성)

제4절 법률적 시설관리 활동

1. 법률적 시설관리의 개념

시설관리 서비스 도급계약, 시설관리 관계법규의 이행 등 주로 강제적인 규범이나 준수해야 하는 기준 및 절차 등을 매개로 이루어지는 시설관리 업무를 말한다.

2. 법률적 시설관리 업무의 종류와 실무적 수행방법

법률적 시설관리 주요 업무에는 시설관리 서비스 도급계약 체결과 유지보수 계약 체결 및 사후관리업무, 시설관리 관계법령의 검토 및 이행 업무, 법적 사건사고 대응 업무 등이 있다. 법률적 시설관리 업무의 종류는 〈표 71〉과 같다.

〈표 71〉 법률적 시설관리 주요 업무의 종류

(1) 시설관리서비스 도급계약 체결
(2) 시설관리 관계법령 검토 및 이행사항 조치
(3) 시설물 유지 보수 계약 체결 및 사후관리
(4) 건물임대차계약 및 사후관리(수임의 경우)
(5) 법적 하자 관리
(6) 자치법규 관리
(7) 시설관리 관련제도 검토 및 이행사항 조치
(8) 유관기관 법정업무 접수 및 처리
(9) 법적 사건사고 조사 및 대응

3. 시설관리 서비스 도급계약의 체결

1) 시설관리 서비스 도급계약의 개념

시설관리 현장파악이 종료되면 파악한 자료와 정보를 바탕으로 시설관리 서비스 도급계약을 체결하고 시설관리 과업지시서에 서명 날인하여 시설관리의 관리권을 확보하고 시설관리 현장 인수와 점유의 권원을 확보한다.

시설관리 용역 도급계약서의 양식은 발주처별로 매우 다양하며 표준도급계약 양식은 없으나 계약서에 명기해야 하는 주요 조항은 반드시 포함되어야 한다.

과업지시서는 시설관리 기술시방서로서 시설관리의 업무 범위와 시설관리 관리방법, 법정점검과 법적 시설관리 업무 권한과 책임 등 주요내용을 명기하고 있으며 반드시 확인하고 서명해야 한다. 왜냐 하면 과업지시서 역시 시설관리 서비스 도급계약서의 일부 서면이기 때문이다.

시설관리 서비스(용역)도급계약은 시설관리 분야의 행정적 시설관리 분야 업무 중 가장 중요한 업무이다. 왜냐 하면 시설관리 서비스 계약의 체결 없이는 현장 인수는 물론 FM 운영 계획이나 현장 실행예산서 작성 등 일체의 행정적 업무 및 경제적 시설관리 업무가 수행 될 필요가 없기 때문이다.

시설관리 서비스(용역) 도급계약(Facilities Maintenance Service Agrement)이라 함은 시설관리 서비스 발주자와 시설관리 서비스 업체 간에 계약 당사 중 어느 일방이 일정한 시설관리 서비스를 제공하기로 약정하고 상대방이 시설관리 서비스 제공의 대가로 일정한 서비스 비용을 지급하기로 약정한 법률행위를 말한다. 시설관리 서비스 계약이라고도 하며 현실적으로 서비스 발주자가 일방적으로 작성하여 이를 시설관리 업자에게 청약하고 시설관리 업자가 이를 승낙함으로서 성립하는 전형계약, 유상계약, 쌍무계약, 불요식 계약을 말한다.

2) 조달청 시설관리 용역계약 체결 절차

조달청에서 발주하는 시설관리 용역발주와 계약체결은 다음의 순서로 진행된다.

(1) 입찰공고
(2) 현장설명
(3) 입찰의향서 및 입찰보증금 제출
(4) 입찰
(5) 적격대상 통보
(6) 적격심사 및 적격심사결과 통보
(7) 계약관련 서류 제출 및 계약 체결

그러나 시설관리 서비스 도급계약서를 발주처가 일방적으로 설계·작성하고, 계약을 체결하도록 요청하고 있으나 다음의 계약조항은 반드시 포함하여 계약서를 작성하고 서명날인 해야 한다. 시설관리 서비스 도급계약서에 포함되어야할 조항을 예시하면 〈표 72〉와 같다.

〈표 72〉 시설관리 서비스 도급계약서에 포함되어야 할 조항(예시)

(1) 시설관리 목적물 (2) 도급관리 대상 범위 (3) 시설관리 업무 일부 하도급 (4) 건물의 시설보수 및 개조공사 (5) 비용의 부담 (6) 보고 등의 의무 (7) 서류의 보관 (8) 사고예방 및 통보 (9) 보험의 가입 (10) 배상책임 (11) 도급금액 및 지급방법 (12) 계약기간 (13) 계약의 해지 (14) 기타 계약내용에 없는 업무협의 결정방법 (15) 계약서 작성 부수 (16) 관할 법원 (17) 계약 체결 일 (18) 계약 당사자 인적 사항

주) 시설관리 서비스 도급계약서 명시조항은 발주처의 사정과 업무범위 등에 따라 다소 변경될 수 있음.

4. 시설관리 관계법령 검토 및 이행사항 조치

1) 시설관리 관계법령의 개념

시설관리 관계법령이라 함은 시설관리에 직접 영향을 미치는 법령을 말한다. 시설관리 관계법령에는 유지관리 관계법령, 안전관리 관계법령, 환경관리 관계법령, 건축설비

관리 관계법령 등이 있다 이를 검토하고 이행 사항을 조치해야 한다. 이를 위해서는 다음과 같은 방법으로 관계법령을 검토하고 이행 사항을 도출하여 시설관리 관계법령 이행사항 리스트를 만들어 이행사항을 적절하게 이행하여야 한다. 시설관리 관련 검토해야 하는 주요 시설관리 관계법령은 〈표 73〉과 같다.

〈표 73〉 시설관리 관련 검토 대상 주요 관계법령 (예시)

(1) 건축물종합관리 관계법령(건축법/시행령/시행규칙/지방자치단체 조례/녹색 건축물 조성지원법/시설물의 안전관리에 관한 특별법/건축물관리법/기계설비법 등)을 검토하고 이행사항을 조치한다.
(2) 주차장관리 관계법령(주차장관리법/시행령/시행규칙)을 검토하고 이행사항을 조치한다.
(3) 전기설비관계법령(전기사업법/전기공사사업법/전기설비 기술기준)을 검토하고 이행사항을 조치한다.
(4) 기계설비관계 법령을 검토하고 이행사항을 조치한다.
(5) 소방시설물관리 관계법령(소방기본법/소방시설설치유지 및 안전관리에 관한 법률/국가화재 안전관리 기준(NFSC)을 검토하고 이행사항을 조치한다.
(6) 승강기관리 관계법령(승강기시설 안전관리법/승강기 검사기준) 검토하고 이행사항을 조치한다.
(7) 에너지관리 관계법령 에너지이용합리화법(법, 시행령, 시행규칙)을 검토하고 이행사항을 조치한다.
(8) 도시가스 관계법령(도시가스사업법, 시행령, 시행규칙)을 검토하고 이행사항을 조치한다.
(9) 냉동기관리 관계법령(고압가스안전관리법, 시행령, 시행규칙)을 검토하고 이행사항을 조치한다.
(10) 보일러 압력용기 관이 관계법령(에너지 이용합리화법/열사용기자재규칙 보일러 부분, 검사대상 기준)을 검토하고 이행사항을 조치한다.
(11) 실내공기질관리 관계법령(다중이용시설의 실내공기질관리법, 시행령, 시행규칙)을 검토하고 이행사항을 조치한다.
(12) 수도 및 하수도설비관리 관계법령(수도법/하수도법/수도시설의 청소 및 위생관리 등의 관한 규칙)을 검토하고 이행사항을 조치한다.
(13) 소독, 구서, 구충 관계법령(전염병예방법)을 검토하고 이행사항을 조치한다.
(14) 위험물관리 관계법령(위험물안전관리법/시행령/시행규칙)을 검토하고 이행사항을 조치한다.
(15) 안전관리 관계법령(시설물의 안전관리에 관한 특별법 등)을 검토하고 이행사항을 조치한다.

2) 〈건축법〉을 검토하고 이행사항을 조치

건축물종합관리 대표적 관계법령에는 유지관리 기본법 성격의 건축법이 있다 이를 검토하고 이행사항을 조치한다.

건축법은 건축물의 대지, 구조, 설비, 기준 및 용도 등을 정하여 건축물의 안전, 기능, 환경, 및 미관을 향상시킴으로서 공공복리의 증진에 이바지함을 목적으로 하는 법으로서 건축물종합관리의 기본법 성격의 관계법령이다.

(1) 건축법의 핵심 용어를 이해한다

일반건축물의 유지관리에 관하여 일반적으로 적용되는 건축물 유지관리 관련법에는 건축법이 있다. 건축물종합관리에 관한 건축법의 관련조항을 살펴 이해할 필요가 있다.

건축법에서 규정하고 있는 건축물 유지관리 조항을 이해하기 위해서는 다음과 같은 건축법의 핵심 용어들에 대하여 살펴 먼저 이해할 필요가 있다. 이와 같은 건축법의 핵심용어들에 대한 이해를 바탕으로 건축법에서 명시하고 있는 건축물 유지관리에 대한 개념을 이해하고 숙지하여 건축물의 유지관리 효과를 창출해야 한다.

건축물의 소유자나 관리자가 건축물 유지관리를 시작하기 전에 반드시 이해해야 하는 건축법의 핵심 용어는 다음과 같다.

① **대지** : 공간정보의 구축 및 관리 등에 관한 법률에 따라 각 필지로 나눈 토지를 말한다. 다만, 대통령령으로 정하는 토지는 둘 이상의 필지를 하나의 대지로 하거나 하나 이상의 필지의 일부로 하나의 대지로 할 수 있다.

② **건축물** : 토지에 정착한 공작물 중 지붕과 기둥 또는 벽이 있는 것과 이에 딸린 시설물, 지하나 고가의 공작물에 설치하는 사무소, 공연장, 점포, 차고, 창고, 그 밖의 대통령령으로 정하는 것을 말한다.

③ **건축물의 용도** : 건축물의 용도를 유사한 구조, 이용목적 및 형태별로 묶어 분류한 것을 말한다. 건축법 제 2조 제2항에서는 단독주택, 공동주택, 대통령령으로 정하는 시설 등 28종으로 분류하고 있으나 건축법 시행령에는 제3조의 5에서 단독주택, 공동 주택, 야영장 시설 등 29종으로 분류하고 있어 이에 대한 차이를 확인할 필요가 있다. 건축물의 용도에는 주 용도와 주 용도에 속하는 세부 용도가 있으며 세부용도는 대통령령으로 정할 수 있다.

④ **건축설비** : 건축물에 설치하는 전기, 전화설비, 초고속 정보통신 설비, 지능형홈네트워크 설비, 가스, 급수 配水설비, 排水설비, 환기, 난방, 냉방, 소화, 배연, 및 오물처리 설비, 굴뚝, 승강기, 피뢰침, 국기 게양대, 공동시청 안테나, 유선방송 수신

시설, 우편함, 저수조, 방법시설, 그 밖에 국토교통부령으로 정하는 설비를 말한다.

⑤ **지하층** : 건축물의 바닥이 지표면 아래에 있는 층으로서 바닥에서 지표면까지 평균 높이가 해당 층 높이 의 2분지 1이상인 것을 말한다.

⑥ **거실** : 건축물 안에서 거주, 집무, 작업, 집회, 오락, 그 밖에 이와 유사한 목적을 위하여 사용되는 방을 말한다.

⑦ **주요 구조 부** : 내력벽, 기둥, 바닥, 보, 지붕틀, 및 주 계단(主 階段)을 말한다. 다만, 사이 기둥, 최하층 바닥, 작은 보, 차양, 옥외 계단, 그 밖에 이와 유사한 목것으로 건축물의 구조상 중요하지 아니한 부분은 제외 한다.

⑧ **건축** : 건축물을 신축, 증축, 개축, 재축하거나 건축물을 이전하는 것을 말한다.

⑨ **대수선** : 대수선이란 건축물의 기둥, 보, 내력벽, 주 계단 등의 구조나 외부 형태를 수선 변경하거나 증설하는 것으로서 대통령령으로 정하는 것을 말한다.

⑩ **건축주** : 건축주란 건축물의 건축, 대수선, 용도변경, 건축설비의 설치, 또는 공작물의 축소, 에 관한 공사를 발주하거나 현장 관리인을 두어 스스로 그 공사를 하는 자를 말한다.

⑪ **리모델링** : 건축물의 노후화를 억제하거나 기능향상 등을 위하여 대수선하거나 일부 증축하는 행위를 말한다.

⑫ **건축물의 유지관리** : 건축물의 소유자나 관리자가 사용승인된 건축물의 대지, 구조, 설비 및 용도 등을 지속적으로 유지하기 위하여 건축물이 멸실될 때가지 관리하는 행위를 말한다.

⑬ **고층 건축물** : 층수가 30층 이상이거나 높이가 120미터 이상인 건축물을 말한다.

⑭ **초고층건축물** : 층수가 50층 이상이거나 높이가 200미터 이상인 건축물을 말한다.

⑮ **실내건축** : 건축무의 실내를 안전하고 쾌적하며 효율적으로 사용하기 위하여 내부 공간을 칸막이로 구획하거나 벽지, 천장재, 바닥재, 유리, 등 대통령령으로 정하는 재료 또는 장식물을 설치하는 것을 말한다.

⑯ **부속 구조물** : 건축물의 안전, 기능, 환경 등을 향상시키기 위하여 건축물에 추가적으로 설치하는 환기시설물 등 대통령령으로 정하는 구조물을 말한다.

(2) 건축법의 유지관리 개념을 이해한다

건축법 제1조 제1항 16의 2에서 건축물종합관리 개념을 "건축물의 소유자나 관리자가 사용 승인된 건축물의 대지, 구조, 설비 및 용도 등을 지속적으로 유지하기 위하여 건축물이 멸실될 때까지 관리하는 행위"로 정의하고 있다.

건축법에서는 건축물 유지관리 주체로는 건축물의 소유자와 관리자로 한정하고 있으며, 유지관리 대상은 사용승인된(준공 된) 건축물의 대지와 구조(건축시설), 설비(건축설비), 용도로 명시하고 있다. 또한 유지관리 기간은 사용 승인된 날로부터 멸실될 때까지로 유지관리기간을 설정하고 있다. 멸실의 원인으로는 자연적 멸실 또는 인위적 멸실을 불문한다.

(3) 건축법의 건축물 유지관리 기준을 파악하고 이행사항을 조치한다

건축물의 소유자와 관리자는 건축법 제35조와 동 시행령 제23조 및 시행규칙 제23조 그리고 해당 지방자치 단체서 정하고 있는 건축조례에 따라 건축물을 유지관리 해야 한다.

① 대지의 안전 기준을 파악하고 조치한다(법 제40조).

- 대지는 인접한 도로면보다 낮아서는 안된다. 다만, 대지의 배수에 지장이 없거나 건축물의 용도상 방습의 필요가 없는 경우에는 인접한 도로면 보다 낮아도 된다. 습한 토지, 물리 나올 우려가 많은 토지, 그 밖에 이와 유사한 것으로 매립된 토지로 건축하는 경우에는 성토, 지반개량 등 필요한 조치를 하여야 한다. 대지에는 빗물과 오수를 배출하거나 처리하기 위하여 필요한 하수구, 하수관, 저수탱크, 그 밖에 이와 유사한 시설을 하여야 한다.
- 손궤(무너져 내림)의 우려가 있는 토지에 대지를 조성하려면 국토교통부령으로 정하는 바에 따라 옹벽을 설치하거나 그 밖에 필요한 조치를 하여야 한다.

② 토지굴착부분에 대한 조치 기준을 파악하고 이행사항을 조치한다(법 제41조).

- 공사시공자는 대지를 조성하거나 건축공사를 수행하기 위하여 토지를 굴착, 절토, 매립 도는 성토 등을 하는 경우에는 그 변경 부분에는 국토교통부령으로 정하는 바에 따라 공사 중 비탈면 붕괴, 토사유출 등 위험발생의 방지, 환경보존, 그 밖에 필요한 조치를 취한 후 해당 공사현장에 게시하여야 한다.
- 허가권자는 전항을 위반한 자에 대하여 의무이행에 필요한 조치를 명할 수 있다.

③ 대지의 조경기준을 파악하고 이행사항을 조치한다(법 제42조).

- 면적이 200제곱미터 이상인 대지에 건축을 하는 건축주는 용도지역 및 건축물의 규모에 따라 해당하는 해당 자치단체의 조례로 정하는 기준에 따라 대지의 조경이나 그 밖에 필요한 조치를 하여야 한다.
- 국토교통부 장관은 식재 기준, 조경시설물의 종류 및 설치 방법, 옥상조경방법 등 조경에 필요한 사항을 정하여 고시할 수 있다.

④ 공개공지의 확보기준을 파악하고 이행사항을 조치한다(법 제43조).

- 일반주거지역, 준주거지역, 상업지역, 준 공업지역, 특별자치시장 특별자치도지사 또는 시장, 군수, 구청장이 도시화의 가능성이 크다고 인정하여 지정 공고한 지역의 쾌적한 환경을 조성하기 위하여 대통령령으로 정하는 기준에 따라 소규모 휴

식시설 등의 공개공지(공터) 또는 공간을 설치해야 한다.

⑤ 대지와 도로와의 관계기준을 파악하고 이행사항을 조치한다(법 제44조).

- 건축물의 대지는 2미터 이상이 도로(자동차만의 통행에 사용되는 도로는 제외한다)에 접하여야 한다. 다만, 해당 건축물의 출입에 지장이 없거나, 건축물의 주변에 대통령령으로 정하는 공지가 있는 경우 농지법에 따라 농막을 건축하는 경우는 그러하지 아니하다.
- 건축물의 대지가 접하는 도로의 넓이, 대지가 도로에 접하는 부분의 길이, 그 밖에 대지와 도로의 관계에 관하여 필요한 사항은 대통령령으로 정하는 바에 따른다.

⑥ 도로의 지정, 폐지 또는 변경기준을 파악하고 이행사항을 조치한다(법 제45조).

- 허가권자가 도로의 위치를 지정 공고하려면 국토교통부령으로 정하는 바에 다라 그 도로에 대한 이해관계인의 동의를 받아야 한다. 다만 다음의 경우에는 이해관계인의 동의를 받지 아니하고 건축위원회의 심의를 거쳐 도로를 지정할 수 있다.
- 허가권자가 이해관계인이 해외에 거주하는 사유 등으로 동의받기가 곤란하다고 인정되는 경우
- 주민이 오랫동안 통행로로 이용하고 있는 사실상의 통로로서 해당 지방자치단체의 조례로 정하는 것인 경우

⑦ 건축선의 지정기준을 파악하고 이행사항을 조치한다(법 제46조).

- 도로와 접한 부분에 건축물을 건축할 수 있는 선(이하 건축선이라 한다)은 대지와 도로의 경계선으로 한다.

⑧ 건축선에 따른 건축제한 기준을 파악하고 이행사항을 조치한다(법 제47조).

- 건축선과 담장은 건축선의 수지면을 넘어서는 아니 된다. 다만, 지표아래 부분은 그러하지 아니하다.
- 도로면으로부터 높이 4.5미터 이하에 있는 출입구, 창문, 그 밖에 유사한 구조물을 열고 닫을 때 건축선의 수직면을 넘지 아니하는 구조로 하여야 한다.

⑨ 구조 내력 기준을 파악하고 이행사항을 조치한다(법 제48조).

- 건축물은 고정하중, 적재하중, 적설하중, 풍압, 지진, 그 밖의 진동 및 충격 등에 대하여 안전한 구조를 가져야 한다.
- 건축물을 건축하거나 대수선을 하는 경우 대통령령으로 정하는 바에 따라 구조의 안전을 확인해야 한다.
- 지방자치단체장은 구조안전 확인 대상 건축물에 대하여 허가 등을 하는 경우 내진성능 확보 여부를 확인해야 한다.

⑩ 건축물의 피난시설 용도제한기준을 파악하고 이행사항을 조치한다(법제49조).

- 대통령령으로 정하는 용도 및 규모의 건축물과 그 대지에는 국토교통부령이 정하

는 바에 따라 복도, 계단, 출입구, 그 밖의 피난시설과 소화전, 저수조, 그 밖의 소화설비 및 대지 안의 피난과 소화에 필요한 통로를 설치해야 한다.

- 대통령령으로 정하는 용도 및 규모의 건축물의 안전, 위생, 및 방화 등을 위하여 필요한 용도 및 구조의 제한, 방화 구획, 화장실의 규조, 계단, 출입구, 거실의 반자 높이, 거실의 채광, 환기와 바닥의 방습 등에 대하여 국토교통부령이 정하는바에 따라 유지 관리해야 한다.
- 대통령으로 정하는 용도 및 규모의 건축물에 대하여 가구 세대, 등 간 소음방지를 위하여 국토교통부령이 정하는 바에 따라 경계 벽 및 바닥을 설치해야 한다. 침수위험지구에 건축하는 공공기관이 건축하는 건축물은 침수방지 및 방수를 다음 기준에 따라야 한다.
- 건축물의 1층 전체를 필로티구조(경비실, 계단실, 승강기 실 등 포함)로 할 것.
- 국토교통부령으로 정하는 침수방지시설을 할 것.

⑪ 건축물의 내화구조와 방화벽 기준을 파악하고 이행사항을 조치한다(법 제50조).

- 문화 집회시설, 의료시설, 공동주택 등 대통령으로 정하는 건축물은 국토교통부령으로 정하는 기준에 따라 주요 구조 부를 내화구조로 하여야 한다.
- 대통령령으로 정하는 용도 및 규모의 건축물은 국토교통부령으로 정하는 기준에 따라 방화벽을 구획하여야 한다.

⑫ 고층 건축물의 피난 및 안전관리기준을 파악하고 이행사항을 조치한다(법 제50조의 2).

- 고층건층에는 대통령령으로 정하는 바에 따라 피난안전구역을 설치하거나 대피공간을 확보한 계단을 설치하여야 한다.
- 고층건축물에 설치한 피난안전구역, 피난시설 또는 대피공간에는 국토교통부령이 정하는 바에 따라 화재 등의 경우에 피난용도로 사용하는 것임을 표해야 한다.
- 고층건축물에는 화재예방, 피해경감을 위하여 국토교통부령으로 정하는 바에 따라 제48조부터 제50조까지와 제64조(승강기) 기준을 강화할 수 있다.

⑬ 방화지구안의 건축물의 구조 기준을 파악하고 이행사항을 조치한다(법 제51조).

- 국토의 계획 및 이용에 관한 법률에서 정하는 방화지구 안에서는 건축물의 주요 구조부와 외벽을 내화구조로 하여야 한다.
- 방화지구 안의 공작물로서 간판, 광고탑, 그 밖의 대통령으로 정하는 공작물 중 건축물의 지붕 위에 설치하는 공작물이나 높이 3미터 이상의 공작물은 불연 재료로 하여야 한다.
- 방화지구 안의 지붕, 방화 문, 인접 대지 경계선에 접하는 외벽은 국토교통부령으로 정하는 구조 및 재료로 하여야 한다.

⑭ 건축물의 마감재료 기준을 파악하고 이행사항을 조치한다(법 제52조).

- 대통령령으로 정하는 용도 및 규모의 건축물의 벽, 반자, 지붕(반자가 없는 경우) 등 내부의 마감 재료는 방화에 지장이 없는 재료를 사용해야 하고 실내공기 질 관리법 제 5조 및 제6조에 따른 실내공기 질 유지기준 및 권고기준을 고려해야 한다.
- 대통령령으로 정하는 건축물의 외벽에 사용되는 마감재료는 방화에 지장이 없는 재료를 사용해야 한다.
- 욕실, 화장실, 목욕장 등의 바닥 재료는 미끄럼을 방지할 수 있도록 국토교통부령이 정하는 기준에 적합하여야 한다.

⑮ 실내건축기준 및 검사기준을 파악하고 이행사항을 조치한다(법 제52조의 2).

- 대통령으로 정하는 용도 및 규모의 건축물의 실내 건축은 방화에 지장이 없고 사용자의 안전에 문제가 없는 구조 및 재료로 시공해야 한다.
- 실내건축의 구조 및 시공방법은 국토교통부령으로 정하는 기준에 따라야 한다.
- 특별시장, 특별자치도지사, 시장, 군수, 구청장은 실내건축이 적정하게 설치 및 시공되었는지에 대하여 검사해야 한다.

⑯ 지하층의 구조 및 설비기준을 파악하고 이행사항을 조치한다(법제 제53조).

- 건축물에 설치하는 지하층의 구조 및 설비는 국토교통부령이 정하는 기준에 맞게 하여야 한다.

⑰ 건축물의 대지가 지역, 지구, 구역에 걸치는 경우의 조치기준을 파악하고 조치한다(법 제54조).

- 그 건축물과 대지의 전부에 대하여 대지의 과반에 속하는 지역 지구 구역안의 건축물 및 대지는 이 법의 규정을 준용한다.

⑱ 건축물의 건폐율 기준을 파악하고 이행사항을 조치한다(법 제55조).

- 대지 면적에 대한 건축면적(대지에 건축물이 둘 이상 있는 경우에는 이들 건축면적의 합계로 한다)의 비율의 최대한도는 국토의 계획 및 이용에 관한 법률 제77조에 따른 건폐율에 따른다. 다만, 이 법에서 기준을 완화하거나 강화하여 적용하도록 규정한 경우에는 그에 따른다.

⑲ 건축물의 용적률 기준을 파악하고 이행사항을 조치한다(법제 제56조).

- 대지면적에 대한 연 면적의 최대한도는 국토의 계획 및 이용에 관한 법률 제78조에 따른 용역율의 기준에 따른다. 다만, 이 법에서 용적률을 완화하거나 강화할 경우에는 그에 따른다.

⑳ 대지안의 분할 제한기준을 파악하고 이행사항을 조치한다(법제57조).

- 건축물이 있는 대지는 대통령령으로 정하는 범위에서 해당 지방자치 단체의 조례로 정하는 면적에 못 미치게 분할 할 수 없다.

㉑ 대지안의 공지기준을 파악하고 이행사항을 조치한다(법 제58조).

- 건축물을 건축하는 경우에는 국토의 계획 및 이용에 관한 법률에 따른 용도지역, 용도지구, 건축물의 용도 및 규모 등에 따라 건축선 및 인접 대지경계선으로부터 6미터 이내의 범위 내에서 대통령령이 정하는 바에 따라 해당 지방자치단체의 조례로 정하는 거리 이상으로 띄어야 한다.

㉒ 건축물의 높이 제한기준을 파악하고 이행사항을 조치한다(법 제60조).

- 가로구역을 단위로 하여 대통령령이 정하는 기준과 절차에 따라 건축물의 높이를 지정 공고할 수 있다. 다만 특별시장이나 광역시장은 도시의 관리를 위하여 필요하면 건축물의 높이를 특별시 또는 광역시의 조례로 정할 수 있다.

㉓ 일조 등의 확보를 위한 건축물의 높이 제한 기준을 파악하고 이행사항을 조치한다(법 제61조).

- 전용주거지역과 일반주거지역 안에서 건축하는 건축물의 높이는 일조 등의 확보를 위하여 정북방향의 인접대지 경계선으로부터 거리에 따라 대통령령으로 정하는 높이 이하로 하여야 한다.

㉔ 건축설비 기준을 파악하고 조치한다(법 제62조).

- 건축설비의 설치 및 구조에 관한 기준과 설계 및 공사감리에 관한 사항은 대통령으로 정한다.

㉕ 승강기 설치기준을 파악하고 이행사항을 조치한다(법 제64조).

- 건축주는 6층 이상으로서 연 면적이 2천 제곱미터 이상인 건축물(대통령령으로 정하는 건축물은 제외한다)을 건축하려면 승강기를 설치해야 한다. 이 경우 승강기 규모 및 구조는 국토교통부령으로 정한다.
- 31미터를 초과하는 건축물에는 대통령령으로 정하는 바에 따라 제1항에 다를 승강기 외에 비상용 승강기를 추가로 설치해야 한다.

㉖ 지능형건축물의 인증기준을 파악하고 이행사항을 조치한다(법 제65조의 2)

- 국토교통부 장관은 지능형 건축물(Intelligent Building)의 건축을 활성화하기 위하여 지능형건축물 인증 제도를 실시한다.
- 허가권자는 지능형건축물로 인증 받은 건축물에 대하여 조경설치면적의 100분의 85까지, 용적률 및 건축물의 높이를 100분의 115 범위 내에서 완화하여 적용할 수 있다.

㉗ 관계 전문기술자 협력 및 업무 수행기준을 파악하고 이행사항을 조치한다(법 제67조).

- 설계자와 공사감리자는 녹색건축물 조성지원법 제15조에 따른 대지의 안전, 건축물 구조상의 안전, 부속 구조물 및 건축설비의 설치 등을 위한 설계 및 공사감리를 할 때 대통령령이 정하는 바에 따라 관계전문기술자의 협력을 받아야 한다.

- 관계 전문기술자는 건축물이 이 법 및 이 법에 다른 명령이나 처분, 그 밖의 관계 법령에 맞고 안전, 기능 및 미관에 지장이 없도록 업무를 수행해야 한다.

㉘ 기술적 기준 설정기준을 파악하고 이행사항을 조치한다(법 제68조).

- 대지의 안전, 건축물의 구조상 안전, 건축설비 등에 관한 기술적 기준은 특별히 규정한 경우 외에는 국토교통부령이 정하되 세부기준은 국토교통부 장관이 지정 하는 연구기관, 학술단체, 그 밖의 관련 전문기관 또는 단체가 국토교통부장관의 승인을 받아 정할 수 있다. 이 경우 국토교통부 장관은 고시해야 한다.

㉙ 건축물 멸실 신고기준을 파악하고 이행사항을 조치한다(법 제36조).

- 건축물의 소유자나 관리자는 건축물을 철거하려면 철거하기 전에 특별자치시장, 특별자치도지사, 또는 시장, 군수, 구청장에게 신고해야 한다.
- 건축물의 소유자나 관리자는 건축물이 재해로 멸실된 경우 멸실 후 30일 이내에 신고해야 한다.

㉚ 건축지도원의 지정 의무기준을 파악하고 이행사항을 조치한다(법 제37조).

- 지방자치단체장은 건축법 및 건축법의 명령이나 처분에 위반되는 건축물 발생을 예방하고 건축물을 적법하게 유지 관리하도록 지도하기 위하여 대통령령으로 정하는 바에 따라 건축지도원을 지정할 수 있다.

3) 〈건축법 시행령〉을 검토하고 이행사항 조치

건축법 시행령에서는 건축물 유지관리에 관하여 시행령 제23조에 관련 규정을 두고 유지관리를 수행하도록 요구하고 있다.

(1) 건축물의 유지관리 의무자의 유지관리 의무기준을 파악하고 이행사항을 조치한다(시행령 제 23조)

① 건축물의 소유자나 관리자는 건축물, 대지, 건축설비를 건축법 제 35조 제1항에 따라 유지 관리해야 한다. 로 명시하고 있어 건축물의 소유자와 관리자가 의무적으로 유지관리 하도록 명시하고 있다.

② 특수구조 건축물, 고층건축물의 소유자와 관리자는 시행령 제23조 제1항에 따라 유지 관리하는 경우 건축물의 제설, 홈통 청소 등에 관한 사항이 포함된 유지관리 계획을 마련하여야 한다.

(2) 정기점검 및 수시점검기준을 파악하고 이행사항을 조치한다(시행령 제23조의 2)

① 다중이용 건축물, 3천 제곱미터 이상의 집합 건축물, 다중이용업소로 지방자치단

체가 건축조례로 정하는 건축물, 준 다중이용건축물 중 특수구조 건축물의 소유자와 관리자는 사용승인일 기준으로 매 2년마다 한번 정기점검을 실시해야 한다.

② 상기 건축물의 소유자와 관리자는 화재, 침수 등 재해나 재난으로부터 건축물의 안전을 확보하기 위하여 필요한 경우에는 지방자치단체의 건축조례로 정하는 바에 의하여 수시점검을 실시하여야 한다.

③ 건축물의 소유자나 관리자가 정기 점검 또는 수시점검을 실시하는 경우에는 다음과 같은 자격을 가진 유지관리 점검자로 하여금 정기점검 또는 수시점검을 수행하도록 하여야 한다. 유지관리점검자의 자격은 다음과 같다.

- 건축사법 제23조 제1항에 따라 건축사사무소개설 신고를 한 자
- 건설기술진흥법 제 26조 제1항에 따라 등록한 건설기술용역업자
- 시설물의 안전관리에 관한 특별법 제9조 제1항에 따라 등록한 건축분야 안전진단 전문기관

(3) 정기점검 및 수시점검사항기준을 파악하고 이행사항을 조치한다

건축법 시행령 제23조의 3에서는 건축물의 정기 점검 및 수시점검사항에 대하여 다음과 같이 명시하고 있다. 다만 시설물 안전관리에 관란 특별법에서는 1종 시설물과 2종 시설물에 대한 구조안전 부분은 생략해도 무방한 것으로 규정하고 있다. 정기점검 및 수시점검 사항은 다음과 같다.

① 대지 : 건축법 제 40조, 제42에서 44조까지 그리고 법 제 60조 및 61조에 적합한지의 여부

② 높이 및 형태 : 건축법 제 55조, 제56조, 제58조, 제60조 및 61조에 적합한지의 여부

③ 화재안전 : 건축법 제 49조, 제50조, 제50조의 2, 및 제53조에 적한한지의 여부

④ 구조안전 : 건축법 제48조에 적한한지의 여부

⑤ 건축설비 : 건축법 제 62조부터 제 64조까지의 규정에 적합한지 여부

⑥ 에너지 및 친환경 관리 등 : 건축법 제 65조의 2와 녹색건축물 조성지원법 제15조 제1항, 제16조 및 제17조에 적합한지 여부

또한 유지관리 점검자가 정기 점검 및 수시점검 업무를 수행하는 경우 상기 점검 항목 외에 건축물의 안전강화 방안 및 에너지 절감방안 등에 관한 의견을 제시해야 한다.

(4) 건축물점검결과 보고기준을 파악하고 이행사항을 조치한다(법 제23조의 5)

건축물의 소유자나 관리자는 정기점검이나 수시점검을 실시하였을 때에는 점검을 마친 날로부터 30일 이내에 특별자치시장, 특별자치도지사, 시장, 군수, 구청장에게 점검

결과를 보고해야 한다.

(5) 건축지도원 지정 및 업무기준을 파악하고 대응한다(법 제24조)

건축법 제25조에는 건축법 제37조에 따른 건축지도원을 지방자치단체장이 두고 다음의 업무를 수행할 수 있게 하고 있다.

① 건축신고를 하고 건축 중에 있는 건축물의 시공지도와 위법시공 여부 확인, 지도, 단속
② 건축물의 대지, 높이, 형태, 구조안전 및 화재안전, 건축설비 등이 법령 등에 적합하게 유지 관리되고 있는지에 대한 확인, 지도, 단속
③ 허가를 받지 아니 하거나 신고를 하지 않고 건축하거나 용도 변경한 건축물의 단속

4) 〈건축법 시행규칙〉을 검토하고 이행사항을 조치한다

건축법과 건축법 시행령에서 위임하거나 건축법과 동 시행령에서 규정한 것을 집행하기 위하여 국토교통부장관이 제정한 건축법시행규칙에서는 건축물 유지관리 기준에 대하여 다음과 같이 명시하고 있는바 건축물소유자과 관리자는 이를 이행해야 한다.

(1) 건축물의 유지관리 점검표 제출기준을 파악하고 이행사항을 조치한다(시행규칙 제 23조)

건축법시행령에서 규정하고 있는 건축물 유지관리 점검자는 정기점검 및 수시 점검을 수행한 경우에는 건축물 소유자 및 관리자에게 별지 제 24의 4서식의 건축물 유지관리 정기(수시) 점검표를 제출히여야 한다.

건축물의 소유자나 관리자가 정기 점검 또는 수시점검 결과를 보고하는 경우에는 특별자치시장, 특별자치도지사, 시장, 군수, 구청장에게 별지 제24호의 4 서식의 건축물 정기(수시) 점검보고서에 별지 제24호의 3서식의 건축물 정기(수시) 점검표를 첨부하여 제출해야 한다.

(2) 건축물 철거 및 멸실 신고서 제출기준을 파악하고 이행사항을 조치한다(시행규칙 제 24조)

법제 36조 제1항에 따라 법 제11조 및 법 제14조에 따른 허가를 받았거나 신고를 한 건축물을 철거하고자 하는 자는 철거 예정일 3일 전까지 별지 제25호 서식의 건축물 철거, 건축물 멸실 신고서로 된 신고서에 다음 각 호에 규정하고 있는 사항을 포함하여 해체공사계획서를 특별자치시장, 특별자치도지사, 시장, 군수, 구청장에게 제출해야 한다. 해체공사계획서에 포함될 사항은 다음과 같다.

① 층별, 위치별 해체작업의 방법 및 순서
② 건설폐기물의 적치 및 반출계획
③ 공사현장 안전조치계획

5) 〈지방자치단체의 건축 조례〉를 검토하고 이행사항을 조치한다

건축법, 같은 법 시행령, 같은 법 시행규칙, 및 관계법령에서 정하도록 위임한 사항과 그 시행에 관하여 필요한 사항을 규정함을 목적으로 하는 지방자치단체의 조례(㉠ 서울특별시 건축조례)에서는 건축물 유지관리에 관하여 다음과 같이 규정하고 있어 이행이 요구된다.

(1) 건축물의 유지관리 대상 건축물 범위를 파악하고 이행사항을 조치한다

건축법 시행령 제 23조의 2 제1항 제3호에서 건축조례로 정하는 건축물이란 다음의 건축물을 말한다.

① 다중이용업소의 안전관리에 관한 특별법 해당업소의 연 면적의 합계가 1천 제곱미터 이상의 건축물
② 다중이용업소의 안전관리에 관한 특별법시행령 제 2조 제2호, 제7의 2호, 제18호의 업소 중 해당 업소의 면적의 합계가 500 제곱미터 이상인 건축물
③ 그 밖에 구청장이 필요하다고 인정하는 건축물

(2) 수시점검대상 건축물 지정기준을 파악하고 이행사항을 조치한다

건축법 시행령 제23조 의 제5항에 따라 시장은 화재, 침수, 등 재해나 재난으로부터 건축물의 안전을 확보하기 위하여 건축법 시행령 제23조 제1항 각 호에 해당하는 건축물을 수시점검 대상으로 점검할 수 있다.

(3) 수시점검 대상 건축물 소유자 서면통보 의무를 파악하고 이행사항을 조치한다

수시점검 대상으로 지정되면 그 건축물의 소유자에게 서면으로 통보하여야 한다.

(4) 건축물의 소유자와 관리자의 수시점검 실시의무를 파악하고 조치한다

수시점검의 지정 또는 통보받은 건축물의 소유자나 관리자는 30일 이내에 수시점검을 실시하여야 한다.

6) 〈녹색건축물조성지원법〉을 검토하고 이행사항을 조치한다

녹색건축물의 조성에 필요한 사항을 정하고 건축물의 온실가스 배출량 감축과 녹색 건축물의 확대를 통하여 저탄소 녹색성장 실현 및 국민의 복리 향상에 기여함을 목적으로 하는 녹색건축물 조성 지원법에서는 건축물종합관리 관련 조항에서 다음과 같은 유지관리 기준을 명시하고 있는바 건축물 소유자와 관리자는 이를 파악하고 이행해야 한다.

(1) 개별 건축물의 에너지 소비 총량 제한 기준을 파악하고 조치한다(법제 제12조).
(2) 에너지 절약 계획서 제출 의무를 파악하고 이행사항을 조치한다(법 제14조).
(3) 에너지 절약을 위한 차양 막 설치기준을 파악하고 이행사항을 조치한다(법 제14조의 2).
(4) 건축물의 유지관리 기준을 파악하고 이행사항을 조치한다(법 제15조).
(5) 녹색건축물의 인증 기준을 파악하고 이행사항을 조치한다(법 제16조).
(6) 건축물의 에너지 효율 등급 및 제로에너지 건축물 인증 기준을 파악하고 이행사항을 조치한다(법 제17조).

이 법에서 말하는 '녹색건축물'이란 저탄소 녹색성장 기본법 제54조에 따른 건축물과 환경에 미치는 영향을 최소화하고 동시에 쾌적하고 건강한 거주환경을 제공하는 건축물을 말하고 '제로에너지 건축물'이란 건축물에 필요한 에너지 부하를 최소화하고 신에너지 및 재생에너지를 활용하여 에너지 소요량을 최소화하는 녹색건축물을 말한다.

7) 〈시설물의 안전관리에 관한 득별법〉을 검토하고 이행사항을 조치한다

(1) 시설물의 안전관리에 관한 특별법의 핵심 용어를 이해한다

① **1종 시설물** : 도로, 철도, 댐, 교량, 터널 등 구조상 관리에 고도의 기술이 필요한 시설물 및 21층 이상의 아파트 또는 연면적 5만 ㎡ 이상의 건축물을 말한다.
② **2종 시설물** : 1종 시설물에 해당되지 않은 건축물로서 16층 이상의 아파트 및 연면적 5천 ㎡ 이상의 건축물(판매시설)을 말한다.

(2) 시설물의 안전 및 유지관리 계획

매년 2월 15일 까지 아래의 정보를 포함하여 시설물의 안전 및 유지관리 계획을 수립하여 자치단체장에게 제출하고 이를 시설물정보종합관리시스템(www.fms.or.kr)에 등록한다.

① 시설물의 적정한 안전과 유지관리를 위한 조직, 인원 및 장비의 확보에 관한 사항
② 긴급사항 발생 시 조치체계에 관한 사항
③ 시설물의 설계, 시공, 감리, 및 유지관리에 관련된 설계도서의 수집 및 보존에 관한 사항
④ 안전점검 또는 정밀 안전진단실시계획 및 보수, 보강에 관한 사항
⑤ 안전과 유지관리에 필요한 비용에 관한 사항

(3) 건축물정기 점검 기준을 확인하고 다음과 같이 점검하고 조치한다

법정 점검시기가 중복 될 경우에는 정기점검 < 정밀점검 < 정밀 안전진단 순으로 상위점검으로 대체한다.

점검대상	정기점검	정밀정검	정밀 안전진단
최초	매년 6개월/1회시설물 정보종합 시스템 등록	2종 시설물로서 준공 후 4년 이내	1종 시설물로서 준공 후 10년 후 1년 이내
A등급	상동	4년에 1회 이상	6년에 1회 이상
B/C등급	상동	3년에 1회 이상	5년에 1회 이상
D/E등급	상동	2년에 1회 이상	4년에 1회 이상

(4) 유지관리대상 건축물에 다음과 같은 안전진단 판정시 적절하게 조치한다

안전등급	상 태	조치사항
A(양호)	문제점이 없는 최상의 상태	일상 유지관리
B(양호)	건축물에 경미한 결함 발생, 기능발휘에 문제없는 상태	내구성 증진 위한 일부 보수
C(보통)	광범위한 결함 발생, 전체 안전지장 없음	내구성, 기능성 저하방지 간단한 보강 필요
D(미흡)	건축물에 결함 발생, 사용제한 결정할 상태	긴급한 보수 보강
E(불량)	건축물에 심각한 결함 발생, 안전에 위험 있는 상태	즉각 사용금지 및 보강 또는 개축

(5) 법적 조치사항을 검토하고 적절히 조치한다

① 법 제4조 1항에 따라 안전 및 유지관리 계획을 수립하고 자치단체장에게 보고하고 시설물 정보 종합시스템에 등록한다.
② 법 제6조 제1항에 따라 안전 점검(정기/정밀 안전점검) 성실하게 수행한다.
③ 법 제7조 제1항에 따라 성실하게 정밀안전진단을 실시한다.
④ 법 제11조에 따라 점검결과를 해당 행정기관장에게 통보한다.
⑤ 법 제14조 제3하에 따른 사용제한 명령 수령 시 즉각 사용제하 조치한다.
⑥ 법 제15조에 따른 보수 보강 필요시 보수 보강한다.
⑦ 법 제15조의 2에 따른 보수 보강 조치결과를 자치단체장에게 보고한다.

8) 주차장관리 관계법령(주차장관리법/시행령/시행규칙)을 검토하고 이행사항을 조치한다

(1) 출입구는 3.5 미터 이상으로 주차대수 50대 이상시 출구와 입구를 분리하거나 너비 5.5미터 이상의 출구를 설치한다.
(2) 높이는 주차바닥 면적으로부터 2.3미터 이상으로 한다.
(3) 주차장의 조도는 85cm 높이에 있는 지점이 평균 70룩스 이상의 조도를 유지해야 한다.
(4) 주차대수 30대 초과 시 관리 사무소에서 방범설비를 설치하고 주차장 내부 잔체를 볼 수 있는 폐쇄회로텔레비전(CCTV) 및 녹화장치를 설치하고 관리해야 한다. (촬영된 자료는 1월 이상 보관한다)
(5) 2층 이상의 주차장에는 추락 방지시설을 설치한다.
(6) 주차장 안에 설치할 수 있는 부대시설(관리 사무소, 휴게소, 공중변소, 자동차 장식품 점, 기타 필요한 편의 시설 등)은 주차장 면적의 20%를 초과해서 설치하지 못한다.
(7) 노상 주차장 20대 이상 경우에는 1면 이상 설치 기타 주차장은 법적 설치대수의 2% ~4% 범위 내에서 지방자치단체의 조례로 정하는 장애인 주차장을 설치해야 한다.
(8) 주차장 법정대수 산정은 판매시설 면적 150㎡ 당 1대(시설면적/150㎡)로 산정한다.
(9) 기계식 주차장은 2년 1회 승강기 안전관리원이나 교통안전공단 또는 주차장관리협회로부터 안전점검을 받아야 하고, 최초 설치 3년 후 안전점검을 받아야 한다.
(10) 법적 조치사항을 검토하고 적절하게 조치한다.
  ① 법 제 6조 제1항 또는 제2항에 따라 주차장의 구조 및 설비기준을 준수해야 한다(위반 시 과태료 300만원 임).

② 법 제2조 제3항에 다라 시장, 군수, 구청장의 주차장 개선 명령에 따라야 한다(위반 시 과태료 300만원임).

9) 전기설비 관계법령 〈전기사업법/전기공사사업법/내선규정〉을 검토하고 이행사항을 조치한다

(1) 전기안전관리자를 다음과 같이 선임한다

용량(kW)	관리자(명)	관리원(명)	선임 자격
1만kW 이상	1	2	• 수용설비 2,000kW 이상 • 전기시사(2년) 산업기사(4년)1명
5천~1만 kW 미만	1	1	• 수용설비 2,000kW 미만 • 전기시사(1년) 산업기사(2년)1명
5천kW 미만	1	-	• 수용설비 1,5000kW 미만 • 산업기사 이상 중 1명 • 전기안전 관리원 : 전기기능사 전기분야 5년 경력 이상

(2) 선임한 전기안전관리자로 하여금 다음업무를 수행하게 한다(법 제73조)

① 전기설비의 공사와 유지 및 운용에 관한 업무 및 이의 종사자 교육
② 전기설비의 안전관리를 위한 확인, 점검 및 이에 대한 감독
③ 전기 설비의 운전, 조작 또는 이에 대한 감독
④ 전기설비의 안전관리에 관한 기록 및 그 기록의 보존
⑤ 공사계획의 인가 신청 또는 신고에 필요한 서류의 검토
⑥ 비상용 예비 발전설비의 설치, 변경공사로서 총공사비1억 미만의 공사 감리
⑦ 전기수용설비의 증설 또는 변경공사로서 총공사비가 1억 미만인 공사 감리
⑧ 전기설비의 일상 점검, 정기점검, 정밀점검의 절차, 방법 및 기준에 대한 안전관리 규정의 작성
⑨ 전기재해의 발생을 예방하거나 그 피해를 줄이기 위하여 필요한 응급조치

(3) 자가용 전기설비 오피스 3년 1회, 다중이용시설 2년 1회 정기검사를 실시한다

정기검사 결과 불합격시 적합하지 않은 부분에 대하여 검사 완료일로부터 3개월 이내

에 재검사를 받아야 한다(법 제65조, 법제98조제2항, 동법 시행령 제62조 제3항, 동법 시행규칙 제 32조).

① 전선의 접속은 인장하중(전선의 세기)을 20% 이상 감소시키지 않아야 하고 접속 부분을 절연물과 동등 이상의 절연효력이 있는 것으로 충분히 피복해야 한다.
② 누설전류는 최대공급 전류의 1/2000을 넘지 않도록 관리해야 한다.
③ 전기 공급약관을 갖추어 두고 열람하게 해야 한다(법 제108조 제2항).
④ 정기점검 결과를 기록하고 보존해야 한다(법 제108조 제2항).
⑤ 정기점검을 방해하거나 기피할 수 없다(법 제108조 제2항).
⑥ 안전교육을 받아야 하고 안전교육을 받지 않은 자는 해임해야 한다(법 제108조 제2항).

10) 소방시설물관리 관계법령 〈소방기본법/소방시설설치유지 및 안전관리에 관한 법률/국가화재 안전관리 기준(NFSC)〉을 검토하고 이행 사항을 조치한다

소방시설 설치 유지 및 안전관리에 관한 법률은 화재의 재난, 재해 그 밖의 위급한 상황으로 부토 국민의 생명, 신체 및 재산을 보호하기 위하여 화재의 예방 및 안전관리에 관한 국가와 지방자치단체의 책무와 소방시설 등의 설치, 유지 및 소방대상물의 안전관리에 관하여 필요한 사항을 정함으로서 공공의 안전과 복리 증진에 이바지함을 목적으로 하는 법률로서 제9조에서 특정소방대상물의 관계인은 대통령령으로 정하는 바에 따라 특정 소방대상물의 규모, 용도, 위험특성, 이용자 특성, 및 수용인원 등을 고려하여 갖추어야 하는 소방시설물은 국민안전처장관이 고시하는 화재안전기준에 따라 설치 또는 유지 관리해야 함을 규정하고 있다.

이 법에서 말하는 소방시설, (특정)소방대상물과 특정소방대상물의 관계인, 화재안전기준 등 핵심용어의 의미는 다음과 같다.

(1) 〈소방시설설치유지 및 안전관리에 관한 법률〉 핵심 용어를 이해한다

① **소방시설** : 소방시설이란 소화설비, 경보설비, 피난설비, 소화용수설비, 그 밖에 소화활동 설비로서 대통령으로 정하는 것을 말한다.
② **특정 소방대상물** : 특정 소방대상물이라 함은 소방시설을 설해야 하는 소방대상물로서 대통령령이 정하는 것을 말한다. 특정소방대상물에는 공동주태, 근린생활시설, 문화 집회시설, 종교시설, 판매시설, 운수시설, 교육연구시설, 노유자 시설, 수련시설, 운동시설, 업무시설, 숙박시설, 위락시설, 공장, 창고시설, 위험물 저장 및

처리 시설, 항공기 및 자동차 관련시설, 동물 및 식물 관련시설, 분뇨 및 쓰레기 처리시설, 교정 및 군사시설, 방송통신시설, 발전시설, 묘지관련 시설, 관광휴게시설, 장례 식장, 지하상가, 지하구, 문화재, 복합건축물

③ **특정소방대상물의 관계인** : 특정소방시설물의 관계인이라 함은 특정소방대상물의 소유자 또는 관리자를 말한다.

④ **화재안전 기준** : 화재기준이란 국가안전처장관이 고시한 국가화재 안전을 위한 기준(NFSC)을 말한다.

(2) <국가화재 안전기준((NFSC)>을 검토하고 이행사항을 조치한다

① 소화설비 설치 기준을 확인하고 관련법에 따라 적합하게 조치한다.

② 작동 소요시간 및 예비 전원 기준을 확인하고 관련법에 따라 적합하게 조치한다.

③ 경보설비 발신기의 수평거리, 음량, 설치 높이를 확인하고 관련법에 따라 적합하게 조치한다.

④ 경보설비 비상방송 수평거리와 배선기준을 확인하고 관련법에 따라 적합하게 조치한다.

⑤ 경보설비 시각경보기의 설치 높이기준을 확인하고 관련법에 따라 적합하게 조치한다.

⑥ 피난설비 유도등의 설치 높이, 조도, 색상 기준을 확인하고 관련법에 따라 접합하게 조치한다.

⑦ 피난설비 비상 조명등의 설치장소 기준을 확인하고 관련법에 따라 적합하게 조치한다.

⑧ 피난설비 휴대용 조명기 설치장소와 조도 기준을 확인하고 관련법에 따라 적합하게 조치한다.

⑨ 피난설비 공기호흡기 설치장소 기준을 확인하고 관련법에 따라 적합하게 조치한다.

⑩ 소화활동설비인 제연설비의 제연구역 면적, 제연 폭, 풍속 등의 기준을 확인하고 관련법에 따라 적합하게 조치한다.

⑪ 소화활동 설비인 연결송수관설비의 송수구와 방수구의 기준을 확인하고 관련법에 따라 적합하게 조치한다.

(3) <소방시설 설치유지 및 안전관리에 관한 법률>을 검토하고 이행사항을 조치한다

① 소방시설의 작동, 기능에 지장을 초래하는 경미한 사항을 2회 이상 위반할 수 없다(법 제9조 제1항).

② 다음에 해당하는 소방시설의 고장상태를 방치해서는 안된다.

- 소화펌프 고장상태 방치
- 수신반 전원 차단상태 방치
- 동력 제어반 고장상태 방치
- 소방시설용 전원 차단
- 소화배관 잠금 상태 방치 및 소방시설 작동 경우, 소화수의 방수 또는 소화약제가 방출되지 않은 상태로 방치

③ 다음사항에 대하여 관련법에 따라 방지 또는 적합하게 조치해야 한다.

- 소방시설의 기능과 성능에 지장을 초래하는 폐쇄, 훼손 등의 행위
- 피난시설, 방화구획 및 방화시설을 폐쇄, 훼손 등의 행위
- 피난시설, 방화구획, 방화시설 주위에 물건을 쌓아 두거나 장애물을 설치하는 행위, 피난시설, 방화시설을 변경하는 행위
- 방화관리자가 방화관리 업무를 하지 아니하는 행위
- 소방 훈련 및 소방 교육을 실시하지 아니하는 행위

11) 승강기 관계법령 〈승강시설 안전관리법, 시행령, 시행규칙 승강기 검사기준〉을 검토하고 이행사항을 조치한다

(1) 승강기 운행관리자를 선임한다(법 제16조의 2)

① 18세 이상의 건강한 자 승강기 운전지식을 보유한자.

② 완성 검사 합격일로부터 6개월 이내, 운행관리자 변경시 3개월 이내 8시간 법정 교육을 이수 등 자격을 가지고 있는 자를 선임한다.

(2) 승강기 자체점검을 실시한다(법 제17조)

① 월 1회 실시하고 점검 기록을 작성하여 2년간 보관한다.

② 유지보수 업체는 월 전기 점검 및 점검표를 작성하고 유지한다.

(3) 정기검사를 받아야 한다

① 직전 정기 검사일로부터 1년

② 최초 정기 검사 완성 검사일로부터 1년 되는 때에 받아야 한다.

(4) 승강기 검사기준을 확인하고 관련법에 따라 적합하게 조치한다

① 삼각부 설치 검사기준을 확인하고 관련법에 따라 적합하게 조치한다.

② 장애인점형 부록 검사기준을 확인하고 관련법에 따라 적합하게 조치한다.
③ 안전스티크 연동 검사기준을 확인하고 관련법에 따라 적합하게 조치한다.
④ 승강기 고장일지는 서식에 따라 기록 관리해야 한다.
⑤ 음성안내방송은 매일 수시로 방소하여 승강기 이용 안전을 계몽해야 한다.

(5) 승강기 안전사고 신고 및 보고기준을 확인하고 관련법에 따라 적합하게 조치한다

① 인적 사고는 즉시 신고 한다(사망, 1주일 이상 입원치료 부상, 골절상, 출혈, 신경 근육 힘줄 손상, 2도 이상 화상, 부상 면적이 신체 면적의 5% 이상, 내장 손상).
② 장비고장(엘리베이터/에스컬레이터) 3일 이내 신고한다.

(6) 〈승강시설안전관리법 시행령〉을 검토하고 법적 조시사항을 관련법에 따라 적합하게 조치한다

① 승강기 운행관리자는 법정교육을 이수해야 한다(법 제28조 제2항 제1호).
② 승강기 관리주체는 승강기의 중대한 사고나 고장을 반드시 신고해야 한다(법 제28조 제1항 제3호).
③ 자체점검을 매월 실시해야 하고 기록하여 보존해야 한다(법 제17조 제1항).
④ 승강기에 결함이 발견되는 경우 즉시 운행을 중지하고 보수해야 한다(법 제28조 제1항 제5호).

12) 에너지관리 관계법령 〈에너지이용합리화법(법, 시행령, 시행규칙)〉 검토하고 이행사항을 조치한다

(1) 에너지 다소비사업자

① 에너지 다소비사업자(연료, 열 및 정력의 연가 사용량 합계가 2,000TOE 이상인 자)는 매년 3월 31일까지 그 에너지 사용 시설이 있는 시 도지사에게 신고해야 한다(법 제31조). 신고사항은 다음과 같다.
- 전 연도 에너지 사용량 및 해당 연도 에너지 사용 예정 정량
- 에너지사용 기자재의 현황 및 전 년도 에너지 합리화 실적 및 해당 연도의 계획
- 에너지 관리자 현황

② 에너지 다소비사업자는 에너지 진단 점문기관으로부터 3년 이상의 범위 내에서 대통령령이 정하는 기간마다 그 사업장의 에너지의 효율적 사용 여부에 대한 진단을 받아야 한다. 진단 대상과 진단 주기는 다음과 같다(법 제 32조).

연간 에너지 사용량	진단 주기
20만 TOE	• 전체 진단 → 5년 • 부분 진단 → 3년
20만 TOE 미만	• 5년

주) TOE(Tonnage of Oil Equivalent) : 에너지의 양을 나타내는 석유환산톤을 말함.

③ 냉난반방 온도를 다음과 같이 지정하고 운영해야 한다(법 제36조의 2, 동법 시행규칙 제31조의 2항).
- 냉방제한 온도 → 26° 이상
- 난방제한 온도 → 20° 이하
- 판매시설 냉방온도 → 25° 이상

④ 〈에너지이용합리화법〉의 법적 조치사항을 검토하고 적법하게 조치한다.
- 에너지 진단을 받아야 한다. 불이행시 과태료 1차 1000만원, 2차 2천만 원(법 제32조 2항)
- 에너지 거짓 신고 할 수 없다(법 제31조 제1항).
- 매장 온도 유지 관리해야 한다(법 제36조의 2 제4항).
- 에너지 관리자는 기본교육과정을 이수해야 한다(법 제78조 4항 제11호).

13) 도시가스 관계법령 〈도시가스사업법, 시행령, 시행규칙〉을 검토하고 이행사항을 조치한다

(1) 도시가스 정기 검사를 완성검사 필증 교부 받은 날로 부처 매년 완성검사일 전후 30일 이내에 정기검사를 매년 받아야 한다.
(2) 정압기 분해점검을 공급 개시일로부터 3년 이내 1회 이상, 그 후에는 4년에 1회 이상 분해 점검을 실시해야 한다.
(3) 도시가스 안전관리자를 선임하고 신고해야 한다.
(4) 도시가스 안전관리자 신규 선임시 6개월 이내에 안전가스 교육을 이수해야 하며, 그 이후부터는 3년 1회 가스 안전관이 교육을 이수해야 한다.
(5) 가스안전관리자로 하여금 다음의 가스안전관리업무를 수행하게 해야 한다.
① 가스공급시설 및 특정가스사용시설의 안전유지
② 정기검사 및 수시검사 결과 부적합 판정을 받은 시설의 개선
③ 안전점검 의무 이행 확인

④ 안전관리규정 실시기록의 작성 및 보존
⑤ 종사자 안전관리 사항 지휘 및 감독
⑥ 정압기, 도시가스 배관 및 그 부속설비의 순회 점검 및 구조물관리
⑦ 원격감시시스템의 관리, 검사업무 및 안전에 대한 비상계획의 수립 및 관리
⑧ 본관 및 공급관의 누출검사, 전기방식시설의 관리, 사용자 공급관의 관리

14) 냉동기관리 관계법령 〈고압가스안전관리법, 시행령, 시행규칙〉을 검토하고 이행사항을 조치한다

(1) 냉동시설 안전관리자를 선임한다.
(2) 선임한 안전관리자로 하여금 다음의 안전ㄷ관리 업무를 수행하게 한다.
① 사용신고시설의 시설, 용기 또는 작업과정의 안전유지 및 공급자의 이무이행 확인
② 안전관리규정의 시행 및 그 기록의 작성 및 유지
③ 사용신고시설의 종사자 안전관리 지휘 및 감독
④ 생명, 신체, 재상 피해보상 용도 보험 가입
⑤ 법정 안전관리 교육 이수
⑥ 안전관리자 유고시 안전관리 대리자 지정

15) 보일러 압력용기 관리 관계법령 〈에너지 이용합리화법/열사용기자재규칙 보일러 부분, 검사대상 기준〉을 검토하고 이행사항을 조치한다

(1) 검사대상기기 설치자는 30일 이내에 검사대상기기 조종자 선임해야 한다(열사용기자재 관리규칙 제47조 별표11).
(2) 설치, 개조, 변경 시 연 1회 검사를 받아야 한다(열사용기자재 관리규칙 제33조 별표9).
(3) 검사대상기기 조종자 신규 선임자는 1일 안전교육을 이수해야 한다.

16) 실내공기 질 관리 관계법령 〈다중이용시설의 실내공기 질 관리법, 시행령, 시행규칙〉을 검토하고 이행사항을 조치한다

(1) 실내공기 질을 측정한다.
① 목적 : 다중이용시설과 신축되는 공동주택의 실내공기 질을 알맞게 유지사고 관리함으로써 그 시설을 이용하는 국민의 건강을 보호하고 환경상의 위해를 예

방함을 목적으로 한다.

② 측정 항목(유지기준) : 4개 항목(1회/년)

측정항목	PM10	HCHO	CO	CO_2
매장	150㎍/㎥	100 ㎍/㎥	10PPM	1000PPM
주차장	200㎍/㎥	100 ㎍/㎥	25PPM	1000PPM

③ 측정 기준

- 측정 횟수 : 유지기준(4개 항목 년 1회)/권고기준(5개 항목 2년/1회)
- 측정 보고 : 매년 1월 31일까지 시, 도지사에게 보고
- 적용 기준 : 대규모 점포, 다중이용 시설

(2) 다중이용시설의 실내공기 질 관리법을 검토하고 이행사항을 조치한다.

① 다중이용시설의 소유자 등이 된 날부터 1년 이내 신규교육을 이수해야 한다.

② 실내공기 질 측정을 매년 실시한다.

③ 실내공기 질 측정 보존한다.

17) 수도 및 하수도 설비관리 관계법령 〈수도법/ 하수도법/수도시설의 청소 및 위생관리 등의 관한 규칙〉을 검토하고 이행사항을 조치한다

(1) 대형 건축물 소유자 및 관리자는 저수조를 매년 6개월 마다 1회 이상 청소하고 그 위생 상태를 기준 점검표에 따라 매월 1회 이상 점검하여야 한다.

(2) 저수조가 신축되었거나 1개월 이상 사용이 중단된 경우에는 사용 전에 청소를 하여야 한다.

(3) 매년 1회 이상 수돗물의 안전한 위생관리를 위하여 먹는 물 관리법시행규칙 제35조에 따라 지정된 수질검사기관에 수질 검사를 실시해야 한다.

(4) 저수조 청소, 위생점검, 수질검사 결과를 기록하여 2년간 보관한다.

(5) 1일 처리 용량이 200㎥ 이상, 1일 처리 대상 인원이 2천 명 이상인 정화조는 6개월 마다 1회 이상 정화조 청소 및 수질 검사해야 한다.

(6) 1일 처리용량이 50 이상 150㎥ 미만, 1일 처리대상 인원이 1천 명이상 2천 명 미만의 정화조는 연 1회 이상 청소 및 수질 검사 해야 한다.

(7) 단독 정화조는 연 1회 이상 내부 청소를 실시해야 한다.

(8) 청소과정에서 발생한 오물 찌꺼기는 환경 운반업자에게 위탁하여 처리해야 한다.

(9) 상수도 먹는 물 1회/년, 지하수 먹는 물 1회/2년 수질검사를 해야 한다.

18) 소독, 구서, 구충 관계법령 〈전염병예방법〉을 검토하고 이행사항을 조치한다

(1) 다수인이 이용하는 시설 중 대통령령이 정하는 시설을 관리 운영하는 자는 보건복지부령이 정하는 바에 의하여 전염병 예방에 필요한 소독을 다음의 소독 기준에 따라 실시해야 한다.

① 대형점/백화점 : 4월부터 9월까지 1회 이상/월

② 대형점/백화점 : 10월부터 3월까지 1회 이상/2월

(2) 소독업자가 소독을 실시하는 경우에는 소독 필 증을 시설을 관리 운영하는 자에게 교부해야 하고 매 분기 종료 후 15일 이내에 소독 실적을 소독 실적 소재지를 관할하는 시장, 군수, 구청장에게 보고해야 한다. 소독을 실시하는 시설운영 관리자는 관계 공무원의 요구가 있을 때 소독 실시사항에 관한 서류를 보여야 한다.

19) 위험물관리 관계법령 〈위험물안전관리법/시행령/시행규칙〉 검토하고 이행사항을 조치한다

(1) 위험물 안전관리자를 선임해야 한다.

(2) 위험물 종류를 파악한다.

구 분	1류 위험물	2류 위험물	3류 위험물	4류 위험물	5류 위험물	6류 위험물
위험물	산화성 고체(염소산 염류)	가연성 고체(유황, 적림)	자연발화성 물질(황린, 나트륨)	인화성 액체(제1~4석유류)	자기반응 물질(유기과산화물)	산화성 액체(질산)

20) 시설관리 관계법령을 검토하고 법정구비사항을 조치한다

<table>
<tr><th>항 목</th><th>조 건</th><th>법 조항</th><th>과태료</th><th>방 법</th><th>비 고</th></tr>
<tr><td rowspan="4">노사협의회(본사)</td><td rowspan="4">상시30인이상</td><td rowspan="4">근참법 4조 1항</td><td rowspan="4">1천만원</td><td>근로조건의 결정권이 있는 사업이나 사업장</td><td></td></tr>
<tr><td>노사동수 3인이상10인이내</td><td>제 6조</td></tr>
<tr><td>3개월마다 개최하고 결과 공표(벌금2백만원)</td><td rowspan="2">제 13조</td></tr>
<tr><td>회의록 3년간 보관</td></tr>
<tr><td rowspan="3">고충처리위원회</td><td rowspan="3">상시30인이상</td><td rowspan="3">근참법 26조</td><td rowspan="3">2백만원</td><td>노사를대표하는3인이내 / 임기 3년</td><td>제 27조</td></tr>
<tr><td>10일이내 결과 통보</td><td>제 28조</td></tr>
<tr><td>처리대장 1년간 보관</td><td></td></tr>
<tr><td rowspan="3">산업안전보건위원회</td><td rowspan="3">상시100인이상</td><td rowspan="3">산안법 19조</td><td rowspan="3">5백만원</td><td>노사동수 각10인이내 6인이상</td><td>별표6의2에 21항</td></tr>
<tr><td>3개월마다 개최하고 결과 공표</td><td></td></tr>
<tr><td>근로자 위험 및 건강 장해 예방</td><td></td></tr>
</table>

				회의록3년보관	
위험성평가	상시100인이하	산안법 41조2	5백만원	위험요소발굴및 제거방법 후	
				사업주 교육2시간/ 관리소장 8시간	
				안전공단 심사/우수사업장 3년간 감독유예	
안전보건총괄책임자	상시100인이상	산안법 18조		사업의 관리책임자로 함	
안전보건관리책임자	상시100인이상	산안법 13조	5백만원	해당사업장의총괄관리자로 함	시행령9조 별표 1의2에 34항
				최초 6시간 1회 / 2년마다 보수교육(온라인)	
				산업재해예방계획수립/근로자교육및 건강	
		산안법 32조	3백만원	교육 미 이수시	
관리감독자	상시100인이상	산안법 14조	5백만원	사업장의 관리감독자로 함	시행령10조
				안전보건공단 온라인 16시간 수강	
				해당작업장의 안전점검 및 위험성평가 주관	
				서류 3년간 보관	
안전관리자	상시50인이상	산안법 15조	5백만원	서류 3년보관	별표3의 36항
				300명이내 사업장중 같은시군구/반경15km이내	시행령제12조 4항
				공동선임할수있다	
보건관리자	상시50인이상	산안법 16조	5백만원	서류 3년보관	
안전보건교육	정기교육	산안법 31조	5백만원	분기 3시간 이상	별표 8
	채용시			8시간 (특별 교육 이수로 대체)	교육은책임자. 감독자.관리자 또는
	특별교육			16시간 (최초 4시간 이후 3개월내 12시간)	산업안전에 학식과 경험자
	관리감독자			16시간	
	관리책임자	산안법 39조		안전교육 - 신규 6시간이상 보수 6시간 이상	
				직무교육 - 선임후 3개월내 신규교육후 2년마다	
성희롱예방교육		남녀평등법13조	3백만원	근무시간내에 반기별 1시간	과태료 제39조3항/사업주도 교육이수
MSDS		산안법 41조	3백만원	작성 및 비치 / 경고표지 미부착	
건강검진		산안법 43조	1천만원	서류 3년 보관	
			3백만원	개인 미 검진	
서류 보관		산안법 64조	3백만원	해당 서류 및 회의록 3년 보관	
과태료		산안법 72조			
안전보건관리규정	상시100인이상	시행령 별표6			
근골격계유해요인조		산안법	5백	근골격계유해요인조사표(체크리스트및 개선계획)	

사		24조5항	만원	근로자 설문조사 실시여부	
산업안전보호구지급		산안법규칙52조		보호구대장의 작성여부 및 보호구 인증,적합성	재해 시 감독관 재량에 따라 부과

(자료출처 : C&S 시설관리 법규집 인용)

21) 건축물관리법을 검토하고 이행사항을 조치한다

22) 기계설비법을 검토하고 이행사항을 조치한다

23) 법정 검사 및 보고사항을 파악하고 이행사항을 조치한다

건축물의 물리적 시설관리에 관계되는 법령에 의하여 법적으로 검사, 점검 보고되어야 하는 제도를 법정 시설관리 법정 검사 및 보고제도라 한다. 건축물의 시설관리 업무수행에 있어서 반드시 이행해야 하는 주요 법정 검사 및 보고제도의 내용을 정리하면 〈표 74〉와 같다.

〈표 74〉 시설관리 법정 검사제도

건축물 법정제도	주 기	관계법령	관련 조문
건축물 초기안전점검	준공 후 180일	건축법	-
건축물종합관리실적 및 계획 제출	1회/년		
건축물정기점검보고	2회/년		
건축물정밀점검보고	1회/3년		
건축물 정밀안전진단	1회/10년		
건축물정기점검	1회/6개월(1.2종 시설물)	시설물의안전관리특별법	법 제39조
건축물정밀점검	1회2~4년(1.2종 시설물)		법 제44조
건축물정밀안전진단	1회/4~5년(완공 후 10년 경과 1종 시설물)		법 제25조
소방시설 등의 작동기능점검(일반건축물)	1회 이상/년	소방시설의 설치 유지 및 안전관리에 관한 법률	
종합정밀점검(일반건축물)			

종합정밀점검(공공기관)		공곡기관의 소방안전 관리에 과한 규정	규정 제15조
특정가스 정기점검	1회/6개월	도시가스법	법 제17조
가스정압실 정기검사	1회/3년		
보일러 계속사용검사	1회/년	에너지이용합리화법	법 제39조
검사대상기기 검사			
보일러 세관			
COMP/압력용기 검사	1회/2년		
냉동제조 시설 자율(수시) 검사	1회/2년	고압가스안전관리법	법 제16조
냉동제조 시설 정기검사			
저수조 청소	2회/년	수도법	법 제33조
정화조 청소	1회/년 1회/반기	하수도법	법 제39조
	(관광객 이용시설/식품접객시설/숙박시설)		
정화조 방류수 수질검사	1회/년	하수도법	법 제39조
실내공기 질 측정	1회/년	다중이용시설 등의 실내공기 질 관리법	법 제12조
전기, 발전기 정기검사	1회/2~4년	전기사업법	법 제65조
승강기 정기검사 (법정)	1회/년	승강기시설	법 제13조
승강기 정기검사 (자체)	1회/월	안전관리법	법 제17조
주차설비(기계식) 정기검사	1회/2년	주차장법	법 제19조의9

주) 상기 법정제도는 시설관리 관련 주요 법정검사, 신고제도만을 명시한 것임.

24) 법정자격 선임 및 해임 신고제도를 검토하고 이행사항을 조치한다

제5절 물리적 시설관리 활동(기술적 시설관리 활동)

1. 물리적 시설관리의 개념

물리적 시설관리라 함은 물건성격 또는 물리적 성격을 가지고 있는 건축물(건축시설과 설비) 사용조건의 최적화와 물리적 상태의 정상적 보존 및 기능과 성능의 장기적 유지에 요구되는 점검과 보수, 정비와 운전, 진단과 교체, 개량과 보강활동을 말한다.

2. 물리적 시설관리 주요 업무와 실무적 수행방법

물리적 시설관리에는 다음과 같은 시설관리 주요 업무가 있으며, 업무별 실무적 수행방법은 해당 시설관리 업무 수행과정에서 함께 제시하기로 한다. 물리적 시설관리(기술적 시설관리) 주요 업무는 다음과 같다.

(1) 연간 점검계획 수립 및 시행
(2) 시설관리 연중 수행업무 계획수립
(3) 시설물 운영관리 서비스 계획수립
(4) 건축시설물 영선관리
(5) 기계설비관리
(6) 전기설비관리
(7) 승강설비관리
(8) 비상발전기관리
(9) 비상상황 대응 및 안전관리
(10) 방재설비 점검 및 유지관리
(11) 에너지관리
(12) 공사관리 및 공사안전관리

3. 연간 점검계획 수립 및 시행

1) 연간 점검계획의 개념

시설관리 주체가 연간 담당해야 하는 시설관리 관계법령에 따라 법적으로 점검해야 하는 점검사항을 말한다.

2) 건축물 및 건축설비 점검대상 및 점검계획

건축물과 건축설비 중 기계설비와 전기설비 및 전기설비의 점검대상은 다음과 같다.

(1) 건축물 점검대상 및 점검 계획
(2) 기계설비 점검대상 및 점검 계획
(3) 전기설비 점검 대상 및 점검계획

4. 시설관리 연중 수행업무 계획수립

1) 시설관리 연중 업무계획의 개념

시설관리는 연중 365일 하루 24시간 계속하여 수행해야 하는 업무임으로 연중 시설관리업무 계획수립이 요구된다. 시설관리 연중 업무계획이라 함은 당해 연도 수행해야 할 업무대상별로 처리해야 하는 세부 업무내용과 이와 관계되는 기관의 업무를 연계하여 수행하는 업무절차를 말한다.

2) 시설관리 연중 수행업무계획 수립내용

시설관리 현장에서 연중 수행해야 하는 월별 수행업무의 종류와 내용은 〈표 75〉와 같다.

〈표 75〉 시설관리 연중 수행업무의 종류와 내용(예시)

월	계 획	내 용	관련대상
1	업무분석 공중이용 시설 관리계획	• 전년도 시설분야 Utility, 유지보수, 증설개축, 검사 공과금 분석 • 공중이용시설의 실내 환경, 급배수위생, 청소 등의 관리계획 보고	자체 에너지관리 공단 환경보전협회구청

2	봄맞이 환경개선계획 전기시설물관리 실태조사 에너지계획 실적보고	• 장비 및 오염부분 도장, 청소 등 사업장 전반의 환경개선 • 전기시설물 안전관리 준수 및 시행 여부 조사 • 에너지 수급 분석 및 예상 사용량 확보	자체 구청 구청
	건축물 정기점검	• 건축물 구조 상태평가 및 안전성 평가	구청 건축과
3	소방시설 작동기능점검 건축물 유지관리계획서	• 소방시설의 성능, 관리 및 방화관리 상태 전반의 점검 & 보고 • 전년도 실적보고 및 당해 연도 사업계획 보고 (증개축, 보수, 보강 내역)	소방서 구청 건축과
4	월하준비작업 냉방설비 화학세관 소방점검결과 보안	• 냉방전화 및 시운전 • 배관내 Scale 제거로 냉방효율 개선(공조기, pac, fuc) • 작동기능점검 과 지적사항 보완	자체
5	에너지관리 실태조사 도시가스 정기검사	• 에너지 효율적 관리에 대한 점검 및 지도 • 가스사용시설 전반의 안전점검	에너지관리공단 가스안전공사
6	실내 환경, 음용수 수질 측정	• 대관청 검사대비 및 입주사 보건위생 향상을 위한 환경오염 분석	산업공해연구소
7	상반기 업무분석	• 상반기 시설분야 Utility, 유지보수, 증설, 개축, 검사공과금 분석	자체
8	압력용기 화학세관 건축물 정밀안전진단	• 관 내부 Scale 제거로 기기의 효율 향상 및 검사대비 • 전문기관에 의한 구조물 전반의 점검 및 불량 구조물에 • 대한 보수 결과 보고	에너지관리공단 구청 건축과
9	압력용기 사용검사 전기안전점검 및 검사	• 열교환기 내부개방검사 • 전기시설물의 안전 이상유무 체크	에너지관리공단 전기안전공사
10	• 월동준비 작업 • 사업계획 • 정화조청소 • 소방점검결과 보완 • 소방계획서 • 위험물제조소 등 자체점검 및 결과통보 • 소방시설 종합정밀	• 난방전화 및 시운전 • 차기년 시설분야 Utility, 유지보수, 증설, 개축, 검사공과금 분석 • 지하 Sump 청소 • 종합정밀점검결과 지적사항 보완 • 차기년도 소방 전반의 계획 수립 후 보관 • 위험물안전관리자가 BC유, 경유 탱크의 자체 점검 실시 후 그 결과를 2년관 보관	소방서

	점검	• 소방시설의 성능, 관리 및 방화관리 상태 전반의 점검 & 보고	
11	전기안전검사 불량시설물 보수	• 전기안전검사 및 점검시 지적사항에 대한 보완작업 • 소방시설의 성능, 관리 및 방화관리상태 전반의 점검	
12	교육계획	• 차기년 법정, 다기능, 기술, 서비스교육 등 교육전반의 계획 수립	자체
	장비점검 계획	• 차기년도 주간, 월간, 반기, 년간 장비점검계획 수립	자체
	건물관리 이력대장 정리	• 당해연도 주요 시설변경 사항의 기록	설비공사업체

(자료출처 : 한국표준협회 시설운영지침서 인용)

5. 시설물 운영관리 서비스 계획수립

1) 시설물 운영서비스 개념

시설물운영관리 서비스라 함은 건축주로부터 건축주의 시설물 운영관리를 위탁받아 양질의 시설물운영관리 서비스를 생산 · 제공하여 건축주의 고객을 만족하게 하고, 시설의 상태를 최적화하여 입주고객의 만족향상에 기여하는 데 요구되는 용역을 말한다. 시설물운영관리를 의하여 시설물운영관리 서비스가 생산 · 제공한다.

2) 시설물운영관리 서비스 계획 수립절차

(1) 시설운영관리 서비스의 개념과 목적을 파악한다

시설물 운영관리 서비스라 함은 시설물의 운영관리에 요구되는 각 종 용역을 말하며, 시설물운영관리의 목적은 건축물소유주 시설에 대하여 시설관리서비스를 수탁하여 정확하고 성실한 시설운영서비스를 제공함으로서 최적의 시설상태를 유지하고 고객만족을 도모하는데 있다.

(2) 시설물 운영관리 서비스 활동의 핵심용어를 파악한다

① 입주(입실) 관리 : 고객이 건축물의 일정 공간을 점유하기 위하여 이사(퇴실) 등을 하는 경우, 시설의 이용과 편의제공 등의 지원 업무를 수행하는 것을 말한다.

② 시설 점검 : 건축물의 구성 요소인 시설물에 대하여 결함의 발생 방지와 위해, 위험 요소를 점검 및 조치하여 고객과 건축물의 안전을 확보하기 위한 활동을 말한

다. 시설 점검에는 일상 점검, 예방점검, 정기 점검, 특별 점검 등이 있다.

③ 일상 점검 : 시설물과 설비 또는 장비의 상태에 대하여 가동 중, 운전 및 사용 시작 전 또는 종료 시 수시로 점검하는 활동을 말 한다.

④ 외관 점검 : 건축물 내·외부 마감재 및 각종 설비의 기능 상태와 균열, 손상, 부식 등의 이상 유무를 시각, 촉각, 청각, 후각 등에 의해서 점검하는 활동을 말 한다.

⑤ 예방 점검 : 시설물에서 결함이 발생하지 않았더라도 앞으로 발생할 가능성이 있다는 가정 하에서 실시하는 예방 차원의 점검을 말한다.

⑥ 정기 점검 : 일정한 기간을 정하여 각 분야별 유해, 위험 요소에 대하여 실시하는 점검을 말한다(비고 : 주간 점검, 월간 점검 및 연간 점검 등으로 구분하고 있으며, 각 분야별 주요 부분의 마모 상태, 부식, 손상, 균열 등 설비의 상태변화나 이상 유무 등을 정밀하게 점검하는 활동).

⑦ 특별 점검 : 강풍이나 호우 등 천재지변의 발생이 예상 또는 발생한 경우, 건축물에서 각 분야별로 안전을 확보하기 위하여 전문가에 의해 실시하는 점검을 말한다.

(3) 시설관리 현장 근무자의 직책별 업무를 파악하고 숙지한다

① 관리소장 업무를 파악하고 숙지한다.
- 당사의 시설운영서비스 경영관리
- 연간 사업계획의 승인
- 각 부서의 업무계획 조정
- 조직 및 업무분장
- 건축물소유주와 업무 협의 및 조정

② 운영팀장 업무를 파악하고 숙지한다. 관리소장을 보좌하고 그 지시에 따라 부서장을 통솔하여 직무상 분장된 업무를 처리한다.
- 당사의 시설운영서비스 경영관리를 관리소장에게 보고
- 연간 사업계획의 검토

③ 품질관리 담당자 업무를 파악하고 숙지한다.
- 업무 계획을 작성하여 소장승인 후 실행
- 품질관리 업무의 보고
- 교육훈련 계획 및 실행

④ 각 부서장(건축/전기/기계/승강기) 업무를 파악하고 숙지한다.
- 해당부문 시설운영서비스 업무 총괄
- 부서 내 종사자 인력관리
- 부서내 교육훈련 관리업무

- 해당부문 시설 및 장비 점검관리
- 정기적인 고객보고 수행
- 관리대상 건물 관련 시방서, 각종도면 등의 문서관리
- 해당 부문에서 발생되는 품질기록을 설정된 기준에 따라 유지
- 해당부문 업무계획에 따라 근무량을 할당
- 점검방법, 설비 및 공구의 개선이 필요하다고 인정될 때 개선 추진
- 품질향상, 자재, 시간, 경비절감에 대하여 감독
- 작업을 지휘 감독하고 작업보고
- 작업장의 정리정돈, 재해방지, 소방관리 등 안전작업을 지휘 감독
- 소요자재 및 공구의 운송과 청구
- 종사원의 사기를 고취하며 작업의 능률향상 추진
- 각 부서 내 소속원의 출장 상신

(4) 시설 운영서비스 운영기준과 절차를 파악하고 공유한다

관리소장은 각 부서장으로 하여금 건축물의 용도와 특성에 따라 시설관리 서비스를 제공하기 위해 건축물 소유주의 관리소장은 운영기준을 기본으로 본 운영기준과 지침서를 수립하고 관리함으로써 고객의 만족을 달성한다.

① 냉난방 서비스 운영기준을 파악한다. 기계과장은 관리대상 건물의 실내 환경을 쾌적하게 유지하도록 다음과 같이 운영한다.
- 냉난방 공급시간과 운영기준을 정상적인 상태로 유지
- 냉난방공급 전·후에 설비 및 장비의 운전 상태를 점검하여 공급에 지장이 없도록 관리
- 냉난방 공급설비의 가동 및 운영기준에 대한 서비스 품질을 유지
- 냉난방 관련설비 및 장비의 특기사항 등을 관련 법규에서 요구하는 내용으로 기록하고 보관
- 냉난방기의 운영은 기후조건에 따라 적절히 하며 실내온도의 유지는 효율적인 업무수행을 위하여 정부 권장 온도(냉방 26℃ 이상 난방 20℃ 이하)로 하되 여건에 따라 조정할 수 있다.
- 냉난방 실시기간 및 시간은 다음과 같이 시행함을 원칙으로 한다.
  - 기간 : 냉방기간 6월 ~ 9월(외기온도 25℃ 이상), 난방기간 11월 ~ 3월(외기온도 10℃ 이하)
  - 시간 : 냉난방 운영시간은 아래의 근무시간을 원칙으로 하되 관리대상 건물의

각종 회의 나 행사진행에 따라 부서장의 책임 하에 연장운영 한다.

평　일 : 오전 08:00 ~ 18:00

토요일 : 오전 08:00 ~ 13:00

② 전등 전열 공급 서비스 운영기준을 파악한다. 전기 과장은 전등 전열설비의 전원을 안정적으로 유지하고 정전 등 비상상황을 제외하고 상향 공급한다.

- 전기는 24시간 공급을 원칙으로 한다.
- 전등 전열설비는 상시점등 및 소등할 수 있도록 하며, 관련법규에서 정한 규정에 따라 비상상황일 경우에도 전원공급이 필요한 곳은 공급될 수 있도록 대비하여야 한다.
- 고객의 전용 공간에 대하여 동력용 설비 및 장비(에어컨, 전산설비 등)를 설치하여 운영할 경우, 전기가 중단 없이 공급되도록 사전에 협의를 통하여 안전하게 시행한다.

③ 방재 서비스 운영기준을 파악한다.

- 방재과는 소화설비 및 소화기를 정기적으로 점검하여 이상이 있는 경우 즉각 수리 등 조치를 하여 만약의 사태에 충분한 예방적 조치를 강구하여야 한다.
- 방재 담당자는 방재실에서 방재감시반을 통하여 이상여부를 점검하고 모니터링 하여야 한다.

④ 안전관리규정 및 방화관리규정에 따라 방재업무를 수행한다.

⑤ 실내 환경 유지 서비스 운영기준을 파악한다. 기계과장은 고객의 건강과 근무환경의 쾌적성을 유지하기 위하여 환경관리규정에 따라 서비스를 실시하여야 한다.

- 관리대상 건축물의 용도, 특성 및 운영조건을 고려하여 관리대상 건물의 관리기준을 따라 서비스를 제공
- 실내 온도와 습도의 관리에 대하여 정부의 권장기준을 준수하는 것을 원칙으로 하나 관리대상 건물특성과 고객의 쾌적한 실내 환경을 감안하여 관리대상 건물의 관리 기준에 따라 운영한다.
- 실내 환경관련 측정 및 점검기록은 관련법규에서 요구하는 기간 동안 보관하며 필요시 관리대상 건물에 보고한다.
- 정기적인 점검과 유지, 보수를 실시한다.
- 건축물 내부에서의 흡연은 금지하며 지정된 흡연구역 이외의 장소에서 금연 준수 하도록 한다(각 표지와 공지는 건축물 소유주가가 주관함).

⑥ 위생 및 급수공급 서비스 운영기준을 파악한다. 기계과장은 고객의 건강과 쾌적한 시설이용을 위하여 시설에 대한 위생시설의 점검과 관리를 지속적으로 실시한다.

- 화장실의 위생설비가 정상적으로 작동되고 청결상태를 유지하도록 계획을 수립

점검 및 고장방지에 노력한다(청소 위생관리는 건축물 소유주가 주관 관리함).

- 급수공급과 운영은 24시간 공급을 원칙으로 하며 급수의 공급 중단 또는 재공급에 관한 사항이 발생 시 이를 미리 공지한다.
- 온수의 급수시간은 난방기간에 준용한다. 화장실의 위생설비가 정상적으로 작동되고 청결상태를 유지하도록 계획을 수립점검 및 고장방지에 노력한다(청소 위생관리는 건축물 소유주가 주관 관리함).
- 급수공급과 운영은 24시간 공급을 원칙으로 하며 급수의 공급 중단 또는 재공급에 관한 사항이 발생시 이를 미리 공지한다. 온수의 급수시간은 난방기간에 준용한다. 건축물의 특성을 고려하여 급수공급에 관하여 관리대상 건물의 기준을 근거로 자체관리 기준을 수립하고 운영한다.

⑦ 공용시설 이용 서비스 운영기준을 파악한다. 건축과장 및 승강기과장은 공용시설 이용 시 고객이 불편하지 않도록 유지, 관리하여야 한다.

- 건축물의 로비, 복도, 화장실, 승강기, 계단(비상계단), 출입문 등 공동의 안전과 편의를 위해 구비된 공용의 시설을 정상적으로 이용할 수 있도록 관리하여야 한다.
- 소방법, 건축물 관련 법규에서 규정하는 기준을 준수하고, 관리하고 있는 건축물의 용도와 특성별로 운영기준을 수립하여 안전하게 유지 관리하여야 한다.
- 각 공용시설에는 KS A 0901(공공안내 그림 표지판)에 따른 그림으로 표시 및 설치되도록 건축물 소유주와 협의한다.

⑧ 전화 서비스 운영기준을 파악한다. 사무실에서 전화를 걸고 받을 경우에 사적인 전화는 금한다.

- 전화를 받을 때
  - 전화벨 소리가 세 번 이상 울리기 전에 받는다.
  - 수화기를 들면 인사 + 소속 + 이름을 차례대로 밝힌다.
    ㉯ "정성을 다하겠습니다. ○○빌딩 관리실입니다."
  - 수화기는 한 손으로 받고 펜과 메모 용지를 준비한다.
  - 용건은 간단명료하게 한다.
  - 손님보다 항상 나중에 끊는다.
  - 전화를 늦게 받았을 때는 반드시 "늦게 받아 죄송합니다."라는 말을 잊지 않는다.
- 전화를 걸때
  - 반드시 먼저 자신의 신분을 밝힌다.
  - 용건의 명제를 먼저 상대방에게 알린다.

- 전화를 사용할 때는 가능한 용건만 간단히 한다.
- 항상 친절하게 응대한다.

⑨ 서비스 상황별 대처 방법을 파악하고 업무에 적용한다.

가. 고장신고 전화접수시 다음과 같이 조치한다.

나. 고장처리를 위해 사무실 방문시 다음과 같이 조치한다.

장소	주요 체크사항		
	방문 전	방문 시	방문 후
각부서 감시반	1) 고장위치 및 신고자를 확인한다. 2) 작업자 자신의 용모복장을 점검한다. 3) 고객이 많이 이용하는 엘리베이터는 가급적 이용하지 않는다. 4) 공기구 운반시 위협적인 물건은 반드시 연장함에 넣고, 고객통행에 불편을 주지 않도록 한다.	1) 사무실 담당자에게 인사를 한 뒤 고장위치를 확인한다. 2) 고객의 업무에 방해가 되지 않는 범위 내에서 처리하고, 고객의 도움(자리이동 등)이 필요한 경우는 정중히 이야기한다. 3) 처리 후 미흡한 부분이 없는지 확인한다. 4) 인사를 하고 퇴실한다.	작업완료 후 보수일지 및 작업일보에 기록한다.
각종회의장 및 사무실	1) 점검위치를 확인한다. 2) 방문 사무실에 전화를 해서 지금 점검이 가능한지를 미리 확인한다. ※ 점검이 불가능할 경우 점검가능시간을 확인한다. 3) 점검시 필요한 공구 및 고객 불편사항을 리스트하여 불편이 발생하지 않도록 확인한다. 4) 방문전 자신의 용모·복장을 점검한다. 5) 고객이 많이 이용하는 엘리베이터는 가급적 이용하지 않는다. 6) 공기구 운반시 위협적인 물건은 반드시 연장함에 넣고, 고객통행에 불편을 주지 않도록 한다.	1) 사무실 담당자에게 점검가능여부를 직접 확인한다. 2) 점검위치를 확인한후 불편 가능성이 있는지 확인하고 불편 가능성이 있으면 불편 여부를 담당자에게 전달한다. 3) 점검완료시 정리·정돈을 한다. 4) 담당자에게 점검 완료를 전달하고, 미흡한 부분이 없는지 확인한다. 5) 인사를 하고 퇴실한다.	점검완료 후 이상유무를 점검일지에 기록한다.

다. 고장처리가 불가하거나 지연될 경우 다음과 같이 조치한다.

장소	주요 체크사항		
	접수 전	접수 시	접수 후
각종회의장 및 사무실	1) '고장신고'로 전화접수를 받는다. 2) 신고위치 및 신고자를 확인한다. 3) 방문전 자신의 용모 · 복장을 점검한다. 4) 고객이 많이 이용하는 엘리베이터는 가급적 이용하지 않는다.	1) 사무실 담당자를 확인한다. 2) 담당자에게 문제에 대한 설명을 듣는다. 3) 문제 점검 후 조치가 지연될 것을 담당자에게 전달한다. 4) 지연되는 사유 및 조치가능 일시를 담당자에게 알린다. 5) 인사를 하고 퇴실한다.	고장처리가 불가하거나 지연 될 경우에는 사무실 담당자에게 알린 후 건축주에게 그 이유를 설명하고 후속조치를 취한다.

라. 엘리베이터 비상 정지 시(손님이 있는 경우) 다음과 같이 조치한다.

장소	주요 체크사항		
	승객과 인터폰 통화시	승객구출 중	승객구출 후
엘리베이터 및 감시반	1) 항시 감시반에 근무자가 상주한다. 2) 엘리베이터 정지시 엘리베이터 내부 승객과 고객이 인터폰으로 통화, 잠시만 기다려 줄 것을 당부	1) 고객과 계속 통화를 하며 고객의 심리적 안정을 유도한다. ※ 절대 흥분된 자세는 금물 2) 구조 및 조치 진행과정을지 속적으로 전달한다. 3) 현장도착 후 고객의 안전 유무를 확인하고 승강기 정지위치를 파악한 후 고객에게 구조활동 진행 등을 알린다. 4) 침착하고 안정된 자세로 구조활동에 임한다.	1) 구조 후 고객에게 원인을 적절하게 설명한다. 2) 고객에게 이상이 없는지를 재차 확인하고, 고객에게 죄송하다는 메시지를 전달한다. 3) 고객이 엘리베이터 안에 갇혔을 때는 감시반에 있는 직원이 상황이 끝날 때까지 지속적으로 진행을 알리면서 고객을 안심시켜야 한다. (인터폰을 끄지 말고 대화할것)

마. 시설직원이 여자 화장실에 들어가 작업을 해야 할 시 다음과 같이 조치한다.

장소	주요 체크사항		
	사전조치	처리과정	사후처리
각 부서 감시반	1) 작업에 대한 접수를 받는다. 2) 여자화장실 출입이 가장 적을 시간을 찾아서 작업계획을 수립한다. 3) 여자화장실 앞에 비치할 점검 표시판을 작업 1시간 전에 부착한다.	1) 화장실에 고객이 있는지를 확인한다. - 고객이 있으면 잠시 기다렸다가 작업을 실시한다. 2) 화장실 출입문에 점검 표시판을 설치한다. 3) 작업을 실시한다. 4) 작업장소에 대한 정리정돈을 한다. 5) 화장실 출입문에 부착한 점검표시판을 제거한다.	작업완료 후 이상유무를 작업일지에 기록한다.

바. 정전발생시(예고 없이 발생할 때) 다음과 같이 조치한다.

장소	주요 체크사항		
	방문 전	방문 시	방문 후
건물 일부 층 정전 발생	1) 신고위치와 신고자를 확인한다. 2) 정전으로 인한 긴급조치사항 확인 - 고객 사무실 컴퓨터 작업, 전산실 서버 등 3) 조치가 늦어지는 경우 선조치할 사항을 고객에게 설명 4) 정전발생의 원인 파악 - 제어시스템 오류/외부로부터의 문제 5) 안내 방송	1) 정전발생의 원인에 따라 초기대응 - 외부 원인으로 문제발생시 현장에 도착하여 고객에게 설명 - 제어시스템 오류시 조치 및 고객에게 결과통보 2) 조치 예상시간에 따라 전산실 등 긴급조치사항 우선순위 결정 3) 기계적인 결함 또는 외부의 문제점 해결 후 신고자에게 상황 통보 4) 피해사항 접수 5) 피해부분 조치협조(외부원인은 고객에게 친절하게 설명) - 사전에 정전으로 발생할 수 있는 문제는 시스템상으로 보완(UPS)	정전의 원인을 파악하여 차후에 발생하지 않도록 예방한다.

사. 예정된 정전(전기안전검사 등) 발생시 다음과 같이 조치한다.

<table>
<tr><th rowspan="2">장소</th><th colspan="3">주요 체크사항</th></tr>
<tr><th>사전조치</th><th>처리과정</th><th>상황종료</th></tr>
<tr><td>건물전층</td><td>1) 건물 법적 정기안전검사 시행에 따른 시나리오를 마련한다.
- 공문, 계획, 복구, 안내
2) 사전에 공문을 발송한다.
- 정전목적, 정전시간, 사전조치사항(전산데이터 관련, 보안 관리문제)</td><td>1) 단전 직전에 전층 대상물에 대한 안전사항 점검 및 구내방송으로 단전 예상시간을 통보한다.
2) 단전 및 전기안전검사를 시행한다.
3) 송전 전에 안전관련 사항을 점검한다.
4) 송전한다.</td><td>1) 송전 후 전층 안전점검 및 구내방송으로 송전상태를 통보한다.
2) 반드시 사전에 공지하여 고객의 업무에 차질이 없도록 한다.</td></tr>
</table>

아. 화재발생시 다음과 같이 조치한다.

<table>
<tr><th rowspan="2">장소</th><th colspan="3">주요 체크사항</th></tr>
<tr><th>전화응대</th><th>회재초기 시</th><th>화재진압 후</th></tr>
<tr><td rowspan="3">사무실 일부에 화재발생</td><td rowspan="3">1) 신고위치 및 신고자를 확인한다.
2) 침착하게 응대한나.(공포감 조성 금물)
3) 발생원인 및 위치를 통보한다.
4) 위험요소 처리상태를 통보한다.</td><td rowspan="3">1) 유선 및 자탐설비로 화재를 감지하면 상황에 따라 소방대가 출동히여 초기진화를 하며 119 소방서에 신고한다.
2) 전체층에 화재발생을 통지하기 위하여 첨부의 내용으로 방재실에서 방송을 하여 신속히 대피하도록 유도한다.
3) 계통에 따라 ○○(주) ○○빌딩 관리사무소 관리실 및 설비과에 보고한다.
4) 인적, 물적 피해를 확인한다.
5) 2차 피해요소를 파악한 후 처리한다.
6) 주위를 정리한다.
7) 사무업무 환경을 재구성한다.</td><td>관계자와 협의 화재를 미연에 방지할 수 있도록 문제점을 보완한다.</td></tr>
<tr><th>주의사항</th></tr>
<tr><td>- 인적 피해를 최소화하고, 인명구조를 우선시 한다.
- 고객이 당황하지 않도록 상황을 잘 설명하고 대피 시킨다.
- 화재가 발생하면 안내방송을 통하여 화재발생층과 직상층 고객을 우선으로 대피시킨다.</td></tr>
</table>

- 화재발생시 다음과 같이 방송한다.

방재실에서 알려드립니다. 지금 ( ) 층 ( )호실 부근에 화재가 발생되었으니 신속히 대피하시기 바랍니다. 모든 엘리베이터는 운행되지 않으니 각 층 비상계단을 이용하여 대피하시기 바랍니다. 대피시 당황하지 마시고 침착하게 질서를 유지하여 주시기 바랍니다. 거듭 알려드립니다. (재방송)

자. 고객이 호기심으로 시설물을 조작하여 문제발생시 다음과 같이 조치한다.

장소	주요 체크사항		
	점검 전	점검 시	사고조치 후
회의실 및 사무실	1) 고객이 시설물을 무단 조작하여 이상이 있음을 확인 후 개인공구를 지참하고 신속하게 현장으로 출동한다. 3) 고객이 많이 이용하는 엘리베이터는 가급적 이용하지 않는다.	1) 고객이 시설물을 조작한 원인을 확인한다. 2) 시설물의 용도를 설명해 주고 만약 시설물을 호기심이나 기타 이유로 조작하여 고장이 나면 발생할 수 있는 여러 가지 상황을 설명해준다. 3) 고객이 납득할 수 있도록 이야기 한 후 정상화 한다.	시설물에 대한 안내문을 관리 대상 건물의 담당부서로부터 도움을 받아 부착하여 일반 직원들이 시설물을 함부로 작동시키지 않도록 한다.

차. 출입제한 구역에 외부인 출입 시 다음과 같이 조치한다.

장소	주요 체크사항		
	처리과정	상황종료	상황종료
외부인 출입금지 구역	1) 담당부서를 방문한 고객인지 우선 확인한다. 2) 정중하게 출입자에게 인사한다. 3) 방문목적 및 찾으시는 부서를 물어본다. 4) 방문위치는 외부인 출입제한 구역임을 알린다. 5) 정중하게 퇴실을 요청한다.	1) 외부인 출입금지 구역은 반드시 안내문구 부착	고객의 안전을 위하여 출입을 통제한다는 표현이 중요하다.

카. 천정누수시 다음과 같이 조치한다.

장소	주요 체크사항		
	사전조치	처리과정	상황종료
건물전층	1) 신고위치 및 신고자를 확인한다. 2) 고객이 많이 이용하는 엘리베이터는 가급적 이용하지 않는다. 3) 공기구 운반시에는 위협적인 물건은 반드시 연장함에 넣고, 고객통행에 불편을 주지 않도록 한다.	1) 근무자는 천정누수 발생 부분에 대한 점검을 한다. 2) 누수문제 발생 원인을 파악한 후 신속하게 조치한다. 3) 조치가 완료되면 파손된 텍스 및 누수에 의해 지저분해진 사무실을 정리한다. 4) 조치가 완료되었음을 담당자와 함께 확인한다. 5) 인사를 하고 퇴실한다.	처리결과를 계통에 따라 ○○(주) ○○빌딩관리사무소 관리실, 설비과에 보고한다.

타. 피난계단 및 통로에 적재 물 방치시 다음과 같이 조치한다.

장소	주요 체크사항		
	사전조치	처리과정	사후관리
피난계단 및 통로	1) 적재물이 소방법에 어긋나는지를 확인한다. 2) 비상탈출에 조금이라도 저해요인이 되는지 점검한다. 3) 적재물에 대한 소유주를 확인한 후 관리대상 건물 담당부서에 도움을 받아 처리한다.	1) 정중하게 근거를 제시하고 철거를 한다. 2) 소방법과 유사시 적재물의 위험성을 강조한다.	소방법에 명시된 부분을 안내 문구로 적어 피난계단 및 통로에 부착한다.

(5) 시설물 운영관리 서비스 프로세스 파악 및 공유

시설물 운영관리 서비스 프로세스를 파악하고 공유하여 현장업무에 적용한다.

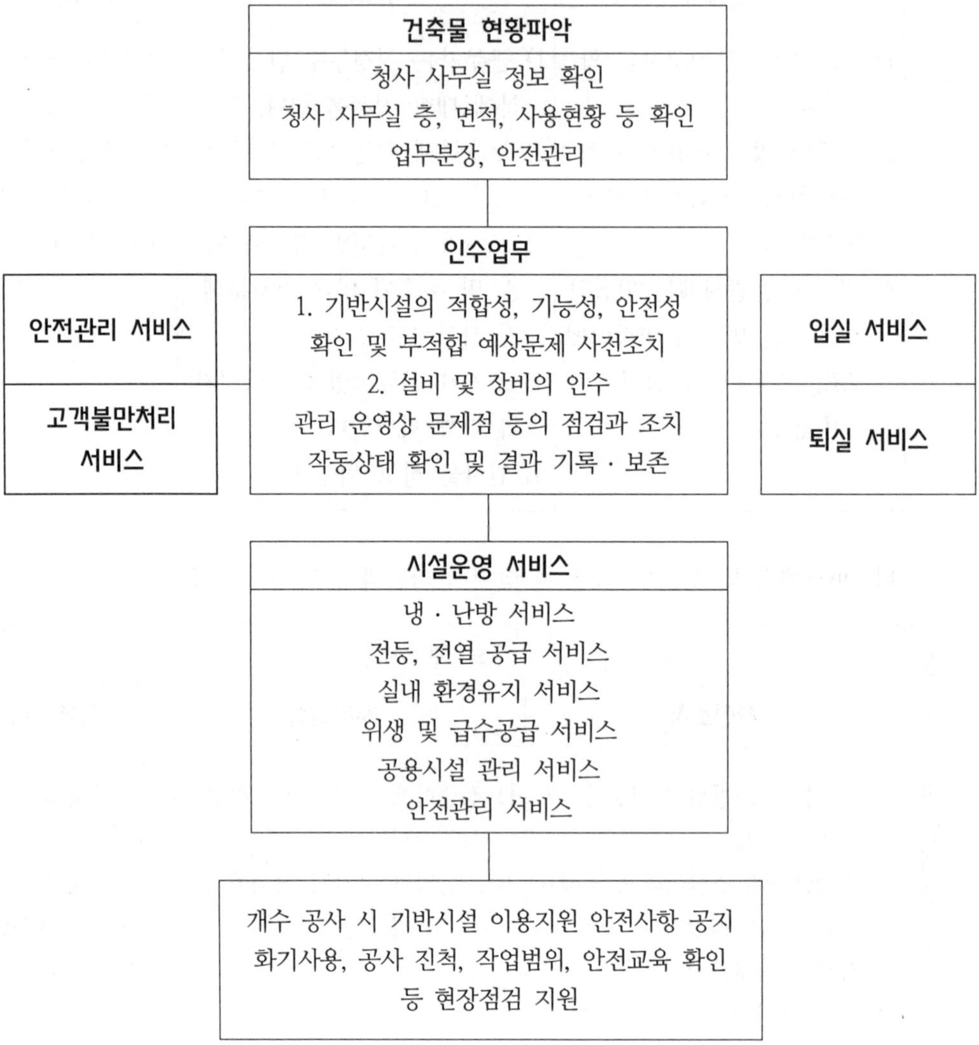

(자료 출처 : 한국표준협회 시설운영관리 지침서 인용)

(6) 시설물 운영관리서비스 결과기록 및 보관

시설물 운영관리서비스 결과를 기록하고, 자료의 보관기준에 따라 보관한다.

6. 건축물 영선관리

1) 건축물 영선의 개념

건축물의 영선이라 함은 건축물의 상태를 정상적으로 보존하고 건축물의 기능과 성능을 장기적으로 유지하며, 시설물 상태와 기능의 최적화와 내구연수 연장에 필요한 건축 시설물의 점검, 보수, 개량, 보강, 교체 활동을 말한다. 건축시설물의 영선관리는 다음과 같은 방법으로 수행한다.

2) 건축 영선관리 절차

(1) 건축영선대상을 확정하고 영선업무 범위를 한정한다.

(2) 〈건축운영 지침서〉를 사내표준으로 다음의 내용을 중심으로 개발하고 건축영선업무에 적용한다.

① 건축영선지침서의 목적을 명기한다.
② 적용범위를 확정한다.
③ 용어를 정의한다.
④ 건축제원 및 구성요소를 명기한다.
⑤ 영선대상 건축물 개요서 작성방법을 기술한다.
⑥ 건축영선업무 프로세스를 규정한다.
⑦ 건축분야 조직 및 업무를 분장한다.
⑧ 업무절차 및 작업시 주의사항을 명기한다.
⑨ 연중 주요 건축 작업 시행계획을 명기한다.
⑩ 건축물 핵심관리 기준을 설정한다.
⑪ 건축물 점검계획을 수립한다.
⑫ 이상시 조치사항을 명기한다.
⑬ 교대 근무시 인수인계 사항과 방법을 명기한다.

(3) 건축운영지침서의 내용을 파악하고 숙지한다.

(4) 건축물 영선관리 핵심 용어를 정의하고 이해한다.

① 구조체 : 건축물의 뼈대, 기초, 기둥, 보, 슬래브 등을 총칭하여 구조체라 한다.
② 철골조 : 주요 뼈대가 철재로 구성된 구조로 이들 철재는 리뱃트, 볼트 등으로 조립되어 있는 구조를 철골조라 한다.
③ 철골, 철골 콘크리트조 : 요 뼈대가 되는 부분을 철재로 구성하고 철근과 콘크리트로 보강된 구조를 철골, 철근 콘크리트라 한다.

④ 골조 : 건물의 뼈대·겉 표면 내부의 분할된 공간으로 나누어 지고, 이들 각 각은 다시 수평구조(바닥, 기둥, 보)와 수직구조(벽체, 기둥)로 나뉜다.

⑤ 마감재 : 건물의 마감재는 내부에서 생활하는 사람이 쾌적하게 지내도록 외장적으로 아름답게 마감하는 것과 구조체가 비, 바람, 일광, 온도변화 등의 엄격한 자연 건조 속에서 열화하지 않도록 구조체를 보호하는 것을 마감재라 한다.

⑥ 균열 : 콘크리트 타설 후 수분의 상승 및 증발 등에 따라 일정시간 이상 압밀하여 철근이나 거푸집 등에 의하여 콘크리트가 구속되면서 발생하는 것을 균열이라 한다.

⑦ 누수 : 외벽 누수는 균열, 콘크리트 구조체의 이어치기 부분 및 콘크리트 타설 시 잘못된 혼합과 진동다짐을 잘못 하여 골재가 들어난 현상, 창문틀 주위의 틈새 등으로 물이 스며들어 새는 것을 말한다.

⑧ 결로 : 실내의 수증기량과 각 부분의 온도저하가 주원인이 되어 벽면이나 천정에 수분이 맺히는 현상을 말한다. 결로에 의한 피해는 주로 곰팡이 발생, 얼룩 오염이나 알레르기성 질환을 유발하기도 한다.

⑨ 백화 : 콘크리트, 모르타르 바탕의 도장부위의 석재나 콘크리트 표면에 생기는 흰 결정으로서 주로 도막부위의 균열 틈새에서 표면으로 나타난다.

(5) 건축 구성요소를 파악하고 기본사항과 주요 설비를 포함하여 건물의 개요서를 작성하고 유지한다. 건축구성요소는 건축대지, 건축물, 건축설비 및 부수시설물이며 주요 설비에는 보일러, 냉동기, 공기조화, 방재설비, 수 변전 설비, 승강기, 자동제어설비, 용수설비, 정화조 등이 있다.

(6) 건축물의 개요서를 작성하고 공유한다.

<table>
<tr><th colspan="4">기 본 사 항</th></tr>
<tr><td>규모 및
지구지역</td><td>지하 층/지상 층</td><td>지역/지구</td><td></td></tr>
<tr><td>대지면적(㎡)</td><td></td><td>구조</td><td></td></tr>
<tr><td>건축면적(㎡)</td><td></td><td>건물높이</td><td></td></tr>
<tr><td>연면적(㎡)</td><td></td><td rowspan="2">주요마감</td><td>외부 :</td></tr>
<tr><td>건폐율(%)</td><td></td><td>내부 :</td></tr>
<tr><td>주용도</td><td></td><td>준공년도</td><td></td></tr>
</table>

<table>
<tr><td colspan="5">설 비 개 요</td></tr>
<tr><td rowspan="2">수변전용량</td><td colspan="2"></td><td>보일러</td><td>* 별관에서 공급</td></tr>
<tr><td colspan="2"></td><td rowspan="2">냉동기</td><td>* 별관에서 공급</td></tr>
<tr><td>발전기용량</td><td colspan="2"></td><td>* 별관에서 공급</td></tr>
<tr><td rowspan="2">승강기</td><td colspan="2">승객용 :</td><td>냉각탑</td><td>* 별관에서 공급</td></tr>
<tr><td colspan="2">비상용 :</td><td rowspan="3">공기조화</td><td>공조방식 : 정풍량 방식</td></tr>
<tr><td>덤웨이터</td><td colspan="2"></td><td>AHU *</td></tr>
<tr><td rowspan="3">자동제어설비</td><td>전력제어</td><td></td><td>배기장치 *</td></tr>
<tr><td>조명제어</td><td></td><td rowspan="4">방재설비</td><td>R형 수신기 *</td></tr>
<tr><td>설비제어</td><td></td><td>발신기</td></tr>
<tr><td rowspan="2">용수설비</td><td colspan="2">고가수조 :</td><td>소화전</td></tr>
<tr><td colspan="2">지하수조 :</td><td>감지지</td></tr>
<tr><td>정화소</td><td>부폐조</td><td></td><td></td><td></td></tr>
</table>

(7) 건축분야 영선업무프로세스를 파악하고 공유한다.

① 출입문 점검 및 보수(예시)

> 도어록 및 경칩 등 점검 → 도어록 해체 → 작동확인 및 정비 → 현장정리 → 폐기물 처리 → 작어일지 기록

② 창문 점검 및 보수(예시)

> 상태확인 및 점검 → 작업안전 확보 → 고소작업시 안전모 및 벨트 착용 → 부산물 안전망 설치 → 3인 1조 작업팀 투입 → 작업수행 → 현장정리 정돈 및 청소 → 작업일지 기록

③ 천정택스 점검 및 보수(예시)

점검 → 이상 상태 파악 → 파손부분 교체 → 주변정리 → 완료 보고 → 작업일지 기록

④ 자동문점검 및 보수(예시)

상태점검 및 센스감지 여부 확인 → 개·폐 속도 확인 → 유리상태 점검 및 확인 → 밸트 및 체인 마모 정도 확인 → 정비 및 보수작업 실시 → 작동상태 확인 → 작업현장 정리 정돈 및 청소 → 작업일지 기록

⑤ 셔터 점검 및 보수 (예시)

상태점검 → 전원 스위치 확인 → 모터 작동상태 확인 → 셔터바 연결 및 파손상태 점검 → 가드레일 상태점검 → 키박스 스위치 작동여부 확인 → 파손 및 고장부분 교체 및 정비작업 실시 → 작동 테스트 → 주변 정리정돈 및 청소 → 작업일지 기록

⑥ 아스타일 점검 및 보수(예시)

파손상태 점검 → 파손부분 제거 → 먼지 습기 및 이물질 제거 → 만능본드 도포 → 적정시간 경과 후 접착 → 주변 정리정돈 및 청소 → 작업일지 기록

⑦ 타일 점검 및 보수(예시)

파손상태 점검 → 파손부분 제거 → 보수부위 이물질 제거 → 몰 타르 배합 및 미장작업 실시 → 양생 → 타일본드 도포 → 타일 부착 → 타일 줄눈 확인 → 타일표면 세척 → 주변 정리정돈 → 작업일지 기록

(8) 건축영선 기본업무와 세부업무를 표로 작성하고 공유한다.

번 호	기본 업무	세부 업무
①	건물 유지·보수 업무	- 건물 순회 점검(1회/1일 이상) - 중요 보수작업 지휘 - 작업지시 처리 확인 - 풍수해 비상관리 - 비상업무시 지휘·통솔

②	건축팀 인력관리 업무	- 건축 인원 지휘 · 통솔 - 근태관리 및 평가 - 안전관리
③	건물관리계획 작성	- 일상점검 계획 - 주간/월간 업무계획서 작성 - 연간 업무계획서 작성
④	문서관리 업무	- 장비이력대장 기록 확인 - 일일작업일지 기록 확인 - 자재관리 - 고객요청사항 시행 및 확인 - 사고시 사고보고서 작성
⑤	교육 업무	- 영선작업 기술교육 - 신규도입 장비 사용법 교육 - 안전교육 및 사고 예방대책 수립

(9) 건축물점검 연간계획서를 작성하고 공유한다(예시).

구분	점검항목	점검기준	점검주기	점검방법	담당	기록일지	비고
천정	텍 스	텍스의 처짐 상태	일	육안	근무자	점검표	
		텍스의 파손 상태	〃	〃	〃	〃	
		찬넬의 처짐 상태	〃	〃	〃	〃	
	유공판	처짐 상태	〃	〃	〃	〃	
		파손상태	〃	〃	〃	〃	
벽	벽 지	벽지의 들뜸	〃	〃	〃	〃	
		벽지의 찢어짐	〃	〃	〃	〃	
		벽지의 오염 상태 점검	〃	〃	〃	〃	
	철 재 칸막이	칸막이의 비틀림	〃	〃	〃	〃	
		파손 상태	〃	〃	〃	〃	
		도장 상태	〃	〃	〃	〃	
		오염 상태 점검	〃	〃	〃	〃	
	석고보드 칸막이	칸막이 들뜸 상태	〃	〃	〃	〃	
		파손 상태	〃	〃	〃	〃	
		도장 상태	〃	〃	〃	〃	
		오염 상태 점검	〃	〃	〃	〃	

	대리석	들뜸 상태	〃	〃	〃	〃	
		파손 상태	〃	〃	〃	〃	
		줄눈 상태	〃	〃	〃	〃	
		탈색오염 상태	〃	〃	〃	〃	
바닥	아스타일	들뜸 상태	〃	〃	〃	〃	
		파손 상태 점검	〃	〃	〃	〃	
	카펫트	들뜸 상태	〃	〃	〃	〃	
		오염 상태	〃	〃	〃	〃	
		파손 상태	〃	〃	〃	〃	
	데코타일 모노륨	들뜸 상태	〃	〃	〃	〃	

(자료 출처 : 한국표준협회 시설운영지침서 인용)

(10) 연간 작업분야와 세부작업 계획서를 작성하고 공유한다(예시).

분류	분야	세부작업분야	자료명	자료 관리번호	비고
천정	텍스	처짐 부분을 바로 잡는 작업	건축보수자료		
		파손된 것을 새것으로 교체			
		챈넬의 수평상태 유지 확인			
		챈넬의 처짐 부분을 수평으로 유지시킨다.			
		석고보드에 붙인 텍스는 에어카타 핀으로 고정시켜준다.			
	유공판	유공판의 처짐 부분을 바로 끼워준다.	건축보수자료		
		파손된 것을 새것으로 교체한다.			
		챈엘(틀)이 처진 경우 수평을 잡아준다.			
		도장상태가 오염되었을 시 새로 도장한다.			
	누수	외부빗물의 누수	건축도면		
		위층 화장실, 탕비기실에서의 누수			
		천정 설비 파이프에서의 누수			
		스프링클러에서의 누수			

	유리돔	각 유리판의 연결상태	건축보수자료		
		빗물 누수상태			
		연결부의 실리콘 코킹			
		유리의 파손 된 것 교체			
바닥	타일	파손된 부분 교체	건축보수자료		
		줄눈 파손부분 교체			
		타일 실선 작업			
	아스타일(데코타일)	파손된 부분 교체	건축보수자료		
		들뜬 부분 본드로 부착			
		아스타일 신설작업			
	카펫	들뜬 부분 본드로 부착	건축보수자료		
		파손, 오염 부분 교체			
		카펫 신설 작업			
출입문	유리강화문	유리 파손 상태			
		유리강화문 처짐 상태			
		힌지의 유압, 개·폐 속도			
	자동문	개·폐 속도			
		센서의 작동 상태			
		로라, 체인의 마모정도			
	회전문	회전속도			
		STOP 상태			
		센서 상태			
		DOOR 상태			
	도어로크	Key 작동여부(잠김 상태)			
		손잡이의 풀림			
		날름쇠 작동 여부			

셔터	방범셔터	모터의 작동상태			
		바, 가드레일 파손상태			
		key 박스, 스위치 작동여부			
	방화셔터	모터의 작동상태			
		바, 가드레일 파손상태			
		key 박스 스위치 작동여부			
벽	대리석 화강석	파손된 부분 교체	건축보수자료		
		줄눈 연결부분 파손시 실리콘 코킹작업			
		처짐 들뜸 상태, 수평유지			
	칸막이	석고보드 칸막이 파손시 교체	건축보수자료		
		철재칸막이 파손시 교체			
		도장상태 오염시 도장작업 실시			
	벽지	오염되거나 파손된 부분 도배	건축보수자료		
		전체 도배시 외주 작업 실시			
창문	본청용	크리센트 작동 여부	건축보수자료		
		로라 파손시 교체			
		손잡이 탈락시 보수			
	의원 회관용 도서관	잠김 장치 작동여부	건축보수자료		
		창문-암 부착상태			
		손잡이 부착상태			
	의정관용	잠금장치 작동여부	건축보수자료		
		창문-암 부착상태			
		손잡이 작동상태			

(자료 출처 : 한국표준협회 건축물관리 지침서 인용)

3) 건축 영선절차에 따라 작업안전을 고려하여 보수한다

(1) 천정텍스를 보수한다.
(2) 출입문 고장 수리 및 도장부분을 보수한다.
(3) 아스타일 부분을 보수한다.
(4) 셔터 고장 시 보수한다.
(5) 화장실 세라믹 및 모자익 타일 코너타일 등 시공 부실로 탈락 파손 보수한다.
(6) 방수 공사 문제시 보수한다.
(7) 바닥, 벽체, 균열, 파손 시 보수한다.
(8) 조적 벽 붕괴 또는 파손 시 보수한다.

4) 해빙기에는 특별점검을 실시하고, 재해방지 안전대책을 수립한다

(1) 해빙기 건축물 특별 점검한다.
① 동결지반의 융해에 따라 절, 성토 사면 및 굴착공사 현장의 붕괴재해와 지반침하로 인한 매설물의 손상 등이 빈번할 것으로 예상됨에 따라, 다음과 같이 주요 위험요인별 안전대책을 제시하여 해빙기 작업개시 전에 이를 활용토록 함으로써 재해를 미연에 방지 하고자 한다.
② 대기의 온도가 0℃ 이하로 내려가면 지중의 공극수가 동결하여 약 9%의 체적이 증가하게 되어, 지표면이 부풀어 오르는 동상 현상이 나타나고, 대기의 온도가 0℃ 이상으로 상승하면 동결되었던 지반이 융해되어 지표면에서 하부로 서서히 녹기 시작하면서 함수량이 증가하여 지반이 해지면서 침하현상이 발생하게 된다.
(2) 지반침하로 인한 재해를 예방한다.
(3) 안전대책을 수립한다.

5) 우기대비 특별 점검을 하고, 안전대책을 수립한다

우기대비 안전관리 계획과 주변 하수관 준설 여부, 빗물받이, 맨홀 연결관 상태, 호우를 대비한 노면수 유도 처리, 터파기 바닥 집수정 설치, 연약지반 보강 등 특별 점검을 하고 안전대책을 수립한다.

(1) 하절기 특별점검 한다(옹벽과 석축배면에 우수유입 방지대책).
(2) 동절기 대비 특별 점검 한다.
(3) 안전 점검 및 정밀안전진단을 한다.

(4) 해빙기, 우기 특별점검하고 문제 발생 시 현장조사를 실시하고 결과를 분석하고 기록하여 보고한다.

6) 건축물에 이상현상 발생시 다음과 같이 조치한다

(1) 건축물에 이상발생시 신속하게 이상있는 부분이 정상복원 될 수 있도록 근무자와 협조 하에 조치를 취한다.
(2) 해당 담당자에게 연락을 취한다.
(3) 담당자는 중요사고일 경우 즉시 현장에 부서 팀장 및 소장에게 보고하고 사고발생 경위 및 최초 보고를 실시한다.
(4) 관리소장은 본사 운영지원본부에 최초 보고를 실시한다.
(5) 사업소 담당자는 장비사고시 2차적인 사고가 발생하지 않도록 조치하고 사고현장을 보존하며, 사고보고서를 작성하여 관리소장에게 보고한다.

7) 인명사고 발생시 다음과 같이 조치한다

(1) 근무자가 근무 중 인명사고가 발생하면 사고자에 대한 응급처치를 하고 2차 사고가 발생되지 않도록 조치 후 현장을 보존한다.
(2) 근무자는 해당 관리현장 담당자에게 유선으로 사고 발생경위에 대해서 보고한 후 사업장에게도 연락을 취하고, 관리소장은 고객 및 본사 운영지원본부에 유선으로 보고한다.
(3) 관리현장 담당자는 즉시 현장에 와서 사고상황을 파악하고 관리소장, 고객, 본사 운영지원본부에 연락을 취하고 근무자, 목격자, 사고자의 진술을 토대로 사고보고서를 작성하여 관리소장, 고객, 본사 운영지원본부 순으로 제출하고 사고원인을 규명하여 고객과 협의한다.
(4) 고객과 협의 사항이 이루어지지 않을 경우 본사 운영지원본부에게 연락을 취하고 조치를 받는다.
(5) 경미한 사고일 경우 업무일지에 기록 후 명일 아침 해당 담당자에게 결재시 보고한다.

8) 근무교대시 업무를 인수인계한다

근무 주에 수행 한 업무와 문제점 및 이상 현상 등을 근무 교대 시에 인수인계하고 인수 인계서에 서명한다.

7. 기계설비 관리

1) 기계설비 관리 개념

건축설비관리란 건축설비의 기능을 보전하고 이용자의 안전과 편의를 제고하기 위하여 일상적으로 점검 정비하고 손상된 부분은 원상복구하며 시간의 경과에 따라 요구되는 교체, 개량, 보강 등의 활동을 말한다.

2) 기계설비 관리절차

(1) 〈기계설비 운영지침서〉를 개발하고 기계설비 관리업무에 적용한다.

(2) 운영지침서의 적용범위를 명시한다.

(3) 기계설비 관리 핵심용어를 정의한다.

① 냉동기 및 흡수식 냉·온수기 : 응용산업 냉동분야에 있어서 가장 기본적인 기계로서 열이 고온으로부터 저온으로 전달되는 원리를 이용하여 냉매를 냉동기 내로 순환시켜 냉을 실현하는 것을 말한다.

② 보일러 : 강철제 및 주철제로 만든 밀폐된 용기 내에 물을 담고 그 물을 가열하여 대기압이상의 압력을 갖는 증기 및 온수를 발생시키는 장치를 말한다.

③ 공기조화기 : 실내에 있는 사람 또는 저장된 물건에 대해 생리조건을 쾌적하게 하고 저장물의 보전조건을 만족스럽게 대기를 인공적으로 유지시켜주는 장치를 말한다.

④ 정화조 : 오수, 생활하수 능을 한곳에 보아 하수 종말 처리장에 방류하기 전 침전, 여과, 소독하여 B.O.D의 농도를 낮추어 수질오염을 방지하기 위한 처리시설을 말한다.

⑤ 설비자동제어 : EBI을 온도, 습도 및 각종 센서의 값을 인식하여 건물 내의 설비의 제어 등을 수행하기 위한 시스템이다.

⑥ 펌프설비 : 각종 배관내의 관수를 원활하게 순환시키고 물탱크 등에 급수를 보충시키기 위한 설비를 말한다.

3) 기계설비 분야 업무프로세스를 분석하고 파악한다(예시)

(1) 냉온수기 세관업무 프로세스를 파악한다.

세관업체 선정 및 세관범위 설정 → 품의 및 승인 → 화학 세관, 기계세관 및 브러쉬 세관 → 용액농도 측정 및 보충 → 세관 폐기물 반출 → 외관 도색 작업 및 청소 → 냉동기 시운전 → 세관작업 종료

(2) 냉온수기 운전 업무 프로세스를 파악한다.

가스압 이상 점검 → 냉온수기 펌프가동 및 압력 점검 → 냉각수 펌프가동 및 압력 점검 → 고온 재생기 압력 및 온도 점검 → 흡수기 레벨 체크

(3) 보일러 세관업무 프로세스를 파악한다.

세관작업 범위 및 업체설정 → 결제 → 화학세관, 기계세관, 브러시세관 → 녹방지 도색작업 → 진공, 압력 및 안전밸브 시험

(4) 보일러 운전 프로세스를 파악한다.

기동전 사용량 측정 → 사용전 브로우 다운 실시 → 기동 후 화염 측정 → 환 펌프 작동여부 확인 → 압력계, 온도계, 진공계 → 적정상태 확인 → 가스 사용량 기록 → 온도변경 추이 기록

(5) 가스사용 점검업무 프로세스를 파악한다.

계속사용 검사의뢰(한국가스안전공사) → 결제 → 가스누설 검사, 배관부식 상태 검사 → 가스차단기 정상동작 시험 → 판정 및 통보 → 수수료 송부 → 사용필증 접수 및 보관

(6) 가스 일상관리 업무 프로세스를 파악한다.

가스누출 자동 개폐기 작동 점검 → 가스누출 여부점검(가스누출 테스트기) → 누출부위 보수 → 도시가스배관 산화여부확인 → 점검표 작성 및 보관

(7) 정압기 분해점검업무 프로세스를 파악한다.

작업업체 및 범위 설정 → 결제 → 압력필터 교체 → 정압진동계 및 팬 교체 → 차압밸브 교체(누출시)→ 작업보고서 작성 및 보관

(8) 정화조 일상관리 업무 프로세스를 파악한다.

해충류 서식지 제거 → 펌프류 오일 점검 및 동작 점검 → 내 공기유입 및 유출상태 점검 → 스크래퍼 기동상태 점검 → 브로워 기동상태 및 오일량 점검 → 슬러지 반송상태 점검 → 배수펌프 동작 점검 → 소포펌프 동작 점검

(9) 정화조 내부청소 프로세스를 파악한다.

구청공문서 접수 → 업체선정 및 결제 → 침사지내 침점물 반출 → 반출확인서 접수

(10) 정화조 수질 검사 프로세스를 파악한다.

폭기조 내 미생물 상태 점검 → 미생물 투입 → 침전 조 내 침전물 상태 점검 → 침사지내 침점물 반출 → 반출확인서 접수

(11) 저수조 내부 청소 프로세스를 파악한다.

공문서 접수 → 작업일 선정 및 결제 → 단수 작업(2일 전 통보) → 이끼 제거 및 부유물 제거 → 청소전, 중, 후 사진촬 영 → 저수조 청소결과 보고서 작성 → 위생 점검 보고서 발송

(12) 저수조 일상 점검 프로세스를 파악한다.

저수조 주위 및 본체 상태 점검 → 저수조 내부상태 점검 → 맨홀의 상태 점검 → 월류관 및 통기관 점검 → 저수조 위생 점검표 작성

(13) 공조기 필터교체 프로세스를 파악한다.

필터교체 시기 선정 및 업체 선정 → 결제 → 미디윰, 프리필터 교체 및 폐기물 반출

(14) 공조기 일상 점검 프로세스를 파악한다.

주1회 프리필터 클리닝 → 필터 건조 후 재설치 → 내부폐기물 청소 → 센서봉 점검 및 감도 측정

(15) 냉각탑 수질관리 프로세스를 파악한다.

수 처리제 공급처 선정 → 결제 → 주기적 투여 → 냉각수 시료 채취 → 수질검사 의뢰 → 결과서 접수, 검토, 보관

(16) 냉각탑 일상관리 프로세스를 파악한다.

물이끼, 물 때 제거 → 주조 클리닝 → 구동모터 베어링 및 벨트 점검 → 볼탑밸브 작동상태 점검

(17) 소화기 관리 프로세스를 파악한다.

소화기 위치 확인 점검 → 소화기 약제 및 압력 확인 → 전기실 등 CO_2 약제 관리 → 소화기 관리대장 기록 및 보관

(18) 소방시설관리 업무 프로세스를 파악한다.

급수펌프 동작시험 및 수두압 측정 → 각층 소화전(옥내)점검 → 스프링클러 동작시험 → 소방기구함 점검 → 피난시설 위치 파악 및 점검 → 연감지기 및 열감지기 동작 점검 → 작동결과표 및 현황표 작성 및 보관

4) 기계설비 분야 업무를 분장하고 수행한다

(1) 기계과장은 다음의 업무를 수행한다.
- 기계설비 관리 유지 업무 감독, 지휘, 행정통제 등을 총괄
- 수리, 보수 등에 대하여 작업준비, 지휘, 감독
- 연간 작업계획을 작성, 계획에 의한 작업을 진행 감독
- 각종 기록물(운전일지, 점검일지)을 확인 검토하여 대책을 상신
- 기계관리 업무에 필요한 기계보수 또는 물품청구 의뢰
- 각 기기의 운전관리 계획수립
- 직원의 일상근무 감독 및 신상파악
- 작업지시, 처리, 확인 및 대, 내외의 관계 업무추진
- 직원의 기술향상, 안전사고 예방을 위한교육 및 지도 계획을 수립하고 교육을 주관하여 실시

(2) 기계주임은 다음의 업무를 수행한다.

- 기계주임은 과장을 보필하여 업무 수행에 차질이 없도록 함
- 각 주임은 당 의사당 내의 기계설비에 대한 운전, 보존, 보수 업무를 수행
- 각종 돌발적인 사고에 있어 반원들을 총지휘하여 응급처리 할 의무를 가짐
- 작업원에 대하여 직접적인 기술 지도를 통솔

(3) 담당기사(당직자)는 다음의 업무를 수행한다.

- 각자가 책임진 근무 장소에 모든 기계의 운전수칙, 안전수칙을 습득하여 원활한 운전에 책임을 짐
- 항상 점검하고 청소하여 원상대로의 기능과 성능을 발휘하도록 함
- 돌발적인 사고가 발생하였을 때 우선 응급처치를 한 후 계통에 따라 보고

(4) 중앙 감시반 근무자는 다음의 업무를 수행한다.

- 효율적인 관리와 적절한 운영방법으로 항상 시스템이 정상가동 되도록 함
- 각 기계의 가동, 정지
- 기계 설비 운전상태 점검 및 조정
- 각층 제어계통의 점검 및 각 설비의 중앙통제와 상태파악
- 실내온도, 습도, 계기 류 등을 점검하고 양호한 상태로 유지
- 담담설비의 정기점검 및 관계연락 중계
- 각 기계 운전정지, 온도, 습도, 계기 류 등을 수시 점검기록

(5) 공조실 근무자는 다음의 업무를 수행한다.

- 급기, 환기, 배기, IDU공조기, 고가수조, 팽창탱크, 전동기, 벨트, 휀, 배관 및 기타 설비의 안전관리 및 운전담당
- 남냥설비의 읠, 주, 월, 넌 간 점검표에 의한 징기짐김
- 운전상태 점검 및 운전일지 기록유지 및 보고
- 담당설비의 수입, 정비 및 인수인계를 철저히 하고 이상 유무를 보고

(6) 기계실 근무자는 다음의 업무를 수행한다.

- 공조기, 배기, 휀, 제습기, 항온 항습기, 온풍기, 온수탱크, 열교환기, 펌프, 모터, 기계설비의 안전관리를 운전
- 담당설비의 일, 주, 월, 년 간 점검표에 따라 점검
- 운전상태 점검 및 운전일지를 작성 보고
- 담당설비의 원상 보존유지 및 환경정리
- 담당설비의 수입정비 및 인수인계를 철저히 하고 이상유무 보고
- 중, 온수의 압력, 온도를 수시점검

(7) 보수 반 근무자는 다음의 업무를 수행한다.

- 모든 기계설비에 대한 유지보수

- 제반설비에 대하여 수시 순찰 점검하고, 보수하여 원상태로 유지관리
- 원상태 유지관리를 위하여 일, 주, 월, 년 간 점검표에 의하여 유지관리
- 원상태 유지의 점검 및 보수일지 기록유지
- 시설을 보수하기 위해서 불가피하게 변경하고자 할 때는 감독관에게 보고하고 그 지시에 따라 업무를 수행

(8) 보일러실 근무자는 다음의 업무를 수행한다.

- 보일러 본체에 부속되는 버너, 펌프, 모터 휀, 각종 계측기 등을 원상태로 관리하고 안전운전
- 담당설비의 일, 주, 월, 년 간 점검표에 의하여 정기적인 점검실시
- 운전상태 점검 및 운전일지를 기록
- 유류탱크의 주위환경 점검 및 유류현황 파악
- 원상태를 보존하기 위하여 예방점검 및 정비
- 인수인계를 철저히 하고 이상 유무를 보고한다.

(9) 냉동기 실 근무자는 다음의 업무를 수행

- 냉동기, 냉수펌프, 냉각탑, 압축기, 보안장치 및 안전장치 의 점검 및 보수유지
- 담당설비의 일, 주, 월, 년 간 점검표에 의하여 정기적인 점검
- 운전상태 점검 및 운전일지를 기록
- 냉동기의 규정 온도유지 및 기계적인 이상 유무를 체크
- 철저한 인수인계와 이상 유무 확인하고 보고

5) 기계실 업무별 인원배치 및 주야간 당직 및 교대조 근무방법을 확정하고 공유한다

6) 기계실 기본업무와 세부업무를 확정하고 공유한다

부서명	기본 업무	세부 업무
기계과	1. 기계설비 유지보수 업무	- 기계설비 순회 점검(1회/일 이상) - 중요 보수작업 지휘 - 작업지시 처리 확인 - 비상사태시 지휘 통솔 - 방재(기계관련) 설비관리

<table>
<tr><td rowspan="4">기계과</td><td>2. 기계팀 인원관리 업무</td><td>- 기계 인원 지휘 통솔
- 근태관리 및 평가
- 안전관리</td></tr>
<tr><td>3. 기계설비 관리계획 작성</td><td>- 일상점검 계획
- 주간/월간 업무계획 작성
- 연간 업무계획서 작성</td></tr>
<tr><td>4. 문서관리 업무</td><td>- 장비이력대장 기록 확인
- 일일작업일지 기록 확인
- 자재관리
- 고객요청사항 시행 및 확인
- 사고시 사고보고서 작성</td></tr>
<tr><td>5. 교육 업무</td><td>- 기계운전/작업 기술교육
- 신규도입 장비사용법 교육
- 안전교육 및 사고예방 대책수립</td></tr>
</table>

7) 기계설비 제원 및 설치장소를 파악하고 공유한다(예시)

<table>
<tr><td>장비명</td><td>XBS 시스템</td><td colspan="6">기 사</td></tr>
<tr><td>용도</td><td>자동제어 시스템</td><td>형식</td><td></td><td>하드</td><td></td><td></td><td></td></tr>
<tr><td rowspan="2">설치장소</td><td rowspan="2">중앙감시반</td><td>모니터</td><td></td><td></td><td></td><td></td><td></td></tr>
<tr><td>프린터</td><td></td><td></td><td></td><td></td><td></td></tr>
<tr><td></td><td></td><td>RAM</td><td></td><td></td><td></td><td></td><td></td></tr>
</table>

<table>
<tr><td>장비명</td><td>AHU 열교환기 1호기</td><td colspan="7">기 사</td></tr>
<tr><td>용도</td><td>난방용 열교환기</td><td colspan="2">형식</td><td></td><td></td><td></td><td></td><td></td></tr>
<tr><td rowspan="2">설치장소</td><td rowspan="2">B1층 기계실</td><td>용량</td><td>Kcal/h</td><td></td><td></td><td></td><td></td><td></td></tr>
<tr><td colspan="2">최고사용압력</td><td></td><td></td><td></td><td></td><td></td></tr>
<tr><td></td><td></td><td colspan="2">설계 온도</td><td></td><td></td><td></td><td></td><td></td></tr>
</table>

장비명	AHU 열교환기 2호기	기 사						
용도	난방용 열교환기(사용중지)	형 식						
		용량	Kcal/h					
설치장소	B1층 기계실	최고사용압력						
		설계 온도						

장비명	IDU 열교환기	기 사						
용도	난방용 열교환기	형식						
		용 량	Kcal/h					
설치 장소	B1층 기계실	최고사용압력						
		설계 온도						

장비명	급탕 열교환기	기 사						
용도	온수용 열교환기	형 식						
		용 량	Kcal/h					
설치 장소	B1층 기계실	최고사용압력						
		설계 온도						

장비명	자동전압 조정기(UPS)	기 사						
용 도	감시반 자동전압 조정기	형식			정격용량	KVA		
		입력전압 범위						
설치 장소	B1층 기계감시반	출력전압	V					
		주파수	Hz					

8) 중앙감시반 기계설비 운전 순서, 방법, 조건을 파악하고 숙지한다

(1) 중앙감시반 운영조건을 파악한다.

① 중앙감시반을 운영한다.

② 중앙감시반을 정비한다.

(2) 운전일지를 작성하고 유지한다. 운전일지 기록은 매시간 운전 중 변화는 습도, 온도, 외기, 급기, 배기, 환기, 운전시간, 정지시간, 작업사항을 상세히 기록한다.

(3) 중앙 감시반의 운전 및 안전수칙을 파악하고 준수한다.

9) 보일러 설비를 운전요령에 따라 운전한다

(1) 급수 배관계통의 밸브 열림 확인하고, 밸브가 닫힌 상태로 가동되면 과부하 또는 동작부의 순간 마모에 의해 펌프가 고장을 일으키거나 수명단축의 요인이 주의하여 운전한다.

(2) 가스 공급관의 밸브가 열렸나 확인한다.

(3) 가스 공급압력을 확인한다. 가스밸브가 닫혀 있어도 압력은 계속 유지되므로 밸브의 개폐에 주의를 해야 한다.

(4) 메인 바나 및 착화가스(Pilot Gas)밸브의 열림을 확인한다. 운전 전에는 항시 가스 누출 여부를 반드시 확인하여야 한다. 가스누출로 인한 순간 연소로 인한 연도 폭발 화재의 우려가 있다.

(5) 제어반의 모든 스위치가 “OFF” 상태가 되었는지 확인 한 후 메인 전원을 넣고, 제어반의 전원스위치를 “ON”으로 전환(전원램프 점등)한다.

(6) 급수펌프 스위치를 자동으로 전환한다.

(7) 운전스위치를 “ON”시켜 두어야 한다. 약 5초 후 송풍기 기동 ⇒ 약5초 후 댐퍼 열림 ⇒ 약 20초 후 댐퍼 닫힘 ⇒ 약 5초 후 착화기 점화 ⇒ 약 2초 후 메인가스 점화 ⇒ 계속 운전된다.

(8) 정상연소가 이루어지면 댐퍼선택 스위치를 자동에 설정한다. 댐퍼가 열리면서 최고부하로 진행된다(착화 후 약 5분정도 점검 후에 실행해야 한다).

10) 초소형 노통 연관식 보일러를 운전한다.

(1) M.C.C 판넬의 순환펌프를 가동시킨다.

(2) 보일러 운전 판넬에 전원스위치가 ON 위치인가 확인한다.

(3) 보일러 가스메인밸브의 가스누설차단장치 전자밸브가 보일러 “열림” 위치인가 확인한다.(황색)

(4) 보일러 운전스위치를 로컬위치에 놓는다(시퀀스제어 순차회로에 버너용 밸브 파이로트 점화용에 의해 자동점화 된다. 4위치제어 가스 착화방식은 HI ⇒

MODUEL ⇒ LOW ⇒ STOP과 같다.

(5) 블로워모터(송풍기) 작동여부 연쇄 램프 등이 순차적으로 켜진다.

① 수면계 2/3 배기온도 180℃ 가스압력 0.4kg/㎠

② 증기압력 3.5~4.0kg/㎠ 전압 420V

③ 송풍기풍압 (mmAq)300 전류 21A

(6) 점화전, 점화후 잔류가스 동작 (부저 동작시 "리셋버튼" 누름)

① 연성잔류 가스체류 (노통환기) 30~40sec

(7) 점화 후 투시 구를 통한 화염의 형성상태를 점검한다.

(8) 송기장치 및 압력계 정상작동 여부 온도 상승화인 관찰(70℃)한다(가동 후 가스 사용량 급수사용량 가동시간 기록 순환펌프 4시간이상 가동).

(9) 연소가동 후 약10분간 가동한다.

① (스팀헤더 70℃) 난방용

(10) 보일러의 정지는 역순으로 행한다.

11) 급탕용 보일러를 운전한다

(1) 급수탱크(또는 환수탱크)의 보유 수량을 확인한다. 부족시 밸브를 닫거나, 또는 보충수 컨트롤장치의 작동은 잘되는지 확인한다.

(2) 급수 배관계통의 밸브 열림을 확인한다.

(3) 가스공급관의 밸브가 열렸나 확인한다.

(4) 가스공급 압력을 확인한다. 가스밸브가 닫혀있어도 압력은 계속 유지되므로 밸브의 개폐에 주의를 요한다.

(5) 메인바나 및 착화가스(Pilot Gas)밸브의 열림을 확인하고, 연도의 댐퍼상태를 확인해야 한다(댐퍼가 열려 있어야 함).

12) 냉동기를 점검, 정비, 운전한다

(1) 다음의 요령에 따라 조치하여 운전한다.

① 냉동기 히터 적정온도(60℃~70℃)를 확인

② 옥상 냉각탑 수조탱크 (충수)상태 확인

③ 냉동기 냉수밸브를 조작

- 가동하지 않는 냉동기 냉수밸브(잠금)
- 가동하는 냉동기 냉수밸브(열음)

④ 냉동기 컨트롤 판넬 퍼지펌프 ON(15분간 운전 후 OFF).
⑤ MCC 판넬 냉수펌프 스위치 ON
⑥ MCC 판넬 냉각수펌프 스위치 ON
⑦ 가동할 냉동기 고압 판넬(전원투입)
⑧ 냉동기 운전 푸시버턴 스위치 ON
⑨ 베인 개도 모터 개방 상태 확인
⑩ 응축압력(0.5~0.6㎏/㎠), 오일 압력(2~2.5㎏/㎠)확인
⑪ MCC쿨링 타워 휀 ON
⑫ 공조기 가동 및 휀코일 가동
⑬ 냉수온도 하강상태 (8℃~10℃) 확인

(2) 냉동기 정지시 다음과 같이 조치한다.

① 냉동기 운전 푸시버튼 스위치를 OFF한다.
- 베인 개도가 "0"되는지를 확인
- 응축압력이 "0"되는지를 확인
- 오일 압력이 "0"되는지를 확인
※(오일 압력은 정지 후 2~3분후 압력이 "0"이 됨)
② MCC판넬 쿨링타워 휀 스위치 OFF
③ MCC판넬 냉각수 펌프 스위치 OFF
④ 냉동기 정지 후 10분 이상 냉수펌프 가동 후 MCC 판넬 냉수펌프 스위치 OFF

(3) 냉온수기 가동 시 다음과 같이 조치한다.

① 조작반의 전원 스위치를 폐로한다.
② 냉난방 운전모드가 정확이 절환 되었는지를 확인한다.
③ "냉매펌프" 운전모드가 자동으로 절환 되었는지를 확인한다.
④ 고온재생기의 압력계 압력이 -750 ~ -740mmHg의 진공으로 유지되고 있는지를 확인한다.
⑤ 추기장치의 수동밸브가 닫혀 있는지를 확인한다.
⑥ 냉수펌프(냉방시), 온수펌프(난방시) 및 냉각수 펌프(냉방시)를 운전하고 통수를 확인한다.
⑦ 냉각탑을 운전한다.
⑧ 고온재생기 액면계의 액면이 정상인지를 확인한다. 정상액면 레벨은 액면계의 중심보다 상부에 있어야 한다(운전 중에도 동일함).
⑨ 가스원 밸브, 코크, 안전차단밸브, 버너원 밸브 및 파이로트원 밸브가 닫혀 있음을 확인한다.

⑩ 안전차단밸브와 버너원밸브 사이의 압력계의 압력이 상승하지 않음을 확인한다. 상승하는 경우에는 가스원밸브, 안전차단밸브, 코크의 가스누설의 위험이 있으므로 즉시 점검하여야 한다.
⑪ 버너 팬의 댐퍼 및 연료제어밸브가 전폐위치에 있는 것을 확인한다.
⑫ 연소장치의 링크기구의 간극, 고정부의 이완 등이 없음을 확인한다.
⑬ 연도댐퍼가 전개되어 있음을 화인한다. 연도댐퍼가 닫힌 상태로 운전하면 폭발의 위험성이 있으므로 반드시 운전 전에 연도 댐퍼가 전개되어 있음을 확인해야 한다.
⑭ 가스원 밸브를 열고 가스압력계로서 가스원 압력을 확인한다.
⑮ 파이로트 원밸브를 열은 후 버너원 밸브를 연다.

(4) 흡수식 냉방설비를 다음의 순서에 따라 운전한다.
① 연료수동 밸브(LNG 가스벨브)를 개방시킨다.
② 냉 · 온수 펌프를 가동시킨다. 냉온수기와 연동운전인 경우는 자동운전 된다.
③ 냉각수 펌프를 가동시킨다. 냉온수기와 연동인 경우는 자동운전 된다.
④ 냉각탑 휀(FAN)을 가동시킨다.
⑤ 제어반에 전원을 투입한다.

13) 보일러 설비의 운전순서와 방법 및 조건을 확인하고 공유하여 현장에 적용한다

14) 냉동기 설비의 운전순서와 방법 및 조건을 확인하고 공유하여 현장에 적용한다

15) 공조기 설비를 관리한다

16) 기계설비 운전시 주의사항을 확인하고 공유하여 숙지하여 현장에 적용한다

(1) 공조설비를 일상 순회 점검한다.
(2) 중앙감시제어설비를 일상 순회 점검한다.
(3) 위생설비를 일상 순회 점검한다.

17) 공조 설비를 정기점검, 측정, 정비한다

18) 중앙감시제어설비를 정기점검, 측정 정비한다

19) 위생설비를 정기점검, 측정 및 정비한다

20) 건축설비점검 기준을 파악하고 공유하여 현장에 적용한다

기기명	점검항목	점검기준	점검주기	점검방법	담당	기록일지	비고
보일러	블로우실시	8시간 기동후 전 블로우를 실시하였는가?	일	육안	근무자	보일러운전일지	
	자동블로우 상태	농축감지 작동으로 인한 자동블로우가 잘되고 있는가	일	육안	근무자		
	수면계상태	수면계 정상 작동 여부(2/3을 유지 하는가?)	일	육안	근무자		
	압력계상태	압력계정상 작동 여부(2ea 압력계 지침 일치)	일	육안	근무자		
	착화상태	착화 상태는 양호한가?	일	육안	근무자		
	경보상태	저수위 상태표시 및 부저 상태	일	육안	근무자		
	급수상태	급수상태 양호한가?	일	육안	근무자		
	배관누수상태	누수 되는 곳은 없는가?	일	육안	근무자		
	연수기상태	연수기 작동 상태는 양호한가?	일	육안	근무자		
	청관제 투입상태	청관제 약액이 약주 탱크 내에 투입은 잘 되는가?	일	육안	근무자		
	안전장치	상용압력에서 안전변 분출확인	월	육안	근무자	보일러월간점검표	
	안전장치	설정온도에서 보일러 정지 확인	월	육안	근무자		
	안전장치	수위감지센서의 스케일 부착 확인	월	육안	근무자		
	급수상태	수면계와 본체 연락관의 막힘 상태	월	육안	근무자		
	가스버너	착화용 전극봉 점검	월	육안,청소	근무자		
	안전장치	화염감지기의 수광면	월	육안,청소	근무자		
	급수	급수 스트레나	월	육안,청소	근무자		
	관수	관수의 수질체크	월	육안	근무자		
	응축수	응축수탱크 점검	월	육안,청소	근무자		
흡수식냉동기	냉수입, 출구입력	적정압력 5~8kg/㎠ 유지하는가?	월	육안,청소	근무자	흡수식냉동기운전일지	
	냉수입, 출구온도	적정온도 7~13℃ 유지하는가?	월	육안,청소	근무자		
	냉각수 입출구압력	냉각수압력 5~8kg/㎠ 유지하는가?	월	육안,청소	근무자		
	냉각수 입출구온도	냉각수온도 28~32℃ 유지하는가?	월	육안,청소	근무자		
	스팀압력	스팀압력 5kg/㎠ 유지하는가?	월	육안,청소	근무자		
	고온재생기압력	적정압력 600~700mmH_2O 유지하는가?	월	육안,청소	근무자		
	고온재생기온도	적정온도 90~110℃ 유지하는가?	월	육안,청소	근무자		
	열교환기온도	적정온도 70~95℃ 유지하는가?	월	육안,청소	근무자		
	저온재생기 입/출구온도	적정온도 85~90℃ 유지하는가?	월	육안,청소	근무자		
	흡수기스프레이온도	적정온도 45~50℃ 유지하는가?	월	육안,청소	근무자		
	냉매출구온도	적정온도 10~15℃ 유지하는가?	월	육안,청소	근무자		
	액면	고온재생기, 흡수기, 냉매탱크 액면상태	월	육안,청소	근무자		
	증기제어밸브 개도	적정개도를 유지하는가?	월	육안,청소	근무자		
	용액펌프전류	적정 전류를 유지하는가?	월	육안,청소	근무자		
	냉매펌프전류	적정 전류를 유지하는가?	월	육안,청소	근무자		

기기명	점검항목	점검기준	점검주기	점검방법	담당	기록일지	비고
냉온수기	가스1차압력	kg/㎠ 유지하는가?	일	육안	근무자	냉온수기운전일지	
	가스2차압력	kg/㎠ 유지하는가?	일	육안	근무자		
	배기가스	배기가스 온도는 적정한가?	일	육안	근무자		
	냉수입, 출구압력	적정압력5~8 kg/㎠ 유지하는가?	일	육안	근무자		
	냉수입, 출구온도	적정온도 7~13℃ 유지하는가?	일	육안	근무자		
	냉각수입, 출구압력	냉각수압력 5~8kg/㎠ 유지하는가?	일	육안	근무자		
	냉각수입, 출구온도	냉각수온도 28~32℃ 유지하는가?	일	육안	근무자		
	고온재생기압력	적정압력 600~700㎜$H_2$0 유지하는가?	일	육안	근무자		
	고온재생기온도	적정온도 130~150℃ 유지하는가?	일	육안	근무자		
	열교환기온도	적정온도 70~95℃ 유지하는가?	일	육안	근무자		
	저온재생기 입/출구온도	적정온도 85~90℃ 유지하는가?	일	육안	근무자		
	냉매출구온도	적정온도 10~15℃ 유지하는가?	일	육안	근무자		
	액면	고온재생기, 흡수기, 냉매탱크 액면상태	일	육안	근무자		
	용액펌프전류	적정 전류를 유지하는가?	일	육안	근무자		
	냉매펌프전류	적정 전류를 유지하는가?	일	육안	근무자		
공조기	이상소음	이상소음 및 진동발생 여부상태	월	육안,청각	근무자	공조기일일점검표	
	가동상태	PC상위 에러는 없는가?	월	육안	근무자		
	전원판넬상태	판넬계기류는 정상을 유지하는가?	월	육안	근무자		
	벨트장력	벨트장력상태는 정상인가	월	육안	근무자		
	구리스 주입	구리스 주입 상태는 적정인가	월	육안	근무자		
	댐퍼의 작동	댐퍼의 작동은 정상인가	월	육안	근무자		
	휠터청결상태	휠터의 청결상태는 적정한가?	월	육안	근무자		
	계기류	각 계기류의 작동 및 수치는 적정한가?	월	육안	근무자		
	보온상태	보온태핑의 벗겨진 곳은 없는가?	월	육안	근무자		
	공조실 청결	청결을 유지하는가?	월	육안	근무자		
	자동제어	자동제어의 동작 상태는 정상인가	월	육안	근무자		
	공조기외관	외관은 청결한가?	일	육안	근무자		
펌프	압력수치	압력계의 지시치는 적정한가?	월	육안	근무자	펌프월간점검표	
	이상 진동	이상 진동은 없는가?	월	육안	근무자		
	이상 과열	모터의 과열상태	월	육안	근무자		
	누 수	펌프의 누수는 없는가?	월	육안	근무자		
	진 동	흡입, 토출측 압력계 진동상태	월	육안	근무자		
	정격 전류	모터의 전류치는 적정한가?	월	육안	근무자		
	이상소음	베어링부의 이상음 발생여부	월	육안	근무자		
	주유상태	구리스 주유는 적정한가?	월	육안	근무자		
	물 순환상태	스트레이너 상태는 양호한가?	2년	분해점검	근무자		

기기명	점검항목	점검기준	점검주기	점검방법	담당	기록일지	비고
정화조	악취여부	정화조실내 악취 발생 여부	일	후각	근무자	정화조점검일지	
	누수상태	오수배관 연결부의 누수여부	일	육안	근무자		
	급, 배기휀 상태	급, 배기휀의 동작상태	일	육안,청각	근무자		
	배수펌프 상태	배수펌프의 작동상태	일	육안,청각	근무자		
	배수펌프가동 상태	방류조내의 수위상태	일	육안	근무자		
	약품투입상태	종균제, 소독제 투입상태	일	육안	근무자		
	폭기 부로워	오일상태 및 베어링 상태		육안,청각	근무자		
냉각탑	이상소음	모터 및 감속기 소음상태	일	청각	근무자	공조기일일점검표	
	급수상태	보급수의 급수상태	일	육안	근무자		
	수질상태	냉각수의 수질상태	일	육안	근무자		
	급수상태	수반의 적정수의 상태	일	육안	근무자		
	충진제상태	충진제의 손상 여부	일	육안	근무자		
	벨트상태	벨트의 장력 및 마모상태	일	육안	근무자		
	외관상태	케이싱 및 골조물 상태	일	육안	근무자		
	급수상태	수량조절밸브, 볼탑의 작동상태	일	육안	근무자		
	분사상태	노즐의 분사상태	일	육안	근무자		
급/배기휀	이상소음	이상소음 및 진동발생여부상태	일	육안,청각	근무자	급/배기휀일일점검표	
	자동제어	PC상위 에러는 없는가?	일	육안	근무자		
	계기류 수치	판넬계기류는 정상을 유지하는가?	일	육안	근무자		
	벨트상태	벨트장력 상태는 정상인가	일	육안	근무자		
	구리스 주입	구리스 주입상태는 정상인가	일	육안	근무자		
	계기류 수치	각 계기류의 작동 및 수치는 적정한가?	일	육안	근무자		
	청소상태	청결을 유지하는가?	일	육안	근무자		
	자동제어	자동제어의 동작 상태는 정상인가	일	육안	근무자		
	청소상태	외관은 청결한가?	일	육안	근무자		
위험물저장소점검	저장실 내화구조여부	저장실은 내화구조로 되어 있는가?	월	육안	근무자	위험물 점검일지	
	환기, 통풍장치 설치여부	환기 및 통풍은 잘 되고 있는가?	월	육안	근무자		
	주위가연물, 화기장치여부	주위에 가연성인화물질은 없는가?	월	육안	근무자		
	주유개소유무	주유 구는 정상위치에 있는가?	월	육안	근무자		
	출입통제표지판 설치여부	출입통제 표지판은 식별되어 있는가?	월	육안	근무자		
	방유제, 유분리 기설치여부	방유제 유분리기는 설치되어 있는가?	월	육안	근무자		
	출입문 방화구조여부	출입문은 방화구조인가	월	육안	근무자		
	배관밸브류 누유상태여부	배관밸브류의 누유 되는 곳은 없는가?	월	육안	근무자		

기기명	점검항목	점검기준	점검주기	점검방법	담당	기록일지	비고
	채광, 환기설비 적정여부	채관환기설비는 잘 되어있는가	월	육안	근무자		
	용기, 배관의 충격, 전도	용기, 배관에 충격은 없는가?	월	육안	근무자		
	가열 우려여부	탱크가 가열될 우려는 없는가?	월	육안	근무자		
	전기스파크 방지여부	전기스파크의 우려는 없는가?	월	육안	근무자		
	기름라인누유 여부	기름라인의 누유 되는 곳은 없는가?	월	육안	근무자		
	층 내 위험물 방치여부	층 내 위험물이 방치되어 있지 않는가?	월	육안	근무자		
	소화수원칙확보여부	B4층,옥탑층 소화용수는 적정량 확보하고 있는가?	월	육안	근무자		
층별기계위생설비	양변기는 이상이 없는가?	물탱크의 누수 되는 곳이 없는가?	일	육안	근무자	층별기계·위생점검일지	
	소변기는 이상이 없는가?	자동센서기는 정상 작동되는가?	일	육안	근무자		
	세면기는 이상이 없는가?	수량이 적당하고 누수 되는 곳은 없는가?	일	육안	근무자		
	급, 배기휀은 이상이 없는가?	이상한 소음진동은 없는가?	일	육안	근무자		
	휀코일은 이상이 없는가?	누수 되는 곳이 없고 풍량은 적당한가?	일	육안	근무자		
	디퓨져는 이상이 없는가?	디퓨져가 이탈된 곳은 없는가?	일	육안	근무자		
	누수 되는 곳은 없는가?	누수 되는 곳은 없는가?	일	육안	근무자		
	상, 하수도는 이상이 없는가?	상하수도는 공급이 제대로 되고 있는가?	일	육안	근무자		
	사무실 온도는 양호한가?	사무실 온도는 23~26℃ 유지하는가?	일	육안	근무자		
저수조	저수조 주위의 상태	청결하며 쓰레기, 오물은 놓여있지 않을 것	월	육안	근무자	저수조 위생점검표	
		저수조 주위에 고인물, 용수 등이 없을 것	월	육안	근무자		
	저수조 본체의 상태	균열 또는 누수 되는 부분이 없을 것	월	육안	근무자		
		출입구나 적합부의 틈으로 빗물 등이 들어가지 않을 것	월	육안	근무자		
		유출관, 배수관등의 적합부분은 고정되어 방수, 밀폐되어 있을 것	월	육안	근무자		
	저수조 윗부분의 상태	저수조의 윗부분에는 물을 오염시킬 우려가 있는 설비나 기기 등의 놓여있지 아니할 것	월	육안	근무자		
		저수조의 상부는 물이 고이지 아니하여야 하고 먼지 등의 위생에 유해 한 것이 쌓이지 아니할 것	월	육안	근무자		

기기명	점검항목	점검기준	점검주기	점검방법	담당	기록일지	비고
	저수조 안의 상태	오물, 붉은 녹등의 침식물, 저수조내벽 및 내부구조의 오염 또는 도장의 떨어짐 등이 없을 것	월	육안	근무자		
		수중 및 수면에 부유물질이 없을 것	월	육안	근무자		
		외벽도장이 벗겨져 빛이 투과하는 상태로 되어 있지 아니 할 것	월	육안	근무자		
옥외가스정압기	맨홀의 상태	뚜껑을 통하여 먼지, 기타 위생에 유해한 물질이 들어갈 수 없을 것	월	육안	근무자		
	월류관, 통기관	관의 끝부분으로부터 먼지, 기타 위생에 유해한 물질이 들어갈 수 없을 것	월	육안	근무자		
		관 끝부분의 방충망은 훼손되지 아니하고 망눈의 크기는 작은 동물 등의 침입을 막을 수 있을 것	월	육안	근무자		
	냄새, 맛	물에 불쾌한 냄새 및 이상한 맛이 인지되어 어니 할 것	월	육안, 미각	근무자		
	색도, 탁도	물에 이상한 색이나 탁함이 나타나지 아니할 것	월	육안	근무자		
	차단장치	긴급차단장치(E.S.V)의 작동상태는 정상인가	주	육안	근무자	옥외가스정압실점검일지	
	압력차단장치	정압기 이상압력차단장치(SSV,OPSP) 작동은 정상인가	주	육안, 작동	근무자		
	이상 압력	정압기 이상압력통보장치는 정상인가	주	육안, 작동	근무자		
	방산변	정압기 방산변 작동여부는 정상인가	주	육안, 작동	근무자		
	조정기 이상 압력	조정기 이상 압력 차단장치(OPSP) 작동은 정상인가	주	육안, 작동	근무자		
	자동차단장치	자동차단장치(ASV)작동은 정상인가	주	육안, 작동	근무자		
	기록지	가스 기록지 교체는 했는가?	주	육안	근무자		
	경보장치	이상 발생 시 경보는 정상인가	주	육안, 작동	근무자		
연소설비	배관 및 부속품	가스배관 및 밸브류의 누설유무	일	육안	근무자	가스보일러연소설비	
		부식 및 기계적 손상의 유무	일	육안	근무자		
		밸브류의 조작상태	일	육안	근무자		
		스트레이너의 막힘 유무	일	육안	근무자		
		압력조정기의 작동상태	일	육안	근무자		
		부스터의 흡입, 토출압력이상 유무	일	육안	근무자		
		부스터의 구동, 베어링 이상 유무	일	육안	근무자		
		부스터의 안전장치의 작동	일	육안	근무자		
		부스터의 누설유무	일	육안	근무자		
	연소장치	버너의 막힘, 손상 등의 유무	일	육안	근무자		
		연소상태의 안정성	일	육안	근무자		
		링크의 이상 유무	일	육안	근무자		
		점화, 소화시의 이상 유무	일	육안	근무자		
		송풍기의 구동, 베어링의 이상 유무	일	육안	근무자		
		송풍기의 필터의 막힘 여부	일	육안	근무자		

기기명	점검항목	점검기준	점검주기	점검방법	담당	기록일지	비고
	안전장치	안전차단 밸브의 작동 이상 유무	일	육안	근무자	일일안전점검일지	
		안전차단 밸브의 내부누설 유무	일	육안	근무자		
		연소감시장치의 기능이상 유무	일	육안	근무자		
		연소 안전제어장치의 스파크 시간	일	육안	근무자		
		점화 버너의 연소시간	일	육안	근무자		
	급배기	급배기 설비의 이상 유무	일	육안	근무자		
		연도의 이상과열 유무	일	육안	근무자		
		연도의 막힘 유무	일	육안	근무자		
		연소 댐퍼의 검사	일	육안	근무자		
	기타	제어반내 청결 유무	일	육안	근무자		
		제어반의 이상음 및 이상온도 유무	일	육안	근무자		
		제어반 각 표시등의 동작 유무	일	육안	근무자		
		제어반의 각종 릴레이 점검	일	육안	근무자		
		연소실 주변의 가연물, 위험물 장애물 유무	일	육안	근무자		
		운전취급서의 명시 유무	일	육안	근무자		
도시가스	밸브박스	밸브박스 상태는 양호한가?	일	육안	근무자	가스시설점검일지	
	정압기	공급 입구 압력 kg/㎠	일	육안	근무자		
		공급 출구 압력 mmH_2O	일	육안	근무자		
		압력기록장치	일	육안	근무자		
		필터 압력	일	육안	근무자		
		압력계 작동여부	일	육안	근무자		
		가스누설 유/무	일	육안	근무자		
		가스누설 경보장치	일	육안	근무자		
	조정기	출구압력(mmH_2O)	일	육안	근무자		
	계량기	작동상태	일	육안	근무자		
		BY-PASS 봉인상태	일	육안	근무자		
		가스누설 유/무	일	육안	근무자		
	배관, 밸브누설	배관/밸브 가스 누설은 없는가?	일	육안	근무자		
자동제어	자동제어	전원판넬 부속기기류 접속이음 상태	월	육안	근무자	해당시설물	
		각 AHU 모출렬모터 작동상태	월	육안	근무자		
		전원 LAMP 점등상태	월	육안	근무자		
		CONTROLLER 비례제어상태	월	육안	근무자		
		각 AHU 냉/온수 CONTROL 밸브 개폐상태	월	육안	근무자		
		사무실 온도센서 상태	월	육안	근무자		
		AHU 본체 온도, 습도제어 상태	월	육안	근무자		
		PROCESS TANK 저수위시 경보상태	월	육안	근무자		

기기명	점검항목	점검기준	점검주기	점검방법	담당	기록일지	비고
		냉수 CONTROL SET 조절시 자동 상태	월	육안	근무자	일지	
		온수 CONTROL SET 조절시 자동 상태	월	육안	근무자		
		DDC 통신상태	월	육안	근무자		
		공조기 온도센서 상태	월	육안	근무자		
		공조기 습도센서 상태	월	육안	근무자		
		공조기 정압센서 상태	월	육안	근무자		
위험물점검	경유탱크 저장실	저장실의 안전한 장소설치와 내화구조 여부	일	육안	근무자	위험물점검일지	
		환기, 통풍, 통기장치 설치 여부	일	육안	근무자		
		주위에 가연물 및 화기장치 여부	일	육안	근무자		
		누유개소 유무	일	육안	근무자		
		방유제, 유분리장치 이상 여부	일	육안	근무자		
		출입통제 표시판 설치 여부	일	육안	근무자		
		출입문은 갑종 방화문등으로 설치 여부	일	육안	근무자		
		저장실의 누수 되는 곳은 없는가?	일	육안	근무자		
		탱크내부에 부식되어있는 부분은 없는가? 확인 여부	일	육안	근무자		
	취급 장소	배관 밸브 부분의 누수 여부	일	육안	근무자		
		채광 관리 설비 적정 여부	일	육안	근무자		
		용기배관의 충격, 전도, 가열우려	일	육안	근무자		
		전기스파크 방지 조치 여부	일	육안	근무자		
		저장실내 방폭등 이상 여부	일	육안	근무자		
		소화기 소방시설 작동이상 여부	일	육안	근무자		

(자료출처 : 한국표준협회 기계설비관리 지침서 인용)

21) 윤활 점검 기준을 확인하고 공유하여 현장에 적용한다

22) 기계설비 부분에 이상 발견시 〈기계설비운영지침서〉에 따라 다음과 같이 조치한다

(1) 장비사고시 다음과 같이 조치한다.

① 근무자 근무시 장비사고가 발생되면 신속하게 조치하고 해당 담당자에게 연락

한다.

② 사업소 담당자는 중요장비사고일 경우 즉시 사고현장에서 관리소장 및 고객에게 사고발생 경위 및 지금까지 진행상황을 유선으로 보고한다.

③ 관리소장은 본사 운영지원본부에 유선으로 최초 보고를 실시한다.

④ 사업소 담당자는 장비사고시 2차적인 사고가 발생되지 않도록 조치하고 사고현장을 보존하며 사고 발생보고서를 작성하여 관리소장, 고객, 본사 운영지원본부 순으로 제출하고 사고원인을 규명하여 고객과 협의한다.

⑤ 고객과의 협의사항이 이루어지지 않을 경우 본사 운영지원본부에 통보하여 조치를 받는다.

⑥ ①의 사항에서 경미한 사고의 경우 업무일지에 기록 후 명일 아침 해당 사업소담당자에게 결재시 보고한다.

(2) 인명사고 시 다음과 같이 조치한다.

① 근무자가 근무 중 인원사고가 발생하면 신속하게 사고자에 대한 응급처치를 하고 2차 사고가 발생되지 않도록 조치 후 현장을 보존한다.

② 근무자는 해당 사업소담당자에게 유선으로 사고 발생 경위에 대해서 보고한 후 관리소장에게도 연락을 취하고, 사업소 소장은 고객 및 본사 운영팀에 유선으로 보고한다.

③ 사업소담당자는 즉시 현장에 와서 사고 상황을 파악하고 관리소장, 고객, 본사 운영지원본부에 연락을 취하고 근무자, 목격자, 사고자의 진술을 토대로 사고발생보고서를 작성하여 관리소장, 고객, 본사 운영지원본부 순으로 제출하고 사고원인을 규명하여 고객과 협의한다.

④ 고객과 협의 사항이 이루어지지 않을 경우 본사 운영지원본부장에게 연락을 취하고 조치를 받는다.

⑤ ①의 사항에게 경미한 사고일 경우 업무일지에 기록 후 명일 아침 해당 담당자에게 결재시 보고한다.

(3) 공조기 V-벨트 이상 시 다음과 같이 조치한다.

① MCC 판넬 메인을 OFF한 후 메인(개폐기)을 내린다.
   - 작업 중 표시판 설치

② 공조기 벨트 커버 볼트, 너트를 푼다.

③ 모터 고정 볼트를 풀어 벨트가 느슨하도록 풀어준다.

④ 벨트를 공조기 푸리 쪽에 걸어 서서히 돌려 빼낸다.
   - 장갑은 끼지 말고, 손 조심해야 함

⑤ 공조기 휀 풀리와 모터 풀리를 실로 밸런스를 잡고 맞춘다.

⑥ 새 V-벨트를 공조기 풀리에 걸어 서서히 돌려 끼운다.
⑦ 모트를 밀어 벨트가 엄지손가락으로 눌러 장력을 보며 볼트를 조인다.
⑧ 공조기 전원을 투입하여 시운전, 장력상태 및 진동상태를 본 후 전원을 OFF한다.
⑨ 공조기 벨트 커버를 볼트, 너트로 조인다.
⑩ MCC 판넬 메인 전원(개폐기)을 올린 다음, ON 한다.

(4) 모터 및 펌프 베어링 이상 시 다음과 같이 조치한다.

① 베어링 교체 모터의 해당되는 전기 MCC 판넬의 메인전원을 OFF한다.
② "작업 중" 표지판을 설치 작업자 이외는 절대 손대지 않는다.
③ 펌프의 입·출구 밸브를 닫는다.
④ 캬프링을 조립한 볼트를 푼다(볼트 연결식).
⑤ 모터의 고정 볼트를 푼다.
⑥ 모터에 체인블록을 걸고 적당한 인장력을 맞춘다.
⑦ 캬프링을 분리한다.
⑧ 모터의 뒤 커버를 분리 후 냉각휀을 분리하고 모터의 케이싱 볼트를 푼다.
⑨ 베어링을 적당한 공구로 분리 후 샤프트 축을 깨끗이 청소 후 새 베어링으로 교체한다.
⑩ 분해의 역순으로 조립한다.
⑪ 펌프 캬프링과 모터 캬프링의 중심잡기를 하고 모터를 고정한다.
- 그랜드패킹은 샤프트축 외경에 맞추어 잘라 90° 또는 180° 로 바꾸어 가며 충진한다.
- 매카닉컬씰은 펌프 측 케이싱을 부해하여 교체한다.

⑫ 펌프 측의 입·출구 밸브를 개방하고 적정압력이 되도록 한다.
⑬ 메인 스위치를 켜고 시운전 한다.

23) 급배수 위생설비 고장시 다음과 같이 조치한다

항목	고장상태	응급대책
위생설비	대 · 소변기의 흐름이 불량	• 고형물 기타의 엉킴이 있는 경우 전기크리너로 압출한다.
	대변기의 물이 샐 때 (1) Low-tank방식	• 볼 탭의 패킹이 마모되어 있는 경우, 패킹을 교체 • 볼 탭의 물 높이를 2-3cm정도 내린다.
		• 볼 탭이 빠진 경우, 똑바로 달고, 연결부위를 조정한다.
		• 패킹 또는 볼 탭에 티끌 또는 이끼가 부착되어 있는 경우, 청소한다.

항목	고장상태	응급대책
	(2)압력밸브식의 경우	• 먼지 또는 이끼가 생기는 경우가 있으므로 전문 업자에게 의뢰한다.
	대변기에 고인 물이 없다.	• Low tank내부 보조급수관이 오버플로우관에서 빠져있는 경우, 보조급수관을 오버플로우관에 끼워 넣는다.
	세면기둘레의 급수관누수 대변기Low-tank둘레의 급수관 누수	• 주머니 너트의 체결부위를 늘림. • 연결관과 지수전(止水栓)과의 접착면 조정 • 패킹의 교환
	세면기의 배수흐름이 불량하다.	• 배수구둘레에 머리카락이 부착되고, 엉켜있는 경우, 볼 탭을 빼내서 청소한다.
	수세식변기의 물 빠짐이 불량하다.	• 지수전이 조여 있는 경우, 이를 조절한다.
		• 스트레너 및 발포 Cap에 쓰레기가 부착되어 있는 경우, 먼지를 제거한다.
급수	양수펌프를 기동해도 양수가 되지 않는다.	• 펌프의 유도수가 부족한 경우, 물을 보급한다.
		• 공기를 빨아들이는 경우, 섹션측 배관의 플랜지, 그랜드패킹의 느슨함을 곧바로 조인다.
		• 후드변(弁)의 고장, 먼지 또는 이끼의 부착으로 인해 물이 빠진 경우, 쓰레기의 제거, 후드 변을 교환
	지수전의 오버플로우에서 물이 유출된다.	• 볼 탭의 패킹이 마모되어 있는 경우, 패킹을 교체한다.
		• 정수위(定水位)조정변이 쓰레기나 물때의 부착으로 인해 물이 빠지는 경우, 메인밸브 또는 손잡이밸브를 빼내어 제거한다.
	고가수조에서 급수(給水)가 안 되고 단수(斷水)되었다.	• 양수펌프를 작동해도 양수되지 않는 항목참조 • 고가수조의 전극 봉이 고장난 경우, 수동으로 끄고 수조에 물을 넣는다.
	고가수조가 만수위가 되었음에도 펌프가 멈추지 않고 오버플로우에서 물이 흘러나온다.	• 고가수조의 전극 봉이 고장난 경우, 수동으로 끈다.
	천정, 바닥 및 벽에서 누수 되고 있다.	• 누수 되고 있다고 생각되는 급배수관의 계통을 조사하여 물의 사용을 금지한다.
급탕	저탕식 탕비기의 오버플로우에서 온수가 나와 멈추지 않는다.	• 볼 탭에 먼지나 이끼가 부착되어 있는 경우, 청소한다.
	저탕식 탕비기의 온수 온도가 올라가지 않는다.	• 온도조절기의 설정이 여의치 않은 경우, 메인밸브가 90~93℃에서 멈추도록 온도다이얼을 조정한다.

항목	고장상태	응급대책
	저탕식 탑비기의 버너의 불이 붉게 또는 파랗게 날 듯이 탄다.	• 불꽃이 빨간색을 때는 공기량이 적은 경우이므로 버너의 공기량을 조정한다.
		• 불완전연소가 되어 있지 않은지, 실내의 환기를 확인한다.
		• 불꽃이 파란색일 때는 공기량이 많기 때문에 버너의 공기량을 줄인다.
배수통기	오수, 집배수변에서 냄새가 난다.	• 철재뚜껑과 뚜껑을 씌운 변(弁)과의 사이에 이물질 또는 모래가 들어가 있는 경우, 솔 등으로 청소한다.
	배수관에서 냄새가 난다.	• 트랩의 봉수가 끊겨 있다든지, 세정수가 없어서 오수가 트랩에 남아 있는 경우, 물을 흘려보낸다.
정화조	정화조에서 냄새가 난다든지, 배수에 극단의 색이 나타나 있다.	• 박테리아의 정화능력이 부족한 경우, 산기장치, 각반장치를 점검하고 전문 업자에게 연락한다.
	정화조로 부터의 배수에 오물의 찌꺼기가 나온다.	• 침전 실에 스캄이 괴어 넘치는 경우 청소하여 제거한다.

(자료출처 : 한국표준협회 기계설비관리 지침서 인용)

24) 공조 · 환기설비 고장시 다음과 같이 조치한다

항목	고장상태	응급대책
보일러/버너	일반사항에 대한 기재	• 상황, 대책의 상세에 대해서는 설치중인 기기의 취급설명서에 따라 처리한다.
	스위치를 켜도 버너 모터가 돌지 않는다.	• 전원스위치의 퓨즈를 확인, 끊어져 있을 때는 교체한다. • 보일러 보안장치(온도스위치, 입력스위치, 저수위차단기, 지진감지기 등)를 점거, 작동을 확인한 후 복구시킨다. • 버너 비점화표시 등, 제어반 관계를 점검, 복구시킨다.
	버너는 회전하는데 기름이 나오지 않는다.	• 기름배관의 밸브열림정도의 확인 및 오일스트레너 막힘 상태를 점검하여 청소한다.
	버너가 회전하고 기름은 나오는데 점화가 안 된다.	• 점화밸브에 카본접착의 유무를 확인, 불순물을 제거한다. • 점화밸브의 간극불량은 정상적인 위치로 수정한다. • 점화트랜스의 불량시, 트랜스를 교체한다.
	점화하여 연소하지만 연소가 연속되지 못한다.	• 불꽃 검출기를 점검, 오염, 설치방향의 불량 등을 고친다. • 기름에 수분혼입을 점검하고, 서비스탱크안의 물을 뺀다. • 연소용의 공기량을 조정한다.

항목	고장상태	응급대책
	점화시에 백파이어(back-fire)를 한다.	• 점화밸브를 점검하여 정상화 시킨다. • 노즐튜브를 점검하여 청소한다. • 배연댐퍼의 열림 정도, 연돌의 통기력을 확인한다. • 오일전자밸브의 불량벼부를 점검한다.
	운전 중에 버너가 갑자기 정지 하거나 이상표시 램프가 점등된다.	• 보안장치(저수위 차단기, 온도조절기, 지진감지기 등)의 작동은 원인을 확인한 후에 저치하여 복구시킨다(버너의 비점화). • 불꽃 검출기의 오염, 설치방향의 불량, 열화 상태를 점검하여 정상화 시킨다.
	운전개시후에, 풀림 밸브로 인해 온수가 나오거나 수고계(水高計)가 이상치를 가리킨다.	• 동절기에 팽창관이 동결하는 경우가 있으며, 운전개시 후에 온수를 뿜어내므로 얼음이 녹은 후에 운전을 재개한다.
	배연 농도 계에서 경보가 발생한다.	• 버너의 불완전연소로 매연이 발생하게 된 경우는, 노즐을 청소하고 버너를 조정한다. • 농도계의 투광기, 수광기의 유리면을 정기적으로 청소하고 0점 조정을 한다.
패키지형공조기/냉전형계통	기동형 누름버튼스위치를 눌러도 송풍기, 냉동기가 작동하지 않는다.	• 전원스위치의 ON 및 퓨즈의 단선을 점검하여 대처한다. • 수냉식을 경우, 냉각수펌프, 냉각탑의 운전을 확인한다. • 압력개폐기(고압, 저압스위치)의 보호개폐기의 작동을 확인하여 복구시킨다(리셋 버튼을 누른다).
	운전해도 압축기가 곧바로 정지한다.	• 냉각수의 수량을 확인하고, 적을 때는 냉각탑의 스트레너의 청소 및 펌프의 운전 상태를 확인한다. • 냉각탑의 송풍기가 회전하고 있는지를 확인한다. • 응축기가 오염되어있을 경우는 전문 업자에게 청소를 의뢰한다. • 냉매가스의 부족은, 전문 업자에게 의뢰하여 가스를 보충한다.
	압축기는 작동하는데도 냉방효과가 없다.	• 공기의 흡출량을 조절한다. 송풍기의 벨트 풀림을 조정 에어필터의 점검, 청소를 한다. • 냉매가스가 부족할 때 전문 업자에게 의뢰하여 보충한다. • 환기용 외기량이 적절한지를 조사하여 댐퍼를 조정한다. • 공기의 흡출방향이 적당치 않을 때는 날개를 조절한다.
	난방의 효과가 없다.	• 온수(증기)보일러의 운전을 확인한다. • 서모스터트와 조절밸브의 작동을 확인한다. • 증기히터의 온도퓨즈의 단선(斷線)을 확인한다.
	가습(加濕)이 안 된다	• 가습기를 확인한다. • 습도조절기를 조정하고 가습기의 작동을 확인한다.

항목	고장상태	응급대책
공기 열원 히트 펌프	운전이 안 된다.	• 전원스위치 ON의 확인 및 보호개폐기의 리셋을 한다.
	운전해도 곧바로 정지한다.	• 옥외 유니트의 송풍기 운전 상태를 확인한다. • 옥외 유니트의 통풍을 방해하고 있는 장애물을 제거한다.
	운전해도 곧바로 정지한다.	• 냉방, 난방 전화스위치를 교체한다. • 필터를 청소한다.
	냉방(난방)이 안 된다.	• 볼탭을 점검하여 고장인 경우는 수리 또는 교체한다.
냉각탑	하부수조의 수위가 저하한다.	• 볼탭을 점검하여 고장인 경우는 수리 또는 교체한다. • 냉각수 펌프의 순홖수량을 조정한다.
냉각탑	냉각수의 온도가 이상하게 상승한다.	• 냉각탑의 송풍기 및 펌프의 운전여부를 확인한다. • 순화수량이 감소했을 때는 스트레너늘 청소한다.
	수조에서 물이 넘쳐난다.	• 볼 탭이 고장 났을 때는 밸브 받침대를 청소하거나 교체해 준다.
공기 조화기 (Air Handling Unit)	송풍기의 전동기가 운전되지 않는다.	• 전원 스위치의 ON 및 퓨즈의 단선여부를 확인하여 대처한다.
	흡출구에서 바람이 안 나온다.	• 송풍기가 회전하고 있는지를 확인한다. • 닥트 경로의 댐퍼(VD, FD 등)의 열림 정도를 확인한다.
	풍량이 적다(전류치가 감소)	• 공조기의 에어필터를 점검하고, 오염된 필터를 청소하거나 교체한다. • 송풍기 및 히터, 쿨러(cooler)핀의 오염부분을 청소한다. • 송풍기 V벨트가 늘어나서 헐거워진 경우에는 전동기의 베스로 조절하고 V벨트를 잡아당겨서 바로잡는다.
	바람은 나오지만 냉방효과가 좋지 않다.	• 서모스터트와 조절밸브의 삭농늘 점검하여 조절한다. • 칠러(보일러) 및 순환펌프의 운전상태(수온·수량)를 점검하여 조정한다. • 환기구(리턴그릴, 도어갤러리)등을 점검하여 환기를 방해하는 장애물이 있으면 제거한다.
	실내 온도분포에 차이가 있다.	• 흡출구 공기의 흡출방향을 조절한다. • 냉방은 천정을 따라가도록, 난방은 하향으로 흡출하도록 한다.
	가습이 안 된다.	• 가습노즐을 점검하여 막힘·오염 부위는 청소한다. • 가스용 급수밸브, 전자밸브의 열림 정도를 점검하고 밸브를 열거나 부눔상태를 조절한다. • 휴미디스터트와 가습기의 작동상태를 조절한다. • 정기적으로 증발잔유물을 청소해준다. • 가습기의 고장은, 제조업자에게 의뢰하여 수리 또는 교체한다.

항목	고장상태	응급대책
	이상음이 발생한다.	• 송풍기의 축(軸)받이가 손상되어 있는 경우는 전문 업자에게 의뢰한다.
자동 권상형 필터	운전 중 차압계의 바늘이 크게 움직인다.	• 필터의 교체가 늦어지고 있으므로, 오염을 확인하여 권취용 타임을 조절한다.
	권상 노재의 오염이 없다.	• 필터의 권취가 빨라지는 수가 있으므로 권취용 타임을 조절한다.
팬코일 유니트	실내의 냉난방 효율이 없다.	• 흡출된 공기의 확인과 풍량을 조절(강-중-약)한다. • 팬 코일 밸브의 열린 정도를 확인한다. • 공기순환을 저해하고 있는 장애물이 있으면 제거한다. • 팬코일유니트의 코일 안에 차있는 공기(air)를 빼낸다. • 필터의 청소, 세척을 한다.
	케이싱을 통해 물이 샌다.	• 드랜편이 막혔으면 청소를 한다. • 공기빼기에서의 누수 및 드랜호스의 빠짐을 바로잡는다.
콘펙터 패스 포트 히터	실내의 난방효율이 낮다.	• 기내에 잔류한 공기를 공기빼기밸브를 통해서 뺀다. • 공기순환을 방해하는 장애물을 제거한다.
송풍기 배풍기	스위치를 켜도 작동이 안 된다.	• 전원스위치의 ON 및 퓨즈의 단속을 확인하여 대처한다. • 전동기의 손상처리는 전문 업자에게 의뢰한다.
	풍량이 적다.	• V벨트의 장력상태를 점검, 조절한다. • 송풍기 내부를 점검하여 오염부위를 청소한다. • 에어필터 · 그리스필터를 점검하고 청소한다.
	펌프가 작동하지 않는다.	• 전원상태를 확인하고 스위치를 켠다.
	운전을 해도 양수가 못 미친다.	• 유도수를 충분하게 주입한다. • 풋 밸브에서 물이 샌다. 밸브에 부착한 녹을 청소하거나 밸브를 교체한다.
	규정압력 및 수량에 못 미친다.	• 배관계통의 기기·장치에 있는 스트레너의 오염을 청소한다. • 배관계통의 공기빼기를 한다.
	물이 새서 천정이 물로 젖어있다.	• 원인을 조사해서 누수개소에 대한 수리를 보수업자에게 의뢰한다. • 배관에서의 물이 새는 것 외에 결로로 인해 누수가 될 수 있으며, 보온과 방로를 보수한다.
	배관에서 기름이 샌다.	• 메인밸브를 닫고, 보수업자에게 수리를 의뢰한다.

항목	고장상태	응급대책
	흡출구를 통한 바람유출이 적다.	• 흡출구 셔터 또는 VAV유니트를 조절한다. • 닥트계통 댐퍼의 열림 정도를 확인한다. 방화 댐퍼의 퓨즈가 끊어진 경우는 업자에게 맡겨서 교체한다.
	흡입풍량이 적다.	• 흡입구가 먼지로 막혀있다. • 흡입구 셔터의 열림 정도를 확인한다. • 댐퍼류의 열림 정도를 확인한다.
흡입구 환기구 배기후드	바람 끊는 소리가 난다.	• 흡출구의 셔터를 닫을 때에 소리가 발생하는 경우가 있으므로 셔터의 열림 정도를 조정한다.
	실내장소보다 온도차가 크다.	• 기류의 방향이 나쁠 수가 있으므로, 흡출방향을 조정한다. • 냉방시에는 천정을 따라 불도록, 난방시에는 하향으로 불도록 한다.
	공기를 빨아들이지 못한다.	• 닥트의 방화 댐퍼를 점검하여 온도퓨즈가 끊어져 있는 경우는 이를 교체한다.
	공기의 흡입이 없다.	• 그리스 필터 기름의 오염·막힘은 빼내서 중성세제로 세척한다. • 오염정도가 심하면 세척이 곤란해진다. • 배풍기가 기름때의 부착으로 오염되면 배기량이 감소하게 되므로 정기적으로 청소한다. • 방화 댐퍼를 점검하여 온도퓨즈가 끊어져 있는 경우에는 교체한다.

(자료출처 : 한국표준협회 기계설비관리 지침서 인용)

25) 기계설비 법정 자격자의 구성 및 자격을 파악하고 이행한다

분 야	자격대상	자격(각호)	인원	비 고
보일러	보일러취급 기능사	• 보일러취급기능사 이상 • 열관리산업기사 이상	1	
위험물	위험물 취급자 수첩	• 위험물관리기능장 • 위험물관리산업기사 • 위험물기능장사 • 소방공무원경력 + 교육이수자	1	
오수정화시설	해당사항 없음	• 폐수종말처리장지역 제외 2008년 8월중 법 개정 예정		외주업체
가스안전관리자	사용시설 안전관리자수첩	• 안전관리 총괄자가 안전관리 책임자의 자격을 소지한 경우 겸직가능 1. 고압가스취급기능사 2급 2. 한국가스안전공사의 사용시설 안전관리자 양성교육 이수자	1	
기계설비	연면적 6만 제곱미터 이상	특급책임기계설비유지관리자	1	유지관리자
	연면적 3만 제곱미터 이상 6만 제곱미터 미만	고급책임기계설비유지관리자	1	
	연면적 1만5천 제곱미터 이상 3만 제곱미터 미만	중급책임기계설비유지관리자	1	
	연면적 1만 제곱미터 이상 1만5천 제곱미터 미만	초급책임기계설비유지관리자	1	

(자료출처 : 한국표준협회 기계설비관리 지침서 인용 및 일부 수정)

26) 기계설비 적용 자료 내용을 파악하고 현장업무에 적용한다

분류	분야	세부작업분야	자료명	자료관리번호	비고
기계	보일러	안전사항	취급설명서		
		사양 성능 표	취급설명서		
		보일러 각부의 명칭 및 성능	취급설명서		
		증기발생 계통	취급설명서		
		농축 브로우 감지장치	취급설명서		

분류	분야	세부작업분야	자료명	자료관리번호	비고
기계	보일러	배관 계통	취급설명서		
		정의와 심벌마크	취급설명서		
		운전 전 점검사항	취급설명서		
		운전 개시	취급설명서		
		운전 정지	취급설명서		
		운전 중의 주의 사항	취급설명서		
		장기간 운전 정지 시 보관법	취급설명서		
		각종 기기의 조작 방법	취급설명서		
		전면 표시창 명칭 및 기종	취급설명서		
		운전 상태 표시	취급설명서		
		간단한 점검 및 청소방법	취급설명서		
		관체 과열 방지장치	취급설명서		
		전 배수 실시요령	취급설명서		
		경고 및 금지사항	취급설명서		
		계절 및 환경 대책	취급설명서		
		보일러의 물 처리	취급설명서		
		모니터 표시내용 및 상태설명	취급설명서		
		고장의 원인 및 대책	취급설명서		
	연수기	각부의 명칭	취급설명서		
		밸브셋트 각부의 명칭	취급설명서		
		설치 및 배관	취급설명서		
		공기에어 빼기	취급설명서		
		재생방법	취급설명서		
		운전	취급설명서		
		사-150~300DUSTNRL 취급설명	취급설명서		
	수처리약품	보일러 수처리의 필요성	취급설명서		
		물에 기인하는 장해와 대책	취급설명서		
		청관제	취급설명서		
		스케일 세관제	취급설명서		
		양이온 교환수지 세정제	취급설명서		
		만수보존액	취급설명서		
	냉온수기	특징 및 기능	흡수식냉동기 및 냉온수기 사용설명서		

분류	분야	세부작업분야	자료명	자료관리번호	비고
기계	냉온수기	사양	흡수식냉동기 및 냉온수기 사용설명서		
		표시 조작반의 전면 구성	흡수식냉동기 및 냉온수기 사용설명서		
		각 기종에 해당하는 메뉴의 설체	흡수식냉동기 및 냉온수기 사용설명서		
		각 메뉴의 설명	흡수식냉동기 및 냉온수기 사용설명서		
		운전준비	흡수식냉동기 및 냉온수기 사용설명서		
		초기설정	흡수식냉동기 및 냉온수기 사용설명서		
		설정 값 변경 방법	흡수식냉동기 및 냉온수기 사용설명서		
		SERVICE KEY 사용방법	흡수식냉동기 및 냉온수기 사용설명서		
		CENTRONIC 10 MICOM CONTROLLER SYSTEM	흡수식냉동기 및 냉온수기 사용설명서		
		분산제어	흡수식냉동기 및 냉온수기 사용설명서		
		PROTECTOR TELAY 사용법 및 구조	흡수식냉동기 및 냉온수기 사용설명서		
		PROTECTORRELAY TIME CHART	흡수식냉동기 및 냉온수기 사용설명서		
		전기회로도	흡수식냉동기 및 냉온수기 사용설명서		
		주의사항	취급설명서		
		흡수식 냉온수 유니트의 원리	취급설명서		

분류	분야	세부작업분야	자료명	자료관리번호	비고
기계	냉온수기	구조 및 작용	취급설명서		
기계	냉온수기	연소장치	취급설명서		
기계	냉온수기	리튬브로마이드 수용액 성질	취급설명서		
기계	냉온수기	설치 및 배관	취급설명서		
기계	냉온수기	부대설비에 대한 주의	취급설명서		
기계	냉온수기	운전제어장치 및 보안장치	취급설명서		
기계	냉온수기	운전방법	취급설명서		
기계	냉온수기	점검 및 보수	취급설명서		
기계	냉온수기	추기장치	냉온수 유닛 사용설명서		
기계	냉온수기	이상상태의 원인 및 처치	냉온수 유닛 사용설명서		
기계	냉온수기	냉온수 유니트 운전기록표	냉온수 유닛 사용설명서		
기계	냉온수기	전기회로도	냉온수 유닛 사용설명서		
기계	냉각탑	구조 및 특징	냉각탑 취급설명서		
기계	냉각탑	냉각탑 설치	냉각탑 취급설명서		
기계	냉각탑	냉각탑의 반입 및 조립	냉각탑 취급설명서		
기계	냉각탑	냉각탑의 수배관	냉각탑 취급설명서		
기계	냉각탑	운전 및 유지보수	냉각탑 취급설명서		
기계	냉각탑	고장 원인과 대책	냉각탑 취급설명서		
기계	급수펌프	부스터 펌프의 구성	부스터펌프 USER'S MANUAL		
기계	급수펌프	부스터 펌프의 설치	부스터펌프 USER'S MANUAL		
기계	급수펌프	ZENITH CONTROLLER	부스터펌프 USER'S MANUAL		
기계	급수펌프	도면	부스터펌프 USER'S MANUAL		
기계	급수펌프	유지관리시 점검사항	부스터펌프 USER'S MANUAL		

분류	분야	세부작업분야	자료명	자료관리번호	비고
기계	급수펌프	TROUBLE SHOOTING	부스터펌프 USER'S MANUAL		
	공조기	공기조화기의 전반적 취급방법	공기조화기 (운전정비점검지침서)		
		송풍기 운전정비 점검	공기조화기 (운전정비점검지침서)		
		전동기 운전정비 점검	공기조화기 (운전정비점검지침서)		
		단열재료	공기조화기 (운전정비점검지침서)		
		베어링 유닛 주요치수	공기조화기 (운전정비점검지침서)		
		V-벨트 운전정비점검	공기조화기 (운전정비점검지침서)		
		방진스프링의 특성 및 설치방법	공기조화기 (운전정비점검지침서)		
		커플링의 특성 및 설치방법	공기조화기 (운전정비점검지침서)		
		롤 에어필터 운전정비 점검	공기조화기 (운전정비점검지침서)		
	흡수식 냉동기	흡수기 냉동기의 원리	흡수식냉동기 사용설명서		
		구조 및 작용	흡수식냉동기 사용설명서		
		리튬브로마이드 수용액 성질	흡수식냉동기 사용설명서		
		부대설비에 대한 주의	흡수식냉동기 사용설명서		
		제어장치	흡수식냉동기 사용설명서		
		운전	흡수식냉동기 사용설명서		
		보수점검	흡수식냉동기 사용설명서		
		이상 상태의 원인 및 처치	흡수식냉동기 사용설명서		
	가스경보설비	설치 기준	가스누설경보 차단장치 설치 기준 및 사용설명서		
		감시 판넬	가스누설경보 차단장치 설치 기준 및 사용설명서		

분류	분야	세부작업분야	자료명	자료관리번호	비고
기계	가스 경보 설비	긴급차단장치	가스누설경보 차단장치 설치 기준 및 사용설명서		
		자동차단장치	가스누설경보 차단장치 설치 기준 및 사용설명서		
		경보기	가스누설경보 차단장치 설치 기준 및 사용설명서		
		이상압력통보장치	가스누설경보 차단장치 설치 기준 및 사용설명서		
		시공	가스누설경보 차단장치 설치 기준 및 사용설명서		
	팽창 탱크	팽창탱크의 개요	밀폐형 팽창탱크 KX-TROL		
		KX-EXTROL의 구조 및 SETTING	밀폐형 팽창탱크 KX-TROL		
		PANEL의 구조, 기능 및 SETTING	밀폐형 팽창탱크 KX-TROL		
		TROUBLE SHOOTING	밀폐형 팽창탱크 KX-TROL		
	약품 주입 설비	사양선정 조견표	돌코미터 D1C사용설명서		
		컨트롤러 전면부	돌코미터 D2C사용설명서		
		기능설명	돌코비터 D3C사용설명서		
		표시부호	돌코미터 D4C사용설명서		
		사용법	돌코미터 D5C사용설명서		
		기본 운전 메뉴	돌코미터 D6C사용설명서		
		상세 운전 메뉴	돌코미터 D7C사용설명서		
		이상시 처리요령	돌코미터 D8C사용설명서		
	자동 제어	기본사항에 관한 이해	EBI 사용설명서		
		출입제어에 관한 이해 및 관리	EBI 사용설명서		
		빌딩제어 시스템 관리하기	EBI 사용설명서		
		방재 수신기 감시하기	EBI 사용설명서		

분류	분야	세부작업분야	자료명	자료관리번호	비고
기계	자동제어	경보에 응답하기	EBI 사용설명서		
		이벤트에 응답하기	EBI 사용설명서		
		메시지에 응답하기	EBI 사용설명서		
		발생사건 보고서	EBI 사용설명서		
		보고서 생성하기	EBI 사용설명서		
		운전원간 통신하기	EBI 사용설명서		
		각 관제점 보정하기	흡수식냉동기 사용설명서		
		상세 관제점 정보보기	흡수식냉동기 사용설명서		
		시스템 상태 감시하기	가스누설경보 차단장치 설치 기준 및 사용설명서		
		출입제어 고급기능 사용	가스누설경보 차단장치 설치 기준 및 사용설명서		
		참조정보	가스누설경보 차단장치 설치 기준 및 사용설명서		
		시작하기	가스누설경보 차단장치 설치 기준 및 사용설명서		
		화면 객체 속성 정의하기	가스누설경보 차단장치 설치 기준 및 사용설명서		
		화면과 심벌파일 속성 정의하기	가스누설경보 차단장치 설치 기준 및 사용설명서		
		스크립트 작성하기	가스누설경보 차단장치 설치 기준 및 사용설명서		
		사용자에게 친숙한 화면을 생성하기 위한 지침	밀폐형 팽창탱크 KX-TROL		
		실습	밀폐형 팽창탱크 KX-TROL		
		참조정보	밀폐형 팽창탱크 KX-TROL		
		구성개요	밀폐형 팽창탱크 KX-TROL		

분류	분야	세부작업분야	자료명	자료관리번호	비고
기계	자동제어	구성실습	돌코미터 D1C사용설명서		
		QUICK BUILDER 사용법	돌코미터 D2C사용설명서		
		스테이션 및 프린터 구성	돌코미터 D3C사용설명서		
		제어기기 구성	돌코미터 D4C사용설명서		
		관제점 구성	돌코미터 D5C사용설명서		
		동일 관제점 상태 그룹 사용하기	돌코미터 D6C사용설명서		
		그룹제어	돌코미터 D7C사용설명서		
		경보 페이징 구성	돌코미터 D8C사용설명서		
		고급 경보 관리 구성	EBI 사용설명서		
		시스템 보안 및 현장 파라미터 구성	EBI 사용설명서		
		EXSCRIPT 설정하기	EBI 사용설명서		
		그룹 및 경향감시 화면 구성	EBI 사용설명서		
		템플릿 화면 및 컨테이너 관제점	EBI 사용설명서		
		보고서 구성	EBI 사용설명서		
		백업서버 시스템 구성 및 감시	EBI 사용설명서		
		분산형 서버 구조 구성	EBI 사용설명서		
		예약 구성	EBI 사용설명서		
		이벤트 저장 확장 시스템 구성	EBI 사용설명서		
		다른 응용프로그램에서 EBI 데이터 사용하기	EBI 시스템구성 및 관리설명서		
		명령어 참조	EBI 시스템구성 및 관리설명서		
		시스템 관리	EBI 시스템구성 및 관리설명서		
		서버 시작 및 중지하기	EBI 시스템구성 및 관리설명서		
		파일 구조와 디스크 최적화	EBI 시스템구성 및 관리설명서		
		백업과 복구	EBI 시스템구성 및 관리설명서		
		스테이션의 EMALL 설정하기	EBI 시스템구성 및 관리설명서		
		문제해결 지침	EBI 시스템구성 및 관리설명서		

27) 교대 근무시 인수인계한다

근무 중 업무 및 문제점을 주야간 근무 교대시 또는 조별 근무 교대시에 인수인계서에 따라 인수인계한다.

8. 전기설비 관리

건축물에 장착하여 사용하고 있는 전기설비의 종류와 기기의 성능, 용량, 제조사 설비별 조작방법과 운전방법 및 주의사항, 설비점검 방법과 유지보수 방법 및 이상시 조치사항이 각각 다르므로 일반적인 주요 전기설비를 중심으로 전기설비 관리에 관한 정보를 개략 적으로 예시하고 있다.

해당관리현장에 장착하고 있는 전기설비에 대하여 〈전기설비운영지침서〉를 사내표준으로 개발하고 이를 토대로 현장 전기설비를 유지관리 해야 한다. 이 절에서 소개하는 전기설비관리 정보는 전기설비관리 기술자를 위한 정보가 아니라 건축물 유지관리에 입문하고자 하는 학습자를 위한 전기설비관리 입문 수준의 정보임을 참고하기 바란다.

1) 전기설비 관리의 개념 파악

수변전 설비, 조명시설, 비상발전기, UPS 등의 전기설비의 기능과 성능을 정상적으로 보전하고 유지하기 위하여 일상적으로 점검 · 정비하고, 조작 · 운전하여 건축물 사용자가 요구하는 전원공급과 전열 및 조명 서비스를 생산하고 적절히 제공하는 건축설비 기술관리 활동을 말한다.

2) 전기설비 관리 대상 확정

(1) 수변전 설비를 관리한다.
(2) UPS설비를 관리한다.
(3) 비상발전설비를 관리한다.

3) 전기설비 관리 조직구축

전기설비관리 조직을 구축하고 업무를 분장한다.

4) 관계법령에 따른 전기 안전관리자 선임

관계법령에 따라 전기 안전관리자를 선임하고 보고한다.

5) 관계법령에 따른 전기설비 안전점검

관계법령에 따라 전기설비 안전점검을 실시한다.

6) 〈전기설비 운영지침서〉를 사내 표준으로 다음과 같이 개발하고 전기설비 관리에 적용한다

(1) 전기설비 운영지침의 적용 범위를 정한다. 사내표준으로 개발한 〈전기설비 운영지침서〉는 00 빌딩 전기설비관리 업무의 운영절차 및 관리방법에 대하여 적용한다.

(2) 전기설비 운영지침서의 목적을 확인한다. 이 지침서는 전기설비의 원활한 운영과 유지관리를 통하여 건축물사용에 필요한 전원, 전열, 조명서비스를 효율적으로 공급하여 건축물 사용자를 만족하게 하는데 있다.

(3) 전기설비관리 핵심 용어를 정의한다.

① 비상발전기 : 기계적인 동력을 전력으로 변환하는 회전기를 말하며, 수전회로의 정전, 자체사고 등으로 정전이 발생되었을 시 신속한 복구를 도모함과 동시에 사고 및 재해예방, 설비의 신뢰도 유지 및 향상을 도모하기 위해 설치해 놓은 것을 말한다.

② 수변전 설비 : 전력회사에서 공급된 전력을 사용 부하에 적합한 전압으로 변환하고 각 부하설비에 전기를 분배, 공급하기 위한 설비의 집합체를 총칭한다.

③ 내선 설비 : 전기설비 중 조명설비, 전열설비 등 이용자가 직접적으로 전기설비를 사용 할 수 있도록 구내에 설치한 일반적인 설비를 총칭한다.

④ 모터 설비 : 사업장의 사용목적에 따라 설치한 각종 모터와 운전하기 위하여 설치한 부대 장치의 집합체를 총칭한다.

⑤ 중앙감시 설비 : 중앙감시 설비는 건물 내의 공조, 위생용 동력기기의 운전상황에 대한 감시 및 제어와 실내온도, 습도의 측정, 제어, 수변전설비의 감시제어, 방재설비의 감시 등 건축물전체의 정보 수집을 통해 건물의 쾌적성관 안전성 및 보수용이성 확보를 위하여 설치한 관제 설비를 말한다.

⑥ 간선 설비 : 간선 설비는 전동기 등에 전력을 공급하기 위한 설비로서 고압간선과 저압간선이 있으며 일반적으로는 전기실 저압배전반에 의해 동력제어반 및 전등분전반에 이르는 배선설비 등을 말한다.

⑦ 동력 설비 : 동력 설비는 일반적으로 동력제어반 이하의 공조, 급배수, 주방, 승강기 등의 전동기 등에 전력배선 및 이러한 운전정지의 제어배선을 말한다.

⑧ 조명기구 설비 : 조명기구 설비는 실내의 실용적 조명과 장식조명 등에 사용되는 조명기구와, 정전시에 피난통로를 비추는 비상조명 기구와 유도등이 있으

며 광원으로서는 주로 백열등과 형광등 이 있다.

⑨ 피뢰 설비 : 낙뢰에 의한 화재, 인명사고를 방지하기 위하여 법적 기준에 따라 낙뢰로 인하여 발생한 전기흐름을 땅속으로 유도하는 전기설비를 말한다.

(4) 전기설비별 조작방법과 운전방법을 명시한다.

(5) 전기설비별 조작시 주의사항을 명시한다.

(6) 전기설비별 점검관리 절차를 명시한다.

(7) 전기설비별 유지보수 방법을 명시한다.

(8) 전기설비별 이상시 조치사항을 명시한다.

(9) 전기설비별 관련 양식을 개발하고 해당 업무에 적용토록 한다.

7) UPS 설비를 〈전기설비 운영지침서〉에 따라 관리한다

(1) UPS설비 개요를 파악한다.

① UPS 용도를 파악한다. UPS란 상용전원 또는 예비전원의 각종장애(정전사고, 순간정전, 전압변동, 주파수변동, SURGE, FLIKER)등에 대해 무정전, 정전압, 정 주파수의 안정된 양질의 교류 전원을 공급하여 부하장비의 원활한 운영을 도모하기 위한 순시전압 제어방식의 정지 형 무정전 전원장치이다.

② UPS 구성을 파악한다.

가. 입력변압기(INPUT TRANSFORMER)

나. 순변환부 및 충전장치(RECTIFIER/CHARGER)

다. 역변환부

라. 출력변압기(OUTPUT TRANSFORMER)

마. 동기절체부(STATIC TRANSFORMER)

바. 제어회로부(CONTROL)

사. LCD 디스플레이 운영

(2) UPS제원을 파악한다.

① 제작사와 용량을 파악한다.

② 냉각방식의 일반적 사항을 파악한다.

③ 강제공냉식 일반적 사항을 파악한다.

④ 입력과 출력전원을 파악한다.

⑤ 소음과 효율을 파악한다.

⑥ 절체시간을 파악한다.

⑦ 설비제원을 토대로 제원 표를 작성하고 유지한다.

⑧ 전기설비관리 근무자는 작성한 UPS 제원에 대하여 숙지한다.

(3) UPS설비관리 업무 프로세스를 파악한다.

(4) 조작방법을 파악한다.

① 운전요령을 파악한다.

② 정지요령을 파악한다.

③ 디지털 패널 사용법을 파악한다.

④ 디스플레이 기능을 파악한다.

(5) 조작시 주의사항을 파악한다.

① 운전시 주의사항을 파악한다.

② 정지시 주의사항을 파악한다.

③ 비상운전시 주의사항을 파악한다.

(6) UPS 설비 점검방법을 파악하고 점검한다.

① UPS설비 점검대상을 파악하고 점검방법을 숙지하여 점검하고, 점검결과를 〈UPS설비 점검일지〉에 기록하고 관리한다.

가. 소음

나. 진동

다. 냄새

라 베터리 체결

마. 온도

바. 베터리 부식

사. 통품

아. 조명

자. 실내 청결 상태

차. 판넬 표시 상태

카. 베터리 접속부 과열

② 점검 결과 판정은 정상(0), 보통(△), 불량(X)으로 판정하고 불량시 즉시 정비 및 부량 부분을 이상시 조치사항에 따라 즉시 조치한다.

③ 점검결과를 〈UPS설비 점검일지〉에 기록하고 관리한다.

(7) UPS설비 유지 · 보수방법을 파악하고 유지 · 보수한다.

① 자체 유지 · 보수한 경우에는 유지 · 보수한 내용을 장비이력카드에 기록하고 유지관리한다.

② 하자기간 중에 있는 장비 유지 · 보수는 해당 건설사 또는 설비 전문회사 또는 제조사에게 의뢰하여 처리한다.

③ 하자보수 기간이 지난 장비 유지 · 보수는 해당 장비 유지 · 보수 협력업체에게

유지 · 보수를 위탁 처리한다.

④ 건설사, 감리사, 제조사, 유지관리 업체의 연락 전화 등 정보를 확보하고 정보 관리 대장에 등재하여 유지한다.

(8) 이상 발견시 〈전기설비운영지침서/이상 조치요령〉에 따라 조치한다.

8) 비상용 발전설비를 〈전기설비운영지침서〉에 따라 관리한다

(1) 설비개요를 파악한다.

① 비상용 발전설비 용도를 파악한다. 비상용 발전설비는 상용전원이 정전됐을 때 수요 설비에 필요한 최소한의 전력을 공급하는 발전설비를 말하며, 이에는 비상전력용과 배수펌프 전용 발전기 종류가 있다.

② 비상용 발전설비 구성요소를 파악한다.

가. 비상전력용은 디지털 운전반과 발전기세트로 구성되어 있다.

나. 배수펌프용은 디지털 운전 반 탑재 형 발전기세트로 구성되어 있다.

③ 제원을 파악한다.

가. 제조사와 기종을 파악한다.

나. 형식을 파악한다.

다. 전압을 파악한다.

라. 회전수를 파악한다.

마. 전열등급을 파악한다.

바. 냉각방식을 파악한다.

사. 엔진출력을 파악한다.

아. 배기량을 파악한다.

자. 시동모터를 파악한다.

차. 연료소모량을 파악한다.

카. 냉각수용 량을 파악한다.

타. 파악한 제원 정보를 바탕으로 〈비상발전기 제원 표〉를 작성하고 공유한다.

(2) 비상용 발전설비관리 업무 프로세스를 파악한다.

(3) 조작방법을 파악하고 조작한다.

(4) 조작시 주의사항을 숙지하고 조작한다.

(5) 설비 점검 방법을 숙지하고 점검한다.

(6) 설비 유지보수 방법을 숙지하고 유지보수 한다.

(7) 이상발견시 이상 조치요령에 따라 조치한다.

9) 수변전 설비를 〈전기설비 운영지침서〉에 따라 관리한다

(1) 설비개요(용도 및 구성 및 제원)를 파악한다.

① 용도를 파악한다. 수변전 설비는 전력을 수전하여 필요한 사용전압으로 변전하고, 이를 필요한 곳(부하)으로 배전하기 위한 장치 및 기기로 구성되어 있는 전기설비를 말한다.

② 구성요소를 파악한다. 수변전 설비는 특고압 반과 변압기반 및 저압 반으로 구성되어 있다.

③ 제원을 파악한다.

가. 특 고압반의 규격과 수량을 파악한다.

나. 변압기 반의 규격과 수량을 파악한다.

다. 저압반의 규격과 수량을 파악한다.

라. 파악한 제원을 중심으로 〈수변전 제원표〉를 작성하고 근무자 모두가 공유한다.

(2) 수변전 설비관리 업무 프로세스를 파악한다.

(3) 조작방법을 파악한다.

① 정전시 조작방법을 숙지하고 조작방법에 따라 조작한다.

② 복전시 조작방법을 숙지하고 조작 방법에 따라 조작한다.

(4) 조작 시 주의 사항을 숙지하고 조작한다.

① 수변전 설비 조작 방법을 숙지하고 조작한다.

② 전기기사 2명이 조작 작업에 참여 한다.

③ 조작 작업 후에 정상 작동 여부를 표시램프를 통하여 점검한다.

(5) 전기설비 점검 및 관리 방법을 숙지하고 점검 및 관리한다.

① 전기설비 점검표에 의거하여 육안 검사방법으로 점검하고, 그 결과를 〈수변전 업무일지〉에 기록 유지한다.

② 수변전설비 표시램프 상태를 수시로 확인하고 이상시 즉시 교체한다.

③ 전기설비관리 관계자 외 출입을 통제하고 항상 청결상태를 유지한다.

④ 수변전 설비는 3년1회 법정 전기안전검사를 받는다.

⑤ 수변전 설비 점검결과 이상 발견시 조치사항에 따라 조치한다.

⑥ 전기안전관리자를 선임하고 신고한다.

(6) 유지보수 방법을 숙지하고 유지 보수한다.

① 자체 설비보수시 보수결과를 장비이력 카드에 기록하고 유지 및 관리한다.

② 자체 유지보수가 불가능 판단시 승인을 받아 설치업체에 A/S를 요청한다.

③ A/S 기간이 종료되었을 경우에는 전문 유지보수업체에 의뢰하여 처리한다.

④ 설치업체와 전문 유지보수업체의 정보(상호, 연락처, 담당자 등)를 항상 확보 해 두고 유지한다.

(7) 운전 중 이상 현상시 이상 조치사항에 따라 조치한다.

(8) 매일 정한 시간대에 수변전 설비 상태를 점검방법에 따라 점검하고 〈수변전 일지〉에 점검결과를 기록하고 유지한다.

10) 전기설비 분야 업무프로세스를 파악하고 설비별 관리에 적용한다

(1) 발전시설 업무프로세스를 파악하고 현장업무에 적용한다.

전압조정시험 → ATS 절환시험 → 무부하 운전시험 → 단락시험 → 냉각수 점검 → 축전지 점검 → 연료량 점검 → 엔진오일유량 확인 → 엔진 히팅코일 점검 → 연료필터,오일필터 교체 → 비상전력라인 점검 → 비상전등 점등 상태확인

(2) 축전시설 업무프로세스를 파악하고 현장업무에 적용한다.

비상발전기 축전지 점검 → 정류기반 축전지 점검 → 비상방송용 앰프점검 → 앰프 축전지 점검

(3) 차단시설 업무프로세스를 파악하고 현장업무에 적용한다.

진공차단기 진공도 검사 → 진공차단기 스프링 진공차단기 장력 검사 → 기중차단기 스프링장력 검사 → 피뢰기용 애자 육안 점검 → PF, COS 비상자재 구비 → 역률 점검 → 연간피크전압 조절 → 수전시설 안전점

(4) 변압시설 업무절차를 파악하고 현장업무에 적용한다.

변압기 중성점 접지 측정 → 변압기 케이블 적정 온도 검 사→ 변압기 체결 상태 점검 → 실내온도 적정유지

(5) 접지시설 업무절차를 파악하고 현장업무에 적용한다.

1종 접지치 측정(변압기 외함) → 2종 접지치 측정 → 3종 접지치 측정 → 전산장비 측정

(6) 조명기구관리 업무절차를 파악하고 현장업무에 적용한다.

조도 점검 → 등 교체 → 안정기교체 → 반사갓 청소 → 조명소모품 재고관리

11) 전기설비 분야를 조직화한다

(1) 관리소장, 전기과장(전기팀장), 안전관리반, 변전실 근무반, 중앙감시반, 보수반, 감시반으로 조직화한다.
(2) 중앙 감시반은 일근, 야근(24시간), 비번 삼교대 근무조로 조직한다.
(3) 변전실근무반은 일근, 야근(24시간), 비번 삼교대 근무조로 조직한다.
(4) 비상시 또는 회의시는 필요에 따라 필요 인력을 24시간 근무하도록 조직한다.

12) 전기설비 관리 종사자의 업무를 분장한다

(1) 전기 과장은 다음 업무를 담당한다.
① 전기설비 계통의 업무 관장 및 지휘 통솔
② 건물 내 전기설비 전반에 대한 안전관리 및 운영감독
③ 계원 일상 근무 감독 및 신상 파악
④ 작업지시 처리 확인 및 대내외 관계 업무 추진
⑤ 전기설비 사고시 사고보고서 제출
⑥ 해당부문 시설운영서비스 업무 총괄
⑦ 전기과 내 종사자 인력관리
⑧ 전기과 내 교육관리 업무
⑨ 해당부문 시설 및 장비 점검관리
⑩ 정기적인 고객보고 수행
⑪ 시방서, 각종도면 등의 문서관리
⑫ 해당 부문에서 발생되는 품질기록을 설정된 기준에 따라 유지
⑬ 해당부문 업무 계획에 따라 근무량을 할당

⑭ 점검방법, 설비 및 공구의 개선이 필요하다고 인정될 때 개선추진
⑮ 품질향상, 자재, 시간, 경비절감에 대하여 감독
⑯ 작업을 지휘 감독하고 작업보고
⑰ 소요자재 및 공구의 운송과 청구

(2) 전기안전관리자는 다음의 업무를 담당한다.
① 전기설비의 유지 및 운영에 관한 업무 및 이에 종사하는 자의 대한 안전교육
② 전기설비의 안전관리를 위한 확인 · 점검 및 이에 대한 업무
③ 전기설비의 운전 · 조작 또는 이에 대한 업무의 감독
④ 전기설비의 안전관리에 관한 기록 및 그 기록의 보존

(3) 중앙 감시반 근무자는 다음의 업무를 담당한다.
① 책임자를 보좌하여 중앙감시반 업무를 관장 수명 작업 하달작업
② 감시반, 제 1, 2회의장, 큐비클 조작 전원 U.P.S 시설의 일일점검 및 유지관리 및 점검카드 확인
③ 정전시 각종 전기설비 점검
④ 계획에 의한 전기설비 점검

(4) 발/변전실 근무자는 다음업무를 담당한다.
① 책임자를 보좌하여 발, 변전실 업무를 관장
② 발, 변전실 및 부속 건물 전기설비를 점검표에 의한 점검사항 이상 유무 보고
③ 계획에 의한 전기설비 정기점검
④ 정전 시 감시반과 협의 판넬 조작 지휘

(5) 보수반 근무자는 다음 업무를 담당한다.
① 책임자를 보좌하여 보수요원의 일일작업 배치
② 전기설비의 제반 작업 및 안전 작업 관장
④ 보수반 요원의 담당 층 점검사항 이상 유무 보고
⑤ 정전시 사고에 대비 보수반 요원 대기
⑥ 각층 전기실 및 외등 점검카드 확인
⑦ 각 분야의 금일 작업사항을 일일현황 보고서에 기록

(6) 감시반 근무자는 다음 업무를 담당한다.
① 각 판넬 감시업무(일지에 준한 시간대별 부하상태 기록점검)
② 고장 신고를 각 해당부서에 전달
③ 정전시 별관 변전실과 협의 전력계통의 판넬조작
④ 정전시 또는 송전계통 이상시 원인 파악보고
⑤ 중앙감시반 일지 및 종합 업무일지(작업일지) 작성

⑥ 제1, 2회의장 전기실 및 축전지실 일일점검
⑦ 축전지 육안 점검 및 청결 작업
⑧ 축전지 주1회 전압 측정
⑨ 주간 및 월간 계획표에 의한 점검 보고
⑩ 예방 정비 및 보수
⑪ 회기 중 1,2회의장 전기 실 비상대기

13) 직급별 업무를 확정하고 공유한다

직위	업무 내역	비고
전기과장	전기방재 업무관장 전기방재 지휘 통솔 운전계획 및 일지감독 시설상태 점검 및 업무감독 설비기술 지도 연간계획표 작성 업무일지 검토 및 개선방향 지시 작업계획 수립 작업지시 및 확인 점검 작업시 안전관리 안전교육 및 사고예방 대책수립 에너지 절약계획 수립 및 시행 직원 일상근무 감독 사고시 사고처리 및 보고서 제출	
전기계장(1)	담당전기설비 업무 관장 운전계획 및 일지 총괄 전기시설 상태 점검 및 업무 감독 전기설비 기술지도 전기 연간계획표 작성 전기 업무일지 검토 및 개선 방향 지시 전기 작업계획 수립 전기 작업사항 확인 점검 전기 안전교육 및 사고예방대책 수립 에너지 절약계획 수립 및 시행	

직위	업무 내역	비고
전기계장(2)	담당전기설비 업무 관장 운전계획 및 일지정리 총괄 시설상태 점검 및 업무 감독 전기설비 기술지도 연간 점검 계획표 작성 업무일지 검토 및 개선 방향 지시 작업계획 수립 작업사항 확인 점검 안전교육 및 사고예방대책 수립 에너지 절약계획 수립 및 시행	
전기주임	전기작업 지휘 통솔 운전계획 및 일지 정리 전기시설 상태 점검 및 업무 하달 전기설비 기술지도 전기 업무일지 검토 및 개선방향 지시 작업계획 수립 작업지시 및 확인 점검 안전관리 및 교육, 사고예방대책 수립	
전기반장	전기 야간 업무 관장 전기 야간 근무자 지휘 통솔 전기 업무 일지작성 및 정리 변전설비 상태 점검 및 보수 1, 2회의장 점소등 및 회의장 대기 출입구 및 계단 점소등 계량기 검침 및 변전일지 작성	
방재계장	방재 각종 보수작업 지시 및 감독 방재 작업지시 처리 확인 방재 고장수리 및 보수작업 방재 자재 및 공구 관리 방재 안전교육 및 사고예방 대책수립 방재 업무일지 확인 점검 방재 기술지도 방재 직원 일상근무 감독 및 안전관리	

직위	업무 내역	비고
방재주임	방재설비 순찰 점검 및 보수 정비 방재 자재 및 공구 관리 방재 안전교육 및 사고예방 대책 수립 방재 업무일지 확인 점검 방재 기술지도 방재 직원 일상근무 감독 및 안전관리 방재 작업지시 및 처리 확인 방재 화보협회 정기점검 동반수행 및 지적사항 시정	

(자료출처 : 한국표준협회 전기설비관리 지침서 인용)

14) 전기설비 제원 및 구성을 파악하고 현장업무에 적용한다

15) 전기설비의 운전순서와 방법 및 조건을 파악하고 현장업무에 적용한다

16) 전기설비 운전시 주의사항을 파악하고 현장업무에 적용한다

17) 장비사고 발생시 다음과 같이 조치한다

(1) 근무자 근무시 장비사고가 발생되면 신속하게 조치하고 해당 담당자에게 연락한다.

(2) 관리사무소 담당자는 중요장비 사고일 경우 즉시 사고현장에서 관리소장 및 고객에게 사고발생경위 및 지금까지 진행사항을 유선으로 보고한다.

(3) 관리소장은 본사 운영지원본부에 유선으로 최초 보고한다.

(4) 관리사무소 담당자는 장비사고시 2차적인 사고가 발생되지 않도록 조치하고 사고현장을 보존하며, 사고발생보고서를 작성하여 관리소장, 고객, 본사 운영지원본부 순으로 제출하고 사고원인을 규명하여 고객과 협의한다.

(5) 고객과의 협의사항이 이루어지지 않을 경우 본사 운영지원본부에 통보하여 조치를 받는다.

(6) (1)의 사항에서 경미한 사고의 업무일지에 기록 후 명일 해당부서 담당자에게 결제 시 보고한다.

18) 인명사고 발생시 다음과 같이 조치한다

(1) 근무자가 근무 중 인명사고가 발생하면 신속하게 사고자에 대한 응급처치를 하

고, 2차사고가 발생하지 않도록 조치 후 현장을 보존한다.

(2) 근무자는 부서담당자에게 유선으로 사고발생 경위에 대해서 보고한다. 관리소장에게도 연락을 취하고 관리소장은 고객 및 본사 운영지원본부에 유선으로 보고한다.

(3) 부서 담당자는 즉시 현장에 와서 사고 상황을 파악하고 관리소장, 고객, 본사운영지원본부로 연락을 취하고 근무자, 목격자, 사고자의 진술을 토대로 사건발생보고서를 작성하여 관리소장, 고객, 본사 운영지원본부 순으로 제출하고 사고발생보고서를 규명하여 고객과 협의한다.

(4) 고객과의 협의사항이 이루어지지 않을 경우 본사 운영지원본부에 연락을 취하고 조치를 받는다.

(5) (1)의 사항에서 경미한 사고의 경우 업무일지에 기록 후 명일 아침 해당 부서담당자에게 결제시 보고한다.

19) 전기설비 점검기준을 파악하고 현장업무에 적용한다

구 분		점검업무 세부내용	점검 주기					
			일	주	격주	월	년	3년
수변전 설비	L.B.S L.S,D.S P.F 피뢰기 P.T C.T M.O.F	1. 케이블 헤드, 접촉부 과열, 변색, 부식, 균열, 이완 등 외관의 오손 및 손상은 없는가?		○				
		2. 지지 애자의 파손, 균열, 또는 먼지의 부착은 없는가?		○				
		3. 칼, 칼받이의 아크 및 접촉면의 산화 현상은 없는가?		○				
		4. 스프링, 안전 걸림쇠의 손상, 변형 탄력에 이상 없는가?					○	
		5. 단자 및 접촉부의 조임 상태는 어떤가?					○	
		6. 도전부와 대지간의 절연상태는 어떤가?					○	
	O.C.R U.V.R GR SGR	1. 커버의 파손 및 먼지의 침입상태는 어떤가?	○					
		2. 계전기 배선 및 경보 회로 상태는 어떤가?		○				
		3. 보호 계전기 동작 표시장치의 동작은 정상인가?		○				
		4. TAP 조정상태 점검				○		
		5. 보호 계전기 특성 및 연동 동작 시험						○
	차단기 ATS	1. 동작지시 및 동작 표시 상태는 이상 없는가?	○					
		2. 외관 훼손, 취부 볼트의 조임 상태는 어떤가?		○				
		3. 이음 이취는 없는가?	○					
		4. 가동 및 고정 접촉자의 손상 및 헐거움은 없는가?					○	
		5. 진공 밸브는 이상이 없는가?					○	
	몰드 변압기	1. 온도상승의 적부 점검	○					
		2. 이음, 이취, 진동은 없는가?	○					
		3. 냉각 FAN 점검		○				
		4. 변압기, 온도계 외함 등의 손상 및 도료의 변색 유무		○				
		5. 고압 케이블 헤드의 이상 유무				○		

		6. 터미널, S.A 접촉 상태 점검					○	
		7. 누설 전류 측정				○		
		8. 접지저항 및 절연 저항 측정					○	
	수·배 전반	1. 외관 및 표시상태는 어떤가?	○					
		2. 계기의 오손 및 지시치는 정상인가?	○					
		3. 이면, 배선의 오손 및 헐거움은 없는가?		○				
		4. 콘트롤 스위치 등 부속 설비는 이상이 없는가?		○				
		5. 접지 단자의 취부상태는 어떤가?					○	
		6. 절연 및 접지저항은 양호한가?					○	
배 전 설 비	간선 부스 덕트 분전반	1. 계측기의 지시, 램프류 점등상태	○					
		2. 누전 경보기(E. L. D) 동작상태	○					
		3. 단자대의 케이블 접속 상태		○				
		4. 케이블 과열상태		○				
		5. 내부 정리정돈 청소상태				○		
		6. 접지선의 취부 상태는 양호한가?		○				
		7. BUS DUCT, 케이블 절연 저항 측정					○	
	전력용 콘덴서	1. 콘덴서의 설비(콘덴서, 차단기 등)의 이음 이취는 없는가?				○		
		2. 콘덴서의 오손, 변형, 부식, 누유는 없는가?				○		
		3. 콘덴서 설비의 접속 부분의 변색 및 온도 상승은 없는가?				○		
		4. 좌대 및 애자의 오손은 없는가?					○	
		5. 접지선의 취부 상태는 양호한가?					○	
		6. 절연 및 접지 저항은 양호한가?					○	
부 하 설 비	전동기 MCC 판넬 조명 설비 콘센트 설비	1. 조명 설비 점등 불량	○○					
		2. 스위치 및 콘센트는 이상이 없는가?						
		3. 조명 기구의 오염 및 오손은 없는가?				○		
		4. 부하 증설로 과부하가 된 것은 없는가?				○○		
		5. 열기구 등의 리드선에 과열된 곳은 없는가?						
		6. 전열 기구 사용 상태 점검					○	
		7. 절연 저항은 양호한가?					○	
예 비 전 원 설 비	비상 발전기	1. 외관 점검	○					
		2. 윤활유, 연료, 냉각수 점검		○				
		3. 밸브류	○					
		4. 배터리 충전 상태 점검		○				
		5. 기관의 시동은 잘 되는가?			○			
		6. 무부하 운전시 계기 동작 및 진동 상태는 어떤가?			○			
		7. 각종 계전기 차단기는 정상인가?			○			
		8. 급배기는 정상인가?			○			
		9. 접지선의 취부 및 각 단자의 접속 상태는 양호한가?					○	
		10. 절연 및 접지 저항은 양호한가?					○	
	정류기 축전지	1. 외관 점검(액 누수, 접점 부식, 목대 뒤틀림 등)	○					
		2. 셀당 전압 측정		○				

		3. 연결 단자 볼트 풀림 점검		○				
		4. 정류기의 충전전류는 정상인가?		○				
	UPS	1. 외관 점검(이음, 이취, 과열, 소손, 부식 등)	○					
		2. 충전 전압, 전류 상태 확인 기록	○					
		3. 배터리 셀 전압 측정		○				
		4. 냉각 FAN 점검	○					
외곽	피뢰침 접지선	1. 외관 점검(파손, 손상, 볼트 풀림, 등)				○		
		2. 접지선의 단선 및 접속 상태 점검				○		
		3. 접지 저항값 측정					○	
외곽	외등 경관 조명	1. 점 소등 점검	○					
		2. SUN S/W 동작 상태 점검		○				
		3. 외관 점검		○				

(자료출처 : 한국표준협회 전기설비관리 지침서 인용)

20) 조명설비를 유지관리한다

현장 환경조건은 공기조화기와 같이 조명도 중요하며 이것을 보수 유지 하는데 열 방출이 적고 효율적으로 수명이 긴 것이 경제적이다.

(1) 조명설비는 다음의 조건에 맞추어 관리한다.
　① 작업 면에 충분한 조명이 되어야 한다.
　② 심리적인 조건을 가지도록 고려한다.
　③ 주위와 조화를 이루도록 한다.
　④ 눈의 피로감을 없도록 한다.
　⑤ 적당한 광원으로 그늘이지지 않도록 한다.
　⑥ 표준조도를 항시 유지하여야 한다.

(2) 조명설비는 다음과 같은 점검 요령에 따라 점검한다.
　① 매일 부착된 기구를 눈으로 확인하여 불량개소를 교환하여 줄 것
　② 안정기 소손냄새로 확인된 것은 즉시 안정기를 교환할 것
　③ 소음이 나는 안정기는 확인하고 교체할 것

(3) 조명기구는 다음과 같이 보수유지 관리한다.
　① 조명기구의 청소
　② 주위 청소
　③ 전구의 교환 및 청소 : 조명기구의 청소는 일반적으로 외부 즉 휘도를 방지하는 전구 보호용 아크릴 커버나 유리그로브 등이며, 내부는 전구와 반사판을 청

소 하여야 한다. 청소를 시행하면 약 25% 정도의 조도를 늘일 수 있다. 청소의 시행간격은 2~3개월에 1회 실시하는 것이 좋으며 이것은 중성세제를 이용하여 닦고 잘 건조하여야 한다. 전구의 교환방식은 일반적으로 개별 교환방법과 집단 교환방법이 있다.

④ 외등 및 투광등 관리 : 외등은 건물의 외곽 보안관리에 역할을 하고, 건물야간 조명과 건물 외곽 조화를 이루는데도 큰 역할을 한다. 그러나 극히 필요한 부분을 제외하고는 모두 소등을 원칙으로 한다.

21) 분전반을 관리한다

(1) 일일 순찰 점검한다.
(2) Terminal 과열 및 접촉부 접촉상태를 확인한다.
(3) 소음 및 냄새 유무를 확인한다.
(4) Trip된 N. F. B는 없는지를 확인한다.
(5) Remocon Relay용 P.T 소손 여부를 확인한다.
(6) Remocon Relay 소음 및 동작상태 점검한다.
(7) Main Breaker의 정상동작 여부를 확인한다.
(8) Bus Bar의 지지볼트 조임 상태 점검 한다.

22) 전열을 관리한다

각층에 탕비실이 있으므로 가급적 전열기 사용을 억제하여야 한다. 전열기를 사용하는 곳에는 콘센트 용량이 허용하는 범위에서 전열기 및 기타 전기기기를 사용하여야 하며, 용량의 부족으로 N.F.B가 Trip되어 안전관리에 저해되는 일이 있어서는 안된다.

특히, 전열기의 플러그 접촉 부분에서 접촉사고가 없어야 하며 점검자가 위험하다고 판단하였을 시는 사용을 금한다. 전열기의 사용은 부주의로 인한 전기계통사고 화재, 위험 및 에너지 소비로 절전 시책에도 위배 되므로 사용자 및 관리자가 모두 유의하여 사용하여야 한다.

23) 누전차단기 오 접속시 발생현상을 확인하고 조치한다

24) 전기설비 점검사항을 숙지하고 현장업무에 적용한다

(1) 점검 전 숙지사항을 확인하고 현장에 적용한다. 점검 중 안전사고 예방을 위하여

안전제일의 자세로 복장을 단정히 하고 제반 안전장구를 준비하고, 연락책임자 또는 담당자에게 안내를 요청한다.

(2) 점검시 안전관리에 유의하여 점검한다.

① 고압이상 연차 및 고충처리, 봉사활동 등의 경우에는 안전모를 착용한다.

② 고압이상 전로에 검전기를 사용할 때에는 절연장갑을 착용하여야 한다.

③ 전로를 차단하였을 때라도 검전기로 각 상마다 충전여부를 확인하여야 한다.

④ 수전설비를 정전시킨 상태에서 비상용예비발전기를 가동할 경우에는 발전전력이 특고압 수전설비 쪽으로 역 가압 될 우려가 없는지 반드시 확인한다.

⑤ 작업장 또는 점검 장소의 출입을 제한시킬 필요가 있을 때는 구획로프의 설치 또는 "출입금지"표 시찰을 부착한다.

⑥ 작업 중 관계자 이외의 자가 출입하는 것을 제한하거나 개폐기(차단기)조작의 우려가 있을 경우에는 "접근금지" 또는 "조작금지" 표시찰을 부착한다.

⑦ 고압 또는 특고압 충전부에 근접할 때는 고압 60cm, 특고압 90cm 이상의 안전거리를 유지하여야 한다.

⑧ 고압이상 설비에 대한 작업시는 전로의 개방을 확인한 후 작업착수 전에 잔류전하를 방전시켜야 한다.

⑨ 콘덴서 및 케이블이 설치되어 있는 전로는 전로의 개방을 확인한 후 작업착수 전에 잔류전하를 방전시켜야 한다.

⑩ 제반 측정시는 접지 측을 먼저 연결한 후 전로 측을 연결해야 하며, 제거시는 측정시의 역 순으로 한다.

⑪ 변류기 2차 측을 개방할 때는 2차 측 단자를 단락(short)시킨 후 분리하여야 한다.

⑫ 정전작업시에는 시야확보를 위해 비상조명을 활용하고 인화성물질이 있는 곳에서는 라이터 등 화기에 주의한다.

⑬ 기타 필요한 것은 안전관리요령 및 안전작업수칙을 참조하여 실시한다.

25) 측정 및 시험방법을 숙지하여 현장업무에 반영한다

(1) 측정 및 시험은 다음의 요령에 따라 측정 및 시험한다.

(2) 측정 및 시험시 유의하여 측정한다.

(3) 부하전류 측정방법 및 점검을 확인하고 측정 및 점검한다.

(4) 전압 측정방법을 숙지하고 전압을 측정한다.

(5) 누설전류 측정방법을 숙지하고 점검한다.

(6) 수·배전반 점검방법을 숙지하고 점검한다.

(7) EPS실 분전함 점검방법을 숙지하고 점검한다.

(8) 축전지 점검방법을 숙지하고 점검한다. 비중상태와 전해액 수준을 확인(밀폐형 제외)한다. 축전지 설치장소가 대부분 어둡기 때문에 점검시에 라이터, 담뱃불 등을 사용하는 경우 발생된 수소가스 등에 의해 폭발위험이 있으므로 화기물질을 사용하지 않도록 해야 한다.

① 일일 점검한다.

② 주간 점검한다.

③ 연결배선 상태가 정상적인지 확인한다.

(9) UPS 점검방법을 숙지하고 점검한다.

26) 비상발전기를 관리한다

비상발전기는 건물의 기능상 정전시간 및 범위를 최소한으로 억제하여야 하므로 한전계통의 정전시나 수전계통의 이상시 전원을 공급하는 유일한 설비로서 즉시 그 목적을 최대한 달성할 수 있도록 평상시의 철저한 유지관리를 요한다.

특히, 행사가 계획 중일 때는 발전기가 필요한 절대요건이므로 유지 및 보수에 면밀한 노력과 계획을 필요로 한다.

(1) 일일 점검한다.

(2) 주간 점검한다.

(3) 연간 점검한다.

(4) 비상발전기 운전 및 안전수칙을 숙지하고 현장업무에 반영한다.

27) 변압기를 관리한다

변압기는 전압을 변화하는 장치로서 부하 설비에 따라 사용전압을 유지 · 공급하는 목적으로 설치되었다. 이것을 보수유지 하는데 위험한 작업이 수반되므로 면밀한 계획에 의하여 보수할 필요가 있다.

(1) 변압기의 온도, 냄새 이상 유무, 진동 상태, 본체의 이완 상태, 외각 맨홀의 누수 상태 여부, 이상 음 등을 일일 점검한다.

(2) 온도계 상태. 부싱의 점검, 배기 휀 상태 점검, 계전기 점검, 도료의 변색 유무 등에 대하여 주간 점검한다.

(3) 절연 저항 측정, 고압 케이블 헤드 이상 유무, 써지업소버 상태 점검, 외부 도장면 등에 대하여 연간 점검한다.
(4) 일일점검, 주간점검, 연장 점검 등에 대하여 점검 카드를 작성하고 유지한다.
(5) 변압기의 안전수칙을 숙지하여 관리한다.

28) 차단기를 관리한다

차단기는 여러 가지 형식을 가지고 있으나 진공 차단기 및 기중차단기가 채택되고 있다. 이것의 사용 목적은 부하의 개폐와 부하 측에 일어나는 모든 사고(접지, 단락, 과부하)에 차단역할을 하고 있으며, 이로 인하여 전원 측 변압기를 보호하는 큰 역할을 하고 있다.

(1) 차단기에 대한 냄새, 기계적인 동작상태, 계전기 점검, 부속 기기 등에 대하여 일일 점검한다.
(2) 외부와 절연 상태. 계전기의 동작 상태, 자동 제어 상태, 단자의 접촉 상태, 외부 부분 볼트, 너트 조임 상태, 부식 상태, 보조 스위치와 제반 스위치 등에 대하여 주간 점검한다.
(3) 절연 저항, 본체 외부 오손 변형 손상, 개폐의 동작 상태, 애자의 청결 상태 및 균열, 접촉부 과열 변색, 볼트, 너트 풀림 상태, 진공밸브 상태 등에 대하여 월간 점검한다.
(4) 운전수칙 및 안전수칙을 숙지하여 관리한다.

29) 전기안전관리 자격조건을 관계법령을 통하여 확인하고 조치한다

분야	자격대상	자격(각호)	인원	비고
전기	전기안전 관리사 전기안전 관리원	전기 산업기사 이상 전기 기능사 이상	1 1	실무 경력 4년 이상 동일 분야 5년 이상 경력자

종류	선임내용				관련 법규	비 고
	대상설비	선임자	자격종류	선임일자		
전기 안전 관리	전기설비 9.4MW		전기산업기사		전기 사업법 제73조	
	전기설비 9.4MW		전기기능사			안전관리보조원

전기 안전 관리	전기설비 6MW		전기기사		시행규칙 제45조 별표 12	
	전기설비 6MW		경력인정자			안전관리보조원
	전기설비 10MW		전기기사			
	전기설비 10MW		전기기능사			안전관리보조원
	전기설비 10MW		전기기능사			안전관리보조원

30) 전기설비 적용자료 목록을 작성하고 업무에 활용한다

분류	분야	세부 작업분야	관련 자료		비고
			자료명	자료번호	
전기	고압 기기	기중 차단기	고압기기 제품총람		
		고압진공 차단기	"		
		고압진공 전자 접촉기	"		
		한류형 전력퓨즈	"		
		진공 인터랩터	"		
		자동부하 절환 개폐기	"		
		몰드 변압기	"		
	차단 기류	차단기의 특징	LG배선용		
			차단기, 누전차단기		
		차단기의 항명및 규격	"		
		동작특성곡선및 형치수도	"		
		차단기의 부착과 접속	"		
		차단기의 취급과 보수	"		
		차단기의 단락전류 계산법	"		
	GIMAC	전자화 배전반	GIMAC/GIPAM 사용제안서		
		종합관리제어 시스템	"		
		관련 자료	"		
	진공 차단기	진공차단기 정격	LG 진공차단기 취급설명서		
		진공차단기 사용전 점검	"		
		진공차단기 구조및 설치	"		
		진공차단기 조작 순서	"		

		진공차단기 유지 및 보수	"		
		진공도 판정 및 수명	"		
		제어회로 설명서	"		
	발 전 기	안전운전 수칙	엔진발전기취급설명서		
		장비 설명 및 제원	"		
		장비운전	"		
		예방정비 및 고장배제	"		
		발전기 정비	"		
		각 부품 설명	"		
	기중차단기	각 부의 명칭	LG 저압기중차단기 취급 설명서		
		조작 방식	"		
		트립 장치	"		
		보수 및 점검	"		
전기		결선도	"		
	L.B.S	형식 및 정격	L.B.S 취급설명서		
		형명 표시	"		
		표준 부속품	"		
		운전 준비	"		
		구조 및 동작원리	"		
		유지 및 보수	"		
		제어회로	"		
		외형도	"		
	변 압 기	주의사항	배전변압기취급설명서		
		변압기 설치	"		
		변압기 운전	"		
		변압기 유지	"		
		변압기 보수	"		

31) 전기설비 점검기준을 확인하고 공유하여 현장 전기관리 업무에 반영한다

(1) 전기설비 일일점검항목에 대하여 일일 점검한다.
(2) 수변전설비에 대하여 주간 점검한다.
(3) 비상발전기에 대하여 주간 점검한다.
(4) 동력설비에 대하여 주간 점검한다.

(5) 수변전 설비에 대하여 월간 점검한다.
(6) 비상발전기에 대하여 월간 점검한다.
(7) 충전기 및 축전지에 대하여 월간 점검한다.
(8) 동력 설비(MOTOR)에 대하여 월간 점검한다.
(9) 동력 설비(MCC)에 대하여 월간 점검한다.
(10) 각종 절연저항 측정에 대하여 반기 점검한다.
(11) 전선로 및 고압모선 기기절연 측정기록에 대하여 연간 점검한다.

9. 승강기설비 관리

1) 승강기설비 관리개념

승강기설비란 건축물, 기타 공작물에 부착되어 일정한 승강 로를 통하여 사람이나 화물을 운반하는데 사용되는 시설로서 엘리베이터, 에스컬레이터, 휠체어리프트 등 지식경제부 부령으로 정하는 것을 말하며 이를 상태를 정상적으로 보존하고 기능과 성능을 정상적으로 유지 관리하는데 요구되는 점검, 보수, 정비, 교체, 보강 등의 활동을 말한다.

2) 승강기설비 관리절차

(1) 〈승강기설비관리지침서〉를 사내 표준으로 개발하고 현장업무에 적용한다.
(2) 승강설비관리 핵심 용어를 정의하고 이해한다.
① 승강기 : 건축물, 기타 공작물에 부착되어 일정한 승강 로를 통하여 사람이나 화물을 운반하는데 사용되는 시설로서 엘리베이터, 에스컬레이터, 휠체어리프트 등 지식경제부 부령으로 정하는 것을 말한다.
② 기계실 : 기계실은 특수한 경우를 제외하고는 승강로 직상부에 위치하며, 권상기, 조속기, 제어반 등의 기가 설치되고, 승강기를 직접적으로 제어하고 움직이는 기기 류가 설치되어 있다.
③ 카 : 승객이 타고 내리는 부분을 엘리베이터에서 "카"라고 부른다. 카는 카틀과 카바닥 그리고 카실로 이루어져 있다. 카내에는 승객이 목적 층까지 가고자 할 때 누르는 행선버튼이 있는 운전조작반과 카내를 밝히는 조명장치, 카내의 승객이 외부와 연락할 수 있는 인터폰, 그리고 정전 등 카내의 조명등이 꺼졌을 때 작동되는 비상등이 있다.
④ 승강로 : 엘리베이터의 카가 오르내리는 카의 통로로서, 카가 움직이는 길을 안

내하는 가이드레일(Guide Rail), 이를 지지해 주는 브라켓, 균형추(Counter Weight), 와이어로프(Wire Rope), 각층 스위치류와 카의 각 정지 층에는 출입구가 설치되어 있다. 특히, 승강로 하부를 피트(Pit)로 호칭하고 완충기, 조속기로프 인장장치, 하부 종점스위치 등이 있다.

⑤ 승강기부품 : 승강기를 구성하는 주요 안전부품으로서 산업자원부령이 정하는 것을 말한다.

⑥ 보수 : 승강기에 고장이 발생한 경우 이를 수리하거나 고장을 예방하기 위하여 정비하는 것을 말한다.

⑦ 승강기검사 : 승강기 제조 및 관리에 관한 법에 의하여 실시하는 검사(정기검사, 자체검사)를 말한다. 정기검사는 산업자원부령이 정하는 검사유효기간이 만료된 후에 계속하여 사용하고자 하는 경우 주기적으로 실시하는 검사를 말한다. 자체검사는 승강기 제조 및 관리에 관한 법에 의한 승강기 관리주체가 동 법의 규정에 의한 승강기에 대하여 일정주기마다 자율적으로 실시하는 검사를 말한다.

⑧ 비상 : 승객이 외부의 도움을 필요로 하는 상황을 말한다.

⑨ 고장 : 승강기의 의도된 사용에 있어서 안전운행이 제한 받거나 불가능한 운행상황이다.

⑩ 수리 : 노후 부품의 교체 또는 수리를 말한다.

3) 승강기설비 정기검사절차와 업무프로세스를 파악하고 현장업무에 적용한다

4) 승강기관리를 효율적으로 수행하기 위하여 관리인력을 조직화하고 업무를 분장한다

(1) 승강기 관리인력을 조직화한다.

(2) 승강기 관리인력을 배정한다.

(3) 승강기 관리업무를 분장한다.

① 기계과장은 다음업무를 담당한다.

- 승강기 설비계통의 업무관장 및 지휘 · 통솔
- 청사 내 승강기 설비계통 전반에 대한 안전관리 및 운행감독
- 대원 일상근무 감독 및 신상파악
- 승강기 설비사고시 사고보고서 제출

② 계장 및 주임은 다음 업무를 담당한다.

- 책임자를 보좌하며 유고시 업무대행

- 전기설비 예방점검 및 관리상태 확인
- 각종 보수작업 지시 및 감독

③ 근무자(기사)는 다음업무를 담당한다.

- 전체 층 순찰 점검
- 각 기계실 점검 · 청소
- 정기점검 및 보수작업
- 작업일지 작성
- 사고발생 예방을 위한 숙직근무

(4) 승강기 설비관리 기본업무와 세부업무를 파악한다.

번호	기본 업무	세부 업무
1	승강기 유지보수 업무	- 승강기 순회 점검(1회/1일 이상) - 중요 보수작업 지휘 - 작업지시 처리 확인 - 비상업무시 지휘 · 통솔 - 자체검사 업무 수행
2	승강기팀 인원관리 업무	- 승강기 인원 지휘·통솔 - 근태관리 및 평가 - 안전관리
3	승강기 관리계획 작성	- 일상점검 계획 - 주간/월간 업무계획서 작성 년간 업무계획서 작성
4	문서관리 업무	- 장비이력대장 기록 확인 - 일일작업일지 기록 확인 - 자재관리 - 고객요청사항 시행 및 확인 - 사고시 사고보고서 작성
5	교육 업무	- 승강기 운전/작업 기술교육 - 신규도입 장비사용법 교육 - 안전교육 및 사고예방 대책수립

5) 승강기설비 제원과 구성 및 설치 승강기의 위치를 파악하고, 현장업무에 적용한다

구 분 / 근무지	구 역	설치년도	설치회사	기 종	설치대수	비고
A빌딩	A.B뱅크			인버터(IGBT)	① 17인승(1150kg)=12대 ② 20인승(1350kg)=4대 ③ 덤웨이터(150kg)=2대	
	C.D뱅크			인버터(IGBT)		
	외곽호기			인버터(IGBT)		
	덤웨이터					
B빌딩	1~12호기			SV, GD	① 17인승(1150kg)=6대 ② 13인승(900kg)=4대 ③ 9인승(610kg)=2대 ④ 덤웨이터(200kg)=1대	
	덤웨이터					
C빌딩	1~6호기			SV, GD	① 15인승(1000kg)=6대 ② 화물용(1500kg)=1대	
	7호기			AC-2		
D빌딩	1~3호기			인버터	① 17인승(1150kg)=1대 ② 20인승(1600kg)=1대 ③ 화물용(2000kg)=1대	
E빌딩	1호기			CE-3004(V.V.V.F)	① 30인승(2000kg)=1대 ② 20인승(1350kg)=3대 ③ 13인승(900kg)=1대 ④ 17인승(1150kg)=2대 ⑤ 무빙워크(1200-9000/h)=2대	
	2~4호기			CE-1854(V.V.V.F)		
	5호기			300P~MRL		
	6~7호기			MRL(V.V.V.F)		
	8~9호기			MRM		

6) 승강기의 운전순서와 방법 및 조건을 파악하고 현장업무에 반영한다

(1) 운전결과는 해당 근무자가 승강기 작업일보, 승강기 일일점검표, 보수일지, 각 종 점검표에 작성하고 승강기 책임자가 검토 후 관리소장의 결재를 득하여 관리한다.

(2) 수동시 운전요령을 숙지한다.

① 조명등 스위치를 켠다.

② 표시등 스위치를 넣으면 위치표시등이 점등한다.

③ 운전변환스위치를 수동 측으로 넣는다.

(3) 점검요령을 숙지한다.

① 속도변환 스위치를 저속으로 넣는다.

② 안전스위치를 정상으로 넣는다.

③ 문정지 스위치를 정상의 위치로 넣는다.

④ 운전시 상·하 레버 및 터치를 누르면 상승 또는 하강하게 되면 손을 넣으면

즉시 그 위치에 정지한다. 또한 엘리베이터 상부에서 점검할 때는 엘리베이터 상부에 있는 점검스위치 박스내의 ON한다. 케이지 스위치를 넣고 엘리베이터 내부에서와 마찬가지로 상 · 하 버튼을 누르면 저속으로 운전되어 진다.

7) 운전 주의사항을 숙지하고 현장업무에 적용한다

(1) 작업내용을 사전에 충분히 검토하여 필요 공구 및 장비를 준비하고 작업책임자의 지시를 받아 시작한다.
(2) 작업 대상물에 대한 안전도를 확인한다.
(3) 구동부분은 동작이 완전히 정지한 후 작업을 실시한다.
(4) 모든 작업은 운행을 정지한 후 실시하되 작업시 구동부분에 접촉되는 일이 없도록 유의한다.
(5) 노출된 회전부분 및 구동부분에 접근할 때는 옷깃, 옷소매, 수갑 등에 세심한 주의를 하고 대상물에 시선을 집중시켜야 된다.
(6) 전기스위치, 전기조작장치에 접근할 때에는 절연치의 이상 유 · 무를 확인한다.
(7) 전기공작물에 작업이 필요할 때에는 전압, 부하량, 회로차단 등 제반사항을 확인한 후 관계부서에 작업내용을 확인시킨다.
(8) 중량물을 취급할 때에는 자기 힘에 맞도록 요령 있게 취급한다.
(9) 작업에 임하기 전에 반드시 사용될 공구류의 이상 유무를 확인하고 완전히 준비를 갖춘 후 실시한다.
(10) 감시반 근무자는 호기별 상태를 항시 파악하고 이상이 있을 때는 즉시 보고한다.
(11) 고장이 발생하여 가동 불능일 때는 승객에게 현 상태를 알리고 책임자의 지시에 따라 조치하고 또한 승객구출이 필요시 응급구출 안전순서에 의하여 신속하고 안전하게 구출한다.
(12) 각 계전기의 작동시 아크 및 작동상태를 수시로 점검하고 운행중인 기계의 소음, 진동, 냄새 등에 주의한다.
(13) 전기 계통의 측정이나 시험은 반드시 계기를 이용히여 정확히 관찰하고 통신기의 취급을 소중히 한다.
(14) 승강기 상부 및 피트의 작업 시는 주위의 안전 상태를 확인하고 작업을 실시한다.
(15) 각종 스위치 조작은 사전 승낙을 받아 시행해야 하며 작업에 임하기 전 순위에 따라 보고하고 동료에게도 알린다.
(16) 모든 작업은 승강기 운행 정기 MAIN S/W 또는 안전 S/W를 차단 확인 후 실시한다.

(17) 승강기 상부수동 점거운행 중에는 보호 장비 안전모, 안전벨트를 착용하고 복장을 간편하게 하여 구동부에 말려들지 않게 할 것이며 카운터 웨이트 및 승강기 운행에 유의해야 한다.

(18) 작업시 승강기 운전자는 작업 원과 사전에 상호 연락 후 운전조작 한다.

8) 승강기 점검주기와 보수요령을 파악하고 승강기를 유지관리한다

(1) 엘리베이터가 지니고 있는 기능을 충분히 발휘하기 위해서 세부적으로 면밀한 조정과 점검을 행하여 고장 및 이에 수반된 사고를 미연에 방지함으로서 항상 양호한 운전 상태를 유지시킬 수 있도록 만전을 기하는데 있다.

(2) 일상 점검하고 보수한다.

① 화재 및 지진이 발생하는 비상시를 대비하여 엘리베이터 사용에 대해 충분히 지도훈련을 실시한다.

② 매일아침 이용자가 사용하기 전에 1회 이상 왕복 운전한 다음 이상 유무를 확인하도록 한다.

③ 문이 열릴 때, 문틀에 손이 끼어들 위험이 있으므로 주의시키도록 한다.

④ 도어의 받침대에 먼지가 끼면, 개폐과정에서 고장을 일으킬 수가 있으므로 청소하도록 한다.

⑤ 비상시에 대비하여 연락용 전화기 또는 인터폰이 통화가능한가를 확인하도록 한다.

(3) 점검주기 및 조정방법을 숙지하고 현장업무에 적용한다. 엘리베이터가 항상 양호한 기능을 발휘함과 동시에 안전한 운전 상태를 유지하기 위해서는 점검작업을 충분히 한다. 기계적으로는 볼트, 너트의 풀림, 가동접촉부분의 마모, 온도상승, 음향, 냄새 등에 주의해야 한다.

9) 승강기에 이상현상 발견시에는 다음과 같이 조치한다

(1) 출입구 부근에서 정지된 경우에는 다음과 같이 조치한다. 감시반 근무자는 비상호출을 받는 즉시 내려가서 외부도어 키를 사용하여 도어를 열고 승객을 안전하게 구출한다.

(2) 계층공간에 정지된 경우에는 다음과 같이 조치한다.

① 기계실의 각 층 제어기에 표시된 승강기의 위치를 확인한다.

② 기계실의 수전 반에 취부 되어있는 주전원 스위치로 전원을 차단한다.

③ 승강기내에 연락해서 승강기가 움직인다는 것을 알리고 출입구 가까이에 있지 말 것을 지시한다.

(3) 중간층에서 정지했을 경우에는 다음과 같이 조치한다.

① 수동으로 움직여서 조작하도록 되어 있으며 이때에는 다음 요령으로 행한다.

② 후로어 표시층이나 로프 표시층으로 레벨을 맞춘다. 브레이크 수동개방시 움직이지 않을 경우 모터측의 핸들을 돌린다.

③ 작업자 2~3명으로서 상호연락을 취하면서 마그네트 브레이크를 수동레버로 서서히 열고 모터가 움직이는 방향으로 승강기를 움직여서 승강기를 층에 맞추어 승객을 외부로 구출한 후 도어를 다시 닫는다.

(4) 완충기(바파) : 승강로 내의 피트바닥에 설치되어 있는 완충기로서 이 완충기의 작용에 의해 피트 바닥으로 엘리베이터가 충돌할 경우 충격완화 장치다.

(5) 승강기장비 사고 시에는 다음과 같이 조치한다.

① 근무자 근무시에 승강기 고장과 장비사고가 발생되면 비상시 응급구출 대처요령과 안전수칙에 의거 신속하고 안전하게 조치하고 승강기 책임자에게 연락한다.

② 승강기 관리책임자는 중요 고장정비 사고일 경우 즉시 사고현장에서 관리소장 및 설비과 승강기 담당자에게 사고발생 경위 및 지금까지 진행상황을 유선으로 신속하게 보고한다.

③ 관리소장은 본사 운영 팀에게 최초 보고를 실시한다.

④ 승강기 고장장비사고시 2차적인 사고가 발생되지 않도록 조치하고 사고현장을 보존하며 사고발생 보고서를 작성하여 관리소장, 설비과 승강기담당자, 본사 운영팀 순으로 제출하고 사고원인을 규명하여 설비과 승강기담당과 협의한다.

⑤ 설비과 승강기담당자와 협의사항이 이루어지지 않을 경우 본사 운영팀에 통보하여 조치를 받는다.

⑥ 경미한 사고의 경우 업무일지에 기록 후 명일 아침 해당 관리소장, 설비과 승강기 담당자에게 결재 시 보고한다.

⑦ 설비과 승강기담당자는 승강기 사고가 발생하였을 경우 승강기 검사기관에 보고하여야 한다.

(6) 승강기장비 고장시에는 다음과 같이 조치한다.

① 메인 쉬브 및 메인 와이어로프 교체한다.

② 트렉션머신 브레이크 코일을 교체한다.

③ 트렉션모터 베어링을 교체한다.

④ 트렉션머신 웜기어 오일을 교체한다.

⑤ 제어반 릴레이를 교체한다.

⑥ CF 콘텍 곱바 및 카본을 교체한다.
⑦ PCB 교체는 순서대로 한다.
⑧ 후로어 삼각휭거를 교체한다.
⑨ 카본 브러시(T/M, M-G)를 교체한다.
⑩ 도어 행가 로라 및 연동로프를 교체한다.
⑪ 가이드 로라를 교체한다.
⑫ 카운터 가이드슈를 교체한다.
⑬ 도어 가이드슈를 교체한다.

10) 승강기 자체검사자의 자격을 확인하고 조치한다

11) 승강기 보수업 등록기준을 파악하고 현장업무에 적용한다

<table>
<tr><td rowspan="2">기술인력</td><td>보수책임자</td><td>영 제16조의 규정에 의한 자체검사 자격자 2인 이상</td></tr>
<tr><td>실무기술 인력</td><td>다음의 기준에 해당하는 자중 3인 이상을 채용하여야 한다.
가. 국가기술자격법에 의한 승강기기능사 또는 기계·전기, 기타 이와 유사한 분야의 기능사 자격증이상 소지자
나. 승강기에 관하여 실무경력이 6개월 이상인 자로서 산업자원부장관이 지정하는 교육기관에서 승강기 안전에 관한 교육을 받은 자</td></tr>
</table>

12) 인수인계 사항을 확인하고 조치한다

13) 승강기 적용자료 목록을 확보하고 업무에 적용한다

14) 승강설비 점검기준을 확인하고 점검한다

15) 승강설비 명칭 및 기능을 이해하고 업무에 활용한다

명 칭	기 능
T/M 권상기(Traetion Maechine)	상 · 하로 동작하는 장치
M-G 전동기(Moter Geneerator)	전동 발전기
주로프(Main Rope)	승강기와 카운터에 연결되어 상 · 하로 움직임

명 칭	기 능
가이드 레일(Guide Rail)	승강기가 움직이는 길
비상정지장치(Safety Denice)	비상시 정지장치
조속기(Governor)	강제 정지장치
완충기(Buffer)	충격 완충장치
균형추(Counter Weight)	승강기의 하중을 맞추어 주기 위한 장치
도어머신(Door Machine)	도어 개폐장치
도어인터록(Door Interlock)	문 열림 장치
리미트 S/W(Limit Switch)	키 상·하부 제한 스위치
I.N.D(Indicator)	카 외부 위치 표시등
C.P.I(Car Position Indicator)	카 내부 위치 표시등
S.D. S/W(Slow Down Switch)	보수시 저속 운전 스위치
세이프 슈(Safety Shoe)	발끼임 방지 장치
삼각 힝거	세그먼트와 접속되는 부분
세그먼트	삼각 힝거와 접속되는 부분
브 러 쉬	정유자 면과 접속하면서 전기자석과 외부회로의 연결부분

(자료출처 : 한국표준협회 기계설비관리 지침서 인용)

10. 비상발전기 유지관리

1) 비상발전기 유지관리의 개념

비상용 발전기라 함은 상용의 전원이 정지되었을 경우 비상용 전원을 필요로 하는 중요 설비나 시설에 대하여 전원을 공급하기 위한 발전 장치를 말하며 디젤엔진형, 가솔린 엔진형, 가스터빈 엔진형, 스팀터빈 엔진형 등으로 구분한다. 이와 같은 비상발전기의 상태를 보존하고 기능과 성능을 정상적으로 유지관리하기 위하여 요구되는 점검, 보수, 정비, 교체, 개량, 보강활동을 비상발전설비 유지관리라 한다.

2) 비상발전기 유지관리 절차

(1) 비상발전기 유지관리 핵심 용어를 이해한다.

① 비상발전기 : 비상용 발전기라 함은 상용의 전원이 정지되었을 경우 비상용 전원을 필요로 하는 중요 설비나 시설에 대하여 전원을 공급하기 위한 발전 장치를 말하며 디젤엔진형, 가솔린 엔진형, 가스터빈 엔진형, 스팀터빈 엔진형 등으로 구분한다.

② 상시전원 : 정상적인 상태에서 외부로부터 전력을 공급받아 사용하고 있는 전력공급원을 말한다.

③ 비상전원 : 상시전원이 사고나 고장에 의해 공급되지 못 할 경우에 사용하기 위한 전력공급원을 말한다.

④ 자동절환스위치(ATS : AUTOMATIC TRANSFER SWITCH) : 하나 이상의 부하를 한 전원에서 다른 전원으로 자동 전환할 수 있는 장치를 말한다.

⑤ 비상전원공급설비(EMERGENCY POWER SUPPLY SYSTEM) : 비상전원의 절환장치에서 부하단자까지 사이에 설치된 전선, 단로장치, 과전류 보호장치, 절환스위치 등 비상전원 공급을 위한 제어, 감시, 지원장치로 구성된 설비를 말한다.

⑥ 비상전용 수전설비 : 상시전원과는 별도로 외부에서 비상전원을 공급받기 위한 예비 수전설비를 말한다.

3) 설비제원 및 구성을 파악하고 현장업무에 참고한다

설치위치	수량 [대]	용량	비고
○○빌딩 (　)F	1	(　　) KW	(　)/(　) V

4) 발전기 운전 전 무부하 운전점검 및 절차를 확인한다

(1) 발전기 무 부하 운전은 매 격주 토요일에 정기적으로 실시를 한다.

(2) 통상 무 부하 운전점검 시에는 발전기 병렬운전을 원칙으로 하며, 운전시간은 보통 15분 이상 가동하는 것으로 한다.

(3) 무 부하 운전점검시 '발전기 가동일지'에 기재를 하여 관리한다.

(4) 무 부하 운전점검시 사전절차를 숙지하고 운전준비를 한다.

(5) 무 부하 운전 전 사전절차에 의해 준비가 된 후에는 '발전기 가동일지'를 준비하여 점검을 실시한다.

(6) 발전기가 가동을 시작하고 난 후 CONTROL PANEL내 전압계에 380V를 지시

하며 전압이 확립이 되는지를 확인한다.

(7) CONTROL PANEL내 주파수계에 주파수가 60HZ를 지시하는지 확인한다.

(8) 각 종 알람 지시램프에 경고등이 켜지는지 여부를 확인한다. 경고등이 켜질 경우에는 해당 경고등의 원인 확인을 실시해야 하며, 비상시에는 비상정지 버튼을 눌러 해당 발전기를 강제로 정지시켜야 한다.

(9) CONTROL PANEL내 역률계에 역률이 확립이 되어 0.8P.F 이상을 지시하는지 확인한다.

(10) 연료탱크의 유량계 및 연료공급이 정상적으로 되는지 확인한다.

(11) RPM METER는 1,800RPM 를 나타내는지 확인한다.

(12) 냉각수 온도계가 85℃ 이하를 지시하는지 확인한다.

(13) 엔진 내 윤활유 온도계가 85℃ 이하를 지시하는지 확인한다.

(14) 발전기가 가동을 시작하면 해당 발전기와 연계된 보조펌프도 자동으로 가동을 시작하게 되므로 보조펌프용 MCC PANEL에서 해당 펌프들의 가동상태 및 이상유무를 확인을 한다.

5) 발전기 운전요령을 숙지하고 운전한다

(1) 정전시 조치요령 및 확인사항을 확인한다.

(2) 감시반에서 승강기 내부 승객이 갇혔을 때는 승강기 근무자와 협조하여 승객들을 신속하고 안전하게 구출한다.

(3) 비상발전기 가동 후 전원투입 순서를 확인하고 전원을 투입한다. 정전 3초 후 비상발전기 가동 → 비상발전기 VCB ON(발전기실판넬) → HV-2D VCB ON(수변전실) → 고층 부 동력 제외한 전체 및 저층 부 일부 전원 투입(정전 후 약15초 후에 발전기 전원 전체 자동투입이 된다.

6) 자체 정전 판단시 고장원인을 정확히 파악한 후 복구한다

7) 복구 후에 복전한다

8) 발전기 점검요령을 확인 후 정기적으로 점검한다

발전기는 정전 발생 등의 사고에 대비하여 평상시 주기적인 점검활동으로 항상 최적의 상태를 유지하여야 하며, 정전발생시 발전기가동에 의한 중요부하의 안정적인 전원공급이 되어야 한다.

(1) 발전기는 일상점검에 속하는 주간점검과 매 격주 토요일마다 실시되는 무부하 시험가동 점검으로 나누어 점검한다.

(2) 발전기의 일상점검에는 육안확인점검으로 이루어지며, 매 격주 금요일에 실시되는 점검은 직접 발전기를 무 부하 상태에서 운전함으로써 발전기의 가동상태에서의 이상 유무를 파악하고 점검한다.

(3) 주간점검방법 및 절차를 숙지하고 점검한다.

① 발전기 주간점검내용은 '발전기주간점검'에 의해 기록한다.

② 육안점검 내용으로는 충전부, 경유탱크, 배터리, 예열장치, 기타 조작 판넬의 S/W 상태 등을 중점적으로 점검하여 기록 한다.

③ 육안점검 세부내용은 세부점검사항에 의거하여 기록한다.

(4) 주간점검사항을 확인하고 주간점검을 실시한다.

구 분	점검 내용
발전기용 배터리	발전기 배터리가 충전되어 있는지 확인
배터리 충전부	배터리 충전용 DISCONNECTING S/W가 ON 위치 여부확인
예열장치	예열장치의 가동상태 확인
발전기 PANEL	배전반 판넬내 MODE SELECTOR S/W 가 AUTO에 있는지 확인
	운전반 판넬의 모든 SELECTOR S/W 가 AUTO에 있는지 확인
	배전반 각 표시램프의 정상여부 확인
연료탱크	연료탱크 상태 확인 및 경유 누액 여부를 확인
급, 배기 FAN	발전기실 내 급, 배기 FAN 가동상태 확인

(5) 발전기의 점검 기준을 확인하고 점검한다.

① 냉각수 탱크의 수위가 80% 인지 확인한다.

② 경유탱크의 연료량을 확인한다(탱크레벨 60%이상 범위유지).

③ 엔진오일의 양을 점검한다.

④ 위 사항을 확인 및 조치후 판넬의 셀렉타 스위치를 수동으로 가동하면 발전기는 기동된다. 이때 솔레노이드의 접속 음과 스타트 모터의 기동소리가 부드러운지를 확인한다.

⑤ 발전기의 가동소리가 정상적일 때(일정한 소리)회전수 1800RPM 주파수 60HZ, 전압3.3KV를 확인한다.

⑥ RPM METER는 1,800RPM을 유지하여야 한다.
⑦ 엔진오일 압력은 5.0 ~ 7.0 BAR 범위에 있어야 한다.
⑧ 엔진오일의 온도는 85℃를 초과하지 말아야 한다.
⑨ 냉각수 온도는 85℃를 초과하지 말아야 한다.

9) 윤활유 점검을 실시하고 유지보수한다

점검주기	점검 및 유지보수 사항
매일 매 10시간 마다	육안검사
	엔진오일레벨 점검
	연료레벨 점검
	공기청정기 점검
매 50시간 마다	연료나 엔진오일내의 물 함유 여부 점검
	연료탱크 배수
	배터리 전해질 레벨과 비중 점검
매 250시간 마다	엔진오일 교환
	오일필터 교환
	라이에이터핀 청소
	소음기물 배수
매 500시간 마다	밸브청결도 점검 및 조정
	연료필터 교환
	연료공급 노즐 점검 및 조정
	V-벨트 장력 점검
매 1000시간 마다	볼트 밑 너트 재확인
	물펌프 윤활유 주입
	발전기 점검
	시동기 점검
	연료투입시간 점검 및 조정
	동작시 보호 장치 점검
매 40000시간 마다	발전기 베어링 점검
2년 마다	냉각제 점검
필요시 마다	연료시스템에 연료주입
	공기청정기 청소
	공기청정기 교환

(자료출처 : 한국표준협회 전기설비관리 지침서 인용)

10) 발전기의 유지관리 기준을 확인하고 및 주의사항을 파악하여 유지관리한다

(1) 발전기의 유지관리 기준을 확인하고 유지 관리에 반영한다.
(2) 발전기의 주의사항을 확인하고 업무에 반영한다.

11) 안전예방방법을 숙지하고 안전예방 활동을 수행해야 한다

(1) 조작자는 사고발생을 피하기 위하여 동작 전에 모든 기초 안전예방을 체크해야 한다.
(2) 엔진을 동작시키기 전에 모든 안전예방과 경고를 숙지한다.

12) 기동 전 주의사항을 확인하고 기동한다

(1) 기동 전 주의사항을 확인한다.
(2) 기동 전 주의사항을 확인한 후 기동한다.

13) 전원을 공급한다

14) 이상발생시 고장유형에 따라 복구 조치한다

15) 인수인계 사항을 확인하고 근무 교대시 전달사항 등을 인수인계한다

근무자는 교대시 비상발전기의 이상 유무와 각 종 업무일지 및 근무 중에 발생한 상황 등 필요한 전달사항을 인수인계한다.

11. 방재설비 유지관리

1) 방재설비 유지관리의 개념

방재설비란 화재의 예방과 진화에 사용되는 설비로서 이에는 소방 설비, 소방시설, 자동화재 탐지설비, 제연설비, 연결송수관설비, 스프링클러설비, 경보설비, 피난설비, 소화활동설비 등을 말하며 방재설비의 상태보전과 기능과 성능의 정상적 유지에 요구되는 점검, 보수, 정비, 교체, 개량 보강 등을 활동을 방재설비 유지관리라 한다.

2) 방재설비 유지관리 수행절차

(1) 방재설비 핵심용어를 이해한다.

① 소방 : 화재의 예방, 경계 및 진압에 관한 제반활동 이라고 정의할 수 있으며, 공공소방과 민간소방의 모든 활동을 포함한다.

② 소방안전기사 : 소방법상 특수 장소로 정해진 시설물의 자체 방화관리 업무를 행하기 위하여 선임되어 방화관리 업무를 전담하는 사람을 말한다.

③ 소방설비 : 물이나 약제를 사용하여 화재를 진압하는 기구, 기계, 스프링클러, 옥외 소화전, 옥내 소화전 등을 말한다.

④ 소방시설 : 대통령령이 정하는 소화설비로서 경보설비, 피난설비, 소화용수설비 그 밖의 소방활동상 필요한 설비를 말한다.

⑤ 자동화재 탐지설비 : 자동화재 탐지설비는 화재에 의해 발생하는 열·연기 또는 화염을 이용하여 자동으로 화재를 발견하고, 벨 또는 사이렌 등의 음향장치에 의해 설치 건물 내의 관계자 또는 거주자에게 경보를 발하는 설비로서 수신기, 감지기, 발신기, 음향장치로 구성되어 있는 것을 말한다.

⑥ 제연설비 : 소화활동설비의 일종으로 화재시 연기배출을 할 수 있게 하는 설비를 말한다.

⑦ 연결송수관설비 : 31m 이상 11층 이상 건축물에 설치하는 것으로 화재발생 후 소방대원의 소화 작업을 수행하기 위한 설비이다.

⑧ 스프링클러설비 : 초기화재 진압용으로 쓰이는 소화설비의 일종이다.

⑨ 경보설비 : 화재를 자동 또는 수동에 의하여 건축물 내에 있는 인원의 대피 또는 소방관서에 통보하는 시설로서 이에는 비상경보설비, 비상방송설비, 누전경보기, 자동화재 탐지설비, 가스누설경보기가 있다.

⑩ 피난설비 : 화재시 수용인원이 안전한 다른 장소로 피난하는데 쓰이는 기구 및 시설을 말한다. 이에는 미끄럼대, 피난사다리, 구조대, 완강기, 피난교, 피난밧줄, 공기안전 매트와 그 밖의 피난기구, 방열복, 공기호흡기, 인공소생기, 인명구조기구, 유도등, 유도표지, 비상조명등이 있다.

⑪ 소화활동설비 : 소화활동설비의 종류에는 제연설비, 연결송수관설비, 비상콘센트설비, 연결살수설비, 또는 무선통신 보조실비, 연소방지설비 등이 있다.

⑫ 중계기 : 중계기는 감지기 또는 발신기에 의한 화재신호를 수신기로 보내고 또한 소화설비 · 배연설비 등에 제어신호를 발신하는 것이다. 감지기 및 발신기와 수신기의 중간에 중계기를 설치하여 각 회선별 고유신호를 발신하는 경우도 있지만, 최근에는 자동화재 탐지설비 이외의 방재관련 설비에 감지기의 작

동신호를 보내어 이를 작동시키는 것이 많다.

⑬ 전원 : 상용전원은 축전지 또는 교류전압의 옥내간선으로서 배선 도중에 다른 배선을 분기하지 않아야 한다. 비상전원으로서의 축전지설비는 통상 니켈카드뮴 전지를 사용하며, 정전 시나 정전복구 시에는 자동전환 되어야 한다.

⑭ 배선 : 배선은 전기설비기술 기준량에서 장한 바에 따르되 특히 상시개로인 배선에는 쉽게 도통시험을 할 수 있도록 종단저항을 설치하고, 감지기 사이의 배선은 반드시 보내기 배선방법으로 한다. P형 수신기의 감지기 회로 공통선은 1본에 대하여 7경계구역 이하로 한다. 비상전원회로 및 수신기에서 지구음향장치까지의 회로 배선은 내열효과가 있는 방법으로 하여야 한다.

⑮ 경계구역 : 경계구역이란 자동화재 탐지설비의 1회선이 유효하게 화재를 감지할 수 있는 구역을 말한다.

3) 방재분야 업무 프로세스를 파악하고 업무에 적용한다

4) 방재분야를 조직하고 업무를 분장한다

(1) 방재분야를 조직한다.

(2) 방재분야의 업무를 분장한다.

① 방재과장은 다음의 업무를 담당한다.

- 담당부문 시설관리서비스 업무 총괄
- 부서 내 내 종사자 인력관리
- 부서 내 교육훈련 관리 업무
- 담당부문 시설 및 장비 점검관리
- 정기적인 고객보고 수행
- 고객 빌딩관련 시방서, 각종도면 등의 문서관리
- 해당 부문에서 발생되는 품질기록을 설정된 기준에 따라 유지
- 해당부문 업무계획에 따라 근무량을 할당
- 점검방법, 설비 및 공구의 개선이 필요하다고 인정될 때 개선 추진
- 품질향상, 자재, 시간, 경비절감에 대하여 감독
- 작업을 지휘 감독하고 작업보고
- 작업장의 정리정돈, 재해방지, 소방관리 등 안전작업을 지휘 감독을 총괄
- 소요자재 및 공구의 운송과 청구
- 종사원의 사기를 고취하며 작업의 능률향상 추진

② 계장은 다음의 업무를 담당한다.
- 방재과장을 보좌하여 방재 업무 수행에 차질이 없도록 함
- 계장은 방재관리 유지, 업무 및 지휘
- 건물 내 방재설비에 관한 수리 · 보수 등에 대한 작업, 지휘 감독
- 방재 일상 근무 감독 및 신상 파악
- 방재 업무, 화재발생시 보고서 제출

③ 주임은 다음의 업무를 담당한다.
- 계장을 보좌하여 방재 업무 수행에 차질이 없도록 한다.
- 해당 방재시설설비에 대한 조작 · 보존 · 보수 업무를 수행한다.
- 해당 방재시설물에 대한 각종 돌발사고시 인원을 통솔하여 응급처치 한다.
- 반원에 대한 기술지도 및 지휘를 통솔한다.

④ 근무자(기사)는 다음의 업무를 담당한다.
- 방재설비 및 시설물에 대한 장비조작 및 안전 수칙을 습득하여 원활한 근무체제를 유지한다.
- 근무지에 대한 점검 및 청결을 유지하여 장비기능에 장애가 없도록 임한다.
- 돌발사고 및 비상사태 시 응급처치를 한 후 지휘계통에 따라 보고한다.

반 별	업무내용
경보반	화재 수신반 감시, 화재시 구내 전파, 계통에 따라 보고
소화반	자체 소화시설을 활용한 소화활동 전개
급수반	소방용수의 보존과 급수관리
방호/복구반	방화문 폐쇄, 피난로 개방, 위험물 및 장애물 제거, 소화 후 복구 활동

5) 소방안전기사의 업무를 파악하고 현장업무에 적용한다

(1) 소방계획에 의한 소화 · 통보 · 피난 등의 훈련
(2) 소방시설 그 밖의 소방관련 시설의 유지관리
(3) 화기취급의 감독
(4) 그 밖의 방화관리상 필요한 업무

6) 방재설비의 재원과 구성을 파악하고 업무에 반영한다

(1) 소화설비 현황을 파악한다.

구 분 건물명	분말소화기(Kg)			하론 소화기	소화전 (방수구)	자동소화설비		연결 송수구	옥외 소화전	비고
			소계			스프링클러설비	하론설비			
계										

(2) 자동화재 탐지설비 현황을 파악한다.

위치 구분	A동	B동	C동	D동	E동	F동	G동	H동	I동				계
1. 비상경보설비													
- 수신기(회로수)													
- 신기(P형1급)													
- 지구경종													
- 소화전표시등													
2. 비상방송설비													
- 조직반													
- 축전지													

구분 \ 위치	A동	B동	C동	D동	E동	F동	G동	H동	I동				계
- 스피커													
3. 자동화재탐지설비													
- 수신반(P형)													
- 수신반(R형)													
- 발신기 셋													
- 감지기													
- 중계기													
- 비상인터폰													
4. 자동화재속보설비													
- 속보기													
5. 피난·유도등 설비													
- 피난등													
- 유도등 (통로,복도,객석)													
- 유도표지													
6. 소화활동설비 (제연설비)													
- 자동제어반													
- 송풍기													
- 배연기													
- 댐퍼													
- 연기감지기													
- 수동조작장치													
- 배연구획													
7. 소화설비(하론설비)													
8. 기타설비													
- 방화셔터													
- 방화문													
- 감지기													
- 배연창													
9. 시각경보기													

7) 방재설비의 운전순서와 방법 및 조건 등을 파악하고 업무에 적용한다

운전결과는 해당근무자가 방재업무일지 및 각종점검일지에 작성하고, 해당 담당자가 검토 후 관리소장의 결재를 득한다. 운전순서, 방법, 조건은 적용자료 목록에 따른다.

8) 점검체크리스트에 따라 점검한다.

9) 소방설비를 정기적으로 검사하고 자체적으로 검사하여 유지관리한다

(1) 소방설비의 세부점검 및 유지관리사항은 해당사업소 방재운영지침서에 따른다.

(2) 근무자는 소방설비의 점검결과 부적합사항이 발견되면 발견즉시 관리소장 및 방화관리자에게 보고 후 방화관리자 입회하에서 조치를 취한 후 관리소장에게 즉시 보고하여야 한다.

(3) 소화기는 항시 사용가능한 상태로 유지하며, 점검결과 이상발견시는 즉시 교체한다.

(4) 소방설비의 법정점검 계획은 아래의 표와 같다.

내 용	2017년												시행여부	시행업체	비고
	1월	2월	3월	4월	5월	6월	7월	8월	9월	10월	11월	12월			
방재설비 자체검사													매월 실시	관리주체	
방재설비 정기검사													3월	소유주체 지정	

주) 소방설비(소화활동설비와 방화구획 설비 등은 언제나 사용가능한 상태로 유지해야 한다.

10) 화재발생 시에는 다음과 같이 조치한다

(1) 화재가 자동화재 탐지설비에 감지된 경우에는 다음과 같이 행동한다.

① 화재 수신 반 및 설비 반에 화재발생 지역표시등 점등 및 주 경종, 지구경종이 울린다.

② 주경종 정지 스위치를 눌러 음향을 정지 시킨다.

③ 화재복구 스위치를 눌러 복구시킨다.

④ 복구가 되지 않으면 화재발생이므로 신속하게 해당지역으로 가서 화재여부를 파악하여 방재실 근무자에게 알린다.

⑤ 방재 근무자는 화재시 비상방송으로 화재임을 알린 후 소방서(☎ 119)에 신고하고 그 내용을 자위대대장(관리소장) 및 건축주에 우선 보고한다.

⑥ 만약 야간인 경우에는 당직자에게 즉시 연락하고 당직자는 비상연락망에 따라 자위대대장(관리소장) 및 소화활동에 필요한 인력이 동원될 수 있도록 연락을 취한다.
⑦ 자위대대장(관리소장)은 신속히 화재 현장으로 출동하여 편성된 자위소방대 임무에 따라 화재진압 활동을 전개한다.
⑧ 화재가 완전히 진압되고 재발화의 위험이 사라졌다고 판단되면 임시 복구조치를 취한 후 정상적인 일과에 복귀한다.

11) 소방안전기사를 선임하고 보고한다

분야	자격 대상	자격 요건	인원	비고
방재	소방안전 관리자	- 소방시설 관리사, 소방시설 기사 - 위험물 취급 기능사 이상 (위험물 안전 관리자로 선임된 사람) - 소방안전 관련학과 12학점 이상 이수 또는 전공자로서 3년 이상 실무 경력자 - 전문대학이상 소방안전 관련학과 졸업자 (2년 실무경력자)	1명	

12) 적용자료 목록을 파악하고 유지한다

13) 설비점검 기준을 파악하고 점검한다

(1) 일일점검 기준을 파악하고 점검한다.
(2) 주간점검 기준을 파악하고 점검한다.
(3) 월간점검 기준을 파악하고 점검한다.
(4) 연간점검 기준을 파악하고 점검한다.

14) 주요 장비 고장원인을 파악하고 수리한다

(1) 수신반 고장원인을 파악하고 수리한다.
(2) 하론 고장원인을 파악하고 수리한다.
(3) 피난구 유도등 고장원인을 파악하고 수리한다.

제6절 환경적 시설관리 활동

1. 환경적 시설관리의 개념

환경적 시설관리라 함은 건축물의 시설관리에 직접 또는 간접으로 관계되는 업무로서 위생성과 보건성 등 주로 환경적 성격을 가지고 있는 시설관리 서비스 수행활동을 말한다. 이에는 보일러 세관작업 및 보고, 쿨링타워 청소 및 위생검사, 오수처리 정화조 청소 및 소독, 공기 닥트 청소, 실내공기 질 측정 및 보고, 실내 환경 위생관리, 먹는 물 수질검사, 고가수조 및 저수조 청소, 물탱크 청소, 오수처리 수질 검사 등의 환경적 시설관리 업무 등이 있다.

2. 환경적 시설관리 주요 업무의 종류

주요 환경적 시설관리 주요 업무에는 〈표 76〉과 같은 업무 등이 있다.

〈표 76〉 환경적 시설관리 주요 업무의 종류

(1) 보일러 세관작업 및 보고
(2) 쿨링타워 청소 및 위생검사
(3) 오수처리 정화조 청소 및 소독
(4) 공기 급기 및 배기 닥트 청소
(5) 실내공기 질 측정 및 보고
(6) 먹는 물 수질검사
(7) 고가수조 및 저수조 청소
(8) 물탱크 청소
(9) 오수처리 수질 검사
(10) 실내 환경오염도 측정
(11) 소독 및 방역 등

3. 환경적 시설관리 업무수행 절차

1) 환경적 시설관리 해당업무별로 법정 측정, 점검, 검사, 보고, 청소일정을 확인한다.
2) 내부 품의를 거처 시행승인을 득한다.
3) 자격있는 대행사와 측정, 검사, 점검 등 대행업체와 대행 서비스 계약을 체결한다.
4) 해당 작업을 수행한다.
   (1) 보일러 세관작업을 수행한다.
   (2) 쿨링타워 청소 작업을 수행한다.
   (3) 오수처리 정화조 청소작업을 수행한다.
   (4) 공기 닥트 청소작업을 수행한다.
   (5) 실내공기 질 측정 작업을 수행한다.
   (6) 실내 환경 위생관리 작업을 수행한다.
   (7) 먹는 물 수질검사 작업을 수행한다.
   (8) 고가수조 및 저수조 청소작업을 수행한다.
   (9) 물탱크 청소작업을 수행한다.
   (10) 오수처리 수질 검사작업을 수행한다.
   (11) 실내 환경오염도 측정 작업을 수행한다.
5) 작업 결과 서비스 품질을 확인한다.
6) 필 증, 검사보고서 등 보고에 필요한 자료를 접수한다.
7) 관계기관에 보고한다.
   (1) 보일러 세관작업 결과를 보고한다.
   (2) 실내공기 질 측정결과를 보고한다.
   (3) 오수처리 정화조 청소 및 소독결과를 보고한다.
8) 보고결과를 기록하고 유지한다.

제7절 안전적 시설관리 활동

1. 안전적 시설관리의 개념

1) 안전적 시설관리 주요 업무의 종류

안전적 시설관리 주요 업무의 종류에 대하여 알아두어야 한다.

2) 안전적 시설관리 서비스 업무 수행절차

(1) 근무자는 화재발생 연락을 받으면 관리현장사무소 및 설비과로 연락하고 지구경종을 동작시킴과 동시에 비상방송으로 화재임을 알린다(방송 내용참조).

(2) 화재발생시 다음과 같이 방송한다.

> 방재실에서 알려드립니다.
> 지금 (   )층 (   )호실 부근에 화재가 발생되었으니 신속히 대피하시기 바랍니다. 모든 엘리베이터는 운행되지 않으니 각 층 비상계단을 이용하시기 바랍니다. 대피 시 당황하지 마시고 침착하게 질서를 유지하여 주시기 바랍니다. 거듭 알려드립니다.

(3) 화재경보 해제시 다음과 같이 방송한다.

> 방재실에서 알려드립니다.
> 조금 전 (   )층 (   )호실에서 발생되었던 화재경보는 화재가 진압되어 복구조치 되었습니다. 조금 전 발했던 화재비상경보를 해제함을 알려드립니다. 거듭 알려드립니다.

(4) 화재감지기 오동작, 작업, 행사시 다음과 같이 방송한다.

> 방재실에서 알려드립니다.
> 조금 전 (   )층 (   )호실에서 화재감지기가 동작하여 현장을 확인한바(오동작, 작업, 행사)으로 판명되었으므로, 업무에 복귀하시기 바랍니다.
> 거듭 알려드립니다.

3) 자동화재 탐지설비 동작시 대응절차

(1) 화재수신반에 화재발생구역 표시등 점등 및 주경종이 울린다.
(2) 주경종을 정지시키고 수신반의 복구 스위치를 동작시킨다.
(3) 복구가 되지 않으면 화재가 발생하므로 근무자는 화재발생구역을 정확히 파악한다.
(4) 근무자는 자체경보기로 관리현장 일 · 숙직자를 방재실로 집결시킨다.
(5) 근무자는 관리현장 기계, 전기근무자와 방호원에게 화재발생 구역을 전파하고 화재발생구역을 확인 및 초기 진화하도록 지시한다.

제13장	건물종합관리 서비스 생산의 개념지식
제14장	건물종합관리 서비스 생산의 방법지식
제15장	건물시설관리 서비스 생산의 활동지식
제16장	**건물 환경위생관리 서비스의 생산활동 지식**
제17장	건물 시설경비(보안) 서비스의 생산활동 지식

제1절 건물 환경위생관리 서비스의 생산활동 지식의 의의

건물환경위생관리 서비스의 생산활동 지식이라 함은 위생관리 서비스 생산활동에 대하여 배워서 알고 있거나 서비스 생산행위에 대하여 명료한 의식과 판단을 말한다.

제2절 건물 환경위생관리 기초개념의 이해

건물 환경위생관리 기초개념의 이해는 다음절에서 설명하는 청소작업에 대한 최소한의 기초지식으로서 건축물 환경미화관리 업무 중 핵심 업무인 청소에 대하여 기초적으로 이해하고 청소작업을 수행할 수 있도록 지원하고 있다.

환경관리의 기초개념의 설명은 건물 환경위생관리 개념의 설명에서부터 건물 환경위생관리의 목적, 건물 환경위생관리 대상, 건물 환경위생관리 6개 영역별 주요 업무의 종류, 청소작업 수행 4대 요소, 청소의 종류와 청소작업 내용, 그리고 청소작업 프로세스 순으로 설명하고 있다.

1. 건물 환경위생관리의 개념

건물 환경위생관리란 청소를 통하여 건물 내외의 환경을 청결하고 위생적으로 유지하는 활동을 말한다. 청소대상 건축물이나 시설물에 대하여 청소활동을 통하여 오염원의 예방과 제거, 정리정돈, 생활 쓰레기나 산업 폐기물 반출, 마감재의 색상과 기능의 장기적 유지와 건축물 마감재 내구성의 장기화로 건축물의 경제적 가치 향상에 이바지 하는 건축물종합관리의 한 분야로서 청소현장 현황파악과 청소작업 수행계획서 작성, 청소활동 수행, 청소활동 결과 품질검증 및 청소활동 사후관리를 담당하는 환경위생관리 성격의 건물종합관리의 한 분야 활동을 말한다.

또한 건물 환경위생관리란 건물의 청소관리(Building Cleaning Service Management)를 의미하며 건축물 유지관리 분야 중 청결성과 미관성 및 보건성의 유지를 담당하는 환경위생관리 분야로서 건축시설물의 정리정돈과 오염원의 방지 및 제거, 생활쓰레기 및 산업폐기물의 배출 그리고 업무공간의 청결성과 미관성의 유지로 건축물 사용자와 이용자의 업무 생산성을 향상시키고 위생환경 조성으로 질병의 감염으로부터 재실자의 생명과 건강을 보호하며 건축물 마감재의 기능과 색상을 장기적으로 유지하여 건축물의 내구성 향상에 이바지하며 결과적으로 건축자산의 경제적 가치를 제고하는 등 이른바 신개념의생 환경위생관리 성격의 건축물종합관리 활동이라 할 수 있다.

또한 현대의 청소개념은 오염원의 방지 및 제거 중심의 전통적 청소개념에 건축물의 유지관리(Building Maintenance and Management)개념과 융합한 청소개념으로 이해되고 있다.

환경미하 NCS 학습모듈에서는 환경미화(청소)개념을 건축 · 시설물의 청결유지, 마감재의 내구 연한 증대, 쾌적한 환경 조성, 보건위생 수준 향상을 위하여 청소계획 수립, 청소활동, 성과 측정과 평가, 사후관리 등의 활동을 수행하는 일로 정의하고 있다.

2. 건물 환경위생관리의 목적

환경위생관리 대상 건축물에 대하여 환경위생관리 활동을 통하여 얻고자 하거나 달성하고자 하는 환경위생관리의 목표나 방향은 〈표 77〉과 같다.

〈표 77〉 환경위생관리의 목적

1) 건물 내외의 청결성 확보 및 유지 2) 건물 내외의 미관성 확보 및 유지

> 3) 건물 보건위생수준의 향상
> 4) 쾌적한 사무환경 조성 및 건물사용자의 업무생산성 향상 지원
> 5) 건물 마감 부재의 기능과 색상의 장기적 유지 및 내구연한 증대
> 6) 건물의 사용가치 제고에 의한 경제적 가치 보존유지 및 개량

3. 환경위생관리의 대상물

환경위생관리의 대상물이라 함은 청소활동의 객체로서 청소작업의 목적물을 말한다. 청소대상에는 물리적 청소대상과 관념적 청소대상이 있다. 물리적 청소대상물에는 건축물의 마감재(바닥재와 벽재 및 천장재)와 건축물의 내외 공간, 시설물과 집기 비품, 청소장비와 도구, 청소약품과 청소용품 등이 있다.

관념적 청소대상물에는 청소현장의 청소대상과 청소범위 및 요구 청소수준의 파악, 청소계획의 수립, 청소현장 조직의 구축과 업무 분장, 인사 노무관리, 청소서비스 품질 매뉴얼의 작성, 교육 훈련, 현장 실행예산서 설계 및 승인, 문서 관리, 청소약품 및 소모품 관리, 청소장비도구 관리, 보고서 작성 및 정기적 보고, 청소 관계법령 검토 및 이행조치, 청소서비스 계약체결 및 사후관리, 청소 관련 비용의 청구와 정산 등 여러 가지 눈에 보이지 않으나 존재하여 수행해야 하는 업무들이 산재되어 있다. 청소의 대상 중에는 물리적 청소 대상이 주된 대상이며, 관념적 청소대상은 종 된 청소대상으로서 물리적 청소대상의 청소수행을 측면에서 지원하는 성격을 가지고 있다.

4. 청소작업의 4대 요소

청소는 청소의 목적을 효과적으로 달성하기 위하여 수행되며 청소활동을 통하여 청소의 목적을 달성하게 된다. 청소작업은 청소인력, 청소도구, 청소 장비, 청소약품 등 4가지 요소를 효율적으로 배분하고 활용하여 이루어지는 특징이 있다. 이를 청소작업 4대 요소라 하고 청소작업 4대 자원이라고도 한다. 이를 개괄적으로 설명하면 다음과 같다.

1) 청소인력

청소인력이란 청소에 종사하는 사람을 말한다. 미화원, 청소원, 환경미화원, 건물관리원 등으로 호칭되며 통일적으로 사용할 수 있는 정형화된 호칭은 아직 정립되지 못하고

있다 또한 청소현장에서는 인격 존중의 의미로 여사님으로 호칭하는 경우도 있으나 향후 지양되어야 할 호칭으로 인식된다.

청소인력은 청소 대상 마감재의 종류와 특성을 파악하고 마감재별 청소방법을 알고 있어야 하며, 청소도구나 장비 및 청소약품을 용법대로 사용할 줄 알아야 하고 청소작업 안전에 유의할 줄 알아야 함은 물론 청소현장 조직의 구성원으로서 협력과 조화에 요구되는 인격을 갖추고 있어야만 청소의 전문적 수행과 함께 개인의 발전에 도움이 될 것으로 판단된다.

2) 청소장비

청소장비란 청소작업을 효율적으로 수행하기 위하여 제작된 장비를 말하며, 청소장비는 용도와 특성에 다라 여러 가지로 분류된다. 주요 청소장비를 용도에 따라 분류하면 〈표 78〉과 같다.

〈표 78〉 주요 청소장비의 종류와 용도(예시)

장비의 명칭	장비의 종류	장비의 용도
1) 진공청소장비	(1) 건식 청소기 (2) 건 습식 겸용 청소기 (3) 산업용 집진 청소기 (4) 크린룸용 청소기 (5) 배낭형 청소기	- 마른 물질, 마른 먼지흡입 - 젖은 이물질 액체 흡입 - 고용량 흡입 - 배출되는 공기 필터 강화 - 이동하면서 먼지 흡입
2) 바닥 청소장비	(1) 버니셔(돌돌이) (2) 기름걸레 차(리스킹 카) (3) 습식 청소차 (4) 건식 청소차	- 바닥청소, 박리, 연마작업 - 기름걸레로 바닥 먼지제거 - 더러워 진 흡착 저장 - 바닥 먼지, 쓰레기 쓸어 담아 호퍼에 저장
3) 고압 세척기	(1) 가정용 (2) 일반용 (3) 전문가용	- 최대 압력 100bar 이하로 - 최대 압력 120bar 이상으로 먼지, 오물 제거 - 최대압력 200bar 이상으로 오물 제거

4) 특수목적용 청소장비	(1) 카펫트 청소장비 (2) 에스카레이트 청소장비 (3) 무빙워크 청소장비 (4) 계단 청소장비 (5) 외벽 청소장비	- 카펫트 청소 - 에스카레이트 청소 - 무빙워크 청소 - 계단 청소 - 외벽 청소

3) 청소도구

청소도구라 함은 청소작업을 효과적으로 수행하기 위하여 제작된 수동형 청소용품을 말 한다. 청소도구는 용도에 따라 분류할 수 있으며 주요 청소도구소개하면 〈표 79〉와 같다.

청소의 도구는 청소대상의 종류와 규모 및 청소방법 등에 따라 얼마든지 종류와 수량이 가감될 수 있으며, 아래에서 소개하는 청소도구는 예시하는 용도로 소개하고 있음을 참고하기 바란다.

〈표 79〉 주요 청소도구의 종류(예시)

종 류	용 도
장목비	각 층 청소용
대비	외곽 및 주차장 청소용
나이롱 비	각 층 청소용
리스킹	복도계단 먼지 제거용
마포대	청소작업용
마포밥	청소작업용
리스킹 카 밀대	로비 및 지하층 리스킹 카 보충
자동마루 패드	자동마루청소기 보충용
수동마루 패드	수동 마루 청소기 보충용
수동홀드	브러시 교체 보충용
광택기 패드	광택기 보충용
롤 브러시	세정기 교체용
세정기 패드	세정기 교체용
청수세미	각 층 청소용
쓰레받기	각 층 오물수거 작업용

양동이	청소 작업용
알루미늄 사다리	작업용
면장갑	작업용
고무장갑	작업용
기계 솔	바닥 세척용
수거용 봉투 등	각층 쓰레기 수거

주) 상기 청소도구의 종류는 청소의 범위와 대상 및 청소방법 등에 따라 증감될 수 있음.

4) 청소약품

청소약품이라 함은 청소에 사용되는 화학 물질이나 세제 등을 말한다. 청소약품은 특성과 용도에 따라 세제(세척제), 광택제, 제거제, 살균 소독제, 보호제 등 다섯 가지 종류로 분류된다. 청소약품의 종류별 특성과 용도는 본장의 제2절(현장현황 조사 및 파악)의 4(청소약품의 종류와 특성 및 용도)에서 설명하기로 한다.

5. 청소작업의 종류와 내용

환경미화관리자가 청소의 종류와 청소종류별 청소작업 내용에 대하여 이해하고 있어야 함은 매우 당연한 일이다. 왜냐하면 청소는 청소종류별 청소작업계획에 따라 실시되는 환경미화작업이기 때문이다. 청소의 종류는 청소의 시기와 작업 내용에 따라 일상청소와 정기 청소 및 특별청소와 임시 청소로 분류되며 그 내용은 〈표 80〉과 같다.

〈표 80〉 청소작업의 종류와 내용(예시)

청소작업의 종류	청소작업의 내용
일상청소	일상청소작업계획에 따라 수행하는 청소의 종류로서 매일매일 실시하는 청소작업을 말한다. 일상청소의 범위는 현관, 계단, 복도, 화장실 건물주변. 단지내 도로 등 주로 공용부분에 실시하는 청소를 말하며 청소과업지시서 내용에 따라 전용부분도 일상청소의 범위에 포함될 수 있다. - 화장실 청소 - 집기 비품의 먼지제거 걸레질 청소

	- 쓰레기 및 오염물질 수거 및 배출 - 건물 주변 청소 - 청소과업지시서에 청소범위로 설정한 경우, 사무실 바닥 청소 및 사무실 생활 쓰레기 수거 및 배출
정기청소	일상청소만으로는 건축물 내외의 청결 유지 및 미관성 보존과 유지에 한계가 있다. 이와 같은 청소의 한계를 극복하기 위하여 주 1회, 월 1회와 같이 청소일정을 정해두고 일상적으로 수행할 수 없는 특별한 청소대상에 대하여 정기적으로 청소작업을 실시하는 청소방법을 정기 청소라 하며 주로 다음과 같은 청소작업이 정기청소를 통하여 이루어진다. - 바닥 왁스 작업 - 바닥의 세척, 바닥 수지피막 보수 - 카펫트 부분 또는 전면 클리닝 - 계단이나 창틀 금속 닦기 - 높은 곳 먼지 털기 - 유리창 청소 - 주차장 바닥 청소 등
특별청소	정기적으로 청소작업이 요구되지 않으나 계절적 요인 행사나 비노출구역의 청소가 필요하여 특별히 시행하는 청소작업을 말한다. 이를 통하여 다음과 같은 청소작업이 이루어진다. - 외벽, 내벽의 제진, 세정, 고소 청소 - 제설, 제빙, 배수 청소 등
임시청소	임시청소는 돌발적으로 청소가 필요할 때 수행하는 청소작업이다. 예기치 않는 재해발생 후, 공사 후, 큰 행사 집기비품의 교체, 내부 부서의 이동, 누수 등 돌발적으로 발생한 상황에 대처하는 청소를 임시 청소라 한다. 임시청소를 통하여 다음의 청소작업이 이루어진다. - 물 막음 수방작업 - 쓰레기 집하장 청소작업 - 공사 준공청소작업 등

(자료 출처 : 김일효(2010), 건물자산환경관리론, 남두도서, pp.340-341 인용)

6. 청소서비스 생산 3단계 주요 업무

1) 청소서비스 생산 3단계의 개념

청소서비스를 생산하는 청소서비스 단계는 청소서비스 준비단계와 청소서비스 수행단계 및 청소서비스 사후관리 단계 등 3단계로 나누어 청소서비스 업무가 단계적으로 수행 된다. 이를 표로 정리하면 〈표 81〉과 같다.

〈표 81〉 청소서비스 단계별 업무

단 계	단계별 주요 업무
청소서비스 준비단계	- 청소대상물 파악 - 청소서비스 제안 및 청소용역계약 체결 - 현장인수 및 사무실 확보 - 조직구축 및 업무분장 - 청소 운영기준 수립 및 청소매뉴얼 개발 - 청소서비스 계획수립
청소서비스 수행단계	- 청소방법 선정 - 청소구역별 인력배치 - 청소장비 선택 - 청소약품 선택 - 청소작업 실무 및 안전관리 교육실시 - 청소서비스 수행 - 청소서비스 품질 자체 점검 및 품질 검증 - 검증결과 보완작업 수행 - 청소서비스 기록 및 보고
청소서비스 사후단계	- 고객만족도 조사 및 개선조치 - 청소장비 및 약품 정위치 및 관리 - 청소서비스 품질 개선방안 검토 - 청소현장 정리정돈 - 청소작업 사후관리

2) 청소서비스 생산 3단계 수행 프로세스

청소서비스 수행 3단계업무는 구체적으로 청소서비스 수행 프로세스(절차)를 경유하여 수행된다.

청소서비스의 생산과 제공은 청소서비스 업무 프로세스에 의한 청소서비스 수행은 청소관리자가 청소서비스 업무수행 프로세스에 따라 청소현장을 조사하여 청소대상물과 청소범위를 파악하고 청소대상의 종류와 특성을 파악하여 청소작업 계획과 청소일정을 수립하고, 청소방법을 선정하여 청소인력을 배치하고 청소약품과 청소장비를 선택하여 청소작업에 투입하며 청소작업을 수행한다.

또한 결과에 문제가 있는 경우, 청소활동 사후관리를 통하여 청소품질을 검증하고 다시 청소하여 청소 품질을 개선·보완하여 고객을 만족하게 하는 이른바 청소서비스 활동에 의하여 이루지기도 한다. 따라서 청소서비스 업무수행 프로세스는 제품 생산라인과 같은 청소서비스 생산라인(생산벨트)의 기능을 담당하고 있다. 청소서비스 수행 프로세스를 표로 정리하면 〈표 82〉와 같다.

〈표 82〉 청소서비스 생산 3단계 수행 프로세스(예시)

① 청소현장 현황조사 및 파악 → ② 청소의 범위 및 고객요구 품질수준 파악 → ③ 청소대상 마감재 종류 및 특성 파악 → ④ 청소작업 계획 및 청소일정 계획수립 → ⑤ 청소방법 선정 → ⑥ 선정한 청소방법에 따른 청소인력 배치 계획 수립 → ⑦ 청소방법에 따른 청소장비 선택 → ⑧ 청소방법에 따른 청소약품 선택 → ⑨ 청소작업 수행 전 직무 및 안전교육 실시 → ⑩ 청소인력, 청소장비, 청소약품 투입 및 청소작업 수행 → ⑪ 청소작업 과정 중 돌발사고 대응 및 고객 요구사항 응대 → ⑫ 청소품질 자체 검사 → ⑬ 자체검사 결과 품질문제 발생시 청소서비스 품질 검증 및 품질 보완작업 → ⑭ 품질 보완작업 결과 고객만족 여부 확인 → ⑮ 청소작업 현장 정리정돈 및 사후관리

제3절 청소현장 현황조사 및 파악

1. 청소현장 현황조사 및 파악의 개념

청소작업은 청소작업 수행계획에 의하여 수행되며 청소작업 수행계획의 수립은 전적으로 청소현장 현황 조사 및 파악에서 비롯된다. 청소작업을 수행하기 위해서는 청소작업 전에 준비하고 확인해야 하는 업무들이 존재하고 있는바 청소현장 조사 및 파악업무가 그 중 하나의 업무이다.

현장 현황파악 업무 중 가장 중요한 파악 업무에는 청소 대상물 파악, 청소범위 파악, 고객요구 청소품질 수준 파악, 청소 대상 마감재의 종류와 특성 파악, 내 외부 청소작업조건 파악 등의 업무들이 있다. 이에 대하여 구체적으로 살펴보면 다음과 같다.

2. 청소현장 현황조사 및 파악절차

1) 청소 대상물을 조사하고 파악한다

청소작업을 수행하기 위해서는 사전에 청소수행계획서 작성이 필요하고 청소작업 수행계획서를 작성하기 위해서는 청소대상물과 청소범위 및 청소대상 마감재의 종류와 특성 등을 조사하고 파악해야 한다.

청소대상물이란 청소활동의 객체인 청소 목적물을 말하며, 청소대상물에는 광의의 청소대상물과 협의의 청소대상물 등 두 종류의 청소 대상물이 있다. 전자에는 건축물과 시설물이 있으며, 후자에는 건물 외곽, 건물 내부 공간의 바닥 면적과 마감재, 내 외부 공간에 설치한 각종 시설물, 장비, 집기, 비품, 가구 등이 있다.

청소대상물 파악은 청소대상물 파악 도구인 건축 평면도와 청소서비스 도급 계약서 및 과업지시서, 건축마감재 내역서, 현장 설명서 자료 등을 확보하고 분석함으로서 청소대상물을 파악할 수 있다.

(1) 건축 준공도면을 확보하고 분석한다.
(2) 건축마감재 내역서를 확보하고 분석한다.
(3) 환경미화서비스 도급계약서를 확보하고 분석한다.

(4) 환경미화관리 과업지시서를 확보하고 분석한다.
(5) 입찰 전에 실시한 현장설명회 자료를 확보하고 분석한다.
(6) 분석한 결과를 토대로 건축물 내 · 외부 청소대상물 목록을 작성한다.
　① 내부 청소대상물 록록을 작성한다.
　② 외부 청소대상물 목록을 작성한다.
(7) 작성한 청소대상물 목록을 기초로 소유주체와 공동으로 청소대상물을 확인한다.
(8) 작성한 청소 대상물 파악 정보를 청소수행계획에 반영한다.

2) 청소범위를 조사하고 파악한다

청소범위 역시 청소계획 수립을 위하여 파악되어야 한다. 여기서 말하는 청소범위란 일상 청소와 정기 청소, 특별청소와 임시 청소를 의무적으로 수행해야 하는 청소작업의 범주를 의미한다. 청소범위는 청소 대상물 중 일정 부분을 말하는 것으로 예컨대 건축면적이 청소대상물이 되나 청소 범위는 도급계약서에 따라 건축면적(전용면적과 공용면적/연면적) 중공용 면적만을 일반적으로 청소의 범위로 설정하고 있다. 같은 청소 대상물이라 할 지라라도 청소 도급계약과 청소과업지시서에 의하여 청소범위가 정해 질 수 있으므로 청소대상물과 첨소범위 개념은 상이하다. 청소대상물은 청소대상 전체의 건축물과 건축시설물을 말하고 청소범위는 청소대상물 중 일정 부분에 대하여 정해지는 관계로 청소대상물과 청소범위를 정확하게 파악해야 한다.

청소범위는 물리적 청소범위와 계약 문서상의 청소법위가 있으며, 통상 동일한 청소범위이나 현실적으로 다소 상이할 수 있어 양자 모두 확인이 필요하다. 또한 청소대상물 파악방법과 같이 청소범위 파악도구를 확보하고 분석함으로서 정확히 파악할 수 있다.

(1) 청소도급계약서를 확보하고 분석한다.
(2) 청소과업지시서를 확보하고 분석한다.
(3) 건축 마감재 내역서를 확보하고 분석한다.
(4) 건축물 운영관리 매뉴얼을 확보하고 분석한다.
(5) 파악한 청소 범위를 표로 작성하여 유지한다.
　① 물리적 청소범위를 표로 작성하고 유지한다.
　② 계약 문서상의 청소범위를 표로 작성하고 유지한다.
(6) 작성한 청소범위 표를 토대로 청소감독자와 공동으로 확인한다.
(7) 작성한 청소범위 파악정보를 청소수행계획에 반영한다.

3) 청소서비스 고객 요구 품질수준을 조사하고 파악한다

청소서비스 고객 요구 품질수준이라 함은 고객이 만족에 요구하는 청소서비스 품질을 청소활동 수행을 통하여 달성하고자 하는 청소의 가치나 품격, 등급 또는 품질 등 일정한 청소 품질 기준을 말한다.

고객 만족 청소품질 수준은 고객이 주관적으로 만족하는 품질 수준의 특성은 건축주가 일방적으로 설정한 청소 품질의 수준으로서 계량적으로 품질의 등급을 책정할 수 없으며 청소품질 수준을 지표로 설정할 수 없다. 따라서 고객 만족 청소품질 수준은 건축물 청소서비스 위탁자와 수탁자 간에 일정한 청소품질 기준을 설정해 두고 이에 따라 품질을 평가하여 청소 품질 수준으로 평가하는 것이 타당하다.

고객(발주자/건축주)이 요구하는 청소품질 수준의 파악 목적은 청소수행계획서 작성에 반영하기 위해서이다. 고객 요구 청소품질 수준의 파악은 건축주와 체결한 청소도급 계약서와 과업지시서 및 건축주가 청소현장에 적용하고 있는 청소품질매뉴얼을 확보하고 분석함으로서 파악할 수 있다.

(1) 청소 도급계약서를 확보하고 청소서비스 품질 수준을 분석한다.
(2) 청소과업지시서를 확보하고 청소서비스 품질 수준을 분석한다.
(3) 청소품질매뉴얼을 확보하고 청소서비스 품질 수준을 분석한다.
(4) 분석한 청소서비스 품질 수준을 문서로 작성하고 건축주와 공동으로 확인한다.
(5) 확인한 청소서비스 품질 수준을 전체 청소 종사자가 공유하고 현장 청소업무에 적용한다.

4) 청소대상 마감재의 종류와 특성을 조사하고 파악한다

청소 마감재라 함은 건축물의 바닥이나 벽면 및 천장 등의 표면에 미적 기능과 안전 및 편의를 위하여 건축마지막 단계인 마무리(수장) 단계에서 시공한 건축마감 부재를 말 한다. 특히 중요한 마감재는 약 50% 이상을 차지하고 있는 바닥재로서 시공된 바닥 마감재의 종류와 특성의 파악은 매우 중요하다. 왜냐 하면 바닥재의 종류와 특성에 따라 청소방법이 선정되고, 선정된 청소방법에 따라 청소작업에 사용할 청소 장비와 도구 및 청소약품과 용품이 선택되기 때문이다. 청소 마감재의 종류와 특성은 다음의 방법으로 파악할 수 있다.

(1) 건축마감재 목록을 확보하고 분석한다.
(2) 마감자재 납품사의 자재설명서와 취급설명서를 확보하고 검토한다.

(3) 건축평면 도면을 확보하고 분석한다.
(4) 시공 마감자재를 육안 검사를 통하여 점검한다.
(5) 건축 재료학을 참고하여 분석한다.
(6) 분석, 확인, 점검한 결과를 토대로 건축마감재의 종류를 파악한다.
(7) 파악한 건축마감재의 종류별 특성을 파악한다.
(8) 파악한 마감자재의 종류와 특성을 마감자재 기록부에 기록하고 기록자료를 유지한다.
(9) 기록한 마감재의 종류와 특성을 청소서비스 수행계획과 청소작업 수행에 반영한다.

국내 대형건물을 대상으로 일반적으로 마감시공시 사용하고 있는 마감재의 종류와 특성을 살펴 보면 〈표 83〉과 같다.

〈표 83〉 마감재의 종류와 특성(예시)

마감재의 종류	마감재의 종류별 특성
대리석 마감재	- 자연적 광택이 있다. - 물결무늬가 있다. - 색상이 다양하다. - 바닥재로 잘 사용하지 않는다. - 오염물질에 강하나 내화학성과 마모성에 약하다. - 바닥 보호재로 사용할 시 보호를 요한다.
화강석 마감재	- 강도가 높다 - 물결무늬기 없고 석재 알갱이가 보인다. - 커피, 음료수 산성에 강하다 - 빌딩의 바닥재로 적합하다.
테라죠 마감재	- 내구성이 탁월하다. - 산성에 약하다. - 동물성 지방산에 강하다. - 일정한 대리석 돌조각을 시멘트와 섞어 만든 바닥재이다.
아스타일 마감재	- 화학약품에는 강하나 기름과 염료에 변색된다. - PVC로 만든 바닥재로서 부드럽고 휘어지기 쉽다. - 다층의 타일로 구성되어 있다.

타일 마감재	- 표면이 일정하게 고르지 않다. - 때가 쉽게 침투한다. - 광택 무광택으로 구분한다.
카펫트 마감재	- 미려하고 소음 흡수가 탁월하다. - 가용성 오염과 불용성 오염 모두 존재한다. - 백킹, 접착제, 다양한 재질의 파일로 구성되어 있다. - 카펫트 종류에 따라 청소방법이 다르다.
목재 마감재	- 습기에 항상 민감하다. - 습한 조건을 싫어한다. - 알카리성, 비누, 세제에 민감하다.

(자료 : 산업인력공단(2016), 환경미화 학습모듈, 01 청소현장 현황파악, pp34-36. 인용)

5) 청소작업 영향요인 및 청소작업 조건을 조사하고 파악한다

청소작업에 있어서 긍정적 또는 부정적으로 작용하거나 영향을 미치는 요인을 청소작업 영향요인이라 한다. 청소작업 영향요인에는 내부적 청소작업 영향요인과 외부적 청소작업 영향요인들이 있다.

내부적 청소작업 영향요인에는 예산조건과 청소인력 능력요인과 기술경험 요인, 청소장비 사용조건 요인, 청소약품 조건요인 등이 있으며, 외부 청소작업 영향요인에는 청소작업 환경요인과 청소인력과 지재 및 장비 납품조긴 요인 등이 있다. 내부 영향요인 및 외부 영향요인은 다음과 같은 방법으로 조사 파악할 수 있다.

(1) 내부 청소작업 영향요인을 조사하여 파악한다.

① 청소예산조건을 분석한다.
- 청소서비스 도급계약서를 확보하고 청소예산을 분석한다.
- 청소현장 실행예산서를 확보하고 현장 실행예산을 분석한다.
- 청소예산 조건에 따라 청소업무 범위와 서비스 품질수준을 결정한다.

② 청소인력 능력 조건을 조사하여 파악한다.
- 연령대와 근무 경력을 조사하여 파악한다.
- 건강상태를 조사하여 파악한다.
- 청소기술과 청소지식(마감재별 청소방법의 선정, 청소장비 및 청소약품 사용 능력 등)을 보유하고 있는지에 대하여 조사하여 파악한다.

- 근무 자세와 태도를 조사하여 파악한다.
- 직장 상하, 동료 간에 조화하고 협동하는지에 대하여 조사하여 파악한다.
- 성실하게 직장 생활에 임하고 있는지를 조사하여 파악한다.
- 청소작업 도중 안전사고 경험이 있는지를 조사하여 파악한다.
- 고객만족을 위하여 청소품질 유지에 노력하고 있는지에 대하여 조사하여 파악한다.
- 청소작업에 적합한 인력인지 또는 아닌지에 대하여 최종 파악한다.

③ 청소장비 조건을 조사하여 파악한다.

- 청소방법 별 청소장비가 구비되고 있는지를 조사하여 파악한다.
- 구비되고 있는 장비가 사용가능한 장비인지에 대하여 조사하여 파악한다.
- 청소작업 사용 후 관리가 잘되고 있는지에 대하여 조사하여 파악한다.
- 정기적으로 점검하고 정비를 하고 있는지에 대하여 조사하여 파악한다.
- 청소장비의 최종 사용조건을 파악한다.

④ 청소약품조건을 조사하여 파악한다.

- 청소방법별 청소약품이 구비되고 있는지에 대하여 조사하여 파악한다.
- 청소약품 보관 및 관리상태가 양호한지에 대하여 조사하여 파악한다.
- 청소약품 안전관리가 체계적으로 이루어지고 있는지에 대하여 조사하여 파악한다.
- 청소약품 사용조건에 대하여 최종 판단한다.

(2) 외부 청소작업조건을 조사하여 파악한다.

① 외부 통행자와 차량에 대하여 조사하여 파악한다.

② 소요, 분규, 데모 등 돌발 상황에 대하여 조사하여 파악한다.

6) 파악 청소작업 조건 정보의 청소작업 계획에 반영한다

(1) 파악한 청소도급금액 정보를 청소작업계획 수립에 반영한다.

(2) 파악한 청소대상물 및 청소범위 정보를 청소작업계획 수립에 반영한다.

(3) 파악한 고객요구 청소품질 수준을 청소작업계획 수립에 반영한다.

(4) 파악한 마감재의 종류와 특성 정보를 청소작업계획 수립과 청소방법 선정에 반영하고 청소장비의 선택과 청소약품 선택에 적용한다.

(5) 파악한 청소작업 내부 조건과 외부 조건을 청소작업 계획수립에 반영하고, 청소인력 투입과 청소장비 및 청소약품 선택에 참고한다.

제4절 청소계획의 수립

1. 청소계획의 개념

청소서비스를 생산하는 청소작업은 청소계획에 따라 수행된다. 청소계획이라 함은 청소작업을 수행하기 전에 미리 세우는 청소범위와 청소방법, 청소일정, 투입 청소자원 및 청소 절차 등을 미리 생각하여 얽이를 세우는 것을 말한다.

청소작업계획을 수립하기 위해서는 청소대상과 범위를 파악하고 청소대상 마감재의 종류와 특성을 파악해야 하며 파악한 마감재의 종류와 특성에 따라 청소방법을 선정하고, 선정한 청소방법에 따라서 청소작업 일정계획과 예산계획을 세워 청소인력과 청소장비 및 청소약품 등 청소작업 자원을 투입하고 청소활동을 수행하여 마침내 고객이 요구하는 품질 수준의 청소서비스를 생산하고 제공하게 되는 일련의 절차수립을 청소계획이라 할 수 있다. 또한 청소계획 수립이란 청소현장 현황파악에 의거하여 청소대상에 대한 청소방법의 선정, 투입자원 선정, 청소계획서 작성을 수행하는 활동을 의미한다.

2. 청소계획 수립절차

청소작업을 수행하기 위하여 수립하는 청소계획은 다음과 같은 절차에 따라 수립되며, 수립된 청소계획에 의하여 청소작업이 수행된다.

1) 청소 용역계약서를 확보하고 분석하여 청소예산과 청소대상물을 파악한다.
2) 청소 과업지시서를 확보하고 분석하여 청소범위와 고객만족 청소품질 수준을 파악한다.
3) 건축마감재 목록을 확보하고 분석하여 마감재의 종류와 특성을 파악한다.
4) 파악한 청소대상 마감재의 종류와 특성에 따라 청소방법을 선정한다.
5) 선정한 청소방법에 따라 청소인력과 청소장비 및 청소약품 투입계획을 수립한다.
6) 청소 도급계약서를 예산을 확보하고 청소현장 실행예산 계획을 수립한다.
7) 일상청소일정 계획을 수립한다.
   (1) 주간 청소일정계획(예시)을 다음과 같이 수립하고 청소작업에 적용한다.

청소 구분	담당	청소 시간대	청소 작업내용
주간 청소	오전 조	06:00~08:30	- 담당구역 쓰레기 수검 및 쓰레기 집하장 이동 - 화장실 청소 및 소모품 보충
		08:30~10:00	- 조식 및 휴식
		10:00~12:00	- 일상청소작업 및 화장실 2차 청소 작업
		12:00~13:00	- 중식 및 휴식
		13:00~15:00	- 일상작업 마무리 - 담당구역 점검 - 특별청소 도는 청소보완 작업
		15:00~15:30	- 최종 청소점검 및 청소작업 교육

(2) 오후 청소 일정계획(예시)을 수립하고 청소작업에 적용한다.

청소 구분	담당	청소 시간대	청소 작업내용
오후 청소	오후 조	13:00~15:30	- 특별청소 지원 및 지시청소 수행
		15:30~18:00	- 전 층 화장실, E/l 홀, 로비 현관, 보완
		18:00~19:00	- 석식 및 휴식
		19:00~20:00	- 전층 화장실, E/l 홀, 로비 현관, 보완
		20:00~21:00	- 담당 구역 일상 청소작업
		21:00~22:00	- 최종 청소점검 및 야간 조 업무 인계

(3) 야간 청소 일정계획(예시)을 수립하고 청소작업에 적용한다.

청소 구분	담당	청소 시간대	청소 작업내용
야간 청소	야간 조	22:00~22:30	- 지시사항 수령 및 업무협조 회의
		22:30~24:00	- 대리석, 광택, 삼퓨 스케쥴 청소 실시

야간 청소	야간 조	24:00~01:30	- 식사 및 휴식
		01:30~05:00	- 스케줄 청소 실시
		05:00~05:30	- 외관 청소 및 주차장 청소지원
		05:30~06:00	- 최종점검 및 마무리 미팅

(4) 주말 청소 일정계획(예시)을 수립하고 청소작업에 반영한다.

청소 구분	담당	청소 시간대	청소 작업내용
주말 청소	주말 조	10:00~11:00	- 외부 쓰레기 수거 및 청소
		11:00~12:00	- 전 층 화장실 점검 및 보완 청소
		12:00~13:30	- 점심식사 및 휴식
		13:30~15:00	- 옥내 주차장 점검 및 외부시설물 점검
		15:00~16:00	- 쓰레기 분류 배출
		16:00~17:00	- 최종 점검 및 마무리 미팅

8) 정기청소일정과 특별청소작업 일정(예시)을 다음과 같이 수립하고 청소작업에 반영한다.

제5절 청소작업의 수행

1. 청소작업 수행의 개념

청소작업 수행은 청소서비스를 직접 생산하고 제공하는 매우 중요한 청소의 작업과정을 말한다. 청소작업 전에 수립하는 청소계획수립은 청소작업의 낭비나 비효율적 요소를 배제하고 시행착오를 방지하기 위하여 그리고 청소작업을 효과적으로 수행하기 위하여 수행하는 사전적 작업에 불과하며 청소작업 이후에 행해지는 청소품질 검사나 사후관리활동 등은 청소작업의 문제 개선과 보완을 위하여 행해 질 뿐이다. 따라서 고객의 만족에 기여하는 청소서비스의 생산과 제공은 오로지 청소작업 수행에 의하여 이루어지므로 청소관리자는 청소작업 수행에 최선을 다하여 준비하고 수행해야 하며 청소 마무리 작업을 철저하게 수행해야 한다.

2. 청소작업 수행 3단계 조치사항

청소작업은 청소작업 준비단계, 청소작업 수행단계, 청소작업 마무리 단계 등 3단계를 거쳐 청소작업이 진행된다. 따라서 청소관리자는 청소작업 단계별로 요구되는 사항을 적절하게 조치하여 청소작업을 사전에 준비하고 수행하며 마무리해야 한다.

1) 청소작업 준비단계

청소작업 시행착오, 시간과 비용 낭비의 방지를 위하여 청소작업 수행 전에 청소작업 준비사항을 일일이 확인한다.

(1) 청소범위를 확인한다.
(2) 청소일정을 확인한다.
(3) 마감재 종류와 특성을 파악하고 청소작업 방법을 선정한다.
(4) 청소작업수행 절차를 확인한다.
(5) 투입 청소자원(청소인력, 청소장비 및 도구, 청소 약품 및 용품) 준비상태를 확인한다.
(6) 직무교육과 안전관리 교육을 실시하고 청소작업 유의사항과 안전주의 사항을 확인한다.

2) 청소작업 수행단계

청소작업 수행단계에서는 다음사항을 조치하고 청소작업을 수행한다.

(1) 청소일정과 청소방법에 따라 청소작업 자원을 투입하여 청소작업을 수행한다.
① 청소구역별 청소방법(표)에 따라 구역 청소작업을 수행한다.

〈표 84〉 청소구역별 청소 방법(예시)

구역 구분	청소방법
사무실	- 바닥관리 - 휴지통 쓰레기 수거 - 창문 청소 - 비품관리 - 출입문 청소 - 칸막이 청소 - 접대 공간 관리 - 브라인드 커틴 관리 등
복도	- 휴지통 관리 - 비품관리 - 벽면 및 바닥관리 - 장식물 관리 등
로비	- 매트 관리 - 바닥 관리 - 유리 청소 - 비품 및 장식 관리 - 장식물 관리 등
화장실	- 휴지통 관리 - 바닥, 세면대, 거울 청소 - 소변기, 대변기 청수 및 위생관리 소독 - 비품 관리 등
승강기	- 바닥 청소 - 장식물 관리 - 부착물 관리 - 홈 청소 등
외곽 및 주차장	- 휴지통 및 비품 관리 - 바닥 및 배수구 청소 - 쓰레기 집하장 관리 - 비품 관리
사무실 카펫트	- 먼지 제거 - 수성, 유성, 오염물질 및 얼룩 제거 - 습식 청소 등

계단	- 벽면 및 바닥 청소 - 출입문 관리 - 휴지통 관리 - 장식물 관리 등

② 오염원별 청소방법 〈표 85〉에 따라 오염원 청소작업을 수행한다.

〈표 85〉 오염원별 청소방법(예시)

구역 구분	청소방법
먼지	- 먼지 쓸기 - 마른 걸레로 닦기 - 젖은 걸레로 닦기 - 건식 더스트 맙 닦기
쓰레기	- 모으기 및 수거 - 쓰레기 집하장 운반하기 - 쓰레기 배출하기 등
오염 더러움(때)	- 대걸레 세정 - 물세정 - 유기용제 - 화학약품 작업 - 수세미 작업 등

③ 청소주기별 청소방법에 따라 청소작업을 수행한다.

(2) 청소장비의 특성과 용도 및 사용상의 주의사항을 파악한 후 청소방법에 적합한 장비를 선택하여 청소작업을 수행한다. 청소장비란 청소작업을 효율적으로 수행하기 위하여 제적 된 청소작업 용도 기계류나 설비 또는 도구 등을 말한다. 장비도구의 특성과 용도 및 주의사항은 다음과 같은 방법으로 파악할 수 있다.

① 제조사의 제품설명서를 통하여 청소장비의 특성과 용도 및 주의사항을 파악한다.

② 제품 라벨을 통하여 청소장비의 특성과 용도 및 주의사항을 파악한다.

③ 청소장비 관리 매뉴얼을 통하여 청소장비의 특성과 용도 및 주의사항을 파악할 수 있다.

④ 청소현장 교육교재를 통하여 청소장비의 특성과 용도 및 주의사항을 파악할

수 있다.

⑤ 청소현장 선임 근무자 교육을 통하여 청소장비의 특성과 용도 및 주의사항을 파악할 수 있다.

(3) 청소장비 사용법을 파악한 후 청소작업을 수행한다.

① 탑승식 건 · 습식 청소장비 사용법을 파악한다.

② 보행식 습식 청소장비 사용법을 파악한다.

3) 청소장비 안전 주의사항을 파악한 후 청소작업을 수행한다

(1) 청소장비 사용 전 안전사항을 파악한다.

① 사용 후 또는 정비 시에는 평지에 정차하고 시동을 반드시 끄고, 키를 빼 놓는다.

② 경사진 곳에서 밀거나 끌지 않는다.

③ 장비를 정비할 때는 반드시 보호구를 착용하고 정비해야 한다.

④ 정차 시에는 움직일 수 없도록 완전 고정시킨다.

⑤ 배터리나 배터리 케이블 정비 시에는 반드시 보호장갑을 착용하고 배터리와 배터리 케이블을 분리시켜 둔다.

⑥ 장비를 잭으로 들어 올릴 때에는 지지대를 사용해야 하고 올린 후에는 스탠드로 반드시 받친다.

⑦ 압축공기나 고압수를 사용할 때에는 안면 보호구를 반드시 착용한다.

⑧ 배터리액(산) 접촉에 매우 주의해야 하고, 식초를 다룰 때는 안면 보호구를 착용한다.

⑨ 오작동 발생을 염두에 두고 정비한다.

(2) 청소장비 사용시 안전사항을 파악하고 청소장비를 사용한다.

① 청소장비에 대하여 충분히 받고 청소장비를 사용한다.

② 불꽃과 화염을 멀리하고 충전 중에는 탱크를 열어 환기시켜 준다.

③ 반응성 금속은 폭발 또는 화재의 원인이 됨으로 유입되지 않도록 한다.

④ 가연성 물질 취급장소 또는 폭발의 위험이 상존하는 지역에서는 장비사용을 금한다.

⑤ 장비를 가동하기 전에 안전장치들이 제대로 작동하고 제 위치에 있는지 확인한다.

⑥ 조향 기능과 주차 브레이크를 확인한다.

⑦ 장비를 정비할 때에 미끄러운 곳이나 경사면을 이동할 때에는 서행한다.

⑧ 후진할 경우 주의하여 하도록 하며, 별도의 제제 투입 시 반드시 사용설명서를

참조한다.

(3) 청소장비 사용 후 안전사항을 파악한다.

① 이상 유무를 확인하고 장비 보관장소로 이동한다.

② 다음 사용을 위하여 반드시 정비해 둔다.

③ 장비 사용결과를 장비관리대장에 기록하고 유지한다.

4) 청소약품의 특성과 용도를 파악하고 청소작업을 수행한다

〈표 86〉 청소약품 종류별 주요 특성 및 용도(예시)

구 분	특성 및 용도
(1) 중성세제	- 일상청소에 사용되며 주로 바닥청소에 많이 사용되는 세제이다. 세척력이 다소 낮으나 표면 소상이 거의 없어 일상청소용으로 적합하다.
(2) 산성세제 유리세제	- 산성을 띄는 세제로서 유리, 물 때, 카펫트 복구작업에 주로 사용된다. 염착성에 영향이 적고, 물 때 결합하지 않는다.
(3) 다용도(강력) 다목적 세제	- 주로 알카리성 세제로 오염원이 복합적일 때 주로 사용한다. 가장 범용적으로 사용되는 세제이다.
(4) 제거제 카펫트 제거제 바닥광택 제거제	- 알카리성을 띄는 약품군으로 기름 또는 복합적으로 오염된 얼룩 제거용 약품이다.
(5) 바닥 광택제 목재용 광택제 금속 광택제	- 일반 바닥을 보호하고 광택을 높여 외관을 수려하게 만들어 건물가치를 높여주는 바닥에 필름 막을 형성해 주는 약품이다. - 스테인리스, 황동, 은과 같은 금속성 표면의 스테인리스 크리너 오염을 제거하고 광택을 높여 주는 약품황동 광택제이다.
(6) 살균 소독제 알콜계 소독제	- 살균 및 악취제거용도로 사용되는 약품군이다. 국내에서 주로 락스 표백제를 살균 페놀릭계 군이다. 소독제로 사용하고 있다.
(7) 보호제 카펫트 보호제	- 카펫트나 화장실 타일, 그라우트 표면을 보호하기 위하여 사용되는 약품이다.

(자료 : 산업인력관리공단, 2016, 환경미화학습모듈, 청소약품 운용, p.14 인용)

5) 청소과정에서 발생하는 돌발사고 및 비상상황에 적절히 대처하면서 청소작업을 수행한다

(1) 기상특보를 파악하여 자연재해에 대비하면서 청소작업을 수행한다.
(2) 청소작업 돌발사고 유형과 원인을 숙지하고 청소작업을 수행한다.

돌발사고	유형 발생원인
화재	담배꽁초, 방화, 전기 화재, 불장난, 가스, 불티, 유류 등
붕괴	부실시공, 내부 안전사고, 외부 물리적 충격, 자연재해, 노후화, 화재, 폭발, 부동 침하, 홍수 등
정전	수전 설비 이상, 송전선로 이상, 배선 선로 이상, 이상 기후 등
누수	배관 이상, 저수조 기능 저하 또는 상실, 압력 이상 등
폭발	혼합 가스, 가스 분해, 화재, 유류, 증기, 전기 사고 등
감전	누전, 노출 충전 부분 접촉, 절연물 파손 손상, 충전 부분 접촉 등
가스 누출	정압 장치 이상, 안전장치 이상, 압력 이상 등
추락	난간 높이 낮음, 옥상 및 베란다 출입문 잠금장치 부실, 지지 상태 부실
테러	개인적인 감정, 집단 간 원한, 정신 이상자, 취객의 돌출 행동 등
도극물 사고	청소약품 관리 소홀, 개인감정 및 조직 간의 원한, 약품취급 부주의 등

(자료 : 산업인력관리공단(2016), 환경미화 학습모듈, 비상상황대비대응 p.28 인용)

6) 청소작업 마무리 단계

청소작업 마무리 단계에서는 다음사항을 조치하여 청소작업을 마무리한다.
(1) 청소현장을 정리 정돈한다.
(2) 청소 사용장비를 장비관리법에 따라 점검하고 정비하여 관리한다.
(3) 청소 사용약품을 약품관리법에 따라 상태를 점검하고 약품 보관장소에 보관·관리한다.
(4) 청소결과를 청소업무일지에 기록하고 유지한다.
(5) 문제점 해결 및 보완방법을 청소관리자 전원으로 하여금 공유하게 한다.
(6) 청소작업 결과를 사후관리 한다.

제6절 청소서비스 품질의 검증

1. 청소서비스 품질검증의 개념

청소서비스 품질검증은 청소작업결과 청소작업 목표를 달성하였는지에 대하여 객관적인 방법으로 조사하고 판단하는 과정 또는 활동을 말한다. 청소품질 검증방법에는 체크리스트에 의한 품질 검증방법과 설문조사 품질 검증방법, 샘플링 품질 검증방법 등이 있으나 일반적으로 체크리스트에 의한 품질 검증방법이 주로 사용된다.

2. 체크리스트에 의한 청소품질 검증절차

청소품질을 체크리트를 활용하여 검증하려면 다음과 같은 절차에 다라 청소작업 결과 청소 품질을 검증하여 검증결과에 따라 고객 만족여부를 판단하는 지표로 사용한다.

1) 청소목표를 파악한다. 청소품질을 검증하기 위해서는 우선 먼저 다음과 같은 청소작업 목표를 확인해야 한다.
   (1) 건축물의 청결유지 목표 달성 여부를 확인한다.
   (2) 건축마감재의 기능과 색상이 장기적으로 유지되고, 내구연한의 증대목표를 확인한다.
   (3) 쾌적한 환경조성 목표를 확인한다.
   (4) 보건위생 수준의 향상 목표를 확인한다.
2) 검증계획을 수립한다.
3) 청소품질 기준을 합의한다.
4) 검증담당자를 지정한다.
5) 검증 도구 체크리스트를 설계한다.
   (1) 청소구역 내의 청소 검사단위와 검사항목 청소 품질수준을 설정한다.
   (2) 청소항목 작업별 청소 수행목표의 달성 정도를 양호, 미흡, 결함 등의 평가 기준을 설정하고 양호 2점, 미흡 1점, 결함 0점으로 점수화 하여 평가항목의 합이 전체 평가항목 점수 대비 90% 이상 달성시, '양호'로 판정하여 작업별 청

소 수행목표가 달성된 것으로 평가한다. 60% 이상 90% 미만 사이를 조건부 합격인 '미흡'으로 판정하고 부분 보완작업을 실시하고, 60% 미만을 '결함'으로 판정하여 전면적 보완 작업을 실시하도록 한다.

제7절 청소작업 사후관리

1. 청소작업 사후관리의 개념

청소작업 사후관리란 청소작업 마지막 단계에서 사후관리 계획을 수립하고 청소작업 과정에서 발견된 미비점을 찾아 개선하고 청소작업 과정에서 발생한 문제를 해결하며 청소 작업 노하우를 축적하는 등 일련의 청소작업 결과에 대한 마무리 관리와 청소서비스 소비자인 건축물 소유자와 사용자 및 이용자의 만족도를 관리하는 활동을 말한다.

2. 청소작업 사후관리의 목적

청소작업 사후관리는 사후관리 계획을 수립하고 청소작업 미비점 도출과 개선, 청소 문제 원인 분석과 해결, 고객 유지관리, 청소 노하우 축적 및 공유, 청소작업 및 문제개선 기록 유지 등의 방법으로 사후 관리할 수 있다.

청소작업 사후관리의 주된 목적은 청소작업과정에서 나타난 미비점과 문제점 등에 대하여 개선 또는 해결책을 강구하고 이에 관한 노하우 축적에도 목적이 있으나 고객의 관계를 정상적으로 유지하고 관리하는데 목적이 있다.

3. 청소작업 사후관리 절차

청소작업 사후관리의 수행절차는 다음과 같이 진행된다.

1) 사후관리 계획을 수립한다.

2) 청소품질 수준을 분석한다.
3) 미비점과 품질의 문제점을 도출하고 보완작업계획을 수립한다.
4) 보완작업을 수행한다.
5) 보완작업결과에 대한 고객의 만족 여부를 확인한다.
6) 고객과 원만한 관계를 유지한다.
7) 청소품질 보완작업 결과에 대하여 문서를 작성하고 보관한다.
8) 청소 노하우를 축적하고 종사자 전원으로 하여금 공유한다.

제1절 건물 시설경비 서비스 생산활동 지식의 의의

건물시설경비 서비스 생산활동 지식이라 함은 시설경비에 대하여 알고 있는 범위 또는 시설경비에 대하여 명료한 의식이나 정확한 판단을 말한다.

제2절 시설경비 기본개념의 이해

1. 시설경비의 개념

시설경비(Facilities security)라 함은 경비를 필요로 하는 시설 및 장소에서의 도난, 화재 그 밖의 혼잡 등으로 인한 사건 사고의 위험발생을 방지하는 활동을 말한다.

경비관리에 있어서 가장 중요한 핵심은 경비서비스를 통하여 경비대상 시설의 도난방지와 화재 예방 및 각종 재해의 예방 그리고 혼잡으로부터 질서유지를 유지하여 경비대상 시설의 인명과 재산을 보호하는데 있다. 이를 위해서 경비활동을 효과적으로 수행해야 한다.

경비활동을 효과적으로 수행하기 위해서는 우선 먼저 경비의 기본 개념을 이해하고 경비 방법을 숙지해야 하며, 이를 통하여 경비활동을 전문적으로 수행하여 시설의 인명과 재산을 보호할 수 있어야 한다. 그러므로 경비원은 경비의 기본개념을 이해하고 있어야 한다. 왜냐 하면 경비개념의 이해는 효과적인 시설경비의 기초이고 출발점이기 때문이다.

1) 경비와 보안용어의 의미

경비(Security/Defence/Guard)의 사전적 의미는 '만일에 대비하여 경계하고 지킴'을 의미하고, 보안(Security/Public Safety)의 사전적 의미는 '안전을 유지하는 일 또는 사회의 안녕과 질서를 지키는 일'로 정의하고 있다.

경비와 보안개념 모두 Security 중심의 서비스 업무인 점에서 유사성이 있는 것으로 보이나, 경비개념은 경비대상 시설의 재산과 인명을 보호하는데 역점을 두고 외부로 부터의 각종 위협을 경계하여 내부의 인명과 재산을 보호하는 동적 활동개념의 성격을 가지고 있는 Security 개념이다. 또한 보안은 보안대상물인 기밀, 산업정보나 산업기술, 노하우에 대한 안전과 보안을 통하여 경비대상 시설 내의 사람과 재산의 보호에 역점을 두고 있는 Security 개념이므로 상호관리 객체와 관리대상에서 다소 차이점을 보이고 있으나 전체 경비대상 시설의 인명과 재산의 보호차원에서는 동일한 Security 개념으로 인식된다.

종전의 건축시설물 관리에서는 만일에 대비하여 경계하고 지키는 경비 개념만으로 시설물의 안전 확보가 가능하였으나, 현대 건축물은 대규모, 고층, 대단지, 복합용도, 첨단의 성격을 가지고 있으며 경비대상 시설물에는 보호해야 하는 사람과 재산 외에 기밀과 산업정보 및 산업기술, 노하우 등이 존재하고 있을 뿐만 아니라 대규모 행사가 개최되고 매일 같이 특정 상주고객 다수가 상주하거나 불특정 방문고객이 빈번하게 출입하고 있어 공공의 안녕과 질서 유지가 시대적으로 필요하게 됨에 따라 시설경비 분야에도 보안개념의 도입이 불가피하게 되었다. 따라서 현대 건축물의 특성과 상주 또는 비상주 다수 고객의 현황과 보호대상의 다양화, 집단 행사 등의 요인을 고려하여 만일에 대비하여 경계하고 지키는 일 개념의 경비개념과 다수의 상주고객과 방문고객 및 시설내의 기밀과 산업정보 및 산업기술의 보호를 위한 보안개념의 도입과 적용이 불가피한 것으로 판단된다. 따라서 현대 건축물의 안전과 인명과 재산보호 및 질서유지를 위하여 '경비개념과 보안개념이 융합한 신개념의 경비개념'의 도입과 활용이 현명할 것으로 인식된다. 그러므로 이 저서에서는 '경비개념과 보안개념이 융합하여 도출한 신개념의 경비개념'을 차용하여 '경비'라는 용어로 시설경비 이론을 설명하고 실무를 소개하고 있다.

2) 시설경비 서비스 활동의 개념

시설경비서비스 활동이라 함은 '경비서비스를 필요로 하는 경비 대상 시설에 경비인력과 경비시설을 기반으로 도난, 화재, 그 밖의 혼잡 등으로 인한 여러 가지 위험발생을 예방하여 사람의 생명과 신체 및 재산의 보호의 경비 서비스 목표를 달성하기 위하여 애쓰는 행동'을 의미한다. 다시 말하면 시설경비서비스 활동이란 경비대상 시설에 상주 경비원과 설치한 경비시스템에 의하여 발견하거나 감지 또는 수신된 정보를 통하여 도난, 화재, 그 밖의 위험발생을 방지하는 위험예방 활동과 위협대응활동에 필요한 경비서비스 활동을 말 한다.

시설경비 현장에는 무단 침입자에 의한 재산 손괴, 도난, 폭행, 살인, 방화 등의 형사적 사건 외에 자연적 요인에 의하여 발생하는 경비 대상물의 침수, 붕괴, 낙하, 멸실 등의 자연재해와 물리적 시설에서 발생하는 누수, 단전, 단수, 화재, 폭발 등의 사고가 발생하고 있어 경계와 순찰 및 안전점검은 24시간 지속적으로 이루어 져야 한다.

뿐만 아니라 경비를 요하는 경비대상 시설에는 특정 또는 불특정 사람과 차량이 출입하고 있는 장소인 관계로 인적·물적 피해를 야기하는 사건사고 발생의 개연성을 항상 내포하고 있다. 따라서 경비활동을 통하여 사건사고 예방활동과 사건사고 발생시 즉각적으로 이우어져야하는 대응 태세도 갖추고 있어야 한다. 그러므로 경비관리는 매우 중요한 시설물관리 분야의 매우 중요한 업무로 자리매김하고 있다.

경비 활동으로 통하여 생산·제공되는 경비서비스의 의미는 경비서비스 사업자가 경비 용역계약에 의하여 정해 진 경비구역내의 경비 대상시설에 대한 화재, 도난, 혼잡, 범죄, 침입 등의 위험을 방지하기 위하여 제공하는 제반 안전서비스 말하며, 시설경비서비스란 경비 인력에 의하여 제공되는 경비 서비스로서 시설의 인명과 재산보호에 필요한 방범서비스, 방재서비스, 방화서비스, 출입자 및 차량통제 서비스, 질서유지 서비스, 주차관리 서비스, 출동서비스, 순찰서비스 등 고객요구에 기초하여 제공하는 제반 안전 서비스를 말한다.

2. 시설경비의 목적

시설경비의 목적이라 함은 시설경비를 통하여 달성하고자하거나 이루고자 하는 것으로 경비대상 시설의 인명과 재산의 보호, 위험사고 예방 및 시설물의 안전 확보와 질서유지 및 특별 보호대상 산업정보와 산업기술의 보호에 있다.

다시 말하면 시설경비의 목적은 경비대상 시설의 도난, 화재 그리고 자연현상으로 인한 지진, 홍수, 해일, 폭우, 태풍 등의 자연재해와 인간의 실수나 부주의에 의한 교통사고, 폭발, 추락 등 인위적 재해 그리고 사회현상에 의한 폭동, 테러 등의 사회재해의 위험발생을 예방하여 경비대상 시설의 인명과 재산 보호 및 시설 내에 존재하는 특별보호대상인 산업정보와 산업기술 등의 보호 그리고 시설물의 안전확보와 질서유지에 있다.

3. 시설경비의 대상

경비의 대상이라 함은 경비의 목적물을 경비 활동의 객체로서 경비활동을 통하여 보호해야할 가치가 있는 대상물이거나 특별히 관리해야 하는 목적물을 말한다. 이에는 주요 경비 대상과 부수적 경비 대상이 있다. 이를 소개하면 다음과 같다.

1) 주요 경비대상

주요 경비대상이라 함은 경비활동을 통하여 반드시 보호하고 지켜야 하는 대상을 말하며 이에는 다음과 같은 대상이 있다.

(1) 경비대상 시설의 상주고객 및 방문고객의 생명과 신체
(2) 경비대상 시설의 재산 및 시설내의 산업정보와 산업기술

2) 부수적 경비대상

주요 경비대상 외에 부수적으로 보호하고 경계하여 완전성을 유지해야 하는 부수적인 경비대상에는 다음과 같은 대상들이 있다.

(1) 경비대상 시설의 화재, 재난, 도난, 침입, 파손 등의 각종 사건사고 위험
(2) 경비대상 시설 출입 상주고객과 방문고객 및 방문차량과 반출입 물품
(3) 경비대상 시설 내외의 혼잡 및 무질서

4. 시설경비 서비스 단계별 주요 경비 업무

경비업무라 함은 경비관리자 또는 경비서비스 사업자가 경비의 목적을 달성하기 위하여 수행하는 경비과업을 말한다.

경비업무는 경비서비스 위탁자와 수탁자 간에 체결하는 경비서비스 계약서와 과업지시서 또는 특별 시방서 등에 따라 경비업무의 범주는 다르게 한정될 수 있으며, 경비대

상 시설의 성격과 용도 등에 따라 얼마든지 달라 질 수 있다. 여기에서 소개하는 경비업무는 서비스 단계 이론에 따라 서비스 준비단계 경비업무, 서비스 수행단계 경비업무 그리고 서비스 사후단계 경비업무 등으로 분류하여 단계별 주요 경비업무 중심으로 소개하고 있다. 서비스 단계별 주요 업무를 정리하면 〈표 87〉과 같다.

〈표 87〉 서비스 단계별 주요 경비업무

1) 서비스 수행준비단계 주요 경비업무
(1) 시설경비대상의 현황 확인 및 위험요소 파악
(2) 경비서비스(용역)의 제안
(3) 경비용역계약 체결
(4) 시설경비 현장인수 및 경비사무실 확보
(5) 경비조직 구축 및 업무분장
(6) 경비계획 수립
(7) 피해보상 대비 배상책임 보험 및 손해보험 가입
(8) 경비원 배치 및 경비시스템 설치
(9) 경비서비스 품질매뉴얼 개발 및 공유
(10) 경비원 교육훈련 등
2) 서비스 수행단계 주요 경비업무
(1) 경비대상 시설 순찰
(2) Post별 경비서비스 업무수행
(3) 상주고객 및 방문고객 출입안내 및 통제
(4) 출입차량 안내 및 통제
(5) 물품 반출입 통제
(6) 빌딩범죄 대응
(7) 방범시스템 감시 및 대응
(8) 질서유지
(9) 위험발생 예방 및 방지 등
3) 서비스 사후관리단계 주요 경비 업무
(1) 경비서비스 고객불만 접수 및 처리
(2) 경비서비스 고객만족도 관리
(3) 경비사고 피해보상 서비스 등

제3절 서비스 준비단계

경비대상 시설에 대한 경비서비스 업무는 서비스 수행준비 단계와 서비스 수행단계 그리고 서비스 사후단계 등으로 분류되어 수행되며, 서비스 수행준비 단계에서는 다음에 열거하고 있는 시설경비 업무가 수행된다. 시설경비는 시설경비 대상물에 잠재되어 있는 각종 도난, 화재 등의 위험 발생을 방지하고 사건사고를 예방하며 질서유지를 통하여 사람의 생명과 신체 및 재산을 보호하는데 최대의 목적을 두고 있다. 이를 위하여 경비활동을 체계적이고 전문적으로 수행하여야 한다.

시설경비의 핵심 업무는 서비스 수행단계에서 수행하는 경비서비스 활동에 있으나 이를 준비하기 위한 서비스수행 준비 단계의 경비서비스 활동 준비업무 역시 중요한 경비서비스 업무이다. 왜냐 하면 경비서비스 수행활동은 사전준비 없이는 효과적인 경비서비스 활동을 수행할 수 없기 때문이다. 서비스 수행준비 단계에서는 시설경비 대상물 파악업무와 경비서비스 제안업무, 경비서비스 계약체결 업무, 경비시설 인수업무, 경비계획 수립업무 등이 수행된다. 이를 진행순서에 따라 설명하면 다음과 같다.

1. 시설경비 대상물과 확인사항 및 위험요소 파악

1) 시설경비 대상물 및 확인사항과 위험요소의 개념

시설경비의 대상물이라 함은 시설경비의 목적물을 말하며, 경비활동의 객체로서 시설경비활동을 통하여 보호해야할 가치가 있는 대상이거나 특별히 관리해야 하는 사람의 생명과 신체 및 재산 등을 말한다.

확인사항이란 경비대상을 경비하여 보호하거나 예방하기 위하여 수행하는 경비계획의 수립이나 경비 활동을 위하여 요구되는 각종 정보를 말한다. 또한 위험요소란 시설경비 대상에 잠재되어 있거나 발생하는 위험들로서 인적·물적 피해를 유발할 수 있는 위험요인을 말한다. 이를 설명하면 다음과 같다.

2) 시설경비 대상물의 현황파악 확인사항

시설경비 활동을 수행하기 그리고 이를 위한 경비계획을 수립을 위하여 사전에 파악하고 있어야 하는 경비대상과 현황 확인사항을 파악해야 한다.

(1) 경비 대상물

① 경비대상 시설의 상주고객 및 방문고객의 생명과 신체(인명)
② 경비대상 시설의 재산 및 시설내의 산업정보와 산업기술
③ 경비대상 시설의 화재, 재난, 도난, 침입, 파손 등의 각종 사건사고 위험 및 위협
④ 경비대상 시설출입 상주고객과 방문고객 및 방문차량과 휴대물품
⑤ 경비대상 시설 내의 혼잡 및 무질서

(2) 경비대상 현황파악 확인사항

시설경비 대상을 경비하기 위하여 수행하는 경비활동과 이를 위하여 준비해야 하는 경비계획 수립 및 경비용역계약 체결 등을 위하여 사전에 파악하고 있어야할 경비대상 현황 확인사항은 다음과 같다.

① 경비대상물의 소재지와 위치
② 경비대상물의 용도와 규모 및 특징과 성격
③ 구조물의 형태
④ 경비시스템, 보안 등, 보안경, CCTV 등 방범시설의 유무
⑤ 방문객 및 출입차량 현황 및 관리 실태
⑥ 위험물 저장소 및 관리 실태
⑦ 주변 환경 및 교통망
⑧ 시간대별 이용 실태
⑨ 출입제한 주요 시설
⑩ 상주 입주자 및 근무자의 수
⑪ 유관기관 외부 비상연락망 체계 및 내부 비상연락망 체계
⑫ 주요 경비장비 및 시설유무
⑬ 경비서비스 요구대상 시설 및 위험 대상물
⑭ 야간 및 휴무일 비상상황 발생시 방호체계 및 보고체계
⑮ 시설관리 청소 부분별 책임자 인적사항과 협력관계
⑯ 경비보안에 영향을 미치는 사항 및 위험요소
⑰ 출입문의 수와 POST의 위치와 업무의 성격
⑱ 경비서비스 업무의 범위

⑲ 경비서비스 인력 규모
⑳ 경비서비스 기간 및 경비근무 시간대
㉑ 경비서비스 대금규모와 지불조건
㉒ 경비문제 발생시 책임한계
㉓ 배상책임보험 가입부담 여부
㉔ 보고체계 및 보고의 종류와 일정
㉕ 현장고객 경비서비스 요구사항
㉖ 기타 위험요인 및 안전저해 요인 등

3) 위험요소 파악

시설경비를 위한 시설경비 계획수립, 경비요역계약 체결, 경비활동 수행을 위하여 사전에 파악해야 하는 시설경비 대상물에 대한 위험에 대한 조조사와 파악은 매우 중요한 시설경비 서비스 준비단계의 업무이다. 시설경비를 위하여 파악해야 하는 시설경비 대상 위험에는 다음과 같은 위험요소들이 있다.

(1) 화재, 폭발, 재난 등의 인위적 사건 사고 위험
(2) 폭우, 폭설, 태풍, 지진 등의 자연재해 위험
(3) 단전, 단수, 누수, 고장, 붕괴, 침하 등의 경비대상 시설물의 물리적 위험
(4) 무단침입, 무단 기물손괴, 고의적 방화, 절도, 상해, 살인 등의 빌딩범죄 위험 등

4) 현장고객 특성 및 경비서비스 요구수준 파악

(1) 현장 상주고객의 특성을 파악한다.
(2) 현장 고객이 요구하는 경비서비스의 종류와 수준을 파악한다.

2. 경비서비스의 제안

1) 경비서비스의 개념

경비서비스(Security Service)란 경비대상 시설의 안전과 상주고객 및 방문고객의 인명 및 재산의 보호 그리고 산업정보와 산업기술의 유출방지 및 보호를 위하여 제공되는 노무를 말한다.

경비서비스 제안과 설명이란 경비서비스 사업자가 경비서비스업을 경영하기 위하여

경비서비스 수요자에게 제공할 경비서비스의 업무범위와 제공절차 및 방법 등에 대하여 계약체결을 전제로 요청하고, 그 내용을 소상하게 알게 하는 일련의 영업활동을 말한다.

2) 경비서비스 설명절차

(1) 경비대상 시설의 경비현장 설명을 청취하고 설명자료를 확보한다.
(2) 경비대상 시설의 현황을 파악한다.
(3) 제공할 경비서비스 제안서를 작성한다.
(4) 작성한 경비서비스 제안서를 설명한다.

경비서비스 사업자는 경비수요자에게 제공할 경비서비스의 유형과 서비스 종류, 서비스 범위, 경비인력의 수와 경비시스템 설치 및 운용방법 등 경비서비스에 대하여 전반적으로 설명하고 경비서비스 수요자로부터 경비 대상물과 경비 서비스의 범위, 긴급 상황에 대비한 비상연락망, 위험 시설물 등에 대하여 자세하게 설명을 듣고 정보를 수집하여 수집한 정보를 바탕으로 제공할 경비서비스 급부와 반대급부인 경비서비스 용역대금 등에 대하여 제안한다.

3. 경비용역 계약의 체결

1) 경비용역 계약의 개념

경비용역 계약(Security Management Contract)이란 경비서비스 수요자(발주처/건축주)와 경비서비스 공급사업자 간에 계약 당사자 중 일방이 일정한 경비서비스 제공을 청약하고, 계약 상대방은 경비서비스 사업자의 청약에 대하여 승낙하고, 일정한 경비용역 대금을 지급하기로 약정하여 체결하는 법률행위를 말한다.

경비용역 계약은 전형계약이고 쌍무계약이며 불요식 계약의 성격을 가지고 있으며, 경비용역 계약은 법률 행위이므로 체결한 계약에 대하여 계약 당사자 쌍방이 책임을 져야 하고, 반드시 신의 성실의 원칙에 따라 성실이 이행하여야 한다. 그러므로 경비 대상물에 대한 경비 용역을 체결하기 위해서는 신중하게 조사하고 파악하고 있어야 하며, 이를 토대로 청소용역 계약서를 작성하고 유지해야 한다.

2) 경비용역 계약체결 절차

(1) 청소용역계약 체결에 필요한 사전 확인사항을 조사하고 파악한다. 경비 보안관리

계약을 체결하기 위해서는 계약체결에 필요한 사전 확인사항을 조사하고 파악한다.

(2) 청소용역 계약체결 사전확인 사항을 파악한다. 경비대상 시설의 경비서비스 현장 설명자료와 건축도면 및 건축대장과 건물등기부 등본 등을 확보하고 분석함으로서 파악할 수 있다. 계약체결 전에 확인해야 할 확인 사항은 다음과 같다.

① 경비대상물의 소재지와 위치
② 경비대상물의 용도와 규모 및 특징과 성격
③ 구조물의 형태
④ 경비시스템, 보안 등, 보안경, CCTV 등 방범시설의 유무
⑤ 방문객 및 출입차량 현황 및 관리 실태
⑥ 위험물 저장소 및 관리 실태
⑦ 주변 환경 및 교통망
⑧ 시간대별 이용 실태
⑨ 출입제한 주용 시설
⑩ 상주 입주자 및 근무자의 수
⑪ 유관기관 외부 비상연락망 체계 및 내부 비상연락망 체계
⑫ 주요 경비장비 및 시설 유무
⑬ 경비서비스 요구대상 시설 및 위험 대상물
⑭ 야간 및 휴무일 비상 상황 발생시 방호체계 및 보고체계
⑮ 시설관리 청소 부분별 책임자 인적사항과 협력관계
⑯ 경비보안에 영향을 미치는 사항 및 위험요소
⑰ 출입문의 수와 Post의 위치와 업무의 성격
⑱ 경비서비스 업무의 범위
⑲ 경비서비스 인력 규모
⑳ 경비서비스 기간 및 경비근무 시간대
㉑ 경비서비스 대금규모와 지불조건
㉒ 경비문제 발생시 책임 한계
㉓ 배상책임보험 가입부담 여부
㉔ 보고체계 및 보고의 종류와 일정
㉕ 기타 경비 보안관리 저해요인 등

주) 사전 확인사항 항목은 경비대상 시설의 용도와 규모 성격 및 경비 서비스 업무 범위 등에 따라 달라질 수 있다.

(3) 경비용역계약서 양식을 준비한다. 경비서비스 계약의 양식은 조달청 경비요역 구매계약서 양식을 제외하고는 표준양식은 없으나 경비서비스 현장에서 주로 사용하

고 있는 일 반 경비용역 계약서 양식을 차용하여 준비한다. 경비용역계약서 양식 안에는 반드시 요구되는 계약조항을 포함하여 작성해야 한다. 즉, 경비 용역 계약서에는 경비대상물의 위치와 경비서비스의 범위, 경비 서비스 계약기간, 서비스 대금과 지불방법, 배상책임 보험 및 과업지시서와 및 특별 약관(필요한 경우), 계약 체결일과 계약 당사자의 인적사항 등을 포함하여 다음의 〈표 88〉과 같이 경비용역계약 조항을 포함하여 작성해야 한다.

〈표 88〉 경비용역 계약서 일반서식과 계약조항(예시)

제1조 경비 용역계약 체결의 목적
제2조 경비용역대상물과 업무의 범위
제3조 경비원 운용
제4조 경비 수요자의 권리와 공급자의 의무
제5조 경비 원칙
제6조 경비원 금지행위
제7조 순찰
제8조 계약 유효기간
제9조 용역 대금 및 지불방법
제10조 경비원의 자격기준과 채용 및 결원 보충
제11조 경비원 교육
제12조 사무실 등의 제공
제13조 경비원의 보고의무
제14조 근무계획 작성 및 통보
제15조 근무규정 작성 및 지도・감독
제16조 경비원의 당직근무 보조
제17조 손해배상 책임
제18조 하도급 및 채권 양도금지
제19조 계약해지
제20조 근로조건 보호
제21조 관할 법원
제22조 배상책임 보험 가입의무
제23조 계약체결일
제24조 계약당사자 인적사항

주) 경비용역 계약은 전형계약이므로 양식과 계약 조항은 정형화 된 것이 없으며 경비대상 시설물의 종류와 용도 및 성격 등에 따라 얼마든지 달라 질 수 있음.

(4) 경비용역계약을 체결한다. 경비 수요자와 경비서비스 사업자가 설명하고 제안한 경비서비스 조건에 상호 합의하면 경비용역계약을 체결하고 경비서비스 생산과 제공을 위한 권원을 확보한다. 경비서비스 계약서에는 경비대상물의 위치 및 경비서비스의 범위, 경비서비스 계약기간, 서비스 대금과 지불방법, 배상책임 보험 및 과업지시서와 및 특별 약관(필요한 경우), 계약 체결일과 계약 당사자의 인적사항 등을 포함하여 경비용역계약 양식을 토대로 계약을 체결한다. 경비 수요자와 공급자 사이에 합의하여 체결하고 유지한다. 경비보안 용역계약을 체결한 이후에는 계약 당사자는 평등한 입장에서 상호권리 의무를 성실히 이행되어야 한다.

(5) 체결한 경비용역계약에 대하여 사후관리를 한다. 계약체결 후 체결한 계약에 따라 계약 당사자의 권리와 의무가 이행되고 경비서비스가 제공되며, 반대급부로 경비용역 대금이 지불된다. 또한 문제가 발생할 경우 경비 용역계약서가 문제해결의 법적 근거로 활용되기 때문에 경비용역계약서에 대한 사후관리가 요구된다.

4. 경비대상 현장인수 및 사무실 확보

경비용역계약을 체결 후 계약조항에 따라 경비용역 현장을 인수하고 사무실을 확보하여 경비서비스를 제공할 행정 인프라를 설치하고, 담당자를 배치하여 경비서비스 사무실을 정상적으로 운영해야 한다.

1) 경비대상 현장인수

경비용역계약에 따라 경비대상 현장을 인수하고, 경비대상 시설의 현황을 파악한다.

(1) 경비 현장 인수는 경비 용역계약서에 따라 인수한다.
(2) 현장 준공 도면을 확보하고, 경비대상 시설의 현황을 파악한다.
(3) 건물 운영자 설명 자료를 통하여 위험 시설물에 대하여 파악한다.
(4) 순찰 루트와 Gate 및 Post를 확인한다.
(5) 경비대상 시설을 점유하고 경비 취약구역 및 위험시설을 파악한다.

2) 경비사무실 확보

경비용역계약을 체결 후 계약조항에 따라 사무실을 확보하여 경비서비스를 제공할 행정 인프라를 설치하고 담당자를 배치하여 경비서비스 사무실을 정상적으로 운영해야 한다.

(1) 통신망을 구축한다.
(2) 사무자동화 기기를 비치한다.
(3) 사무집기 비품을 확보한다.
(4) 사무실 근무자를 배치한다.

5. 경비조직 구축 및 업무분장

1) 경비조직 구축

경비조직은 경비목표를 효과적으로 달성하기 위한 2인 이상의 의도된 힘의 체계를 말하며 조직의 목표와 구성원 및 조직구조로 조직화 된다.

경비조직은 경비서비스 업무범위와 종류 및 성격 등에 따라서 다르게 설계될 수 있으며, 경비대상 시설의 규모와 용도 및 성격 등에 따라 경비업무가 다양하게 수행되기 때문에 경비조직 역시 매우 다양하게 설계될 수 있다. 여기에서 소개하는 경비조직은 보안업무와 주차관리 업무 및 안내업무를 담당하는 경비조직이며, 일반적으로 시설경비 현장에서 채택하여 활용하는 조직의 틀임을 밝혀 둔다. 일반 경비현장에서 주로 활용되고 있는 경비조직은 [그림 5]와 같다.

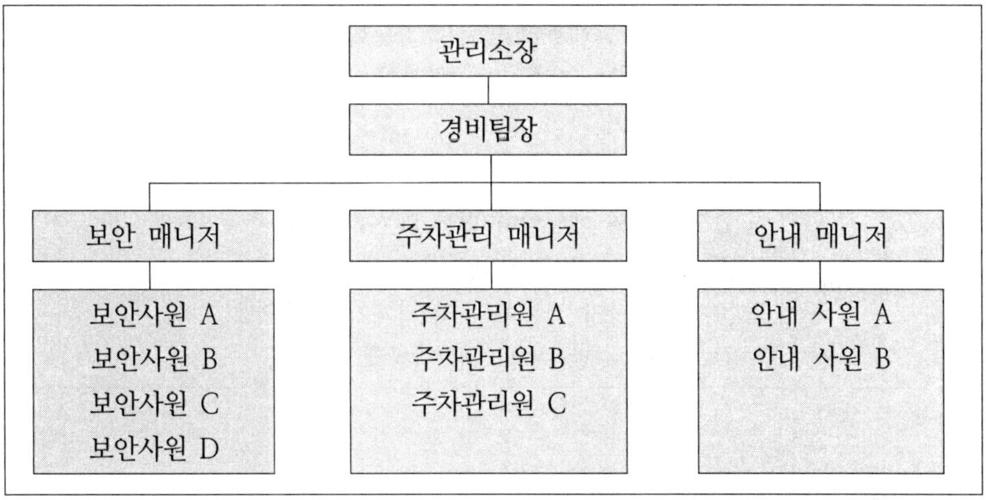

[그림 5] 시설경비 조직(예시)

2) 경비업무 분장

경비 보안관리 업무분장은 주어진 경비 보안관리 업무를 효율적으로 수행하기 위하여 수행업무를 나누어 분담 수행하는 방도를 말한다. 앞에서 소개한 경비 보안관리 조직 각 구성원의 분담업무에 대한 업무분장을 살펴보면 〈표 89〉와 같다.

〈표 89〉 경비 업무분장표(예시)

직 책	담당 업무
경비팀장 (경비소장)	① 경비 팀 대외적 대표 ② 경비/주차/안내업무 총괄 및 지휘 감독 ③ 건축주 또는 관리소장의 시달 보안업무 수행 ④ POST별 경비 보안관리 근무지침 작성 및 시달 ⑤ 직무교육계획 수립 및 시행 ⑥ 주요 시설 마스트키 관리 ⑦ 유관기관관리 및 관련 업무수행 ⑧ 각종 일지, 보고서, 기안 검토 결재 ⑨ 건축주 및 관리소장 의뢰 경비 보안관리 업무수행
경비매니져	① 경비팀장(소장) 보좌 ② 경비행정 업무수행 ③ 종합 통제실 CCTV 모니터링 ④ 근무자 근태관리 및 근무자능력 배양 ⑤ 각종 일지, 작성 및 기록관리 ⑥ 마스터키 관리 ⑦ 관리소장 요청 경비업무 수행
경비사원	① 경비운영 매뉴얼에 의한 POST 근무 ② 출입통제 및 물품반입 반출 통제 ③ 거동수상자 검문검색 및 관계기관 신고 ④ 위험물 순찰/주차 정산/방문객 안내 등

6. 경비계획의 수립

경비서비스를 생산하고 제공하기 위해서는 경비계획을 수립하여 이를 토대로 경비서비스를 생산·제공해야 한다. 경비서비스 수행계획을 수립하기 위해서는 다음과 같은 방법으로 경비 용역계획을 수립한다.

1) 경비계획의 개념

경비계획이란 고객의 경비서비스 요구에 부응하기 위하여 사전에 위해요소 사전 진단과 이를 토대로 보안시스템의 설계 및 구축을 의미하며, 이를 통하여 산출되는 인명과 재산 보호 결과물을 말한다.

2) 경비계획 수립의 목적

경비계획 수립의 목적은 최소의 비용으로 최대의 인명보호와 재산보호의 경비목적을 효과를 달성하는데 있으며, 인명과 재산보호의 경비목적을 효율적 달성에 이바지 하는데 있다.

3) 경비계획 수립 절차

(1) 경비개념과 경비계획의 의미를 이해한다

경비(Defence/Guard/Security)의 사전적 의미는 '만일에 대비하여 경계하고 지킴'을 의미하고 보안(security/Public Safety)은 '안전을 유지하는 일 또는 사회의 안녕과 질서를 지키는 일'로 정의하고 있다.

경비와 보안개념은 상호유사성이 있는 것으로 보이나 경비개념은 경비대상 시설의 완전성과 안전을 지키고 위하여 경계하는 데 방점이 있는 반면, 보안은 보안대상물에 대한 안전을 유지하고 보안시설내의 사람과 재산의 안녕과 출입 상주고객 및 방문고객 외에 보호대상인 기밀정보와 산업기술 등의 안녕과 질서유지에 방점을 두고 있이 상호 관리객체와 관리대상에서 다소 차이점을 보이고 있으나 전체 건축물의 인명과 재산의 보호차원에서는 동일한 개념으로 이해된다.

경비계획이란 고객의 경비서비스 요구에 부응하기 위하여 사전에 위해요소 사전진단과 이를 토대로 보안시스템의 설계 및 구축을 의미하며, 이를 통하여 산출되는 인명과 재산보호 결과물을 말한다.

(2) 경비 목표를 설정한다

경비계획 수립에 있어서 경비목표와 경비계획 수립 기본방향을 설정해야 한다. 경비목표는 경비대상 시설의 소유자와 사용자 및 이용자의 인명과 재산보호에 있다. 또한 경비목표는 경비대상 시설의 화재, 재난, 도난, 침입 등의 위험을 최소화하고 인적·물적 피해를 최소화하는데 있으며, 경비대상 시설의 질서확립과 완전성과 안전성을 확보하고 유지하는데 경비의 목표를 설정해야 한다.

(3) 경비계획 수립의 기본 방향을 설정한다

경비계획 수립은 다음과 같은 경비계획 수립의 기본방향을 설정하고 세부 경비계획을 수립해야 한다.

① 경비계획은 경비예산의 범위 내에서 경비계획을 수립해야 한다. 왜냐 하면 경비서비스는 일정한 화폐단위로 거래되는 상품이기 때문에 경비서비스에 소요되는 비용(예산)이 확보되지 않거나 예산을 초과하여 경비계획을 수립하는 경우 현실적으로 거래 도는 집행이 불가능하게 된다.

② 경비계획은 현장의 인적자원의 여건과 CCTV, 감지기, 경보기 등의 물적자원이 상호 조화되고 효과적으로 작동할 수 있도록 수립되어야 한다. 인적자원의 여건과 경비 현장의 경비시설 간의 조화되지 않을 경우 경비목표를 효율적으로 달성할 수 없게 된다.

③ 경비계획은 전달이 용이하고, 실천 가능한 내용을 중심으로 수립해야 한다. 경비계획내용이 매우 난해하거나 전문용어로 작성하여 전달이 용이하게 이루어지지 않거나 실천이 어려운 경우에는 경비계획으로서 효과와 가치가 없게 된다.

④ 경비계획은 관계법령에 위반되지 않은 범위 내에서 수립되어야 한다. 경비계획은 경비업법과 청원경찰법, 형법과 경찰관직무집행법 등 경비 관계법령의 범위 내에서 수립되어야 한다. 경비는 결국 경비 관계법령에서 허용한 범위 내에서 사적 서비스이기 때문이다.

⑤ 경비계획은 고객의 경비수요를 경제적인 방법으로 공급할 수 있도록 수립해야 한다. 수립한 경비계획이 고객이 요구하는 경비서비스 욕구를 충족하지 못하는 경우에는 경비서비스는 지속 될 수 없게 되며 경비계약이 종료하게 된다. 따라서 경비계획은 경비대상 시설 현장의 경비 니즈(Needs)를 충족할 수 있도록 수립되어야 한다.

⑥ 경비계획은 국가 공 경비 인프라와 연계하여 작동할 수 있도록 수립해야 한다. 경비계획 수립은 민간 경비 계획이나 민간 자체 경비 능력만으로는 경비목적을 효과적으로 달성할 수 없는 경우가 허다하다. 지진이나, 소요, 태풍과 대홍수, 대형 화재와 폭발 사고, 테러, 집단 침입, 은행 강도와 흉악범의 난동 등의 사건사고는 자체경비인 민간 경비계획 만으로는 인명의 안전과 재산을 완전하게 보호 할 수 없다. 그러므로 국가 공경비와 협력할 수 있고 공 경비서비스를 제공 받을 수 있도록 공 경비 인프라와 연계하는 경비계획을 수립해야 한다.

(4) 경비계획에 반영할 경비현장 현황정보를 파악한다

① 경비대상물의 소재지와 위치 및 건축물의 개요를 파악한다.

② 경비 대상물의 용도와 규모 및 특징과 성격을 파악한다.
③ 구조물의 형태를 파악한다.
④ 경비시스템, 보안 등, 보안경, CCTV 등 방범시설의 유무를 파악한다.
⑤ 방문객 및 출입차량 현황 및 관리 실태를 파악한다.
⑥ 위험물 저장소 및 관리 실태를 파악한다.
⑦ 주변 환경 및 교통망을 파악한다.
⑧ 시간대별 이용실태를 파악한다.
⑨ 출입제한 주요 시설을 파악한다.
⑩ 상주 입주자 및 근무자의 수를 파악한다.
⑪ 유관기관 외부 비상연락망 체계 및 내부 비상연락망 체계를 파악한다.
⑫ 주요 경비장비 및 시설유무를 파악한다.
⑬ 경비서비스 요구대상 시설 및 위험 대상물을 파악한다.
⑭ 야간 및 휴무일 비상상황 발생시 방호체계 및 보고체계를 파악한다.
⑮ 시설관리 분야별 책임자 인적 사항과 협력관계를 파악한다.
⑯ 기타 경비 보안관리에 영향을 미치는 사항 및 위험요소를 파악한다.

(5) 경비서비스 계획수립시 반영해야 하는 고려사항을 파악한다

① 출입문의 수와 Post의 위치 및 Gate/Post별 경비업무를 파악한다.
② 경비서비스 업무의 범위를 파악한다.
③ 경비서비스 인력 규모를 파악한다.
④ 경비서비스 기간 및 경비 근무 시간대를 파악한다.
⑤ 경비서비스 대금규모와 지불조건을 파악한다.
⑥ 경비 문제발생시 책임 한계를 파악한다.
⑦ 배상책임보험 및 손해보험 부담 여부를 파악한다.
⑧ 보고체계 및 보고의 종류와 보고시기를 파악한다.
⑨ 경비 보안 저해 요인을 파악한다.
⑩ 경비 근무교대 시간 근무시간 및 운영방법을 파악한다.
⑪ 경비 시스템의 유형과 수 및 위치 등을 파악한다.
⑫ 경비원의 보유 장비의 종류와 기능 및 용도를 파악한다.
⑬ 경비원의 순찰로선 및 순찰 절차와 방법을 파악한다.
⑭ 주요 Post, 안내데스크, 출입문 별 근무지침 및 근무절차를 파악한다.
⑮ 주차관리 지침 및 절차를 파악한다.

⑯ 방문객 출입절차 및 방법을 파악한다.
⑰ 물품의 반입 및 반출 관리절차 및 방법을 파악한다.
⑱ 책임 한계를 파악한다.
⑲ 키(열쇠) 또는 보안카드 관리방법을 파악한다.
⑳ 경비보안 유관기관 협조업무 및 방법을 파악한다.
㉑ 시상상황시 대응방법 및 절차를 파악한다.
㉒ 기타 경비서비스 계획수립에 영향을 미치는 사항 등을 파악한다.

(6) 파악한 경비현장 현황 정보 및 고려사항을 경비계획 수립에 반영한다

① 경비목표와 기본방향 및 경비업무의 범위 등 파악한 정보를 계획수립에 반영한다.
② 경비현장 현황파악 정보를 경비계획 수립에 반영한다.
③ 경비계획 수립 고려사항 파악자료를 경비계획 수립에 반영한다.

(7) 경비계획을 수립한다

① 경비 예산계획을 수립한다.
② 경비 인력계획을 수립한다.
③ 경비설비 구축 및 운영계획을 수립한다.
④ 교대근무 방법 및 근무시간 계획을 수립한다.
⑤ Post, Gate, Reception Desk별 근무계획을 수립한다.
⑥ 순찰계획을 수립한다.
⑦ 비상상황 대응계획을 수립한다.
⑧ 출입자 및 출입 차량 통제계획을 수립한다.
⑨ 주차관리 계획을 수립한다.
⑩ 마스트키 및 보안카드 관리계획을 수립한다.
⑪ 행사지원 계획을 수립한다.
⑫ 의전계획을 수립한다.
⑬ 비상상황 대응과 돌발 사건사고 처리계획을 수립한다.
⑭ 거동 수상자 검문검색 및 체포 이첩절차를 수립한다.
⑮ 물품반입 및 반품관리 계획을 수립한다.
⑯ 방문객 안내계획을 수립한다.
⑰ 경비 보안관리 직무/친절/안전관리 교육계획을 수립한다.
⑱ 보안장비 점검 및 운영계획을 수립한다.
⑲ 일일경비계획을 수립한다.

(8) 수립한 경비계획을 경비 현장업무에 적용한다

① 계획과 적용 간에 나타나는 편차에 대하여 원인을 규명하고 개선한다.
② 제공한 경비서비스에 대한 고객만족도를 조사하고 개선한다.

7. 피해보상 대비 영업배상책임 보험 등 가입

1) 영업배상 책임보험의 개념

영업배상책임 보험이란 일정한 영업을 경영하는 자가 영업상 사고가 발생하여 그 피해를 변상하여야할 경우를 대비하여 가입하는 손해보험을 말한다. 영업배상책임보험 외에 산재보험과 손해보험 등에 가입하여 만일의 피해에 대한 보상대책을 강구하고 있어야 한다.

2) 보험가입의 목적

보험가입의 목적은 갑자기 사건사고가 발생하여 금전상의 피해가 발생하였을 경우에 부담해야 하는 피해보상을 보험사에 전가하여 피해위험에 대한 보상 부담으로부터 자유롭게 되기 위함에 있다.

3) 보험가입 절차

① 피해 예상금액을 산정한다.
② 해당 보험사를 선정한다.
③ 4대 보험과 영업배상 책임보험 및 손해보험에 가입한다.
④ 보험 증서를 교부받아 보관하고 사건사고 발생시 보험금을 청구한다.
⑤ 수령한 보험금으로 사건사고 피해에 대하여 보상 한다.

8. 경비원 배치 및 경비시스템 설치

① 경비원 배치
② 경비시스템 설치

9. 경비원 교육훈련

1) 교육훈련의 개념

교육의 사전적 의미는 '지식을 가르치고 품성과 체력을 기름'을 말한다. 또한 교육은 '성숙가지 못한 사람의 심신을 발육시키기 위하여 일정한 기간 동안 계획적 · 조직적으로 행하는 교수적 행동'을 의미한다. 한편 훈련의 사전적 의미는 '무예나 기술 등을 실지로 활용할 수 있도록 배워 익힘'을 말한다.

교육은 이성적으로 지식의 이해에 중심을 두는 반면, 훈련은 기능적으로 육체적으로 스스로 활용할 수 있도록 하는 데 목적이 있다. 따라서 경비원이 경비업무를 수행하게 하기 위해서는 경비에 대한 이론교육과 실습훈련이 모두 필요하다.

2) 경비교육의 목적

경비원교육의 목적은 경비원으로 하여금 경비교육훈련을 통하여 경비에 대한 지식과 정보를 학습하고 경비원의 품성과 체력을 함양하여 스스로 경비활동을 전문적으로 수행할 수 있는 능력을 갖추게 하여 경비의 목적인 경비대상 시설의 인명과 재산을 효과적으로 보호하게 하는데 있다. 경비는 단순한 육체적 노동의 직업이아니라 고도의 전문적 지식이 필요한 전문직이므로 경비에 대한 전문교육과 훈련이 필요하다.

3) 경비교육의 내용

경비교육은 경비원으로 하여금 효과적이고 능률적인 경비활동을 수행하게 하는데 필요한 지식과 정보의 학습 및 경비활동에 요구되는 체력을 함양하는데 있으므로 다음 항목에 해당하는 교과목을 교육하고 훈련하는 것이 바람직 해 보인다.

(1) 경비원의 직업윤리 및 정신적 자세와 태도
(2) 빌딩범죄 예방법
(3) 순찰활동 요령
(4) 출입통제 방법
(5) 범죄신고 및 현장보존 요령
(6) 방법시스템의 운용방법
(7) 경비관계법령의 내용 및 현장 적용방법 등

4) 교육훈련의 절차

(1) 교육계획을 신임교육 또는 직무교육 구분하여 수립한다.
(2) 교육계획은 교육일시, 교육장소, 교육대상, 교육시간, 교육내용, 교육성격, 교육일정 통보인, 교육 시간표, 강사계획, 피교육생 준비사항, 교육 부담비용, 교재계획 등을 포함하여 교육계획을 수립한다.
(3) 해당교과목 교안을 작성한다.
(4) 교육일정을 통보한다.
(5) 강사를 섭외하고 교육훈련 내용을 공유한다.
(6) 경비원 직무교육/신임교육을 실시한다.
① 경비원의 직업윤리 및 정신적 자세와 태도에 대하여 교육한다.
가. 직업윤리 및 정신적 자세와 태도의 개념 : 직업윤리의 사전적 의미는 특정의 직업에 종사할 사람들이 지켜야 하는 행동규범을 말한다. 정신적 태도와 자세란 사고나 감정의 작용을 다스리는 인간의 마음가짐이나 사물에 대한 마음가짐을 의미한다. 이를 토대로 경비원의 직업윤리란 경비원이 경비 직업에 대하여 반드시 지켜야 하는 행동규범을 말하고 정신적 자세와 태도란 경비원이 경비 직업에 대하여 마땅히 견지해야 하는 마음가짐을 말한다. 직업윤리와 일반윤리의 개념을 비교하면 일반윤리는 사회구성원 전체가 마땅히 지켜야 하는 행동규범인데 반하여 직업윤리는 그 직업군에 종사하는 사람들이 직업적으로 마땅히 지켜야 하는 행동규범을 말한다.
나. 경비원 직업윤리 및 정신적 자세 및 태도교육의 내용 : 경비원의 교육 훈련교과목에 반드시 포함해야 하는 경비원의 정신적 자세와 태도의 내용은 〈표 90〉과 같다.

〈표 90〉 경비원의 정신적 자세와 태도

(1) 경비원은 지정된 복장을 착용하고 경비장구를 갖추어 항상 정 위치에서 근무하며, 담당 경비구역을 순찰하여 고객의 안전과 인명보호 및 재산피해를 예방하여 고객의 재산을 보호하는 경비활동에 전념해야 한다. (2) 경비원은 고객 만족서비스 제공에 만전을 기하여야 하며, 친절하고 예의를 갖추어 고객을 대한다. (3) 경비원은 출입통제를 부드럽고 철저하게 실시하여 음주만취 자나 거동수상자, 배회자, 목적 없이 빈번하게 출입하는자 등의 접근을 통제하고 수상한 물품 발견시 집중적으로 감시하여 만일의 위험사고에 대비해야 한다.

(4) 경비원은 경비근무 구역의 청결과 위생환경을 유지해야 한다.
(5) 경비원은 경비구역 내에 이상현상이 나타나거나 비상상황 또는 돌발사고 등의 발생시 지휘계통을 통하여 즉시 보고하고 관계기관에 즉각 신고한다.
(6) 비상상황 및 돌발사고 발생시 선 구명조치하고 후 보고한다.
(7) 경비원은 상주고객의 일과가 종료 된 이후 공공시설을 순찰하여 불필요한 전등을 소등하고 이용 상의 불편사항이 발생유무를 확인하고 조치해야 한다.
(8) 경비원은 경비대상 시설 내의 인명과 재산보호에 경비 제1목표를 설정하고 이를 위하여 경비근무에 만전을 기하여야 한다.
(9) 경비원은 상주고객의 입주 및 퇴거시 입주 및 퇴거지원 절차에 따라 반입 및 반출물품에 대하여 확인하고 처리해야 한다.
(10) 경비원은 임의로 경비구역을 이탈하거나 경비근무 중에 음주, 잡기, 기타 경비근무에 지장을 초래하는 어떤 행동도 삼가야 하며, 경비원 금지의무를 준수해야 한다.
(11) 경비원은 경비근무 매뉴얼을 반드시 숙지하고 근무해야 하며, 비상상황 및 돌발상황 대처요령을 숙지해야 하고 경비근무 내용을 기록하고 유지해야 한다.

(자료 출처 : 산업인력공단 보안 학습모듈 02 경비직무교육 훈련, p.4 인용 및 재구성)

② 빌딩범죄 예방법에 대하여 교육훈련 한다.

가. 빌딩 범죄의 개념과 예방의 중요성 : 빌딩범죄라 함은 빌딩에서 일어난 사건으로서 법률에 따라 처벌받아야 하는 위법한 행위를 말한다. 구체적으로 말하면 경비대상시설에서 범죄 구성요건에 해당하는 이른바 고의를 가지고 타인을 해할 목적으로 형법에서 규정하고 있는 처별의 대상죄목에 해당하는 살인, 방화, 절도, 폭행, 상해, 강도 등 위법행위를 자행하여 피해가 발생한 형사적 사건을 말한다. 법률적 범죄는 범죄 구성요건에 해당하는 위법행위를 말한다. 즉, 빌딩범죄는 고의적으로 타인을 해할 목적으로 형법의 범죄 구성요건에 해당하는 지은 죄를 빌딩범죄라 한다. 경비원은 빌딩 범죄예방에 초점을 맞추어 적절히 순찰하거나 경계하여 출입을 통제하여야 한다. 시설경비에 있어서 범죄의 예방은 매우 중요하다. 시설 민간 경비의 특성상 체포(현행범 체포는 가능함)권한이나 구금의 권한이 없는 민간 경비원이 사건 사고가 발생하드라도 독자적으로 사건사고를 대응하는데 한계가 있다. 그러므로 빌딩범죄가 발생하기 전에 범죄 환경을 차단하고 인적 물적 위험 요소를 사전에 파악하고 막음으로서 사건사고발생에 의한 피해를 최소화할 수 있다. 따라서 경비원은 범죄예방에 주력하여 경비 근무를 수행하여야 한다.

나. 빌딩범죄의 이론적 예방법 : 범죄예방 접근법을 주창한 블랜팅햄과 파우스트(Brantingham and Faust)는 범죄에 대하여 1차적 범죄예방 접근법과 2차적 범죄예방 접근법 및 3차적 접근법으로 범죄를 예방 할 수 있다고 주장하였다. 즉 1차적 접근법으로 물리적, 사회적 범죄 환경개선을 통하여 범죄를 예방할 수 있으며, 2차적으로 범죄인의 범죄 기회를 차단함으로서 범죄를 예방할 수 있으며 3차적으로 범죄를 저지른 범죄인을 대상으로 교정과 처벌을 통하여 범죄를 예방 할 수 있다고 강조하였다. 그러나 이와 같은 단계별 범죄예방 접근법은 사회범죄를 대상으로 법과 제도가 모두 갖추어 국가나 정부에서 의미가 있는 범죄예방법으로 인식되나 시설경비 대상 현장의 형편과 사정 상 범죄예방 접근법으로 빌딩범죄 예방이 전적으로 유효하게 이루어지지 못하는 한계가 있다. 따라서 빌딩 범죄예방을 위하여 다음과 같은 실무적 범죄예방 조치가 요구되고 있다.

다. 경비 실무적 빌딩 범죄 예방법 : 경비대상 시설의 환경과 여건 및 경비원 권한의 한계 등을 고려하여 빌딩 범죄를 효과적으로 예방하는 경비 실무적 빌딩 범죄예방법을 소개 하면 다음과 같다.

- 물리적 범죄위험 환경을 조사하고 분석하여 개선한다. 경비대상 시설에는 도난, 고의적 방화, 무단침입에 노출되는 물리적 환경이 방치되는 범죄 취약시설들이 존재하고 있다. 잠금장치, CCTV설치, 보안키의 부실관리, 부실한 출입통제 시스템, 부실한 방범시스템 운영, 방범 등 부재, 희미한 조도, 현금보관 금고관리 부실 등 범죄 취약성을 보이는 물리적 범죄환경이 방치되는 경우에는 범죄위험 환경이 범죄를 초대하는 경우가 발생할 수 있다. 그러므로 경비대상 시설 중 범죄 취약성을 들이내는 범죄 위험환경을 조사하고 분석하여 1차적으로 범죄위험 환경을 개선해야 한다.
- 인적 범죄위험 소지자를 조사하고 분석하여 철저히 감시하고 출입 통제한다. 거동 수상자, 배회 자, 목적 없이 VIP 방문을 시도하는 자, 흉기 휴대자, 도박 중독자, 알콜 중독자, 경제적 파산자, 전과자, 요시찰 인물, 불평불만 토로 및 폭언을 일삼는 자, 폭행 상습자, 과도한 사치 · 방탕 생활자, 자포자기 및 자살 시도자, 이상 행동 자, 수상한 행동을 하는 자 등 범죄 위험을 소지하고 있는 인적 위험 소지자에 대한 정보입수나 확인 되는 경우에는 '범죄위험 소지자 블랙리스트'에 등재하고 경비원 모두가 블랙리스트 등재 범죄위험 소지자 정보를 공유하여 집중적으로 감시해야 하며 철저하게 출입 통제해야 한다.
- 경비원의 경비의식 개선과 신속한 보고 및 경비시설을 효과적으로 운영한다. 경비대상 시설의 인명과 재산보호 목적의 경비는 각종 위험발생을 예방하고자 하는 경비원의 경비 의지와 자세 및 태도와 상관성이 있으며, 이상 현상 등의 신

속한 보고와 신고는 범죄 예방에 매우 유효하며, 경비시설의 효과적 운영 역시 범죄예방에 긍정적으로 작용한다. 그러므로 경비원의 경비에 대한 사명감을 가지고 바람직한 경비의지와 관심 및 태도를 견지하고 거동 수상자, 이상 행동자 등 범죄위험 소지자 발견 즉시 지휘계통을 따라 신속하게 보고하고 관계기관에 민첩하게 신고하는 등 경비원의 의식과 자세에 대한 개선이 요구되며, CCTV와 감지기 등 경비시설을 정 위치에서 효과적으로 운영하는 경우 기대 이상의 범죄예방 효과를 거둘 수 있다.

③ 순찰활동 요령에 대하여 교육훈련한다.

가. 순찰의 개념 : 순찰(patrol/round of inspection)의 사전적 의미는 '순회하여 살핌'을 말한다. 다시 말하면 순찰이란 경비 순찰계획에 따라 경비대상 시설의 경비 구역을 순회하여 화재, 도난, 재난, 파손, 파괴 등의 위험과 기타 시설물의 이상 유무를 확인하고 거동 수상자나 만취 자, 이상행동자 등 질서유지에 지장을 조래하는 요인 등의 발견시 적절히 대처하여 인적·물적 피해를 최소화하기 위하여 순회하며 안전을 점검하는 활동을 말한다.

나. 순찰활동의 요령 : 순찰의 목적, 순찰의 원칙, 경비원의 순찰 자세, 순찰 전 준비사항과 유의사항, 요점별 순찰사항, 순찰시 비상상황 발생 보고절차 등에 대하여 교안을 준비하고 교육 훈련한다.

④ 출입통제 방법에 대하여 교육훈련한다.

가. 출입통제의 개념 : 통제의 사전적 의미는 일정한 방침에 따라 제한하거나 제약함을 말한다. 시설경비에 있어서 통제의 의미는 경비대상 시설에 출입을 통제하는 경비업무로서 위험의 예방과 사건사고의 방지를 통하여 시설경비대상 시설 내의 인명과 재산을 보호하기 위하여 출입하는 사람(상주 고객 및 방문고객)과 차량의 출입 및 물품의 반입과 반출하는 물건 등을 시설경비 출입통제 매뉴얼에 따라 제한하거나 제약함을 말한다. 출입통제란 경비대상 시설에 대하여 인력, 차량, 물건, 정보 등의 출입을 효율적으로 통제하여 발생 가능한 보안 사고를 예방하고, 발생한 보안 사고에 대한 신속한 대응과 사후처리를 통해 경비대상 시설과 구성원의 생명 그리고 신체안전을 보호하기 위한 필수(경비)요소로 설명하도 있다.

나. 상주고객 출입통제 : 통제의 객체(대상) 중에는 출입자 통제가 가장 중요하나 매우 까다로운 경비업무이다. 왜냐 하면 상주고객 출입자는 통상 갑의 행사를 주저 없이 하고자 하며 특히, 특별고객인 VIP고객은 통제 받기를 매우 싫어하며 오히려 의전 수준의 대접 받기를 원하고 있기 때문이다. 따라서 출입자 대상에는 업무 또는 공사 목적으로 방문하는 방문 고객 정도가 출입 통제의 대상으로 인정되고 있다. 그러나 경비대상 시설의 인명과 재산 보호를 위하여 직책의 고하나 신분의 고

하를 막론하고 경비계획과 보안절차에 따라 출입자 통제를 철저히 수행하여 각종 보안 사고를 미연에 방지하여 인적 물적 피해를 예방해야 한다. 상주고객이라 함은 경비대상 시설에 근무하거나 일시적으로 파견 나온 직원으로 출입증 기타 방법과 절차에 의하여 항시 출입이 허가 된 자를 말한다. 상주고객의 출입통제는 일반출입증 발급과 출입증 관리 방법으로 통제 한다.

다. 방문고객 출입통제 : 방문고객이란 해당 경비대상 시설에 업무나 작업 등의 목적으로 일시적으로 방문하는 자로서 신분확인을 통하여 발급하는 방문자 출입증으로 하여금 일시적으로 출입을 허락 받는 자를 말한다. 방문고객의 출입 통제는 방문자 출입증으로 통제할 수 있으며 방문자 출입통제는 방문자 출입증 발급 및 관리로 통제한다.

라. 특별고객 출입 의전 : 특별고객의 사전적 의미는 특별하게 대우해야 하는 VIP고객을 말하며, 통상 경비시설의 상주 회사의 임원 이상의 대표나 경영자를 말하고 건축물의 소유자와 건축물소유자나 관련 부서로부터 특별히 의전을 요청하는 고객을 말한다. 상주고객으로 분류되는 특별고객은 현실적으로 통제가 용이하지 않으나, 만일의 경우를 대비하여 의전매뉴얼에 따라 친절하게 의전성격의 통제가 요망 된다.

마. 휴대 물품 통제 : 휴대품이라 함은 사람의 몸에 붙어 있거나 손에 들고 있는 물건을 말하며 시설경비의 통제의 객체로 분류되는 물품은 경비대상 시설의 기밀 산업정보와 산업 기술에 관련한 물품이나 사건사고 에 사용될 수 있는 위험한 물품 등을 의미한다. 휴대물품의 통제가 필요한 이유는 휴대물품을 이용하여 정보나 기술의 반출이 가능하고 무기나 위험장비 도구를 통하여 사람을 위해하거나 부상 등 범죄에 사용될 수 있디 때문이다 휴대물품은 휴대용 금속 탐지기, 문형 금속 탐지기, X-Ray 통과 등을 통하여 통제한다.

바. 출입 차량 통제 : 경비대상 시설의 안전과 사건사고 위험의 예방 및 통제를 위하여 시설에 출입하는 전체 차량을 대상으로 차량 통제를 실시해야 한다. 일반적으로 상주고객 소유차량은 통제대상에서 제외하고 있으나, 상주고객 소유 차량도 경비 통제의 대상에 포함시켜 통제해야 한다. 왜냐 하면 상주고객 차량을 통하여 범죄 및 보안 사건사고의 원인 제공자가 종종 나타날 수 있기 때문이다.

출입 차량이라 함은 경비 대상 주차장에 일시 주차하거나 장기 주차하는 차량 또는 경비대상 시설에 일시 정차하는 차량을 말한다. 근무로 인한 상주고객 차량이나 업무목적으로 방문하는 차량 및 시설주변에 불분명한 목적으로 일시 정차하는 모든 차량을 출입차량이라 한다. 출입차량은 출입 스티커 발급, 차량 등록 부 등재, 불법주차 신고 등의 방법으로 통제한다.

⑤ 범죄신고 및 현장보존 요령에 대하여 교육훈련 한다.

가. 범죄신고 및 현장보존의 개념 : 빌딩범죄 예방은 경비원에 의한 순찰활동과 출입통제, 경비시스템의 운용 등의 방법으로 가능하나 이상 현상 또는 범죄 의심 상황에 대하여 감지하고 사전에 관계기관에 신고함으로서 범죄 예방이 가능하다. 또한 범죄 발생한 현장을 범죄 발생 또는 발견 당시의 현장모습 그대로 보존하는 경우에도 경찰에 의한 법인의 검거 또는 문제해결에 증거를 확보할 수 있어 범죄의 수습에도 매우 유익하다. 따라서 경비원은 범죄 신고요령과 현장 보존방법에 대하여 교육훈련을 반드시 받아야 한다.

나. 범죄 신고요령 : 범죄 현장에 관계기관(예 경찰관)이 있는 경우에는 은밀하고 조용하게 접근하여 신고한다. 범죄 신고는 국번 없이 112(경찰서), 화재 신고는 119(소방서), 간첩 신고는 111(국정원) 또는 1337(기무사), 테러 관련 원자력 핵물질 사고 신고는 080-002-0049, 핵물리 방호 신고는 042-860-9791로 신고한다. 신고요령은 신고자 성명과 현제의 위치, 직업 등을 밝히고 신고내용을 언제(When), 어디서(Where), 누가(Who), 무엇을(What), 어떻게(How), 왜(Why) 등 6하 원칙(Six under principle)에 따라 신고한다.

다. 범죄현장 보존요령 : 범죄현장 보존 역시 범죄예방의 기능과 역할을 담당하고 있다. 따라서 경비 근무자는 범죄현장 보존에 대하여 범죄사실 발견 당시 그대로 보존하여 증거의 확보나 범인 체포에 도움이 되게 해야 한다. 범죄현장 보존요령은 다음과 같다.

- 사람 동물 등의 출입을 통제한다.
- 발견자 또는 목격자 조사를 실시하여 증거를 확보한다.
- 현장 사진 촬영하거나 동영상자료를 만들어 두거나 도면 작성 및 현장을 종이에 스켓치 하여 보관한다.
- 경찰관 도착 전까지만 현장을 보존하고 경찰관이 도착하면 경찰관에게 인계한다.
- 현장 인수인계자 인적 사항을 포함하여 인계사항을 기록하여 보관한다.

⑥ 방범시스템 운용방법에 대하여 교육훈련 한다.

가. 방범시스템의 개념 : 방범시스템이란 도난위험을 예방하고 방지하는 방범장비로서 협의의 방범 시스템과 광의의 방범시스템이 있다. 협의의 방범시스템은 경비대상 시설에 설치한 여러 종류의 감지기를 의미하고 넓은 의미의 방범시스템은 침입감지 센서와 영상감시 장비(CCTV)로 구성된 방범 장비를 말한다.

경비대상 시설의 시설경비업무 중 방범 및 출입통제와 보안업무는 상주 경비원과 방범시스템의 상호작용과 보완에 의하여 이루어지는 특징이 있다. 특히 방범시스템의 기능과 역할은 도난예방과 방지에 결정적으로 기능하고 역할하고 있으므로 경비원은 방법시스템에 관한 연구와 이해가 매우 중요한 과제라 할 수 있다. 방범

시스템은 침입감지센스(감지기)와 영상감지장비CCTV(Closed Circuit Television)로 구성되어 있다. 따라서 경비원은 경비대상에 설치하고 있는 감지기와 CCTV에 대하여 살펴 이해할 필요가 있다.

나. 침입감지센스(감지기) 운용절차

- 자석 감지기, 열선 감지기, 진동감지기, 열선 감지기 중 경비 대상시설에 설치한 어떤 종류의 감지가 설치되어 있으며 설치된 감지의 종류와 특성을 파악한다.
- 경비대상 시설에 설치란 감지기에 대한 종류별 특성을 숙지한다.
- 수신한 경보신호를 분석하고 해석한다.
- 해석 결과에 따라 즉시 현장에 출동하여 상황을 확인하고, 실제상황 여부와 오작동 여부를 확인한다.
- 실제상황인 경우, 보안요원을 호출하고 철저히 침입자를 추적하고 제압한다.
- 제압 즉시 현장을 보존하고 상급자에 보고하고 관계기관(경찰서)에 신고한다.
- 출동결과 오작동으로 판명되는 경우에는 오작동 원인을 반드시 구명하고 장비 이상시 수선한다.
- 출동결과를 기록하고 보존한다.

다. CCTV 운용절차

- 24시간 모니터링 한다.
- 모니터링 중에 이상 물체나 수상한 사람이 경비대상 시설 밖에서 포착될 경우에는 1차 경고방송을 실시하여 퇴거를 종용하여야 하며, 불응하고 계속 침입을 시도하는 경우에는 즉시 현장에 출동하여 침입 여부를 확인한다.
- 현장 출동결과 침입이 확실한 경우에는 상황을 파악하여 상급사에 보고하고 경찰에 신고한다.
- 경찰 도착 전까지 현장을 보존하고 경찰 도착시 현장을 인계하고 출동상황을 종료한다.
- 필요한 경우, 영상을 녹화하여 보관하되 '개인정보보호법'에 저촉되지 않은 범위 녹화 제공해야 한다.
- 상황의 시작과 종료 과정을 기록하고 보관한다.

⑦ 경비 관계법령의 내용 및 현장적용 방법에 대하여 교육훈련 한다.

가. 경비 관계법령의 개념 : 경비 활동에 직접 또는 간접으로 영향을 미치는 법령을 말한다. 경비관계법령에는 경비업법과 청원 경찰법, 형법, 형사소송법 등이 있다.

나. 경비업법을 교육한다 : 경비원이 되고자 하는 자는 일반 경비원의 경우 24시간 신임교육을 이수해야 하고 일반 경비원이 된 자는 월 4시간의 직무교육을 받아야 한다.

- 경비업법의 목적에 대하여 교육한다.

- 경비업법은 경비업의 육성 및 발전과 그 체계적 관리에 관하여 필요한 사항을 정함으로서 경비의 건전한 운영에 이바지함을 목적으로 한다.
- 용어의 정의, 법인에 대하여 교육한다.
- 경비업 허가에 대하여 교육한다. 시설경비업 허가조건은 다음과 같다.

경비인력	자본금	시설장비 등
일반경비원 20명 이상	1억 원 이상	• 기존 경비인력수 기준 경비인력 수 • 경비지도사 1명 이상 • 경비원 복장 및 봉, 분사기, 경적, 경봉 • 교육할 수 있는 교육장

- 경비지도사 및 경비원에 대하여 교육한다.
- 행정처분에 대하여 교육한다.
- 경비협회에 대하여 교육한다. 벌금과 과태료 및 벌칙에 대하여 교육한다.
- 시설경비업무에 대하여 교육한다. 시설경비는 도난, 화재 그 밖의 혼잡 등으로 인한 위험발생을 방지하는 업무이다.
- 경비업법의 현장적용에 대하여 교육한다.

다. 청원경찰법에 대하여 교육한다 : 청원법의 제정 목적은 청원경찰의 직무, 임용, 배치, 보수, 사회보장 및 그 밖의 필요한 사항을 규정함으로써 청원경찰의 원활하게 운영하는데 있다. 청원경찰법의 교육 내용은 다음과 같다.
- 청원경찰의 배치 대상과 직무, 배치 승인과 임용과 교육에 대하여 교육한다.
- 청원경찰의 경비와 보상, 신분보장과 감독, 표창과 징계 및 배상책임에 대하여 교육한다.
- 무기와 복제, 벌칙과 과태료 등에 대하여 교육한다.
- 청원경찰 직무한계에 대하여 교육한다.
- 청원경찰법의 현장 적용에 대하여 교육한다.

라. 형법에 대하여 교육한다 : 형법이란 범죄와 형벌의 관계를 규정하는 법규범의 총체를 말하며, 법률요건인 범죄에 대하여 어떤 형벌을 가할 것인가를 규정하는 법규범의 총체를 말한다. 시설경비와 관련하여 다음과 같은 죄에 대하여 교육한다.
- 공공의 안전에 관한 죄로 분류되는 폭발물 사용죄, 방화죄에 대하여 교육한다.
- 재산의 죄로 분류되는 절도죄, 강도죄, 준강도죄, 공갈죄, 점유물 이탈횡령죄, 손괴죄 등에 대하여 교육한다.
- 생명과 신체에 대한 죄로 분류되는 살인죄, 상해죄, 폭행죄, 유기죄 등에 대하

여 교육한다.

- 자유에 대한 죄로 분류되는 협박죄, 체포감금죄, 강간죄, 강제추행죄 등에 대하여 교육한다.
- 사생활 평온의 죄로 분류되는 미밀 침해죄, 주거 침입죄, 퇴거불응죄 등에 대하여 교육한다.

마. 형사소송법에 대하여 교육한다 : 형사소송은 국가의 형벌권의 실행에 관한 절차로서 형사소송법은 형법을 적용, 실현하기 위한 소송절차에 관하여 규정한 법률이다. 형사소송법은 시설경비현장에서 발생하는 빌딩범죄에 대한 형법을 적용하여 형벌을 실현하는 절차법이므로 다음의 형사소송법의 내용에 대하여 교육해야 한다.

- 형사소송과 기초개념에 대하여 교육한다.
- 공소와 수사에 대하여 교육한다.
- 공판절차에 대하여 교육한다.
- 상소와 비상 구제절차에 대하여 교육한다.

(7) 교육 훈련 결과를 평가한다.

① 경비업법 현장적용 및 교육에 대하여 서술형 시험으로 평가한다.
② 청원경찰법 현장적용 및 교육에 대하여 서술형 시험으로 평가한다.
③ 형법 현장적용 및 교육에 대하여 서술형 시험으로 평가한다.
④ 형사소송법 현장적용 및 교육에 대하여 서술형 시험으로 평가한다.

(8) 평가결과를 피드백 한다. 시험평가 결과 문제점으로 지적되는 부분에 대하여 피교육생 개인별로 피드백하여 경비 관계법령의 현장 적용능력을 향상시켜 바람직한 시설경비 활동을 도모하도록 한다.

5) 교육평가결과를 인사관리카드에 기록하고 인사고과에 반영한다

시험 평가결과를 반드시 개인 인사기록카드에 기록하고, 이를 인사고가에 반영하여 교육에 대한 보상을 하도록 한다.

10. 경비서비스 매뉴얼 개발

시설경비 활동수행에 있어서 일정한 경비서비스 표준이 필요하다. 즉, 시설경비 업무관리 매뉴얼과 경비시설 및 장비관리 매뉴얼, 경비인력관리 매뉴얼 등이 필요하다. 시설경비 매뉴얼은 시설경비 업무를 수행함에 있어서 요구되는 서비스의 표준 또는 기준 역할을 담당하고 있어 경비 서비스 수행 준비단계에서 반드시 준비해야 하는 업무이다.

경비서비스 매뉴얼 개발은 KS S 1005(경비서비스 KS 인증 국가표준규격)와 산업인력관리공단에서 2016년에 개발한 보안학습모듈 12권(www.ncs.go.kr로 접속하면 보안학습모듈자료를 얻을 수 있음)을 참고하여 개발이 가능하며, 개발하여 활용해야할 경비서비스 매뉴얼의 종류를 소개하면 〈표 91〉과 같다.

〈표 91〉 경비서비스 매뉴얼의 종류(예시)

매뉴얼의 명치	매뉴얼의 종류
경비서비스 업무 매뉴얼	• 순찰업무 절차서 • 출동업무 절차서 • 중앙관제소와 경비원 간 통신체계 절차서 • 출입통제 절차서 • 비상상황 대응 절차서 • 고객 만족도관리 및 평가 절차서
경비시설 및 장비관리 매뉴얼	• 중앙관제소 및 상황실 운영관리 절차서 • 경비시스템 유지 보수 절차서 • 출동차량 및 장구점검 및 유지보수 절차서 • 경비기기 및 시스템 검사 및 교정 절차서 • 경비시설 및 장비의 이력관리 및 기록 절차서
경비인력관리 매뉴얼	• 경비인력 채용 절차서 • 경비원 자질 정기 평가 절차서 • 경비원 신원조회 및 신원보증 절차서 • 경비원 교육 훈련 지침서 • 경비원 복리 후생 지침서 • 경비원 근무 지침서
품질시스템 매뉴얼	• 품질방침의 수립절차서 • 품질관리 지침서 • 품질매뉴얼 개발 및 운영 지침서

제4절 서비스 수행단계 서비스 활동

시설경비는 경비대상 시설의 안전 확보와 질서 유지, 물품과 출입자 및 차량 등의 통제와 도난, 화재, 재난위험의 통제 등으로 건축물 사용자의 생명, 신체 및 재산의 보호에 목적을 두고 수행하는 안전관리 활동이다. 그러므로 경비대상 시설의 경비목적을 효과적으로 달성하기 위해서는 경비계획을 수립하고, 수립한 계획에 따라 체계적으로 경비활동을 수행해야 한다. 서비스 수행단계에서는 경비서비스를 생산하는 실무적 경비활동이 다음과 같이 수행된다.

1. 경비대상 시설의 순찰활동

1) 순찰의 개념

순찰(Patrol/Round of Inspection)의 사전적 의미는 '순회하여 살핌'을 말한다. 다시 말하면 순찰이란 경비순찰 계획에 따라 경비대상 시설의 경비구역을 순회하여 화재, 도난, 재난, 파손, 파괴 등의 위험과 기타 시설물의 이상 유무를 확인하고, 거동 수상자나 만취 자, 이상행동자 등 질서 유지에 지장을 조래하는 요인 등의 발견시 적절히 대처하여 인석·물적 피해를 최소화하기 위히어 순회하며 안전을 점검하는 활동을 말한다.

2) 순찰의 원칙

순찰은 순찰계획에서 명시하고 있는 순찰 원칙에 따라 실시해야 하고 위험과 이상 현상을 조기에 발견하고 조기 수습 및 원상 복구하여 인적·물적 피해를 최소화해야 한다. 순찰자가 경비대상 시설의 경비 순찰 구역을 순찰할 때 반드시 견지하고 지켜야할 순찰의 원칙은 다음과 같다.

(1) 위험발생 예방 및 피해 최소화의 원칙

경비활동에 있어서 수행하는 순찰은 위험발생을 예방하고, 비상상황을 미연에 방지하는 노력을 해야 하며 부득이 사건 사고 또는 문제가 발생한 경우에는 조기 대응, 즉각 대응, 선 조치 등의 방법으로 그 피해를 최소화해야 한다. 따라서 위험발생 예방 및 피해 최소화 원칙은 반드시 지켜져야 한다.

(2) 비상상황 및 이상 현상 처리절차 숙지의 원칙

경비 순찰자는 순찰시 발견하는 이상 현상이나 비상상황에 대하여 처리절차를 숙지하고 적절하게 처리할 수 있어야 한다.

(3) 비상연락망 연계 및 보고의 원칙

순찰 수행 중에 발견한 이상 현상이나 부딪치는 비상상황에 대하여 내부 비상연락망과 외부 비상연락망에 즉시 보고하고 비상연락망의 연계협조를 받아 수습에 만전을 기하여야 한다.

(4) 경비안전 및 통신장구 휴대의 원칙

경비순찰자는 경비 순찰 전에 개인의 안전과 비상상황에 적절이 대응하기 위하여 분사기, 단봉, 경적, 무전기, 손전등 등 안전 및 연락용 통신장구를 휴대하고 순찰에 임하여야 한다.

(5) 비상상황 발생시 즉각 대응 및 조기수습의 원칙

순찰 자는 비상상황 발생시 즉각적으로 대응해야 하고, 조기에 수습하여 현장을 원상 복구해야 한다.

(6) 사건사고현장 보존 및 유지의 원칙

사건사고 발생시 유관기관인 경찰서, 소방서, 한국전력, 도시가스 등 외부 유관기관이 개입하여 해결하기 위해서 도착 전까지 사건사고 현장을 정상적으로 보존하고 유지하여 도착한 유관기관에 이관해야 한다.

(7) 이상현상 발견시 선 조치 후 보고의 원칙

순찰자가 순찰시 발견한 이상현상에 대하여 긴급을 요하는 경우에는 선 조치하여 해결하고 조치 후에 조치결과를 포함하여 상급자 및 책임자에게 보고한다.

(8) 인명보호 우선의 원칙

사건사고 발생시 순찰자는 재산의 보호보다 인명 보호를 우선적으로 처리해야 한다. 인공호흡이나 병원이송 등으로 인명구호에 우선적으로 대응해야 한다.

(9) 순찰동선 및 시간 변화의 원칙

순찰의 방법에는 정선 순찰, 난선 순찰, 정시순찰, 임시 순찰, 도보순찰, 자동차 순찰 등의 순찰의 종류가 있으며 순찰 동선과 시간이 정해져 있으나 범죄자나 침입자가 알고 있는 경우, 순찰의 효과가 반감되는 경우가 있다. 따라서 순찰동선과 순찰시간을 주기적으로 변화를 가하여 순찰을 수행해야 순찰의 효과가 배가된다.

(10) 혼합순찰의 원칙

순찰은 범죄나 이상현상을 예방하고 그 피해를 최소화 하는데 있다. 따라서 범죄 등을 예방하기 위하여 여러 가지 순찰의 유형을 혼합하여 순찰해야 효과적인 순찰효과를 거둘 수 있다

(11) 6하 원칙 기록 및 보고의 원칙

순찰중에 발생하고 조치한 내용을 6하 원칙에 따라 기록하고 보고해야 한다는 원칙이다.

3) 순찰의 목적

순찰의 목적은 순찰대상 경비구역의 순찰 활동을 통하여 화재, 도난, 재난, 무단침입, 이상 현상 등의 위험을 조기 발견하고 즉각 대응과 조치로 그 피해를 최소화하여 경비대상 시설의 인명과 물리적 재산을 보호하고, 특별 보호대상 산업정보와 산업기술 등의 무단유출을 방지하여 경비대상 시설의 안전 확보와 질서유지로 경비대상물의 완전성을 유지하는데 있다.

4) 순찰의 유형

순찰의 유형을 분류기준에 따라 분류하면 다음과 같이 분류된다. 순찰의 유형은 다음과 같으나 경비대상 시설의 성격, 용도, 규모, 경비 대상 등에 따라 적설한 경비 순찰효과가 나타날 수 있도록 적절한 순찰 유형을 선택하고 활용하여야 한다. 유형 분류기준에 따라 순찰유형을 정리하면 〈표 92〉와 같다.

〈표 92〉 순찰의 유형

분류 기준	순찰 유형
(1) 순찰시간 기준	정시 순찰, 수시 순찰
(2) 순찰노선 기준	정선 순찰, 난선 순찰, 요점 순찰
(3) 순찰자 인원수 기준	단독 순찰, 복수 순찰
(4) 순찰수단 기준	도보 순찰, 자동차 순찰, 오토바이 순찰, 자전거 순찰
(5) 순찰자 복장 기준	제복 순찰, 사복 순찰

5) 순찰 전 준비사항과 순찰시 유의사항

(1) 순찰 전 준비사항

① 복장 및 용모를 확인한다.
② 안전장구 및 통신장비 점검 및 휴대한다.
③ 비상상황 대응 및 이상현상 조치절차를 숙지한다.
④ 비상연락망 연락정보를 확보한다. 특히 경찰 및 소방서, 병원정보는 반드시 확보한다.
⑤ 순찰구역 및 순찰노선을 확인한다.
⑥ 일일 순찰일정을 확인한다.
⑦ 경비 인수인계 사항을 확인한다.
⑧ 경보시설과 피난시설, 소화시설, 보안시설 등의 위치와 조지상항을 숙지한다.
⑨ 순찰 전에 중요 순찰지점, 중요 조치사항 및 처리내용을 확인한다.

(2) 순찰 시 유의사항

① 인수인계 사항에 유의한다.
② 과거 발생한 유사 사건사고 사고사례에 유의한다.
③ 순찰 코스에 진행하고 있는 작업에 유의한다.
④ 순찰 노선선상에 산재해 있는 위험요소에 유의한다.
⑤ 취약 지역의 안전에 유의한다.
⑥ 이상냄새, 소음, 진동 등에 유의하고, 원인을 철저히 파악하고 필요시 조치한다.
⑦ 거동 수상자와 외부로부터 진입하는 차량에 대하여 유의한다.
⑧ 반입 및 반품 물건에 대하여 유의한다.
⑨ 건축물의 모퉁이나 수상한 구역에 대하여 유의한다.
⑩ 종전 사고 지점과 문제 시설에 대하여 유의한다.
⑪ 순찰자는 인기척이나 내부의 그림자, 불빛, 냄새, 소리 등에 유의한다.
⑫ 잠금장치 상태 이상에 대하여 유의한다.
⑬ 순찰결과 기록 및 보고에 유의한다.

6) 순찰자의 자세와 태도

경비대상 시설에서 순찰을 담하는 경비원은 순찰의 목적을 효과적으로 달성하기 위하여 다음과 같은 순찰자의 자세와 태도를 견지하고 순찰에 임해야 한다.

(1) 순찰자는 경비대상 시설의 인명과 재산보호에 남다른 사명감을 가지고 적극적인 자세로 순찰에 임해야 한다.

(2) 순찰자는 경비대상 시설의 위험지구와 위험물, 경계대상 출입자와 출입차량 등에 대하여 경각심을 가지고 적극적으로 감시, 경계, 순찰, 방호활동을 실시하여 건물 내 질서유지와 안전확보 및 보안을 유지해야 한다.
(3) 순찰자는 출입자와 출입차량에 대한 신분 확인으로 불법 침입자와 불법 차량을 통제하여 경비대상 시설 내의 질서유지와 안전한 건물환경을 유지해야 한다.
(4) 순찰자는 방문객 또는 이용자는 친절하고 정정하게 안내하여 친절하고 따듯한 경비 서비스 이미지 제고에 최선을 다해야 한다.
(5) 순찰자는 경비대상 시설의 재산과 인명 및 기밀정보와 산업기술 등의 보호와 완전성을 유지하기 위하여 도난, 화재, 빌딩 범죄와 사건과 사고 및 고장 등에 대하여 철저히 대비하여 인적·물적 피해발생을 예방해야 한다.
(6) 순찰자는 테러나 시위 등 집단행동이 발생하는 경우 전심전력으로 이를 방어하고 저지하여야 한다.
(7) 순찰자는 비상상황 발생시 최선을 다하여 수습하여 조기 원상회복할 수 있도록 최선을 다한다.
(8) 순찰자는 안전사고 발생시 사전에 안전사고 대응방법을 숙지하여 인명과 재산보호에 만전을 기한다.

7) 요점별 순찰 점검사항

도난예방 순찰을 수행하고 도난 위험요인을 점검한다.

(1) 경비대상 시설의 출입문, 창문, 비상구, 셔터 등 출입구의 개방이니 잠금장치 이상 유무를 점검한다.
(2) 방범기기, 위험 감지기 등의 외관과 기능의 이상 유무를 점검한다.
(3) 외부 침입도구 유무를 점검한다.
(4) 외부 침입 루트인 가스배관, 전주, 수목, 이웃집 지붕 등에 대하여 점검한다.
(5) 옥상, 계단 밑, 화장 실 등 범인의 은닉가능 장소를 점검한다.
(6) 경비대상 시설 내외의 순찰구역 안에 거동 수상자, 만취 자, 노숙자, 알콜 중독자, 배회자 유무를 점검한다.

화재예방 순찰을 수행하고 화재 위험요인을 점검한다.

(1) 점화 원과 인화물질 상태에 대하여 점검한다.
(2) 소화기 소화전, 스프링클러 등 방화시설과 피난설비 등을 점검한다.
(3) 인화물질과 가연 물질의 관리상태를 점검한다.

(4) 화기 사용 상태와 사용 후의 상태를 점검한다.
(5) 전영기기의 무단 사용 및 관리상태를 점검한다.
(6) 쓰레기 집하장, 소각장 관리 상태를 점검한다.
(7) 흡연 장의 흡연자, 담배꽁초 무단 투기 등에 대하여 점검한다.
(8) 전원코드 과부하 여부를 점검한다.

시설물 위험방지 순찰을 수행하고 시설물 위험 요인에 대하여 점검한다.

(1) 가스 정압시설, 보일러, 수변전 시설, 저수조, 가스시설, 건물 내 직원 식당 등 위험이 존재하는 장소에 대하여 위험 여부를 점검한다.
(2) 엘리베이터, 에스컬레이트 등 승강시설 위험에 대하여 점검한다.
(3) 저수조, 고가수조, 배관 등을 점검하고 누수 위험 유무를 점검한다.
(4) 건물 내벽의 균열이나 침하 현상 등 건축위험상태에 대하여 점검한다.
(5) 외벽 부착 광고판이나 간판 또는 옥상 통신 중계시설물의 상태를 점검한다.
(6) 시설과 설비의 고장, 벽이나 바닥 등의 손상 여부 및 계단의 방해 목적의 적재물 유무 등에 대하여 점검한다.
(7) 시설물에 의한 이상 소음, 냄새, 진동, 이상 변색 등에 대하여 점검한다.
(8) 건물 내 잔류인원을 점검한다.
(9) 우범지역, 취약지역 및 장소를 점검한다.
(10) 잠금장치를 점검한다.

8) 순찰시 비상상황 발생 보고절차

(1) '도난사고 발생시' 다음과 같이 조치하고 보고한다.

① 도난현장 발견 또는 신고접수 → ② 보안요원 현장출동 및 관계부서 및 경찰 112 신고 → ③ 도주로 차단 조치 및 제압 → ④ 피해조사 → ⑤ 도난상황 보고서 작성 → ⑥ 보고 → ⑦ 상황 종료

(2) '거동 수상자 발견시' 다음과 같이 조치하고 보고한다.

① 현장출동 및 신분확인 → ② 1차 경고조치 → ③ 관계부서 및 경찰협조 요청 → ④ 피해 조사 → ⑤ 상황보고서 작성 → ⑥ 보고 → ⑦ 상황 종료

(3) '화재발생시' 다음과 같이 조치하고 보고한다.

① 현장출동 및 상황확인 → ② 화재발생 상황전파 및 119 긴급신고 → ③ 초동 진압 조치 및 관계부서 협조 요청 → ④ 화재발생 방송 및 대피유도 연속방송 → ⑤ 화재 진압 → ⑥ 피해현황 조사 → ⑦ 화재상황 보고서 작성 → ⑧ 보고 → ⑨ 상황 종료

2. Post별 경비업무 수행활동

경비서비스 수행단계에서 수행하는 경비업무 중에는 각 Post별로 담당 경비업무가 보이지 않은 가운데 수행되고 있다. 이를 정리하여 살펴보면 다음과 같다.

1) Lobby

(1) 목적 방문객 안내 및 목적 없는 방문객 통제
(2) 상주고객 신원 확인
(3) VIP고객 의전
(4) 잡상인, 각종 배달원, 퀵 서비스 인원 통제
(5) 출입문 개폐
(6) X-ray, 금속 탐지기 등 보안장비 운영
(7) 정문 불법주차 통제
(8) 물품 반입 및 반출 통제
(9) 출입 인원 경계 및 방호
(10) 흡연자 단속
(11) 기타 안전유지에 필요한 업무

2) CCTV 관제센터

(1) CCTV, DVR기기 모니터링 및 관리
(2) 보안 취약지역 감시
(3) 민원 발생 시 자료 검색

3) 주차 정산소

(1) 내방객 안내

(2) 외부차량 통제
(3) VIP 안내
(4) 비 정기차량 통제
(5) 외부 방문차량 확인
(6) 입·출입 프로그램 출입시스템 운영
(7) 사건 사고 발생시 보안 팀 상황 보고

4) 현관 안내 데스크

(1) 방문객 VIP 안내 및 의전
(2) 전화 및 방문객 응대
(3) 물품반입 및 반출 확인
(4) 방문증 발급 및 회수
(5) 분실물 관리
(6) 출입자 관리
(7) 구역 내 사건사고 발생시 보안팀 상황 전파

3. 출입통제 활동

1) 출입통제의 개념

통제의 사전적 의미는 일정한 방침에 따라 제한하거나 제약함을 의미한다. 시설경비에 있어서 통제의 의미는 경비 대상 시설에 출입을 통제하는 경비 업무로서 위험의 예방과 사건사고의 방지를 통하여 시설경비대상 시설 내의 인명과 재산을 보호하기 위하여 출입하는 사람(상주고객 및 방문고객)과 차량의 출입 및 물품의 반입과 반출하는 물건 등을 시설경비 출입통제 매뉴얼에 따라 제한하거나 제약함을 말한다.

출입통제란 경비대상 시설에 대하여 인력, 차량, 물건, 정보 등의 출입을 효율적으로 통제하여 발생 가능한 보안사고를 예방하고, 발생한 보안사고에 대한 신속한 대응과 사후처리를 통해 경비대상 시설과 구성원의 생명 그리고 신체안전을 보호하기 위한 필수(경비)요소로 설명하고 있다.

2) 출입통제의 주체와 객체 및 수단

(1) 출입통제의 주체

출입통제의 주체라 함은 통제행위의 권한을 가지고 통제행위를 정당하게 수행할 수 있는 자로서 이에는 건축물 소유자와 시설경비서비스 사업자인 경비용역 회사와 그 종사자(경비원) 들이 있다. 경비주체가 되는 법적 권원에는 건축물의 소유권과 경비용역계약 및 관계법령 등이 있다.

(2) 출입통제의 객체

통제의 객체란 통제의 대상을 의미하며 이에는 시설경비 출입통제의 객체에는 다음과 같은 통제의 객체가 있다.

① 출입자
② 출입 차량
③ 휴대물품

(3) 출입통제의 수단

출입통제의 수단이란 통제의 목적을 달성하기 위한 방법이나 도구를 말한다. 출입통제의 방법이나 도구에는 출입자 인적사항 기록 및 출입신청서 작성 및 제출, 출입증 발급 및 통제, 출입제어 시스템, CCTV, 경비원의 경계 및 질문 검색, 잠금장치, 휴대품 검색장비(X-ray 검색기/휴대용 금속 탐지기/문형 금속 탐지기) 등의 통제방법과 도구 등이 있다.

3) 출입통제의 필요성과 목적

건축물에는 여러 가지 통재해야 하는 시설들이 산재되어 있으며, 위험물과 위험 시설이 존재히고 있을 뿐만 아니라 보호해야하는 인명과 재산 및 산업 정보와 산업 기술 등이 존재하고 있어 각 종 사건과 사고의 위험 발생의 개연성이 높고 이로 인한 인적·물적 피해가 발생될 수 있어 출입통제가 불가피 하다. 특히 국내 경기의 후퇴로 고의성 빌딩범죄가 발생하고 있으며, 국제정치의 대립 환경을 지속되고 갈등과 전쟁이 산발적으로 일어나고 있으며 국제적 범죄(테러, 납치, 방화, 폭발, 살인 등)가 현실적으로 발생하고 있어 경비대상 시설의 출입통제의 필요성은 더욱 강조되고 있다.

이와 같은 출입 통제의 필요성에 따라 수행하고 있는 출입 통제의 목적은 출입통제를 통하여 무단 출입자를 통제하여 혼잡으로부터 질서를 유지하고 도난, 화재, 살인 등의 빌딩범죄를 예방하고 인적·물적 피해를 유발하는 각종 사건사고를 방지하여 경비대상 시설 내의 인명과 재산을 보호하는데 있다.

4) 출입자 통제

통제의 객체(대상) 중에는 출입자 통제가 가장 중요하나 매우 까다로운 경비업무이다.

왜냐 하면 상주고객 출입자는 통상 갑의 행사를 주저 없이 하고자 하며 특히, 특별고객인 VIP고객은 통제 받기를 매우 싫어하며 오히려 의전 수준의 대접 받기를 원하고 있기 때문이다. 따라서 출입자 대상에는 업무 또는 공사목적으로 방문하는 방문고객 정도가 출입 통제의 대상으로 인정되고 있다. 그러나 경비대상 시설의 인명과 재산보호를 위하여 직책의 고하나 신분의 고하를 막론하고 경비계획과 보안절차에 따라 출입자 통제를 철저히 수행하여 각종 보안사고를 미연에 방지하여 인적 · 물적 피해를 예방해야 한다.

(1) 상주고객 출입통제 절차

상주고객이라 함은 경비대상 시설에 근무하거나 일시적으로 파견 나온 직원으로 출입증 기타 방법과 절차에 의하여 항시 출입이 허가 된 자를 말한다. 상주고객의 출입 통제는 일반출입증 발급과 출입증 관리방법으로 통제하며 상주고객의 출입통제 방법은 다음과 같다.

① 상주고객 현황을 조사하고 파악하여 상주고객 인명부를 작성한다.
② 작성한 인명부에 따라 상주고객에 한해 일반 출입증을 발급하고 관리한다.
③ 발급한 일반 출입증은 출입 시 항상 잘 보일 수 있도록 목에 패용하게 한다.
④ 출입증 패용상주고객만 통제 없이 출입을 허용한다.
⑤ 출입증 패용자 중 의심나는 출입자가 있는 경우, 정중하고 친절하게 그러나 민첩하고 과감하게 질문 검색을 통하여 상주고객 여부를 확인한다.
⑥ 만일 출입증 패용 자가 상주고객이 아닌 것으로 판명 날 경우에는 우범자로 분류하고 즉각적으로 제압하여 퇴출하거나 필요한 경우, 도주를 차단하면서 경찰의 도움을 요청하여 처리한다.
⑦ 상주고객의 출입증은 부정기적으로 재발급하여 만일의 출입증 위변조를 방지한다.
⑧ 상주고객 중 출입증을 분실 또는 도난당했을 경우에는 개인적으로 재발급하는 경우와 전체 출입증 재발급을 심각하게 고민하여 단행해야 한다.
⑨ 상주고객 중 출입증 도난 또는 분실 신고접수 즉시 부처 출입자 경계를 강화하여 만일의 사건사고가 발생하지 않도록 조치한다.

(2) 방문고객 출입통제

방문고객이란 해당 경비대상 시설에 업무나 작업 등의 목적으로 일시적으로 방문하는 자로서 신분확인을 통하여 발급하는 방문자 출입증으로 하여금 일시적으로 출입을 허락 받는 자를 말한다. 방문고객의 출입 통제는 방문자 출입증으로 통제할 수 있으며 통제 절차는 다음과 같다.

① 방문고객의 방문목적을 확인한다.
② 방문자 신분증 정보를 방문목적 및 방문처 정보와 함께 신청서에 기재하고 신분증과 함께 방문 신청서를 제출하게 한다.
③ 작성 제출한 신청서 정보를 토대로 신분과 방문 처 확인을 거처 방문출입증을 발급한다.
④ 방문출입증 발급 즉시 방문자 명부에 방문시간을 기재하고, 방문자로부터 서명 받아 제출한 신분증과 함께 별도 보관하고 관리한다.
⑤ 방문 목적을 종료하고 난 방문자에게 방문 결과를 질문하고 방문 처에 다시 확인하여 제출한 신분증을 반환하고 방문 종료 시간을 기재하여 보관한다.

(3) 특별고객 출입 의전

특별고객의 사전적 의미는 특별하게 대우해야 하는 VIP고객을 말하며, 통상 경비시설의 상주 회사의 임원 이상의 대표나 경영자를 말하고 건축물의 소유자와 건축물소유자나 관련 부서로부터 특별히 의전을 요청하는 고객을 말한다.

상주고객으로 분류되는 특별고객은 현실적으로 통제가 용이하지 않으나, 만일의 경우를 대비하여 의전 수준의 부드러운 통제가 요망 된다.

5) 휴대물품 통제

(1) 휴대물품의 개념

휴대품이라 함은 사람의 몸에 붙어 있거나 손에 들고 있는 물긴을 말히며 시설경비의 통제의 객체로 분류되는 물품은 경비대상 시설의 기밀 산업정보와 산업기술에 관련한 물품이나 사건사고 에 사용될 수 있는 위험한 물품 등을 의미한다.

휴대물품의 통제가 필요한 이유는 휴대물품을 이용하여 정보나 기술의 반출이 가능하고 무기나 위험장비 도구를 통하여 사람을 위해하거나 부상 등 범죄에 사용될 수 있디 때문이다

(2) 휴대물품의 통제절차

① 휴대용 금속 탐지기를 사용하여 출입자 금속 물품이 있는지 확인한다.
② 문형 금속 탐지기를 통과시켜 출입자의 금속물건이 있는지 확인한다.
③ X-Ray 통과시켜 밀도차이를 가지고 휴대물품을 확인한다.
④ 반입 휴대물품 중 수상하거나 위험한 물건이 확인되는 경우 반입을 금지하고 총포류 등은 경찰서에 신고 처리한다.

⑤ 반출 휴대물품 중 수상한 카메라, 녹음기, CD, USB, 기술 도면, 서류 등이 발견되는 경우, 해당 부서에 즉시 연락하고 문제가 없는 경우 출처확인을 경유하여 반출한다.
⑥ 반출 휴대물품 중 수상한 물품을 발견시 해당에 이첩하여 처리한다.
⑦ 휴대물품 검색결과 문제가 있는 경우에는 반드시 기록하여 보관하고 위험 물품은 별도 관리한다.

6) 출입차량 통제

경비대상 시설의 안전과 사건사고 위험의 예방 및 통제를 위하여 시설에 출입하는 전체 차량을 대상으로 차량 통제를 실시해야 한다. 일반적으로 상주고객 소유차량은 통제대상에서 제외하고 있으나, 상주고객 소유 차량도 경비 통제의 대상에 포함시켜 통제해야 한다. 왜냐 하면 상주고객 차량을 통하여 범죄 및 보안 사건사고의 원인 제공자가 종종 나타날 수 있기 때문이다.

(1) 출입차량의 개념

출입 차량이라 함은 경비 대상 주차장에 일시 주차하거나 장기 주차하는 차량 또는 경비대상 시설에 일시 정차하는 차량을 말한다. 근무로 인한 상주고객 차량이나 업무목적으로 방문하는 차량 및 시설주변에 불분명한 목적으로 일시 정차하는 모든 차량을 출입차량이라 한다.

(2) 출입차량 통제절차

① 상주고객 주차차량 통제절차
- 상주고객 소유 차량 현황을 파악하고 상주고객 소유차량 등록부에 등재한다.
- 상주고객 무료 출입 스티커를 발급하여 소유 차량에 부착시킨다.
- 차량 출입통제 시스템에 차량번호를 입력하여 차량통제시스템이 인식하게 한다.
- 주차장 내에 설치된 장에 CCTV를 통하여 출입 이상유무를 지속적으로 관찰한다.
- 관찰결과 이상현상 발견시 반드시 확인한다.
- 이상현상 확인결과를 기록하고 보관한다.

② 방문고객 주차차량 통제절차
- 정기적 업무목적 차량(택배 차량/우편물 배달 차량/유지보수 협력업체 차량 등)은 방문자 차량 등록부에 등록한다.
- 방문차량의 위해요소(주차장 진입구 높이/도난/상주고객 주차공간 침범/주차장 교통사고/출입속도 등)를 파악하고 지속적으로 관찰한다.

- 등록차량에 한하여 차량출입증을 발급하고 출입 스티커를 유리창에 부착하게 한다.
- 차량출입증 휴대 및 출입스티커 부착 차량에 한하여 일시 출입을 허용한다.
- 업무종료 후 차량 출입증은 반납 받는다.
- 차량 적재 물품을 점검한다.
- 방문차량에 수상한 흔적이 있는 경우 차량 내부와 차량 하부 및 트렁크나 짐칸을 검색하고 문제발견시 경찰의 협조를 구하여 처리 한다.
- 문제가 없는 경우, 차량 출고를 허용하고 방문차량 통제업무를 종료한다.

③ 시설주변 일시 주차차량 통제절차

- 시설주변에 일시 주차한 차량에 대하여 주차 목적을 확인한다.
- 확인결과 수상하거나 목적이 불분명한 경우에는 사진을 촬영하고 관찰한다.
- 교통에 지장을 주는 경우에는 주차를 허용하지 않는다.
- 허용되지 않은 차량이 계속 주차하는 경우에는 관할 경찰서 교통계에 불법주차 사실을 신고하여 처리한다.

4. 빌딩범죄 대응활동

1) 빌딩범죄의 개념

빌딩범죄라 함은 빌딩에서 일어난 사건으로서 법률에 따라 처벌받아야 하는 위법한 행위를 말한다. 구체적으로 범죄를 말하면 경비대상 시설에서 고의로 디인을 해할 목저으로 범죄 구성요건에 해당하는 죄를 범한 위법행위를 말한다.

2) 빌딩범죄의 유형

빌딩범죄에는 살인, 강도, 성범죄, 절도, 재물 손괴, 변사체 방치, 방화, 독극물 저수조 투여, 폭행, 업무 방해, 주거 침입 등 크고 작은 사건사고가 발생 되고 있다. 빌딩범죄 유형을 살펴보면 다음과 같다.

(1) 살인죄 : 살인은 형법 제 250조-제25조 구성요건에 해당하는 가장 악질적인 빌딩범죄로 고의로 타인(사람)을 살해하는 위법한 행위를 처벌하는 범죄를 말한다.
(2) 강도죄 : 형법 제333조에 해당하는 범조로 폭행 또는 협박으로 타인의 재물을 강취하거나 재산상의 이득을 취득하거나 제3자로 하여금 이를 취득하게 하는 범죄를 말한다.

(3) 성범죄 : 타인의 성을 직접적으로 침해하는 강간, 강제추행 또는 이를 기초로 가중처벌되는 범죄를 말한다.

(4) 절도죄 : 타인의 재물을 절취하는 범죄를 말한다. 빌딩범죄 유형 중에 가장 빈번하게 일어나는 범죄이다. 경비 종사자는 빌딩 절도사건 예방에 철저하게 노력해야 한다.

(5) 재물 손괴 죄 : 타인의 재물, 문서, 전자기록 등 특수 매체 기록을 손괴 또는 은익 기타 방법으로 그 효용을 행한 경우에 성립하는 범죄를 말한다. 빌딩에서 자주 발생하는 범죄로서 거동 수상자 음주 만취 자, 주거 부정으로 거리에 방치된 자 등에 대하여 경계활동이 요구된다.

(6) 변사체 : 자연사가 아닌 원인 미상으로 죽어 있는 사람의 시체가 유기되어 있는 상태를 말한다. 발견 즉시 경찰서 해당 부서에 신고하여 처리하되 현장 보존에 만전을 기해야 한다.

(7) 독극물 저수조 투여 : 타인을 해할 목적으로 살인 또는 심한 상해나 질병을 유발할 수 있는 무단 침입하여 저수조에 투입한 범죄를 말한다. 빌딩보안상 특별히 경계하고 타인의 출입관리에 만전을 기해야 한다.

(8) 상해죄와 폭행죄 : 불법적으로 유형력의 폭행을 가하여 자연적인 건강상태를 해함으로 성립하는 죄를 말한다. 폭행죄와 유사하나 잔연적인 건강 상태가 유지되는 겨우는 폭행죄이고 자연적인 건강 상태가 해하는 경우에는 폭행죄에 해당 된다.

(9) 기타 범죄 : 경비대상 시설에는 차량 절도사건, 차량 접촉사고, 방화사건 등이 종종 발생하고 있어 이에 대한 경계 경비와 함께 관계기관(경찰)의 협조를 받아 대처해야 한다.

3) 빌딩범죄 대응절차

빌딩범죄 대응방법에는 범죄예방 대응과 사후 대응방법이 있다. 빌딩범죄는 예방이 매우 중요하기 때문에 사건사고 발생 전에 위해요인과 위험상황을 예의 관찰하여 예방에 전심전력으로 최선을 다해야 경비의 목적을 효과적으로 달성할 수 있다.

(1) 빌딩범죄 예방절차

① 범죄 취약 지역을 조사하고 위해 요인을 분석한다.

② 경비대상 시설 내에 불만 집단이나 불만을 가지고 있는 상주고객 또는 방문고객에 대한 정보를 지속적으로 수집하고 관리한다.

③ 상주고객 소속 기업이 부도 징후가 감지되거나 세무조사를 당하고 있거나 경영자

의 범죄사실이 신문 등의 언론 매체에 보도되는 경우 특별 관리에 들어가야 한다.

④ 화재 위험을 내포하고 있는 실험실, 쓰레기 집하장 또는 하치장, 유류, 가스 등 위험물 저장소, 위험물 사용기기, 상주고객 중 힘 있는 기업이나 부서 종사자들의 개인 사용 불법 전열기 등에 대하여 집중적으로 순찰하고 감시한다.

⑤ 위험한 장소(가스정압기, 가스저장소, 유류저장소, 질소 또는 수소저장소, 페인트(도장) 작업장 등)에서 점화원이 될 수 있는 전기용접 작업이나 담배 피우는 행위 등에 대하여 발견 즉시 중단 조치한다.

⑥ 불만을 가지고 경비대상 시설을 자주 방문하는 방문객에 대하여 방문의 목적과 이유를 확인하고 불만 대상자 또는 불만 기업대표에 전달하여 불만 요인을 해소 시키거나 격리조치 해야 하며 휴대하고 있는 물품(특히 흉기)에 대하여 특별 경계한다(방치하면 살인사건이 발생할 수 있음. 실제 살인사건 발생 사례 있음).

⑦ 만취 상태에 있는 자, 게임이나 마약 및 도박 중독자, 빌딩 주변을 배회하고 있는 자, 복장이 신분과 어울리지 않은 자, 언설이 횡설수설하는 자, 거동이 수상한 자, 불평과 고성을 일삼는 자, VIP고객을 방문하고자 애 쓰는 자, 식당이나 현관, 엘리베이트 내에서 소속 기업이나 경영자를 정도를 넘는 수준으로 비난하거나 욕설 또는 불만을 토로 하는 자 등에 대하여 지속적으로 감시하고 교대경비 근무자에게 인수인계하고 경계하도록 조치하여 만일의 사태에 대비해야 한다.

⑧ 경비대상 시설에 대한 위험지역, 위해요인, 위험인물, 위험시설 등에 대하여 조사한 자료를 취합하여 '00빌딩 안전지도'에 반영하여 작성하고, 이를 바탕으로 빌딩 범죄 예방에 적극 활용한다.

(2) 빌딩범죄 사후 대응절차

① 범죄 현장을 발견하는 경우, 현장상황을 조용하고 은밀하게 확인한다.

② 범죄 현장 발견 즉시 보안요원에게 협조를 구하여 초동 제압하고 도주로를 차단하여 현장을 보존하고 상급자에 보고 및 경찰 등 관계기관에 신고 한 후 위해에 유의하여 후속 경계업무를 수행한다.

③ 다른 라인을 통하여 범죄발생 신고접수 경우에는 접수즉시 현장에 출동하여 범죄 상황을 확인하고 증거 보존, 증거 훼손 방지 타인 접근 및 출입 금지조치 등의 방법으로 현장을 보존하고 범죄현장 상황을 상급자에게 보고하고 경찰 및 병원 등 관계기관에 신고한다.

④ 초동조치를 통하여 사람의 생명과 재산 보호조치를 우선적으로 강구한다.

⑤ 사건사고 현장에 범죄인이 있는 경우, 만일의 피습에 대비하여 다수의 보안요원이 출동하여 필요한 업무를 수행한다.

⑥ 관계기관 요원 도착 전 까지 현장을 통제한다.

⑦ 경찰(112), 병원(119) 등 관계기관 요원이 현장도착시 현장을 인계한다.

⑧ 필요한 경우, 관계기관에 출두하여 필요한 정보제공과 증거물 제시 등의 방법으로 적극적으로 협조한다.

⑨ 불미한 빌딩범죄 사실이 과장 또는 호도되어 외부에 유출 또는 전파되어 이로 인한 피해를 입지 않도록 내부 정보망을 통제하고 교육한다. 경찰 등 관계기관 인계 후 사건사고 상황을 종료한다.

⑩ 사건사고 상황 종료 후 지체 없이 사건사고 처리결과 보고서를 작성 · 보관한다.

5. 방범시스템 운영 및 감시활동

1) 방범시스템의 개념

방범시스템이란 도난위험을 예방하고 방지하는 방범장비로서 협의의 방범시스템과 광의의 방범시스템이 있다. 협의의 방범시스템은 경비대상 시설에 설치한 여러 종류의 감지기를 의미하고 넓은 의미의 방범시스템은 침입감지센서와 영상감시 장비(CCTV)로 구성된 방범 장비를 말한다.

경비대상 시설의 시설경비업무 중 방범 및 출입 통제와 보안 업무는 상주 경비원과 방범 시스템의 상호작용과 보완에 의하여 이루어지는 특징이 있다. 특히 방범시스템의 기능과 역할은 도난예방과 방지에 결정적으로 기능하고 역할하고 있으므로 경비원은 방법시스템에 관한 연구와 이해가 매우 중요한 과제라 할 수 있다.

방범시스템은 침입감지센스(감지기)와 영상감지장비CCTV(Closed Circuit Television)로 구성되어 있다. 따라서 경비원은 경비대상에 설치하고 있는 감지기와 CCTV에 대하여 살펴 이해할 필요가 있다.

(1) 침입감지 센서(감지기)

외부로부터 침입을 감시하고 예방하는 침입감지센서는 주로 감지기를 활용하여 방범기능과 역할을 수행하고 있다. 침입감지센서로 사용되고 있는 감지기는 사람의 침입시 체온이나 진동자석의 원리를 이용하여 감지하고 침입경보를 발하는 침입감지세서이다. 감지기에는 자석 감지기, 열선 감지기, 적외선 감지기, 유리감지기 등이 있다.

경비대상 시설에 어떤 종류의 침입감지센서(감지기)가 설치되어 있는지를 파악하고 종류별 감지기별 기능을 파악하고 운용방법을 숙지해야 한다.

(2) CCTV

CCTV는 1년 365일 하루 24시간 동안 경비요원을 대신하여 경비대상 시설의 위험을 관찰하고 감시함으로써 도난, 침입, 화재 등의 위험을 감시하여 위험사고를 미연에 방지할 수 있고 사건 발생의 경우 사후증거 확보에 매우 유익한 방범장비 및 화재감시 장비이므로 침입감시센스와 함께 방법시스템으로 널리 사용되고 있다.

CCTV는 화재 예방과 시설안전 및 빌딩범죄 예방 및 증거확보에 중요하게 사용되는 영상감시장비로서 촬영부와 전송부 및 수상부로 구성되어 있으며, 그 종류에는 동축 케이블 CCTV와 네트워크 카메라 CCTV 그리고 무선 CCTV등의 종류가 있다.

2) 방범시스템 운영절차

(1) 침입감지센스(감지기) 운영절차

① 자석 감지기, 열선 감지기, 진동감지기, 열선 감지기 중 경비 대상시설에 설치한 어떤 종류의 감지가 설치되어 있으며 설치된 감지의 종류와 특성을 파악한다.

② 경비대상 시설에 설치란 감지기에 대한 종류별 특성을 숙지한다.

③ 수신한 경보신호를 분석하고 해석한다.

④ 해석 결과에 따라 즉시 현장에 출동하여 상황을 확인하고, 실제상황 여부와 오작동 여부를 확인한다.

⑤ 실제상황인 경우, 보안요원을 호출하고 철저히 침입자를 추적하고 제압한다.

⑥ 제압 즉시 현장을 보존하고 상급자에 보고하고 관계기관(경찰서)에 신고한다.

⑦ 출동결과 오작동으로 판명되는 경우에는 오작동 원인을 반드시 구명하고 장비이상시 수선한다.

⑧ 출동결과를 기록하고 보존한다.

(2) CCTV 운영절차

① 24시간 모니터링 한다.

② 모니터링 중에 이상 물체나 수상한 사람이 경비대상 시설 밖에서 포착될 경우에는 1차 경고 방송을 실시하여 퇴거를 종용하여야 하며, 불응하고 계속 침입을 시도하는 경우에는 즉시 현장에 출동하여 침입 여부를 확인한다.

③ 현장 출동결과 침입이 확실한 경우에는 상황을 파악하여 상급자에 보고하고 경찰에 신고한다.

④ 경찰 도착 전까지 현장을 보존하고 경찰 도착시 현장을 인계하고 출동상황을 종료

한다.

⑤ 필요한 경우, 영상을 녹화하여 보관하되 '개인정보보호법'에 저촉되지 않은 범위 녹화 제공 등해야 한다.

⑥ 상황의 시작과 종료 과정을 기록하고 보관한다.

제5절 서비스 사후관리단계 경비서비스 활동

경비 서비스 사업이 계약에 따라 종료 되는 경우 다음과 같은 사후 서비스가 진행되어야 하고 이를 통하여 경비서비스가 공식적으로 종료된다.

1. 경비서비스 고객 불만사항 접수 및 처리

1) 고객 불만사항의 개념

고객 불만사항이란 고객의 입장에서 입주한 건물을 사용 수익함에 있어 필요한 서비스 제공이 없거나 고장 신고를 했음에도 불구하고 지체 없이 수리 또는 보수공사의 지연 등으로 입주한 건물을 편리하고 쾌적하게 사용할 수 없는 상황을 의미한다. 시설관리 주체는 이와 같은 입주자 고객의 불편사항을 접수하고 지체 없이 해결하여 입주자가 편리하고 쾌적하게 건물을 사용 할 수 있도록 조치해야 한다. 이를 위해서 다음과 같은 절차대로 불편사항을 접수하고 조치하며 이를 분석하고 업무에 반영하는 고객 불편사항 접수 및 처리절차를 수립하고 이를 활용하여 고객의 불편을 해소해야 한다.

2) 고객불만 접수 및 처리절차

고객 불만사항 접수 및 처리절차는 다음과 같다.

(1) 불만사항 접수센터를 개설한다.

(2) 불만사항 접수 센터 개설 및 접수방법을 입주자에게 공지한다.

(3) 불만사항 접수대장을 비치하고 신고 즉시 접수하고 기록한다. 접수대장은 접수번호, 접수 시간, 접수자, 신고자 성명 및 연락처, 신고 내용, 조치결과(조치자, 조치시간, 조치내용), 결과 통보시간 통보방법 등을 내용으로 하는 불편사항 접수대장을 온라인과 오프라인 방식으로 비치한다.
(4) 접수 즉시 경비서비스 현장을 점검하고 불만사항을 확인한다.
(5) 처리 담당자에 접수사항을 전파하고 조지를 요망한다.
(6) 조치를 취하고 그 결과를 신고자에게 지체 없이 통보하고, 만족 여부를 확인 한다. 통보결과를 기록하고 유지한다.
(7) 신고 고객 불만사항을 분석하고 경비서비스 업무계획에 반영한다.

고객 불만사항을 접수하는 접수대장은 접수번호, 접수시간, 접수자, 신고자 성명 및 연락처, 신고내용, 조치결과(조치자, 조치시간, 조치내용), 결과 통보시간 통보방법 등을 포함하는 양식을 개발하고 불만사항 접수대장을 온라인과 오프라인 방식으로 접수한다. 접수대장의 양식을 예시하면 〈표 93〉과 같다.

〈표 93〉 경비서비스 고객 불만사항 접수 및 처리대장 양식(예시)

접수 번호	접수 시간	접수자 성명	신고자 성명/연락처	신고내용	조치결과 조치자/시간/내용	결과통보 시간/방법

(자료 출처 : 국가기술표준원(2011) KS S 1004-1, p.23)

2. 경비서비스 고객만족도 관리

1) 경비서비스 고객만족도의 개념

경비서비스의 목적은 양질의 경비서비스를 생산하여 안전을 확보함으로써 경비 대상 시설의 인명과 재산을 보호하는 데 있다. 경비서비스 고객 만족도라 함은 건물을 사용하고 있는 고객이 시설경비서비스 주체가 생산·제공하는 경비서비스의 품질과 서비스 수준 및 친절의 정도가 설문조사 결과 평균 몇 점의 수준인지를 고객 만족도 조사결과 나타나는 서비스 만족에 대한 척도를 말한다.

현장 고객의 만족도 조사는 다음과 같은 절차에 따라 분석·평가하고, 그 결과를 경영활동에 반영해야 하며 문제가 있는 경우, 시정 조치해야 한다.

2) 고객서비스 만족도 관리절차

고객서비스 만족도 관리절차는 다음과 같이 진행하고 업무에 반영한다.

(1) 경비서비스 고객만족도 측정계획을 수립한다.
(2) 만족도 측정도구를 개발(설문조사지 설계)한다
(3) 만족도 설문조사지를 고객에 배포하여 설문을 의뢰한다.
(4) 설문지를 수거하고 통계방법으로 분석한다.
(5) 설문조사 분석결과를 해석하고 고객만족도를 측정한다.
(6) 설문조사 분석결과 만족도 수준을 건축주와 본사에 보고한다.
(7) 분석결과 불만족의 경우에는 개선대책을 수립하고 개선 조치한다.
(8) 경비서비스 고객만족도를 시설경비 활동에 피드백하고 반영한다.

3. 경비피해 배상서비스

1) 경비피해 배상의 개념

경비피해 배상이라 함은 경비서비스 사업자가 경비서비스 수행과정 중에 발생할 수도 있는 경비 대상물의 대인사고나 대물 사고 피해를 당한 피해자에게 그 손해를 금전으로 배상하는 것을 말한다. 경비사업자는 이를 위하여 배상책임보험에 가입해 두거나 피해보상 용도의 자금을 사내에 확보하고 있어야 한다.

2) 배상책임보험 가입 및 손해배상 청구절차

경비사업자는 경비서비스 수행단계에서 경비 대상물이나 대인사고로 손해나 피해 발생을 보상해 주기 위해서 다음과 같은 보험에 가입하고 발생한 피해나 손해에 대하여 배상해야 한다.

(1) 배상책임보험에 가입해 두어야 한다.

(2) 경비사고로 발생한 피해나 손해에 대하여 조사하고 피해나 손해규모를 산출한다.
(3) 산출한 자료를 근거로 보험사에게 보험금을 신청한다.
(4) 수령한 보험금을 토대로 피해나 손해를 보상한다.
(5) 보험사고 발생시 경비서비스 사업자가 대신 보상하고 보험사에 구상한다.

3) 경비사고 손해배상 방법

경비사고로 발생한 피해와 손해에 대하여 배상하는 방법에는 다음과 같은 피해배상 방법들이 있다.

(1) 위험 전가방식에 의한 피해배상 방법

피해 또는 손실위험을 배상책임보험 가입을 통하여 보험회사에 전가하여 경비사고 피해가 발생하는 경우에는 보험사가 그 피해나 손해를 배상하는 방법이다. 이를 위해서는 경비사업자가 신뢰할 수 있는 보험사를 선정하고 배상책임 보험에 가입해 두어야 한다.

(2) 위험 보유 방식에 의한 피해배상 방법

경비사고로 경비대상물에 대한 대물피해나 대인 손해가 발생한 경우에 그 피해와 손해액을 합리적인 방법으로 산정하여 경비서비스 사업자의 자금으로 그 피해나 손해를 배상해 주는 방법이다. 이를 위해서는 경비서비스 사업자는 경영상 또는 재정상 문제가 없어야 한다.

참고문헌

김일효(2014), 《건물자산관리학원론》, 상학당
김일효(2011), 《건물자산운영관리론》, 남두도서
김일효(2010), 《건물자산환경관리론》, 남두도서
김일효(2006), 《건물자산위험관리론》, 남두도서
김일효(2021), 《건축물종합유지관리》, 상학당
김일효 외(2021), 《청소학개론》, 상학당
(사)한국경비협회, 신입경비원 교육교재
(사)한국건물위생관리협회, 위생관리자 교육교재
한국산업인력공단, 보안 학습모듈 01-12
한국산업인력공단(대표저자 김일효), 환경미화 학습모듈 01-08
한국산업인력공단, 시설경비 학습모듈
국가기술표준원(2011), 시설관리서비스 국가표준산업(KS S 1004-1.2)
국가기술표준원(2008), 건축물 클리닝서비스 국가표준산업(KS S 1012-1.2)
국가기술표준원(2009), 경비서비스 국가표준산업(KS S 1005-1.2)
한국표준협회(2007), 시설관리서비스 품질매뉴얼 및 지침서
한국표준협회(2007), 건축물 클리닝서비스 품질매뉴얼 및 지침서
국가기술표준원(2005), 시설관리서비스 표준화 연구
민진(1996), 조직관리론, 대영문화사
김무한 외 14인(2004), 건축학개론, 문우당
정창원 외 3인(2004), 건축환경계획, 서우
이학종 · 양혁성(2005), 인적자원관리, 박영사
신민식 · 권중생(2006), 경영의 이해, 법문사
(사)한국방역협회(2001), 소독업무종사자 실무교재
건축법, 건축물관리법, 기계설비관리법, 전기사업법 소방안전관리법 등 건물종합관리 관계법령
최결성(2011), 상업용 건물관리제도의 평가와 개선에 관한 연구
양준석(2011), 건물의 용도 및 시설관리직종별 적정인원 산정에 관한 연구
김일효(2007), 건물자산관리제도 개선방안에 관한 연구

찾아보기

▥ 저자 소개 ▥

▌김 일 효

〈 학력 및 경력 〉

- 건국대학교 법정대학 법학과 졸업(법학사)
- 건국대학교 행정대학원 부동산학과(부동산경영 전공) 졸업(행정학 석사)
- 극동대학교 대학원 경영학과(빌딩경영 전공) 졸업(경영학 박사)
- 신승기업(주) 요르단 지점장, UAE 지점장, 비서실장, 이사 역임
- 풍림산업(주) 사우디아라비아 건축공사현장, 담수처리공장 신축공사 현장소장 역임
- 풍림산업(주) 본사 사옥관리부장(풍림빌딩 관리소장) 역임
- ㈜석산공영(빌딩 유지보수) 대표이사 역임
- 전북과학대학교 건물관리과 겸임교수 역임
- 동원대학교 부동산컨설팅과 전임교수 역임(2010년 정년퇴임)
- 경희대학교 사회교육원 학사학위과정 건물자산관리학과 겸임교수 역임
- 극동대학교 글로벌대학원 건물자산관리학과 개설 및 초빙교수 역임
- 현) (사)한국건물위생관리협회 자문교수
- 현) 산업통산자원부, 국가기술표준원 시설관리서비스 KS 인증 심사위원
- 현) 산업통산자원부, 국가기술표준원 건축물클리닝 서비스(환경미화) KS 인증 심사위원
- 현) 산업통산자원부, 국가기술표준원 경비서비스 KS 인증 심사위원
- 현) 사단법인 한국건물관리학회 회장

〈 저서 및 논문 〉

- 건물자산관리학총론, 남두도서, 김일효(2009)
- 건물자산관리학개론, 남두도서, 김일효(2007)
- 건물자산관리학원론, 도서출판 상학당, 김일효(2014)
- 건물자산행정관리론, 남두도서, 김일효(2009)
- 건물자산위험관리론, 남두도서, 김일효(2006)
- 건물자산환경관리론, 남두도서, 김일효(2010)
- 건물자산경제관리론, 남두도서, 김일효(2009)
- 건물자산인대관리론, 남두도서, 김일효(2011)
- 건축물종합유지관리, 도서출판 상학당, 김일효(2017)
- 청소학개론, 도서출판 상학당, 김일효(2022)
- 환경미화 학습모듈, 산업인력관리공단, 김일효 외(2016)
- 부동산거래사고 예방대책에 관한 연구, 건국대학교 행정대학원, 김일효(1997)
- 건물자산관리제도 개선방안에 관한 연구, 극동대학교 대학원, 김일효(2007)
- 시설관리 직종별 적정인원 산정방안에 관한 연구, (사)한국건물관리학회, 김일효(2014)
- 건물자산관리의 학문적 체계화에 관한 연구, (사)한국건물관리학회, 김일효(2011)

〈 주요 연구 용역 〉

- 시설관리 서비스 품질매뉴얼 개발 연구, 한국표준협회, 김일효(2010)
- 건축물 클리닝서비스(환경미화서비스) 품질매뉴얼 개발 연구, 한국표준협회, 김일효(2010)
- 시설물의 효율적 운영관리방안에 관한 연구, 대구경북첨단의료산업진흥재단, 김일효(2013)
- 건물의 경제적 유지관리비용 산출에 관한 연구, 한국뇌연구원, 김일효(2013)
- 주상복합시설위탁관리 입찰방안에 관한 연구, 갤러리아포레 입주자대표회의, 김일효(2014)
- 공중화장실 서비스 KS 인증방안 개발 연구, 특수법인 한국화장실협회, 김일효(2020)

건물종합관리학개론

2024년 1월 20일 1판 1쇄 발행

저 자 김 일 효
발행인 남 승 우

발행처 도서출판 상尙 학學 당堂

서울특별시 동작구 사당로9가길 6
TEL : 02) 595-1692～4
FAX : 02) 595-1394
E-mail : shdbooks@naver.com
신고 : 2-155호 (1968. 11. 29)

정가 36,000원

ISBN 978-89-6587-243-6 13540

八.

其他 旅行

(1)

서울고 1回 同期生 東南亞 旅行記

1996年 5月 20日(月) - 5月 26日(日)

⋮

참가인: 姜信沆(정양완) 金應楚(윤금옥) 金鍾淳(최종수) 文益煥(임인숙) 朴元春(홍금옥) 韓相朝(민정순) 李翊相, 張同燮, 金世勳

1996年 5月 20日(月) 구름, 아침 가랑비 약간

아침 4時 기상 6時 40分 택시로 金浦공항行 (7시 20分 도착. 차비 13,000원(팁 2000)) 구 청사(제1)에서 집합

11時 CATHAY(CX 417号)로 김포 출발

13時 25分 (한국시간 14시 25分) 香港카이락 국제공항 도착

한주여행사 (한국일보사 계열) 김영미 여사 同行

홍콩에서는 恒盛여행사 安 여사(약 50세, 안중근 의사 조카라고)가 案內

海洋공원 공연(소년소녀 서커스) 참관하고, 홍콩 明珠 해상 食堂에서 저녁.

Regal Riverside Hotel (우리는 407号室)에서 투숙

10時 경 석희에게 전화 (80000 - 82 (서울 교환) - 집 서울에서 지불하는 제도.

420 号실에서 김세훈, 박낙원, 장동섭과 내가 가지고 온 술 (시바스 리걸)로 한 잔 씩 하다. 한국 시간 12시 취침, 날씨 30度

1996年 5月 21日(火) 아침 25度 날씨 맑다

밤에 세 번 깨다 (오줌 누러) 아침 4시 (현지 시간 5시) 기상, 샤워
20日(月) 下午 4시 半 ~ 5시에 일어났던 일

해양공원 참관 후 中國古代文物館에 들어갔다가 一行은 먼저 가고 우리 內外만 외톨이가 되어 크게 당황하고 내가 화를 몹시 냈던 일이 있었다. 한상조 형이 적극적으로 충고를 해 주어서 겨우 내가 사과하고 마음을 풀었다. 모두 잘못했다고 나에게 빌었다. 아주 큰 不祥事의 하나다.

1996年 5月 21日 (火) 맑다

上午 홍콩 市內 구경, 세 군데 가게에 들러 옷 (silk) 등 구입. 점심, 한국음식점에서 된장찌개로 식사, 下午 2시 50分 홍콩공항 도착.

3시 45分 홍콩발 Bang Kok 行. CX 7이 호편. 5시 25分 Bang Kok공항착. 가랑비 28度

전세 車로 파타야로 (PATTAYA)

저녁, 한국음식점에서 엉터리 식사. 우리가 가지고 온 고추장, 깻잎, 짠지가 환영을 받음.

밤 Royal - Jomtien 호텔에서 밤 12시가 넘어서 一泊, 619号室

1996年 5月 22日(水) 흐림

아침 현지 시간 5시 기상. 8시 호텔 식당에서 아침식사

호텔 앞 가게 (한국인 경영 南大門)에서 해변에 갈 옷을 구입 (여러 가지 약 40불)

上午 배 타고 해수욕장에 가서 물에 잠김 (약 20分)

下午 호텔 근방, 서울 식당에서 한식으로 점심. 휴식 후 화원과 민속춤 참관, 4시 50分 귀실.

저녁 호텔 식당에서 바다 가재 등으로 飽食하고 일찍 자다.

1996年 5月 23日(木) 맑고 덥다. 30度 以上인 듯. 새벽 3시 눈이 뜨다.

아침 5시 半 호텔 (PATTAYA ROYAL JOM) 식당에서 뷔페식으로.

아침 6시 半 호텔 앞에서 專用車로 출발.

上午 10시 半 메농 江岸 도착(강물이 너무나도 더러웠다.) 배로 寺院 구경, 江岸 구경

下午 궁전 및 사원 참관. 찌는 듯한 더위로 고생. 금빛찬란한 泰國宮殿을 보다.

下午 1시 서울 고려정에서 점심. 형편없는 음식, 우리가 가지고 간 고추장으로 겨우 끼니를 때우다. 점심 후 土產品가게에서 물건 구입. 저녁 민속관(한식)에서 저녁. 비교적 良好

밤 일찍부터 쉬다. 석희에게 국제전화(호텔 방 907 호실에서) 전화 후 목욕, 휴식, 일찍 자다.

밤 방콕 中心街 Holiday Inn(최고급)에서 一泊 981. Silom Road BangKok 10500, Thailand. Tel. 2384300 Tlx, 82998

1996年 5月 24日(金) 맑고 덥다

아침. 현지 시간 4시 눈을 뜨다. 요새 날마다 꿈을 꾼다.

8시 호텔 식당에서 뷔페식으로 식사, 약간 설사 기운이 있다.

8시 半 호텔 출발. BangKok공항 沿道住民의 生活相이 너무나도 비참했다.

낮 12시 10分 CX 713号편으로 싱가폴 行.

下午 15:35分 싱가폴 창이 국제공항 도착. 미쓰 심(기혼 女)이 마중 나옴.

곧 훼이버 山頂 참관. Sentosa 섬 식물원 관광.

저녁 埋立地 공원 식당에서 해산물로 저녁. 손가락을 약간 데다.

친구들과도 비교적 가깝게 지내고 있다.

식사 후 CARLTON(초특급) 호텔 1629 号실 투숙.

1996年 5月 25日(土)

어젯밤 국제전화로 允求네에 걸었으나 不在로 정릉집으로 전화를 걸어 良이 月得 양과 통화, 밤에 일찍 자다 (이 곳 시간 11시)

25日 아침 맑다. 34度 예상. 새벽 세 시에 눈을 뜨다

23日에 北韓 MIG 19기 (조종사 이종수 大尉)가 귀순해 와서 國內는 어수선한 듯.

태국은 너무 못 살고 싱가폴은 지나치게 깨끗하다.

人口 7千만 대 270만 명의 살림이다. 규제가 심해 인구 4분의 1이 항상 移民을 생각하고 있다고 한다.

1996年 5月 26日(日) 맑고 덥다. 32度

새벽 3시 起床. 7시 아침 식사 (2층 뷔페식당)

8시 김응초 형 內外와 호텔 앞 성당에 가서 미사 참예. 50分 걸렸다.

旅行을 마무리하는 마당에 마음이 깨끗했다.

9시 20分 호텔 출발 10시 半 공항 도착. 12시 10分 싱가폴 공항 출발 (CX 714号便)

16시 홍콩공항 착. 다시 CX 416号편으로 서울로. 下午 8시 45分 인천공항 도착.

석희가 마중 나와 무사히 귀가. 무사히 여행을 마쳐서 하느님께 감사드렸다.

곧 쌓인 우편물 정리. 어머님께 귀국인사

(2)

平山久雄 교수 내외분과의 交遊記

⋮

① 大阪 - 箱根 - 東京

2003年 5月 31日(土) - 6月 8日(日)

箱根　平山久雄 교수 內外 초청

大阪　玄幸子, 梁昊淵, 심경호 교수, 村上 滿乃 여사와 만남.

東京　長谷川修平, 梅田博之, 菅野裕臣, 森田マサノ, 野間秀樹. 이원규 신부님과 만나고, 大修館과 접촉.

여러 분께 드릴 선물: 김, 젓갈, 약과, 약식, 부채, 슬리퍼, 성게, 고춧가루, 紅蔘, 표고버섯, 고추장볶음, 촛대

2003년 5월 31일(토) 맑음

새벽(6:45 - 7:40) 석진 車로 집 - 仁川 공항. 새벽, 석희와 한결이 인사옴

仁川(9:50) - 大阪關西(11:35) 日本 上空에 進入하자 태풍 영향으로 약간 흔들림. 空港에 玄幸子 교수가 승용차로 마중 나옴

14:00 大阪市北區梅田 1丁目 Hilton OSAKA 2323号室 投宿

15:00 3층에서 생선초밥으로 식사

下午(15:00 - 19:00) 玄 교수 차로 村上滿乃 女史 댁 禮訪, 寶塚市中山五月台 7-280-5(아파트)

女史, 四女和枝, 사위 村上敏彦 기자와 환담. 村上常隆 先生 位牌에 拜禮. 몇 가지 선물과 용돈을 드림. 村上女史가 한없이 울다.

밤(19:00 - 21:00) 玄幸子 女士 집에서 저녁. 母親, 언니(紅子) 동석

아들, 딸과 우리 내외가 회식. 선물 전달, 환담.

2003년 6월 1일(일) 흐리다

上午 9시 京都大에 와 있는 沈慶昊 교수가 찾아오다. 玄 교수도 오다.

낮(9:40 - 16:00) 玄 교수 車로 大阪 - 奈良(東大寺 참관)- 郡山驛前에서 梁昊淵 교수와 會食(1人 1,850 × 5, 맥주 2, 日本酒 한 병)

食後, 梁 교수 댁 禮訪(郡山 城ノ台町 16-4)

玄 교수 車로 新大阪驛 Hotel GRANVIA 2128号室 投宿, 모든 숙박비를 玄 교수가 부담

17:30 良과 百貨店(大丸)에서 玄 교수가 준 돈으로 良의 바지를 사다. (31,500円 = 우리 돈 34만 원)

19:00 - 21:00 玄幸子 교수, 그 慈堂이 와서 大丸 14층 日食집(吉兆)에서 비싼 저녁(1人當 1만 2천 円) 즐겁게 환담하다. 둘이 다 건강은 좋음. 아침 석진, 석희에게 전화

2003년 6월 2일(월) 맑음

아침 玄 교수가 배웅, 눈물로 惜別, ひかり 148号車로 新大阪 - 熱海行(9:33-11:59)

熱海驛에서 平山久雄 교수 內外분과 만나서 버스로 箱根行, 중간에서 점심

下午 3시 - 5시 箱根關所 舊趾, 參考館, 舊 東海道 등 參觀

下午 5시 箱根 芦ノ湖(아시노 호) 松坂屋 本店 曙の間 投宿. 沐浴

저녁(18시 ~ 21시) 日式 正餐으로 飽食

2003년 6월 3일(화) 맑다

高山(海拔800米以上) 지대라 밤에는 춥다. 새벽 溫泉에서 다시 목욕.

아침 9시 45분 - 旅館(택시) - 배(海賊船 유람선, 유람객 極少) - 케이불카(로오푸카) - 箱根美術館(주로 陶磁器) - 케이블카 - 小田急特急(小田原 - 新宿驛) - 배(元箱根) - 芦ノ湖 通過 - 桃源台驛 - 姥子(우바코)驛 - 大涌各驛 - 早雲山 - 强羅(고라)(여기부터 電車) - 湯本 - 小田原

2003년 6월 3일(화) 계속

新宿驛 - 高田馬場(山手線) - 驛前芳林堂書店地下 伊太利 식 식당, 회식(18:30 - 21:00)

途中에서 줄곧 平山 先生 夫人이 우리 짐을 나르다.

平山 先生, 夫人, 딸, 사위, 梅田博之 교수, 嚴基珠 교수, 우리 內外가 환담.

良이 딸 內外에게, 또 엄 교수에게 부채(글씨 쓴 것) 선물.

밤 (21:00 - 11:10)

梅田 교수 案內로 戶山ハイツ 梅田 교수 宅 별채에서 一泊(8일 아침까지 예정). 석

희, 이원규 神父님과 연락

환경 정리하고 취침. 세탁도 하다.

2003년 6월 4일(수) 흐리다 온도 20-27

새벽(3:00 - 4:30) 환경 정리하고 日程 기록. 7:30 長谷川 女史, 森田 女史, 菅野 교수에게 전화

8:00 - 12:30 森田マサノ 女史 禮訪

戸山2丁目 27-101(梅田 교수 宅) - 徒步로 新大久保驛 - 電車(山手線 - 澁谷 東橫(Toyoko)線 - 綱島(버스) - 獅子ケ谷1丁目 8-15(森田 女史 宅), 선물(도자기 촛대, 김, 약과)

우리도 지갑, 프롯치, 손수건, 과자를 받고 日式점심 飽食

下午 神田神保町 大修館에 가서 내 冊(ハングルの成立と歷史, 50冊)을 사다.

귀로에 新大久保 2丁目에서 배추, 고추장 등을 사다.

저녁(18:00 - 21:00) 梅田博之 교수 초대 식사. 太宗台(한식집) 실지로는 李美江 女士(麗澤大 박사과정)가 부담하다. 미안하다.

2003년 6월 5일(목) 흐리다 18 - 28

가장 더운 날, 上午 숙소에서 良이 김치 담그기, 약식 준비

下午(13:00 - 17:30) 長谷川修平, 和美女史 內外와 지냄. 新宿南口 Xenron(中國집)에서 점심.

집(代代木 5-30-1-319)에서 茶 환담. H.P 090- 3-514-2935 집 (03) 3465-8021

新茶와 紹興酒를 받다. 우리는 김, 약과, 슬리퍼(꽃신) 선사.

저녁 (18:00 - 21:00) 新宿東口에서 菅野裕臣 교수와 튀김으로 會食. 환담.

밤(21:00 - 24:00) 良이 김치, 오이소박이, 약식 등을 준비, 權在淑 女士가 전화.

2003년 6월 6일(금) 맑다. 18-27

아침 野間秀樹 교수가 전화. 낮(10:00 - 13:30) 이원규 神父님 禮訪

권유안 修女 案內로 新大久保 - 目白 - 椿山莊 -聖堂(東京카테도라聖마리아大聖堂)에 가서 神父님, 修女님들과 점심

權 수녀님과 早稻田大로 가서 우리 內外만 椅子에서 休息(13:40 - 14:45)

早稻田大 文學部 中文科 大學院生 앞에서 강의(15:00 - 17:00). 良은 嚴基洙 교수와 시장에.

강의 內容 - 그동안 내가 연구한 것. 紹介, 反省, 문제점, 모두 열심히 듣다.

청강자는 古屋昭弘 교수, 早大大學院 中文科(小山, 辻, 佐藤, 荒木, 鋤田, 村瀨, 千葉), 東洋史(船田), 東京外大マレーシア(呂素晶), 池(조선족인 듯) 등이었다.

2003년 6월 6일(금) 계속

저녁(17:30 - 19:30) 平山久雄 교수도 와서 古屋 교수, 그 딸, 나, 넷이 早大 앞 큰 호텔 日式部(和食部)에서 盛餐. 여러 이야기, 平山 교수가 사진을 가져옴.

밤 (20:00-23:00) 석희 식구들과 通話. 엄 교수가 良과 함께 옴. 여러 잔 물건을 사오다. 良이 梅田 교수 夫人에게 김치, 약식, 오이소박이, 고추장볶음 요리법 등을 傳達. 權在淑 여사가 또 전화(나중에 권 여사의 딱한 이야기를 알게 되다.)

2003년 6월 7일(토) 흐림

새벽(6:30 - 8:00) 權在淑 여사와 식사. リーガロイヤルホテル(東京都新宿區戶塚町

1-104-19) 日本料理 はにわ, 1人當 3千円. 권 여사 부담. 오고갈 때 택시도, 식사도 권 여사가 부담

그러나 野間 교수와는 6年 前부터 別居 中이라고, 왜 모두 이렇게 사는지 모르겠다.

낮(11:10 - 12:20) 남풍현 교수 딸 潤珍 교수(東京外大)가 그 아들과 함께 찾아옴. 여러 이야기를 나누다.

下午(12:30 - 19:00)

長谷川修平, 和美 內外분과 有樂町驛에서 만나 築地 壽司 전문 집에서 점심

歌舞伎 1幕짜리 구경(16:00 - 17:30). 羊羹 선물 받고 우리는 약식 선사. 銀座거리 散步. 18시 新橋驛에서 作別, 밤에 두 차례 통화. 大阪 玄幸子 교수와도 통화.

밤(21:00) 梅田 교수 內外분이 선물을 가져옴. 어제부터 눈이 充血

2003년 6월 8일(일)

이번 여행은 즐겁기도 하고 너무너무 슬프다.

村上滿乃 女史(88), 森田マサノ女史(85), 梁昊淵 교수(74)를 만난 것이 모두 슬프다. 어제 밤 良이 森田 女史와 긴 전화.

아침(7:30) 梅田 교수 宅(戶山 2丁目 27, 1312)에서 作別 식사. 푸짐하게 차리다.

새벽 5:00 짐 최후 점검을 하고 책 6권을 사다.

上午(9:20 - 12:00) 平山 교수 內外분께 作別 인사 전화

嚴基珠 교수가 와서 함께 新宿驛을 거쳐 急行(10:42-11:59)으로 成田로. 權유안 修女님도 新宿에 나옴.

낮(12:00 - 13:30) 엄 교수가 식사 대접.

귀국 KAL(KE 704) 14:55 - 17:20 (仁川). 석희, 한결, 어진이가 마중 나옴.

延世大에 入院中인 文求를 찾아보고 귀가.

곧 高大安岩병원 장례식장(301호)으로 良과 오서방 車로 金顯九 사장 問喪(7年 고생). 7日 別世.

밤 玄幸子 교수, 金次淳 女史(母親)와 긴 전화. 밤 12시까지 짐 정리.

箱根 유람선. 2003.6.3.

日本 熱海역. 2003.6.2.

日本 箱根山. 2003.6.2.

平山榯子女史와 箱根. 2003.6.3.

平山久雄 교수 초청여행, 箱根 유람선. 2003.6.3.

② 平山久雄 교수 內外분과 釜山, 海印寺, 慶州 旅行

2005年 6月 3日(金) 흐리다. 18 → 24

아침(9:30 → 10:15) 良과 택시를 타고 金浦 空港 國內線 出發 待機所로. 곧 搭乘 節次를 마치고 쉬다.(11:00까지)

上午(11:00 → 13:50) 搭乘 심사를 마치고 12시에 金浦 → 金海(釜山) KAL KE 1121号로 이동(金浦 → 金海 1人當 68,710원). 金海 도착 후 국제선 터미널로 셔틀버스로 옮김.

下午(14:30 → 15:30) 平山久雄 교수 內外분과 택시로 金海에서 農心 호텔(釜山市 동래구 온천동 137-7)에 가서 814호(平山 先生 내외분), 815호실(우리 內外)에 投宿.(택시요금 15,000원) 호텔 로비에서 平山 교수와 朴泰權 교수(釜山大 명예교수)가 인사.

下午(16:00 → 19:30) 朴 교수의 茶 대접을 받고 우리 一行 넷이 地下鐵로 溫泉場 →

南浦洞에 가서 택시로 影島 一周, 太宗臺를 거쳐 자갈치 시장으로.(택시 요금 2万원) 다시 地下鐵로 南浦洞 → 西面 → 海雲臺 → 海雲臺 파라다이스호텔, 海雲臺 바다 散策

밤(19:30 → 21:30) 파라다이스호텔 2층 日式 식당에서 東亞大 嚴正浩 교수가 우리 一行을 대접, 日式 최고급 요리에 日本 술, 朴泰權 교수도 同席, 유쾌하게 이야기를 나누다.

밤(21:30 → 22:30) 택시로 농심호텔로 와 一泊. 시설이 좋았다.

2005年 6月 4日(土) 흐리다 17 → 24

아침(6:30 → 8:00) 농심호텔 부설 溫泉場(虛心廳)에서 沐浴.

아침(8:10 → 9:00) 호텔 1층 뷔페에서 아침 식사.

上午(9:00 → 12:00) 호텔 총지배인 以下 여러 종업원의 인사를 받으며, 호텔 大型 택시로 釜山大(朴泰權 교수 案內), 梵魚寺 參觀. 두 곳이 모두 좋았다. 경주 現代 Hotel에 도착하여 기다리던 석진, 석화와 만나다.

下午(12:10 → 16:30) 점심을 전통한식(이조한식집)으로 푸짐하게 들고 天馬塚, 瞻星臺, 芬皇寺址를 참관하고 호텔에서 휴식. 平山 교수 내외분(823號室), 우리 내외(825號室)

밤(18:00 → 22:30) 석진, 석화가 번갈아 운전하는 車로 感恩寺址를 참관하고 甘浦에서 큰 도미회(20만 원)로 저녁. 여러 이야기를 나누고 호텔(경주시 신평동 477-2)에서 1泊

2005年 6月 5日(日) 흐리다 18 → 27

아침(8:00 → 11:20)

8:00에 경주 현대 호텔을 出發하여 佛國寺 앞 식당에서 갈비탕으로 아침 식사.

9:00 → 11:20 석진, 석화가 운정하는 車로 吐含山 石窟庵을 참관하고, 다시 佛國寺 참관. 석화가 史蹟을 설명하고 良이 통역. 두 곳 다 人山人海여서 감흥은 半減되었다. 아이들이 너무 떠들었다.

2005年 6月 5日(日) 11:20 → 14:00(13:10)　18 → 28

석진, 석화가 운전하는 車로 慶州 → 大邱 → 海印寺

海印寺 觀光호텔(경남 합천군 가야면 치인리 1230-112, Tel. 055-933-2000)

807號室(우리 內外), 808號室(平山 교수 內外)에서 1泊.

下午 먼저 山菜(22종류)로 점심(호텔에서), 平山 교수 內外께서 하나하나 吟味. 택시로 海印寺에 가서 참관, 溪谷에서 쉬다가 다시 택시로 숙소로. 휴식

밤(18:30 → 21:20) 석진, 석화가 운전하여 海印寺 入口 갈비집에서 갈비살과 생등심으로 저녁. 談話

밤(21:30 → 22:30) KBS1의 연속드라마(이순신)를 각 房에서 감상

平山 교수 內外분이 日本에서 가지고 온 선물을 우리에게 주면서 정좌를 하고 고맙다고 수십 번 절. 우리도 答禮

2005年 6月 6日(月) 맑다. 덥다.

새벽(6:30 → 7:40) 連休 끝이라 길이 막힐 듯하여 서둘러 東大邱驛으로. 예약한 KTX 10:02 표를 8:42 표로(특실 7号 7 B·C, 8 B·C → 3号 특실 5 B·C, 6 B·C로) 5 B·C에 良과 夫人이 앉고, 나와 平山 교수가 6 B·C에 앉아 서울까지 各各 對話. 석진, 석화는 승용차로 上京. 東大邱역에서 출발 전에 콩나물 국밥으로 요기.

낮(10:25 ← 5分 연착) 서울역에서 마중 나온 오서방 車로 경복궁 참관. 11시에 때마침 거행된 守門將 交代 行事를 보고, 梨大 호원당에 들러 두텁떡 세 상자(12만 원)를 사다. 함께 金浦 空港에 가서 국제선 出發 入口에서 작별 인사

下午 집에 와서 세탁. 잠시 쉬다.

밤 19시 半. 平山 교수 內外께 귀국 여부 인사 전화.

20시. 오서방 車로 제기동 金紋用 女士 宅에 가서 金玄九 사장 大祥 제사 참여. 함께 저녁을 먹고 귀가. 여러 사람들(그 宅 아들 김원배 교수 등)을 만나다.

밤. 환경 정리 뒤 22시 半 취침

꿈처럼 다녀온 3泊 4日의 여행이었다. 아들, 딸, 사위들의 적극적인 도움이 컸다.

平山久雄 교수 내외 분. 2005.6.5.

海印寺 장서각에서 두 아들과. 2005.6.5.

釜山 파라다이스 호텔 前列朴泰權 교수, 姜, 平山 교수
後列 임정호 교수, 정양완, 平山 교수 夫人. 2005.6.3.

芬皇寺址, 2005.6.4.

2005.6.4.

左로부터 姜, 平山 교수 내외, 윤형석(둘째 사위). 民俗村. 1997.5.5.

右로부터 平山 교수 따님, 姜, 平山 교수. 宗廟大祭. 1997.5.4.

平山桃子女史(左), 정양완(右), 梵魚寺. 2005.6.4.

③ 日本 九州 旅行記

2006年 5月 17日(水) → 23日(火)

2006年 5月 17日(水) 흐림, 九州는 온종일 비　14 → 25

出發	6時 58分 석희 車로 仁川 공항 行. 8시 40分 도착
수속	8:30分까지 탑승 수속. KAL D.24 창구. 핸드폰 차용 수속
식사	시간이 없어 구내식당에서 전복죽을 급히 먹음. 3人分 42,000원
출국 수속	겨우 시간을 맞추어 출국 수속. 법무부 여직원이 美人이었다.
탑승	9:55 → KaGoshima 11:30. 41 D, E석
도착	KaGoshima 入國 심사가 엄했다.

平山 교수 內外분과 相逢

관광택시로 櫻島 관광. 라면 점심.

16:10　城山 호텔 720号室 投宿

17:10　석희와 핸드폰으로 통화. 석희, 朴良圭 교수 전화

17:30　平山 교수께 석희가 준 두텁떡 선사

18:00　짐 정리

저녁

18:30　1층 日式 식당에서 초밥으로 飽食

20:30　이 곳에서 아무리 서울에 전화하려고 해도 不通

21:00　良과 호텔 內 온천 (城山溫泉 さつま乃湯)에서 목욕

2006年 5月 18日(木) 흐린 후 비, 밤새도록 비　18 → 26

새벽(05:00 → 07:00) 호텔 內 온천에서 良과 교대로 목욕

아침(07:20) 호넬 內 공중전화로 석희와 통화, 平山 先生, 玄幸子 교수에게 선물을 빨리 부치라고 부탁. 0033-010-82-2-765-0599

上午(09:00 → 12:00)

鹿兒島 市內 主로 西鄕隆盛. 사비엘 神父 유적지 中心으로 참관. 島津家 유물도 참관.

낮(12:45 → 14:00) 新幹線 特急으로 鹿兒島 → 新入代 → 熊本 → 熊本港 → (배) → 島原港 → 택시로 島原 市內 참관(主로 武家屋敷)

下午(14:00 → 17:30) 역시 전세 택시로 島原 → 雲仙 → 普賢岳(854-0692) 長崎縣 南高來郡 小浜町 雲仙 320　Tel 0957-73-3331. 雲仙宮崎旅館 402号室 投宿

저녁(18:05 → 19:00) 旅程 기록 정리. 雲仙은 山 전체가 硫黃온천

밤(19:00 → 21:00) 415号室에서 日式으로 飽食

(21:30) 成百仁 교수에게 20日 밤 9시에 東京에서 만나자고 전화

(21:30) 여관 內 욕탕에서 목욕. 浴客은 겨우 셋.

(22:00) 환경 정리

2006年 5月 19日(金) 비, 온종일 큰 비 오락가락　14 → 25

새벽(6:00) 良과 大阪 玄幸子 교수가 通話.

아침(07:30 → 08:30) 여관 6층 松風苑에서 日式으로 식사

上午(09:10 → 12:30) 雲仙 → 長崎 → 박물관 → 中國식 짬뽕

長崎博物館, 長崎歷史文化博物館(立山 1丁目 1-1)

下午(12:30 → 16:30) 大浦天主堂, 浦上天主堂. 出島, 孔子廟 Glover Farden, 原子彈平和公園, 26聖人 遺蹟址

점심 長崎市新地町 9-11. 西湖(Tel. 827-5047), 저녁 Luke Plaza Hotel 707号室 投宿 twin 23,100円. 長崎市江の浦町 17-15. 852-8007. (095) 861-0055

밤(18:30 → 20:30) 4층 PePe에서 伊太利식 양식

밤(20:40) 平山 교수께 山清窯(閔 氏) 도자기 선사

밤(21:10) 서울에서 한결이 안부 전화

숙박 호텔은 長崎에서 가장 夜景이 좋은 곳이다.

2016年 5月 20日(土) 맑다

7시 半 호텔에서 아침 식사. 아침, 어진이와 통화. 9시-10시 호텔 → 長崎 空港. 雲仙 택시. 中型 3,300円

11:40 → 13:00 기상 관계로 늦게 出發(원 10:50 → 12:10). 13:40 → 14:20 羽田 空港 구내식당에서 점심. 過食

14:20 → 15:00 모노레일과 택시로 千代田 호텔 行. 곧 兩國國技館行.

平山 교수 아들(와나루)·손자와 만남. 15:00 → 18:30 씨름 구경. 春日王(인하大 출신)가 이김(6勝 8敗)

18:30 → 19:30 兩國 霧島チヤンコ식당에서 저녁. 전골 비슷한 雜탕국.

저녁 KKRホテル 東京에서 숙박(1440号室) Twin 18,000円, 또는 ¥20,000

100-0004 東京都千代田区大手町 1-4-1 Tel. 03-3287-2922

밤 20:30 長谷川 사장 內外와 통화. 20:40 平山 교수 內外분과 作別

20:50 成百仁 來訪. 부채를 선사. 내 冊 40권을 사서 마음대로 나누어 주라고 20万円을 주다.

2006年 5月 21日(日) 맑다

새벽 6시 뉴스에 朴槿惠 女士가 遊說中 피습이라는 소식에 크게 놀라다. 얼굴에 길이 10cm 깊이 1cm 상처를 입었다고

아침 7시 成百仁 교수가 11시에 만나자고 전화. 아침 8:30 菅野裕臣 교수가 전화. 이번에는 못 만난다고.

아침(7:15 → 8:00) 호텔 12층 芙蓉에서 아침(1人 1,200円). 여러 차례 전화를 시도했으나 서울과는 不通

上午(9:00 → 13:00) 良과 神田에 가서 冊 구경, 몇 권을 사다.

11:00 → 13:00 成百仁 교수 內外와 중국집에서 점심

下午(14:00 → 19:30) 長谷川 修平 · 和美 內外분과 石橋財團 Bridge-stone Museum of Art 참관. 로망 등 여러 名畵가 있었다. 高島屋에서 차. 호텔에서 中國式 저녁. 어진이와 通話

밤(19:30 → 21:30) 짐 정리하고 일찍 자다.

2006年 5月 22日(月) 흐림

새벽(06:20 → 07:10) 良과 호텔 근처(日本 皇宮 外苑) 산책 (07:20 →) 석희, 어진이와 通話

2006年 5月 22日(月) 흐림　24 → 26

아침(10:10 → 12:30) 長谷川 修平 · 和美 內外분과 東京호텔 → 小田原 長谷川 修平 사장 운전, 역 앞 초밥 집에서 점심. 과식, 吟海屋 うおくに Japanes Pub Gimmiya
下午(14:00 → 14:30) 小田原 → 箱根 武蔵野 관광여관 투숙. 큰 방 다다미 16 작은 房 둘 獨占. 浴室, 화장실도 有, 5층 507長尾室
下午(15:10 → 15:30) 長谷川 修平 사장과 大衆湯에서 우선 목욕, 이어서 良과 夫人이 목욕(15:40 → 16:30). 울창한 숲속에 자리잡은 여관이다.
下午(17:00) 田光鉉 교수가 전화, 6月 9日(금)에 李敦柱 교수가 一石 국어학상을 받을 때 祝辭를 하라고. 이어서 석희와 通話(田 교수가 시킨 것 ← 우리가 부탁)
오래간만에 日本 연속극 水戶黃門을 보다. 울창한 숲이 마음에 든다.

2006年 5月 22日(月) 18시 - 20시 45分

506号室에서 長谷川 內外 분과 많은 식사, 긴 이야기. 高級 淸酒 1병을 둘이 다 비우다.
밤(21:30 → 04:00) 취침

2006年 5月 23日 (火) 흐림, 비　19.5 → 24

밤새 큰 바람, 새벽에 비. 上午 05:10 내가 우선 목욕, 다음에 良이 목욕

上午 8:00 역시 506号室에서 식사. 10:00 →12:10 長谷川 사장 車로 羽田 空港에, 空港에서 점심

下午 13:30 長谷川 사장 內外와 작별. 14:00 平山 교수가 선물을 가지고 空港에 오다.

14:30 搭乘 수속 후 平山 교수와 작별. 16:25 羽田 → 金浦. 석희가 마중 나옴. 18:36 귀로에 平山 교수, 長谷川 사장, 玄幸子 교수에게 전화

밤 20:00 석희 집에서 저녁. 21:00 長谷川 修平 사장이 인사 전화.

長崎 平和公園. 2006.5.19.

鹿兒島 櫻島. 2006.5.17.

長崎聖堂. 2006.5.19.

西鄕隆盛 銅像 앞. 2006.5.18.

東京國技館 日本相撲선수식 식사. 平山 교수 가족. 2006.5.20.

東京 國技館. 2006.5.20.

平山久雄 교수 초청. 九州鹿兒島 여행. 2006.5.18.

官軍과 끝까지 싸운 北海道 函館五陵郭. 2008.5.23.

森保處. 2006.5.17.

鹿兒島 西南戰爭 희생자 묘지. 2006.5.18.

사비엘 神父銅像. 鹿兒島. 2006.5.18.

鹿兒島, 西鄕隆盛 최후 자결터 앞. 2006.5.18.

사비엘 神父 기념관. 鹿兒島. 2006.5.18.

④ 日本 北海道 旅行記

2008年 5月 21日 →5月 26日(月)

2008年 5月 21日(水) 맑음

새벽(04:00) 起床, 빨래하다.

새벽(06:00) 석희 車로 成大 入口역까지 와서 아침(06:20 → 07:40) 空港버스로 仁川 空港에.

上午(10:10 → 12:55) 仁川 → 삿포로. KAL 765号기. 단체손님 때문에 제일 뒤 59G, H 席에

下午(12:55 → 14:00) 入國 수속에 1시간 以上 소요. 지문 찍고, 入國 目的을 꼬치꼬치

따지고. 불평이 저절로 나왔다.

下午(14:10 → 16:00) 平山久雄 先生 內外분과 札幌 KKR ホテル에 버스로(北海道廳 앞)

下午(16:00 → 18:00) 平山久雄 先生 內外분과 北海道大學 구내 참관

1935年에 이곳에 못 오신 先親의 분함을 느끼다.

밤 삿포로 번화가(狸小路)에서 生맥주와 스파게티 등으로 저녁. 少年이여! 大望을 가지라고 외쳤던 크라-크 박사의 동상 등 참관(저녁 먹기 前에)

北海道는 밤이 늦다. KKR 호텔 060-0004 札幌市, 中央區 北4條 西5丁目

2008年 5月 22日(木) 맑다 준 설사

아침(07:30) 석희와 통화. 어제 저녁에는 平山 선생과 맥주를 마시고 있는데 公高 친구 정기승 변호사가 훈민정음 母音에 대해서 묻는 전화.

上午(09:10) 北海道 도청內 우체국에 가서 小山 勳 氏 夫人, 敏子 女史(東京都 小平市 거주)께 엽서 발송.

上午(10:00 → 洞爺湖萬世閣호텔) 923号室 전세 車로 네 사람이 여러 곳 참관하며 호텔에 17시 도착. 湖水에서 유람선도 타다.

平山 선생 방에서 합석해서 저녁, 참으로 맛이 없다.

2008年 5月 23日(金) 맑음

아침(07:30) 석희와 통화

上午(09:00 → 17:00) 洞爺湖 → 函館湯の川온천, 湯の川 프린스 호텔 485号室 투숙.

참으로 單調로운 樹木林을 세 時間동안 달려서 函館에, 도중에서 오징어를 팔고 있던 한국 女性(日本에 온 지 오래 되었다고)도 만나다. 湖水에서 유람선도 타다.

밤(20:20 → 22:00) 정기 관광 8号車로 하코다데 뒷산에 올라가 夜景 참관 (長崎 등지와 함께 日本 三大 夜景이라고). 五陵廓 古戰場 터도 참관. 変換期에 헛되이 죽은 人士들을 생각하다.

부질없는 싸움으로 政府軍 300명, 叛軍 800명 戰死

2008年 5月 24日(土) 흐림, 下午 東京 비　東京 10 → 23

새벽(03:00) 잠이 깨다. 아침(05:10) 목욕, (06:40) 식사. 東京 갈 준비
上午(08:30 → 12:00) 湯の川溫泉 호텔을 나와 전세 車로 函館 空港을 거쳐 JAL기 (10:50 → 12:00)로 東京行 → 羽田 空港 모노레일 → 浜松町 → 택시
下午(13:30) 一旦 KKR ホテル 東京 1344號室에 네 사람의 짐을 내려놓고 神田神保町에서 메밀 점심. 冊房가를 구경하고 택시로 兩國國技館에 가서 씨름(相撲) 參觀. 中華料理집에서 저녁. 사위(中田), 딸, 외손, 외손녀도 오다.
밤(21:00 → 22:00) KKR 호텔로 小山敏子 女史가 아들과 함께 찾아와 울고울고 가다.

2008年 5月 25日(日) 아침 비　10 → 23

호텔에서 전기기구를 빌려 H.P 充電成功

아침 平山久雄 先生 夫人과 通話, 국제특급으로 부친 小包 도착 여부 확인
上午(10:20 → 15:00) 호텔로 찾아온 長谷川 修平 · 和美 内外분과 東京역을 거쳐 特急으로 熱海(あだみ)百万石 호텔 1806号室에서 一泊
저녁(18:30 → 20:50) 옆 房 1805号室에서 豪華版으로 넷이 저녁 식사. 그러나 우리나라 食堂만 못한 듯했다.

2008年 5月 26日(月) 맑음　동경 10 → 23, 서울 → 21

上午(10:00) 熱海百万石 出發 → 急行 → 東京 → 浜松町 → 모노레일 → 羽田 空港 점심 → 羽田 國際터미널, 長谷川 修平 · 和美 內外분과 작별 → 배웅 나온 平山 先生과 인사

下午(14:30 → 16:05 → 16:30 出發 → 18:35) 金浦着. 석희가 마중 나오다.

平山久雄 교수 초청. 北海道 여행. 北海道大. 2008.5.21.

클라크 교수 銅像 앞에서. 2008.5.22.

北海道 삿포로 전망대. 2008.5.22.

日本에 갈 때마다 보살펴 준 玄幸子 교수. 그 자당님. 1990.10.9. 大阪玄 교수 집

클라크 교수 동상 앞. 2008.5.21.

2008.5.22.

熱海 百万石 호텔. 長谷川修平 · 和美 內外 분. 日本에 갈 때마다 환대. 2008.5.26.

뭇 사람의 은혜 속에 동서남북으로

초판 1쇄 인쇄 2018년 7월 13일
초판 1쇄 발행 2018년 7월 20일

지은이 강신항
펴낸이 박성복
펴낸곳 도서출판 월인
주 소 01047 서울특별시 강북구 노해로25길 61
등 록 1998년 5월 4일 제6-0364호
전 화 (02)912-5000
팩 스 (02)900-5036
홈페이지 www.worin.net
전자우편 worinnet@hanmail.net

ISBN 978-89-8477-657-9 03810

값은 뒤표지에 있습니다.